新世纪高职高专
计算机基础教育系列规划教材

U0727337

计算机应用基础可视化教程

JISUANJI YINGYONG JICHU KESHIHUA JIAOCHENG

新世纪高职高专教材编审委员会 组编

主编 邵 杰

副主编 刘延华

主审 张振龙

大连理工大学出版社

DALIAN UNIVERSITY OF TECHNOLOGY PRESS

图书在版编目(CIP)数据

计算机应用基础可视化教程 / 邵杰主编. — 大连：
大连理工大学出版社，2012.8
新世纪高职高专计算机基础教育系列规划教材
ISBN 978-7-5611-7293-3

Ⅰ. ①计… Ⅱ. ①邵… Ⅲ. ①电子计算机－高等职业
教育－教材 Ⅳ. ①TP3

中国版本图书馆 CIP 数据核字(2012)第 213511 号

大连理工大学出版社出版

地址:大连市软件园路 80 号 邮政编码:116023
发行:0411-84708842 邮购:0411-84703636 传真:0411-84701466
E-mail:dutp@dutp.cn URL:http://www.dutp.cn
大连业发印刷有限公司印刷   大连理工大学出版社发行

幅面尺寸:185mm×260mm   印张:19   字数:478 千字
印数:1～1500
2012 年 8 月第 1 版   2012 年 8 月第 1 次印刷

责任编辑:潘弘喆   责任校对:方 刚
封面设计:张 莹

ISBN 978-7-5611-7293-3   定 价:38.00 元

总　序

　　我们已经进入了一个新的充满机遇与挑战的时代,我们已经跨入了 21 世纪的门槛。

　　20 世纪与 21 世纪之交的中国,高等教育体制正经历着一场缓慢而深刻的革命,我们正在对传统的普通高等教育的培养目标与社会发展的现实需要不相适应的现状作历史性的反思与变革的尝试。

　　20 世纪最后的几年里,高等职业教育的迅速崛起,是影响高等教育体制变革的一件大事。在短短的几年时间里,普通中专教育、普通高专教育全面转轨,以高等职业教育为主导的各种形式的培养应用型人才的教育发展到与普通高等教育等量齐观的地步,其来势之迅猛,发人深思。

　　无论是正在缓慢变革着的普通高等教育,还是迅速推进着的培养应用型人才的高职教育,都向我们提出了一个同样的严肃问题:中国的高等教育为谁服务,是为教育发展自身,还是为包括教育在内的大千社会? 答案肯定而且唯一,那就是教育也置身其中的现实社会。

　　由此又引发出高等教育的目的问题。既然教育必须服务于社会,它就必须按照不同领域的社会需要来完成自己的教育过程。换言之,教育资源必须按照社会划分的各个专业(行业)领域(岗位群)的需要实施配置,这就是我们长期以来明乎其理而疏于力行的学以致用问题,这就是我们长期以来未能给予足够关注的教育目的问题。

　　众所周知,整个社会由其发展所需要的不同部门构成,包括公共管理部门如国家机构、基础建设部门如教育研究机构和各种实业部门如工业部门、商业部门,等等。每一个部门又可作更为具体的划分,直至同它所需要的各种专门人才相对应。教育如果不能按照实际需要完成各种专门人才培养的目标,就不能很好地完成社会分工所赋予它的使命,而教育作为社会分工的一种独立存在就应受到质疑(在市场经济条件下尤其如此)。可以断言,按照社会的各种不同需要培养各种直接有用人才,是教育体制变革的终极目的。

新世纪

随着教育体制变革的进一步深入,高等院校的设置是否会同社会对人才类型的不同需要一一对应,我们姑且不论。但高等教育走应用型人才培养的道路和走研究型(也是一种特殊应用)人才培养的道路,学生们根据自己的偏好各取所需,始终是一个理性运行的社会状态下高等教育正常发展的途径。

高等职业教育的崛起,既是高等教育体制变革的结果,也是高等教育体制变革的一个阶段性表征。它的进一步发展,必将极大地推进中国教育体制变革的进程。作为一种应用型人才培养的教育,它从专科层次起步,进而应用本科教育、应用硕士教育、应用博士教育……当应用型人才培养的渠道贯通之时,也许就是我们迎接中国教育体制变革的成功之日。从这一意义上说,高等职业教育的崛起,正是在为必然会取得最后成功的教育体制变革奠基。

高等职业教育还刚刚开始自己发展道路的探索过程,它要全面达到应用型人才培养的正常理性发展状态,直至可以和现存的(同时也正处在变革分化过程中的)研究型人才培养的教育并驾齐驱,还需要假以时日;还需要政府教育主管部门的大力推进,需要人才需求市场的进一步完善发育,尤其需要高职教学单位及其直接相关部门肯于做长期的坚忍不拔的努力。新世纪高职高专教材编审委员会就是由全国100余所高职高专院校和出版单位组成的旨在以推动高职高专教材建设来推进高等职业教育这一变革过程的联盟共同体。

在宏观层面上,这个联盟始终会以推动高职高专教材的特色建设为己任,始终会从高职高专教学单位实际教学需要出发,以其对高职教育发展的前瞻性的总体把握,以其纵览全国高职高专教材市场需求的广阔视野,以其创新的理念与创新的运作模式,通过不断深化的教材建设过程,总结高职高专教学成果,探索高职高专教材建设规律。

在微观层面上,我们将充分依托众多高职高专院校联盟的互补优势和丰裕的人才资源优势,从每一个专业领域、每一种教材入手,突破传统的片面追求理论体系严整性的意识限制,努力凸现高职教育职业能力培养的本质特征,在不断构建特色教材建设体系的过程中,逐步形成自己的品牌优势。

新世纪高职高专教材编审委员会在推进高职高专教材建设事业的过程中,始终得到了各级教育主管部门以及各相关院校相关部门的热忱支持和积极参与,对此我们谨致深深谢意,也希望一切关注、参与高职教育发展的同道朋友,在共同推动高职教育发展、进而推动高等教育体制变革的进程中,和我们携手并肩,共同担负起这一具有开拓性挑战意义的历史重任。

新世纪高职高专教材编审委员会

2001 年 8 月 18 日

前 言

一、关于本书

随着 Internet 的蓬勃发展，人们的学习方式、工作方式和生活方式发生了翻天覆地的变化，人们正面临着快速发展的信息技术的挑战和席卷全球的学习革命的挑战。

计算机应用基础作为高等院校各专业学生必修的计算机基础课程，是一门学习计算机应用的入门课程，为各专业学生提供计算机应用所必需的基础知识，提高学生的能力和素养。

本书旨在使学生掌握计算机、网络及其他相关信息技术知识，培养学生运用计算机技术分析问题、解决问题的能力，重点提高学生在计算机应用方面的技能，为学生在今后的学习和工作中运用计算机知识和技能解决实际问题打下坚实的基础。

二、本书特点

注重教材的易用性。应用软件类教学最重要的是要突出步骤，所以我们用醒目且简练的文字突出操作要点，并用不同字体对操作目的加以说明，便于读者阅读。同时还使读者在查阅或复习操作时，不用阅读大量文字就可一步到位，快速找到所需要的信息。

用独特详实的界面与图解标注精确、清晰、快捷地表明操作对象的位置，大大节省了读者阅读理解文字或寻找操作对象的时间。

讲解条理清楚，循序渐进，由浅入深。在知识点编排与讲述上，集作者多年针对各类学生、成人的教学经验，根据人们对计算机操作的认知规律精心设计教学路径，使读者在学习每一个知识点时均无障碍。本书以案例为主线，并在网站上为读者提供全部的案例素材，解决了读者在操作时缺乏案例的问题。

对知识点的介绍注重操作的目的性、扩展性、应用性，使读者能举一反三，活学活用。

图形丰富，操作步骤详尽，语言精练，使读者可以进行脱机学习和复习，即使不实际操作也能掌握相应的知识点。

配有实时、全面、完整的教材讲解视频课件（读者可从本出版社网站免费下载）。对教师来说，无需备课就可完成全书的教学，并且在教学中可随时控制教学课件的播放，在暂停课件播放时还可以发挥自己的特长扩展教学内容。对学生来说，本书相当于一位始终陪伴左右的手把手教自己学习的老师。如果通过机房进行广播教学效果会更好，可以起到手把手教学的效果，大大提高教学效率，实现"教学做"一体化。

新世纪

增加了实用技术和新技术的介绍。在编排上采用基础篇与提高篇分篇讲解的方法,适合于各类学生和成人使用。

三、本书结构

考虑到教材的适用性,本书将整个内容分为基础篇和提高篇两部分,其中1~7章为基础篇,8~11章为提高篇,具体安排如下:

第1章 计算机基础知识:本章主要介绍计算机发展的历史与趋势,计算机的分类,计算机的特点,计算机的应用领域,计算机中信息的表示和计算机系统组成。

第2章 Windows XP操作:本章主要介绍Windows操作系统中的一些基本概念、常用术语,鼠标和键盘的使用,桌面的组成、窗口和对话框的使用。

第3章 资源管理器的使用:本章主要介绍资源管理器的组成,对文件和文件夹的各种操作。

第4章 汉字输入法:本章主要介绍汉字输入法与Word的启动,智能ABC输入法,搜狗拼音输入法。

第5章 文字处理软件Word:本章主要介绍文档创建、编辑、保存等基本操作,表格的制作,页面设置,插入图形与图片,打印文章。

第6章 电子表格制作软件Excel:本章主要介绍工作簿、工作表、单元格的基本概念,数据分类与输入,单元格和工作表的选定,表格的编辑与制作,公式与基本函数的使用。

第7章 幻灯片制作软件PowerPoint:本章主要介绍简单幻灯片的制作与放映,文本框的插入与编辑,对幻灯片的各种操作,多媒体幻灯片的制作。

第8章 汉字的输入进阶:本章主要介绍手写输入,语音输入,OCR输入三种汉字输入技术。

第9章 文字处理软件Word进阶:本章主要介绍对文字、段落和页面更多的设置与操作,表格的进一步编辑与美化,文本框与艺术字的插入,绘图工具的使用,输入和编辑复杂公式。

第10章 电子表格制作软件Excel进阶:本章主要介绍对单元格和工作表的进一步操作,数据的填充,函数的进一步使用,数据处理与数据保护,图表的编辑。

第11章 幻灯片制作软件PowerPoint进阶:本章主要介绍幻灯片设计技巧,幻灯片中各种动画效果的设置,幻灯片放映的控制,绘制图形,打印与打包演示文稿。

四、本书适用对象

本书既可作为高等院校各专业的计算机基础课程教材,也可供广大计算机爱好者自学和计算机培训班使用。

本书由邵杰任主编,由刘延华任副主编。本书第1、2章由安徽师范大学刘延华编写,第3、4、5、6章由芜湖职业技术学院邵杰编写,第7章由河南交通职业技术学院兰岚编写,第9、10、11章由安徽师范大学邵静岚编写,第8章由蚌埠经济技术职业学院冉兆昶编写,邵琳对全书进行了校对,并编写了全书的习题。全书由邵杰统稿。

本书由蚌埠经济技术职业学院张振龙教授任主审,对本书提出了许多宝贵的建议,在此表示诚挚的感谢!

由于编写时间仓促,水平有限,书中存在疏漏之处在所难免,敬请读者朋友批评指正。编者的电子邮箱:shaojiejy@126.com 或 714758043@qq.com。

为了方便教师更好地展开立体化教学,本书配有教学资源,请登录我们的网站下载。

所有意见和建议请发往:dutpgz@163.com
欢迎访问我们的网站:http://www.dutpbook.com
联系电话:0411-84707492 84706104

编 者

2012年8月

目 录

第一部分　基础篇

　　本篇为初学者入门编写,我们将最基本的概念、最基本的操作以最通俗易懂的方式传授给你。通过本篇的学习可帮助你快速掌握入门的操作方法。使你知道掌握计算机操作是相当容易和快乐的事,并信心百倍地迫不及待地继续学习下去,相信你肯定会成功的。

第1章 计算机基础知识

本章的内容对于在校学生而言要基本掌握,而对于非在校学生,只是为了掌握计算机实用技能的读者而言,只要大致了解即可。

1.1 计算机的特点与用途

1.1.1 计算机的主要特点

数字计算机的基本工作特点是快速、准确和通用。计算机具有强大的计算和逻辑判断能力,因此能够解决各种复杂的、大数据量的数学和逻辑问题。

1.计算机具有自动控制能力

计算机是由程序控制其操作过程的。只要根据应用的需要,事先编制好程序并输入计算机,计算机就能自动、连续地工作,完成预定的处理任务。计算机中可以存储大量的程序和数据。存储程序是计算机工作的一个重要原则,是计算机能自动处理的基础。

2.计算机具有高速运算的能力

现代计算机运算速度最高可达每秒若干万亿次,即使是个人计算机,运算速度也可达到每秒几千万到几亿次,远远高于人的计算速度。

3.计算机具有记忆能力

计算机拥有容量很大的存储装置,它不仅可以存储处理中所需要的原始数据信息、处理的中间结果与最后结果,还可以存储指挥计算机工作的程序。计算机不仅能保存大量的文字、图像、声音等信息资料,还能对这些信息加以处理、分析和重新组合,以满足各种应用对这些信息的需求。

4.计算机具有很高的计算精度

计算机采用二进制数字进行计算,因此可以用增加表示数字的设备和运用计算技巧等手段,使数值计算的精度越来越高,可根据需要获得千分之一到几百万分之一,甚至更高的精确度。

5.计算机具有逻辑判断能力

计算机能够进行逻辑运算,并根据逻辑运算的结果选择相应的处理,即具有逻辑判断能力。当然,计算机的逻辑判断能力是在软件编制时就预定好的,软件编制时没有考虑到的问题,计算机还是无能为力的。

6.通用性强

计算机能够在各行各业得到广泛的应用,原因之一就是其具有很强的通用性。计算机可以将任何复杂的信息处理任务分解成一系列的基本算术运算和逻辑运算,反映在计算机的指令操作中,按照各种规律执行的先后次序把它们组织成各种不同的程序,存入存储器中。在计算机的工作过程中,这种存储程序指挥和控制计算机进行自动、快速的信息处理,并且十分灵活、方便、易于变更,这就使计算机具有极大的通用性。同一台计算机,只要安装不同的软件或连接到不同的设备上,就可以完成不同的任务。

1.1.2 计算机的主要用途

由于计算机的特点,其应用十分广泛,从人工智能、工业控制,到个人文秘、家庭小管家等。概括起来,可以分为以下几个方面:

1. 科学计算(数值计算)

数值计算是计算机最早应用的领域。计算机根据公式或模型进行计算,其计算工作量大,精确度高,速度快,结果可靠。

2. 数据处理(信息处理)

计算机能对各种各样的信息进行处理,如收集、传输、分类、查询、统计、分析和存储等。

3. 自动控制

自动控制是指在工业生产过程中,对控制对象进行自动控制和自动调节的控制方式。如生产过程自动化、过程仿真、过程控制等。使用计算机进行控制可以降低能耗,提高生产效率,提高产品质量。

4. 计算机辅助系统

计算机辅助系统可以帮助人们更好地完成工作、学习等任务,如计算机辅助设计 CAD(computer aided design)、计算机辅助制造 CAM(computer aided manufacturing)、计算机辅助工程 CAE(computer aided engineering)、计算机集成制造系统 CIMS(computer integrated manufacturing system)、计算机辅助教学 CAI(computer aided instruction)等。

5. 人工智能

人工智能是利用计算机来模仿人的高级思维活动,如智能机器人、专家系统等。这是计算机应用中最诱人,也是难度最大且研究最活跃的领域之一。

1.1.3 信息的基本概念

1. 信息

信息是人们由客观事物得到的,使人们能够认知客观事物的各种消息、情报、数字、信号、图形、图像、语音等所包括的内容。

2. 数据

数据是客观事物属性的表现形式,可以是数值数据和各种非数值数据。对计算机而言,数据是指能够为其处理的经过数字化的信息。

在计算机领域,信息是经过转化而成为计算机能够处理的数据,同时也是经过计算机处理后作为问题答案而输出的数据。

未经处理的数据只是基本素材,仅当对其进行适当的加工处理,产生出有助于实现特定目标的信息时对人们才有意义。可见信息实际上是指经过处理后的数据。例如,"除去物价上涨因素,本市今年生活指数较去年同期提高了 8 个百分点"。这是一条信息,其产生是经大量原始数据资料的分析后得出的结论,而其表现形式是数据但不是简单的数字。

1.2 计算机系统的组成

1.2.1 计算机中信息的存放形式

1. 数值在计算机中的表示形式

信息在计算机中是以二进制数的形式存放的。我们所知道的计算机中保存的各种信息如一篇文章、一幅图画和照片、一首音乐、一段程序,都是通过相应的转换设备,把它们变成成千上万个八位二进制数,存储在计算机中的。计算机中之所以采用二进制数进行运算是由计算机所使用的逻辑电路性能所决定的。这种逻辑电路是具有两种状态的电路(电子技术上称为触发器),使用它的好处是:电路设计相对于其他形式的电路而言结构简单、实现方便、成本低。计算机就是利用了具有两种状态的逻辑电路——触发器来表示 0 和 1 这两个数码的。

日常生活中人们接触最多的就是十进制数,我们普遍采用十进制来表示数的大小,十进制的特点是:

①有 10 个数码:0,1,2,3,4,5,6,7,8,9。人们用这 10 个数码来表示数的大小。

②它的进位规律是"逢十进一"。

例如:2889,38,86788,12345687 等就是十进制数,其中 12345687 是一个八位的十进制数。

实际上除此之外数学上还可以用其他进制来表示数的大小,如二进制、八进制、十六进制等。在计算机中采用的是二进制进行运算和处理,其原因有下列几点:

①二进制只有 0 和 1 两个数码,正好与触发器的两种状态对应,我们用触发器的一种状态表示 0,用触发器的另一种状态表示 1,这样在技术上就容易用相应的触发器和其他电子线路实现二进制的存储和运算;

②二进制数运算规则简单;

③二进制数的 0 和 1 与逻辑代数的"真"和"假"相吻合,适合于计算机进行逻辑运算;

④二进制数与十进制数之间的转换不复杂,容易实现。

二进制的特点是:

①有两个数码:0 和 1。

②它的进位规律是"逢二进一"。

例如:1010,10,1000111,11001110 等就是二进制数,其中 11001110 是一个八位的二进制数。

2. 中英文字符的编码

①字符编码

在计算机中不能直接存储英文字母或专用字符。如果想把一个字符存放到计算机中,就必须用二进制代码来表示。同时,这些字符编码涉及世界范围内的有关信息表示、交换、存储的基本问题,因此必须有一个标准。大多数计算机采用"ASCII"码作为字符编码。ASCII(American Standard Code for Information Interchange)码即"美国信息交换标准码"。ASCII 码采用 7 位二进制编码,可以表示 128 个字符:10 个阿拉伯数字 0~9、52 个大小写英文字母、32 个标点符号和运算符以及 34 个控制符。其中,0~9 的 ASCII 码为 48~57,A~Z 为 65~90,

a～z为97～122。

②汉字编码

汉字编码是针对汉字的计算机输入及机内表示设计的内码,用连续的两个字节表示,且规定每个字节的最高位为"1",这是中国国家标准。

1.2.2 计算机硬件系统组成与各部件的主要功能

1.计算机系统的组成

计算机系统由计算机硬件系统和计算机软件系统两大部分组成。硬件系统是计算机系统的物理装置即计算机的实体部分。它是由电子线路、元器件和机械部件等构成的具体装置,是看得见、摸得着的实体。软件是计算机系统中运行的程序、这些程序所使用的数据以及相应的文档的集合。计算机系统的基本组成如图1.2.1所示。

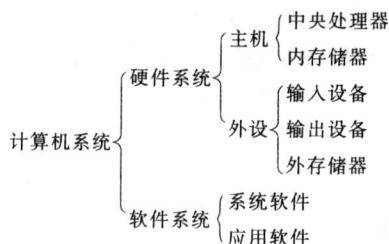

图 1.2.1

通常人们将运算器和控制器称为中央处理器(central processor unit,CPU),将中央处理器和内存储器合称为主机。将输入设备、输出设备和外存储器称为外部设备(简称外设)。下面是有关微处理器、微型计算机和微型计算机系统的基本概念。

微处理器:微型计算机的核心部分是指由一片或几片大规模集成电路组成的,具有运算器和控制器功能的中央处理器(CPU)。

微型计算机:以微处理器为核心,配上由大规模集成电路制成的存储器、输入输出接口电路及系统总线所组成的计算机,简称微型计算机。

微型计算机系统:以微型计算机为中心,配以相应的外围设备、电源和辅助电路,以及指挥微型计算机工作的系统软件,就构成了微型计算机系统。

2.计算机硬件系统的组成及各个部件的主要功能

1946年美籍匈牙利人冯·诺依曼提出了存储程序原理,奠定了计算机的基本结构和工作原理的技术基础。存储程序原理的主要思想是:将程序和数据存放到计算机内部的存储器中,计算机在程序的控制下一步一步进行处理,直到得出结果。按此原理设计的计算机称为存储程序计算机,或称为冯·诺依曼结构计算机。冯·诺依曼结构计算机由运算器、控制器、存储器、输入设备和输出设备这五大部分构成,如图1.2.2所示。

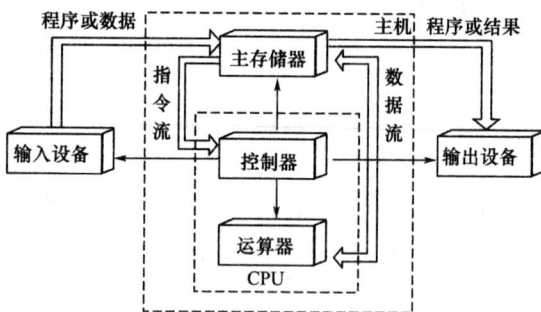

图 1.2.2

①运算器

运算器是计算机中进行算术运算和逻辑运算的主要部件,是计算机的主体。在控制器的控制下,运算器接收待运算的数据,完成程序指令指定的基于二进制数的算术运算或逻辑运算。

②控制器

控制器是计算机的指挥控制中心。控制器对从存储器中取出的指令逐条分析,然后根据指令要求,产生一系列控制命令,使计算机各部分自动、连续并协调动作,成为一个有机的整体,完成相应操作,实现程序的输入、数据的输入以及运算并输出结果。

③存储器

存储器是用来保存程序和数据,以及运算的中间结果和最后结果的记忆装置。计算机的存储系统分为内部存储器(简称内存或主存储器)和外部存储器(简称外存或辅助存储器)。内存中存放将要执行的指令和运算数据,容量较小,但存取速度快。外存容量大、成本低、存取速度慢,用于存放需要长期保存的程序和数据。当存放在外存中的程序和数据需要处理时,必须先将它们读到内存中,才能进行处理。

④输入设备

输入设备是用来完成输入功能的部件,即向计算机送入程序、数据以及各种信息的设备。常用的输入设备有键盘、鼠标、扫描仪、手写笔、触摸屏等。

⑤输出设备

输出设备是用来将计算机工作的中间结果及处理后的结果显示出来的设备。常用的输出设备有显示器、打印机、绘图仪等。

冯·诺依曼结构计算机的主要特点如下:

● 存储程序控制:要求计算机完成的功能,必须事先编制好相应的程序,并输入到存储器中,计算机的工作过程是运行程序的过程。

● 程序由指令构成,程序和数据都用二进制数表示。

● 指令由操作码和地址码构成。

● 机器以 CPU 为中心。

3.办公及家用微型计算机的硬件组成

①CPU、内存、接口和总线的概念

微型计算机包含了多种系列、档次、型号的计算机。如 IBM PC、HP PC、联想 PC 等。这些计算机的共同特点是体积小,适合放在办公桌上使用,而且每个时刻只能一人使用,因此又称为个人计算机。图 1.2.3 是 IBM PC 系列机的典型结构。

②主板

主板是固定在主机箱箱体上的一块电路板,主板上装有大量的电子元件。其中主要组件有:CMOS、基本输入输出系统(basic input and output system,BIOS)、高速缓冲存储器(cache)、内存插槽、CPU 插槽、键盘接口、软盘驱动器接口、

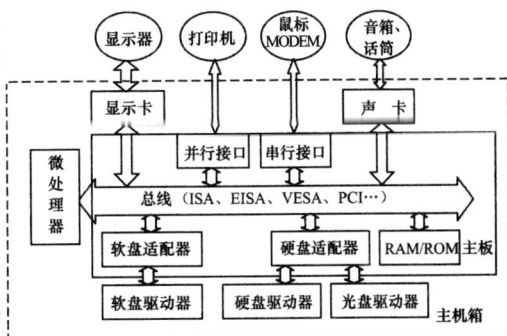

图 1.2.3

硬盘驱动器接口、总线扩展插槽(提供 ISA、PCI、AGP、PCI-E 等扩展槽)、串行接口(COM1、

COM2)、并行接口(打印机接口 LPT1)等。因此,主板是计算机各种部件相互连接的纽带和桥梁。

③中央处理器

中央处理器(CPU)是计算机的核心,计算机的运转是在它的指挥控制下实现的,所有的算术和逻辑运算都是由它完成的,因此,CPU 是决定计算机速度、处理能力、档次的关键部件。

④存储器

存储器分为内存储器和外存储器,通常简称为内存和外存。内存是计算机的主要工作存储器,一般计算机在工作时,所执行的指令及处理的数据,均从内存取出。内存的速度快,但容量有限,主要用来存放计算机正在使用的程序和数据。外存具有存储容量大、存取速度比内存低的特点,所以它用于存放备用的程序和数据等。外存中存放的程序或数据必须调入内存后,才能被计算机执行和处理。常用的外存有磁盘机、磁带机、光盘机等。

A. 有关存储容量的术语

计算机中的信息用二进制数表示。计算机的存储器由千千万万个小单元组成,每个单元存放一位二进制数(0 或 1)。存储单位使用下列术语:

- 位(bit):是二进制数的最小单位,通常用"b"表示。
- 字节(byte):以 8 位二进制数组成 1 个字节,通常用"B"表示。
- 字(word):由若干个字节组成。它也是表示存储容量的一个单位,通常我们把计算机一次所能处理的数据的最大位数称为该机器的字长,显然字长越长,一次所处理的信息越多,计算精度越高。因此,"字长"是计算机功能的一个重要标志。
- 存储容量:计算机内外存储器的容量是用字节(B)来计算和表示的,除 B 外,还常用 KB、MB、GB 作为存储容量的单位。其换算关系如下:

B(字节)　　　　1 B=8 b

KB(千字节)　　1 KB=1024 B

MB(兆字节)　　1 MB=1024 KB

GB(吉字节)　　1 GB=1024 MB

TB(太字节)　　1 TB=1024 GB

B. 内存

内存是计算机用于直接存取程序和数据的地方,因此计算机在执行程序前必须将这些程序装入内存中。从存储器取出信息称为读出;将信息存入存储器称为写入。存储器读出信息后,原内容保持不变;向存储器写入信息,则原内容被新内容所代替。内存是由半导体器件构成的,没有机械装置,所以内存的速度远远高于外存。内存又分如下两种:

- 只读存储器 ROM(read only memory)

ROM 只能读而不能写入信息,它一般用来存储固定的系统软件和字库等内容,只能被调用,而不能被重写或修改,也不会因断电而消失。

- 随机存取存储器 RAM(random access memory)

RAM 可以进行任意的读或写操作,它主要用来存放操作系统、各种应用软件、输入数据、输出数据、中间计算结果以及与外存交换的信息等。RAM 用半导体器件组成,一旦断电,信息就会丢失,所以不能永久保留。

- 内存容量

内存容量是反映计算机性能的一个很重要的指标,目前常用 1 GB、2 GB、4 GB、8 GB 、16

GB 等。

C. 外存

外部存储器包括软盘、硬盘、光盘和磁带等。外存的信息存储量大,但因为存在机械运动问题,所以存取速度要比内存慢得多。由于外存具有很大的存储容量,它可以存放大量信息。它不但存有机器开机后立即要调入的操作系统,而且还存有用户的应用软件、数据等。

由于外存大都由非电子线路来实现(例如磁介质、光介质),所以外存上的信息从原理上讲可以长期保留。外存中存放的程序或数据必须调入内存后,才能被执行和处理。

● 硬盘

硬盘的存储容量很大,它是使用温彻斯特技术制成的驱动器,将硅钢盘片连同读写头等一起封装在真空密闭的盒子内,故无空气阻力、灰尘影响。其数据存储密度大、速度快。使用时应防止振动,所以计算机通电工作时,不能搬动,也不能摇晃和撞击。新的硬盘工作前需要格式化,但使用中的硬盘不能随便格式化,否则将丢失全部数据。随着计算机的飞速发展,硬盘也由低存储容量 10 MB 发展到 2 TB,或更大。

● 光盘

光盘的读写原理与磁介质存储器完全不同,它是根据激光原理设计的一套光学读写设备。自 20 世纪 80 年代初从音响领域进入计算机领域后,在技术和应用上日趋成熟。目前,绝大部分微型计算机(PC 机)已配置了 DVD-ROM(只读光盘)驱动器。DVD-ROM 的标准容量为4.7 GB。

● U 盘

U 盘全称"USB 闪存盘",英文名"USB flash disk"。它是一个 USB 接口的无需物理驱动器的微型高容量移动存储产品,可以通过 USB 接口与电脑连接,实现即插即用,是移动存储设备之一。

⑤系统总线

微型计算机总线可以分为芯片总线(局部总线)、系统总线(又称板总线)、外总线(又称通信总线)。微处理器内部的总线,即局部总线。系统总线是用来连接各种插件板,以扩展系统功能的总线,如 PCI、AGP、PCI-Express 等。在大多数微型计算机中,显示适配器、声卡、网卡等都是以插件板的形式插入系统总线扩展槽的。外总线是用来连接外部设备的总线,如 SC-SI、IDE、SATA、USB 等。

⑥微型计算机的主要性能指标及配置

A. 运算速度

运算速度是衡量 CPU 工作快慢的指标,一般以每秒完成多少次运算来度量。当今计算机的运算速度可达每秒万亿次。计算机的运算速度与主频有关,还与内存、硬盘等的工作速度及字长有关。

B. 字长

字长是 CPU 一次可以处理的二进制位数,字长主要影响计算机的精度和速度。字长有 8位、16 位、32 位和 64 位等。字长越长,表示一次读写和处理的数的范围越大,处理数据的速度越快,计算精度越高。

C. 主存容量

主存容量是衡量计算机记忆能力的指标。容量大,能存入的字数就多,能直接接纳和存储的程序就长,计算机的解题能力和规模就大。

D. 输入输出数据传输速率

输入输出数据传输速率决定了可用的外设和与外设交换数据的速度。提高计算机的输入输出传输速率可以提高计算机的整体速度。

E. 可靠性

可靠性指计算机连续无故障运行时间的长短。可靠性好,表示无故障运行时间长。

F. 兼容性

任何一种计算机中,高档机总是低档机发展的结果。如果原来为低档机开发的软件不加修改便可以在它的高档机上运行和使用,则称此高档机为向下兼容。

微型计算机的配置日新月异,这里给出一个目前较新的计算机配置的例子:

主机——CPU:酷睿 i7　　四核处理器:i7 2600　　频率:3.4 GHz　　内存:4 GB

外存——硬盘:1 TB(1000 GB)　　光驱:DVD 刻录机

输入/输出设备——显示器:24″液晶　　显示卡:　华硕(ASUS)ENGTX560DCIITOP/2DI/1GD5 925MHz/4200MHz/1G DDR5/256bit PCI-E(芯片组 GeForce GTX 560)。无线键盘鼠标。打印机:联想(Lenovo)C8300N　彩色激光打印机

1.2.3　计算机的软件系统及分类

计算机软件是由应用程序构成的,应用程序则是由高级语言或汇编语言编写的程序构成的。汇编语言是面向机器的程序设计语言,最终所有的应用程序都被翻译成计算机中央处理器能够识别的机器语言来执行。

1. 指令

指令是指包含有操作码和地址码的一串二进制代码。其中操作码规定了操作的性质(什么样的操作),地址码表示了操作数和操作结果的存放地址。

2. 程序

程序是为解决某一问题而设计的一系列有序的指令或语句(程序设计语言的语句实质包含了一系列指令)的集合。

3. 软件

软件是能够指挥计算机工作的程序与程序运行时所需要的数据,以及与这些程序和数据有关的文字说明和图表资料的集合,其中文字说明和图表资料又称文档。

裸机的概念:不装备任何软件的计算机称为硬件计算机或裸机。

计算机硬件与软件的关系:计算机软件随硬件技术的迅速发展而发展,软件的不断发展与完善,又促进了硬件的新发展。实际上计算机某些硬件的功能可以由软件来实现,而某些软件的功能也可以由硬件来实现。

4. 软件的分类

软件是程序及开发、使用和维护程序所需要的所有文档和数据的集合。计算机的软件分为系统软件和应用软件。

①系统软件

系统软件是计算机系统的基本软件,也是计算机系统必备的软件。主要功能是管理、监控和维护计算机资源(包括硬件和软件),以及开发应用软件。它包括 4 个方面的软件:操作系统、各种语言处理程序、系统支持和服务程序、数据库管理系统。

②应用软件

应用软件是为解决计算机各类应用问题而编制的软件系统,它具有很强的实用性。应用软件是由系统软件开发的,可分为两种:

- 用户程序:用户为了解决自己特定的具体问题而开发的软件,在系统软件和应用软件包的支持下开发。
- 应用软件包:为实现某种特殊功能或特殊计算,经过精心设计的独立软件系统,是一套满足同类应用的许多用户需要的软件。

5. 程序设计语言的种类

人们使用计算机,就需要和计算机交换信息。为解决人和计算机对话的语言问题,就产生了计算机语言。计算机语言是随着计算机技术的发展,根据解决实质问题的需要逐步形成的。计算机语言包括:

①机器语言

机器语言即二进制语言,这是直接用二进制代码指令表示的计算机语言,是计算机唯一能直接识别、直接执行的计算机语言。因为不同计算机的指令系统是不相同的,所以机器语言程序没有通用性。

②汇编语言

汇编语言是用一些助记符表示指令功能的计算机语言,它和机器语言基本上是一一对应的,更便于记忆。用汇编语言编写的程序称为汇编语言源程序,需要汇编程序将汇编语言源程序汇编(即"翻译")成机器语言源程序,计算机才能执行。汇编语言和机器语言都是面向机器的程序设计语言,不同的机器具有不同的指令系统即不同的汇编语言和机器语言,一般将它们称为"低级语言"。

③高级语言

高级语言与具体的计算机指令系统无关,其表达方式更接近人们对求解过程或问题的描述方式。这是面向程序的、易于掌握和书写的程序设计语言。使用高级语言编写的程序称为"源程序",必须编译成目标程序,再与有关的"库程序"连接成可执行程序,才能在计算机上运行。

习 题 1

选择题

(1)断电后,会使存储的数据丢失的存储器是_____。

A. RAM　　　　　　B. 硬盘　　　　　　C. ROM　　　　　　D. 软盘

(2)计算机内部的数据和指令的编码是_____。

A. 十进制码　　　　B. 二进制码　　　　C. ASCII 码　　　　D. 汉字编码

(3)二进制数 10110001 相对应的十进制数应是_____。

A. 123　　　　　　B. 167　　　　　　C. 179　　　　　　D. 177

(4)十进制数 160 相对应的二进制数应是_____。

A. 10010000　　　B. 01110000　　　C. 10101010　　　D. 10100000

(5)微型计算机的微处理器芯片上集成的是_____。

A. 控制器和运算器　　　　　　　　　B. 控制器和存储器

C. CPU 和控制器　　　　　　　　　　D. 运算器和 I/O 接口

(6)保持微型计算机正常运行必不可少的输入、输出设备是_____。

A.键盘和鼠标　　　　　　　　　　　　　　B.显示器和打印机

C.键盘和显示器　　　　　　　　　　　　　D.鼠标和扫描仪

(7)在计算机程序设计语言中,可以直接被计算机识别并执行的只有_____。

A.机器语言　　　　B.汇编语言　　　　C.算法语言　　　　D.高级语言

(8)计算机系统中,最贴近硬件的系统软件是_____。

A.语言处理程序　　　　　　　　　　　　　B.数据库管理系统

C.服务性程序　　　　　　　　　　　　　　D.操作系统

(9)在计算机中,信息的最小单位是_____。

A.字节　　　　　　B.位　　　　　　　C.字　　　　　　D.KB

(10)计算机的通用性使其可以求解不同的算术和逻辑问题,这主要取决于计算机的_____。

A.高速运算　　　　B.硬件配置　　　　C.可编程性　　　　D.存储功能

(11)当前气象预报已广泛采用数值预报方法,这种预报方法会涉及计算机应用中的_____。

A.科学计算和数据处理　　　　　　　　　　B.科学计算和辅助设计

C.科学计算和过程控制　　　　　　　　　　D.数据处理和辅助设计

(12)计算机硬件的五大基本构件包括运算器、存储器、输入设备、输出设备和_____。

A.显示器　　　　　B.控制器　　　　C.硬盘存储器　　　　D.鼠标

(13)一个完备的计算机系统应该包含计算机的_____。

A.主机和外设　　　　　　　　　　　　　　B.硬件和软件

C.CPU 和存储器　　　　　　　　　　　　D.控制器和运算器

(14)通常所说的"裸机"是指的那种计算机,它仅有_____。

A.硬件系统　　　　B.软件　　　　　　C.指令系统　　　　D.CPU

(15)计算机中的运算器的主要功能是完成_____。

A.代数和逻辑运算　　　　　　　　　　　　B.代数和四则运算

C.算术和逻辑运算　　　　　　　　　　　　D.算术和代数运算

(16)计算机各部件传输信息的公共通路称为总线,一次传输信息的位数称为总线的_____。

A.长度　　　　　　B.粒度　　　　　　C.宽度　　　　　　D.深度

(17)按照总线上传输信息类型的不同,总线可分为多种类型,以下不属于总线的是_____。

A.交换总线　　　　B.数据总线　　　　C.地址总线　　　　D.控制总线

(18)超市收款台检查货物的条形码,这属于计算机系统应用中的_____。

A.输入技术　　　　B.输出技术　　　　C.显示技术　　　　D.索引技术

(19)下述对软件配置的叙述中不正确的是_____。

A.软件配置独立于硬件　　　　　　　　　　B.软件配置影响系统功能

C.软件配置影响系统性能　　　　　　　　　D.软件配置受硬件的制约

(20)操作系统是一种_____。

A.系统软件　　　　B.应用软件　　　　C.工具软件　　　　D.调试软件

(21)"64 位微型计算机"中的 64 指的是_____。

A.微机型号　　　　B.内存容量　　　　C.运算速度　　　　D.机器字长

第 2 章　Windows XP 操作

2.1　文件的概念

在计算机中我们经常要与文件打交道,那么计算机中的文件同我们日常生活中所见的文件有什么区别呢?它是如何产生的?这些文件在计算机中是如何存放、管理的?这是我们需要弄清楚的问题。

2.1.1　计算机中文件的产生

我们知道计算机中能够保存各种各样的信息,一篇文章、一幅图画和照片、一首音乐、一段程序我们都可以保存在计算机上。但是需要清楚的是,上述的这些东西,不可以直接放进计算机。必须通过相应的转换设备,把它们变成成千上万个八位二进制数,存储在计算机中。换句话说我们就是通过转换设备,将这些东西里面所包含的信息提取出来,以八位二进制数的形式,保存到计算机的磁盘上。这个过程可以用图 2.1.1 加以说明。

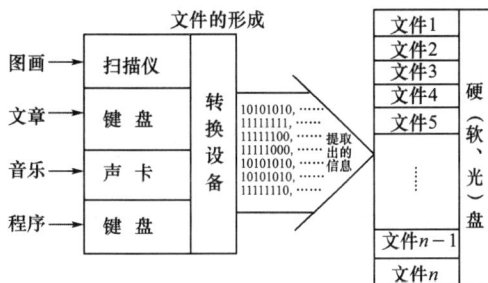

图 2.1.1

在图 2.1.1 中,可以看到图画通过对应的转换设备——扫描仪,变成了许许多多的八位二进制数;文章通过相应的转换设备——键盘,变成了许许多多的八位二进制数;音乐通过相应的转换设备——声卡,也转换成了许许多多的八位二进制数;程序通过相应的转换设备——键盘变成了许许多多的八位二进制数。我们再将图画变成的八位二进制数放在一起作为一个文件存放起来;同样将文章转换出来的八位二进制数作为一个文件存放起来;将音乐转换出来的八位二进制数作为一个文件存放起来;将一段程序通过键盘转换出来的八位二进制数作为一个文件存放起来。我们可以通过这种方式将自然界的各种信息,通过转换设备变成一串八位二进制数,并将其作为一个文件,存放在计算机的磁盘上。因此计算机的磁盘上就形成了成千上万个文件,这就是磁盘上文章、音乐、程序、图画的文件的产生。

2.1.2 计算机中的文件名

图 2.1.2 给出了一个文件的示意图,从图中我们看到计算机中八位二进制数,就是由 0 和 1 组成的一个二进制数。为了方便起见,在计算机中通常把一个八位二进制数称作一个字节。从图中我们可以看出,一个文件是由成千上万个字节组成的。由于在计算机当中可以形成许多文件,而每一个文件里面包含的信息是不同的,所以为了区别每一个文件必须给每一个文件起个名称,即文件名。

二 进 制 数

八位二进制数: 10100001

八位二进制数又称为一个字节

一个文件是由成千上万个八位二进制数组成的

文件
```
1001000, 10100000,  10101000,  11111111,
1111100,  00001010,  00001010,  11000000,
1010101,  00001111,  11101010,  11111111,
1010111,

11100001,10101011,  ………… 00101010
```

图 2.1.2

在计算机中文件起名是有一些规定的,从图 2.1.3 中我们可以看出计算机中的文件名由两个部分组成,即文件名和扩展名。扩展名是为了区别文件的类型的,就像我们人名的姓一样。在扩展名和文件名之间有一个符号就是小圆点,从图中我们可以看出文件名、扩展名可以由字母、符号、数字、汉字组成。至于如何组合是没有什么限制的。但是起文件名的时候,要注意尽量便于识别、记忆和了解文件里面的内容。比如:该文件是一篇总结,那么起名字的时候最好就用总结作为文件名。

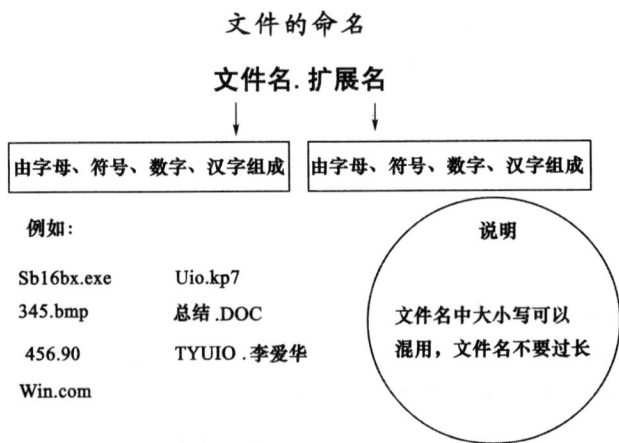

文件的命名

文件名.扩展名

由字母、符号、数字、汉字组成	由字母、符号、数字、汉字组成

例如:

Sb16bx.exe   Uio.kp7

345.bmp   总结 .DOC

456.90   TYUIO .李爱华

Win.com

说明

文件名中大小写可以混用,文件名不要过长

图 2.1.3

从图 2.1.3 中我们可以看到第一个文件名由字母和数字构成,扩展名由字母构成。第二文件名全部由数字构成,扩展名全部由字母构成。第三个文件名全部由数字构成,扩展全部由数字构成。第四个文件名全部由字母构成,扩展名全部由字母构成。第五个文件名全部由字母构成,扩展名由字母和数字构成。第六个文件名全部由汉字构成,扩展名全部由字母构成。第七个文件名全部由字母构成,扩展名全部由汉字构成。所以文件起名的时候只要按照规定做就可以了。对其字母、符号、数字、汉字组成的组合是没有什么限制的。

需要说明的是某些字符是不能出现在文件名中的,它包括:

空格符及控制字符、\、/、[、]、:、[、|、<、>、=、;

下面则是可以用的字符:

英文字母:A～Z,a～z 大小写共 52 个。

数字符号:0～9。

特殊字符:—、·、$、—、!、#、&、{、}、(、)、@等。

在 Windows 操作系统中,文件名最多允许达到 255 个字符。

2.1.3　文件的存放与文件的类型

1. 文件的存放

在计算机中形成的许许多多的文件是存放在外部存储器硬盘、软盘、光盘中的。一般计算机至少有两个标准的外部存储器,即硬盘和光盘。图 2.1.4 给出了在计算机中文件存放示意图。

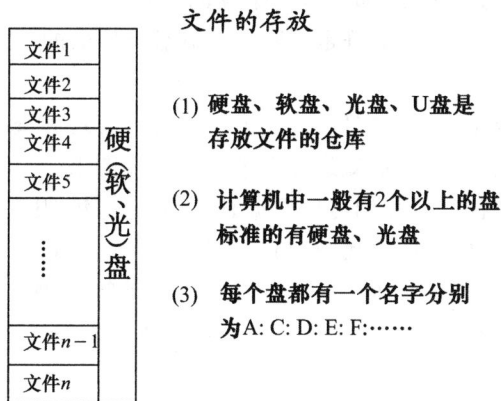

文件的存放

文件1	
文件2	
文件3	硬
文件4	(软、光)
文件5	盘
……	
文件 $n-1$	
文件 n	

(1) 硬盘、软盘、光盘、U盘是
存放文件的仓库

(2) 计算机中一般有2个以上的盘
标准的有硬盘、光盘

(3) 每个盘都有一个名字分别
为A: C: D: E: F:……

图 2.1.4

2. 扩展名

在计算机中由于不同的文件类型有不同的文件格式,所以用不同的扩展名来标识不同类型的文件,因此扩展名主要用于区分文件的类型。不同的软件生成的文件是不同的,其扩展名自然就不同。下面是我们常见的扩展名类型,我们只要了解就可以了。

sys	系统专用文件名	jpg	数字动画文件
int	配置文件	mpg	压缩的视频文件
bat	批处理文件	c	C 语言源程序文件
dll	动态链接库文件	doc	Word 文档
com	系统命令文件	txt	文本文件
exe	可执行程序文件	bak	备份文件
hlp	帮助文件	ppt	PowerPoint 文件
bmp	位图文件	xls	Excel 工作簿

3. 通配符

在文件名中使用通配符就可以成批地对文件进行操作处理,把带有通配符的文件名称为

"通配文件名",一个通配符可以代表一批文件、文件通配符有两个:"＊"和"?"。

"＊":可以代表任何一串字符(字符数不限),如:

＊.doc——表示所有扩展名为 DOC 的文件,不管文件名是什么,有几个字符。

"?":可以代表任何一个字符(只能代表一个字符),如:

? fyb.doc——表示第一个字符随便是什么,后面的字符为 fyb.doc 的所有文件。

使用通配符可以提高工作效率。例如:我们要让计算机找出所有扩展名为 DOC 的文件,这时我们只要输入"＊.DOC",计算机就会找出所有扩展名为 DOC 的文件。

2.1.4　计算机中文件的管理

1.盘符

计算机中的文件是存放在硬盘、光盘、软盘、U 盘上的。标准的计算机上一般配有一个硬盘、一个光盘用来存放文件。也有的计算机上还有一个软盘。这些盘都有自己的名称,我们叫盘符,盘符的写法是"字母＋:"。其中软盘盘符为 A:;硬盘盘符为 C:;光盘则是硬盘后面的一个字母也就是 D:。但是通常硬盘很大有 80 GB 以上,所以我们常把硬盘分为几个相对较小的盘。比如:把一个硬盘分为三个盘,那么这三个盘的盘符为 C:、D:、E:。也就是 C 盘、D 盘、E盘。光盘的盘符则为 F:。U 盘的盘符是紧跟在光盘盘符后面的,这里就为 G:。

2.路径

在计算机中保存着成千上万个文件,为了方便文件的管理和查找,我们仿照图书管理的方式,将计算机的文件分类存放。我们知道在图书馆里是将图书分类存放的,大的类别下面还有小类别,这样存放的好处就在于,我们可以根据它的目录结构,很方便地找到某一本书。在图2.1.5 中我们可以看到,如果我们想找"接口技术",就可以先找到"计算机"目录→再找到"计算机硬件"目录→最后找到接口技术。实际上计算机→计算机硬件→接口技术就是我们寻找"接口技术"的途径或者路径。也可以说计算机→计算机硬件→接口技术就是"接口技术"这本书在图书馆里的地址。

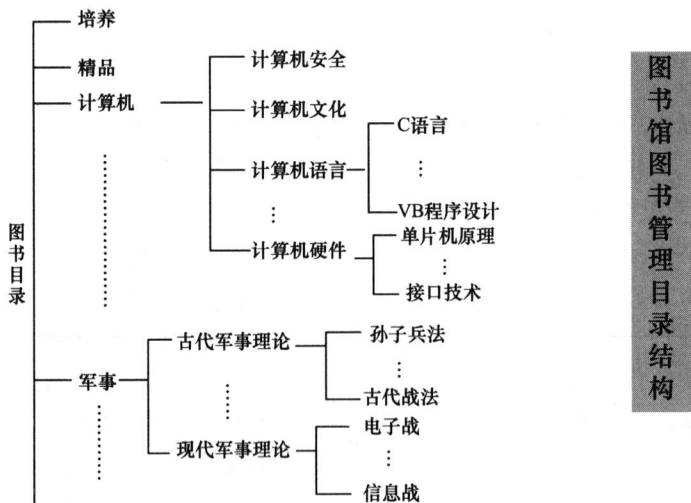

图 2.1.5

在计算机中文件管理正是仿照图书的管理方式存放的。我们在磁盘上建立多个目录,把相同类型的和相互有关联的文件放在同一个目录当中。这样一来计算机中的每一个文件原则上都属于某一个目录。因此我们可以看到计算机中的文件摆放是很有秩序,很有规律的。图 2.1.6 给出了某台计算机上 C 盘的文件目录结构。从这个结构图上,我们可以看到每一个文件都是属于某个目录。最左边的一根粗线是起点称为根目录,右侧的细线代表子目录。这样一来根据这个目录结构,我们的每一个文件都可以有一个描述自己位置的地址,也就是该文件的地址,又称为**路径**。

图 2.1.6 的右侧给出了几个文件的路径,路径的写法是有规定的。下面就根据图2.1.6举例说明如何写一个文件的路径。

磁盘上的文件目录结构

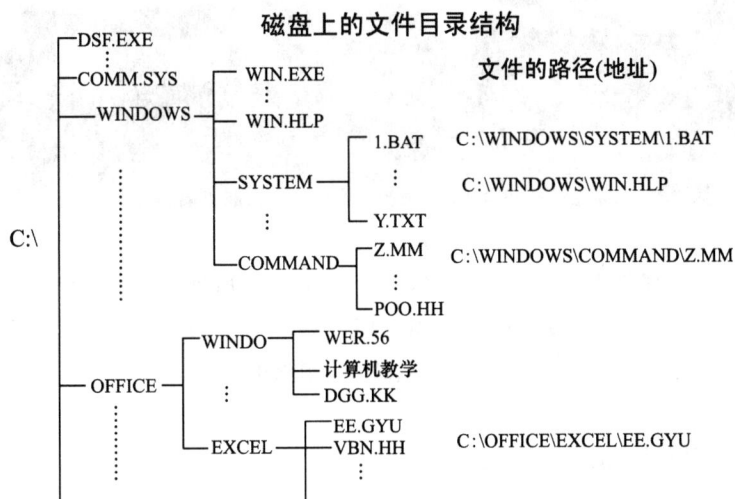

图 2.1.6

①1. BAT 文件的路径是:C:\WINDOWS\SYSTEM\1. BAT

我们可以这样来描述:1. BAT 是在 C 盘根目录下的 WINDOWS 目录下的 SYSTEM 目录下。

②WIN. HLP 文件的路径是:C:\WINDOWS\WIN. HLP

我们可以这样来描述:WIN. HLP 是在 C 盘根目录下的 WINDOWS 目录下。

③Z. MM 文件的路径是:C:\WINDOWS\ COMMAND \Z. MM

我们可以这样来描述:Z. MM 是在 C 盘根目录下的 WINDOWS 目录下的 COMMAND 目录下。

④EE. GYU 文件的路径是:C:\OFFICE\EXCEL\EE. GYU

我们可以这样来描述:EE. GYU 是在 C 盘根目录下的 OFFICE 目录下的 EXCEL 目录下。

2.2　初学计算机操作

启动计算机后,我们看到的画面就是图 2.2.1 所示的画面。虽然每台计算机的启动画面都不完全一样,但是画面中的几个主要部分都是有的。在图中的那部分小图形,我们叫做**图标**;而背景部分我们称为**桌面**;最底下的一小条称为**状态栏**。我们把屏幕上可见的任何东西又统称为**对象**。上述的四个概念后面要常用到,请记住。

图 2.2.1

桌面上每个小图标都代表一个应用程序,每个应用程序所能做的事情是不一样的。双击某个小图标,就可以打开(又叫启动)这个应用程序。启动这个应用程序后就可以在其中完成某项工作。桌面上的小图标是可以改名、复制、移动、删除的。

2.2.1 键盘的操作

1. 键盘分区

标准键盘主要包括五个区域(见图 2.2.2):

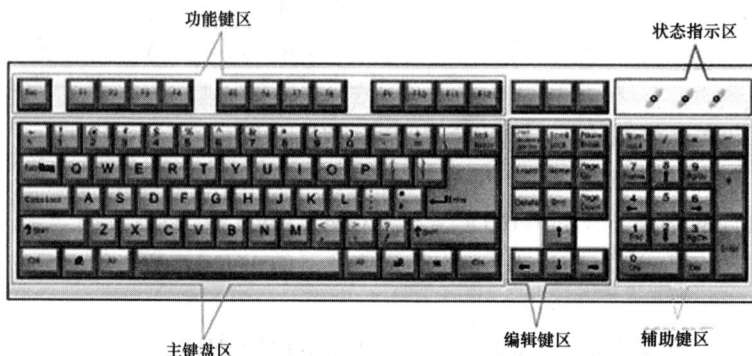

图 2.2.2

功能键区:功能键区上的各个键在不同的操作系统或软件中具有不同的功能。所以要结合实例介绍,这里不作说明。

主键盘区:数字、字母以及常用的标点、符号和功能控制键。

编辑键区:主要用做光标控制、文本编辑功能。

辅助键区(或称数字小键盘):专用数字输入或作为编辑键使用,可通过按辅助键区上的 Numlock 键来开关该键盘。当关时该键盘不可用。

状态指示区:是三个小灯,指示大小写状态、辅助键区开关状态等。

2.手指分工

正确的键盘指法是提高计算机信息输入速度的关键,因此,初学计算机的用户必须从开始就严格按照正确的键盘指法进行学习,这是进一步学好汉字输入的基础。每个手指指定的基本键见图2.2.3。除此之外每个手指还分工有其他的字母键,称为它的范围键。其中各指有固定敲击的键,具体见图2.2.4。从图中可以看出左食指可敲击的是 4、R、F、V、5、T、G、B;左中指可敲击的是 3、E、D、C⋯⋯

准备打字时,除拇指外其余的八个手指分别放
在基本键上,拇指放在空格键上,十指分工,包键
到指,分工明确。

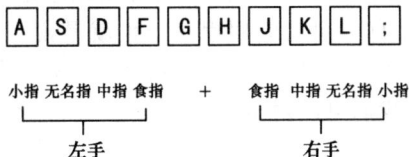

图 2.2.3

图 2.2.4

3.击键姿势

①手腕要平直,手臂要保持静止,全部动作仅限于手指部分。

②手指弯曲,轻放于字键中央,拇指轻置于空格键上,见图2.2.5。

图 2.2.5

③输入时,手抬起,只有击键手指才可伸出击键,击完键后立即缩回;不可停留在已击键上。

④用相同节拍轻轻有弹性击键,不可用力过猛,也不能过轻。

⑤大拇指横着向下击空格键并立即收回;右手小指击一次回车键,立即退回基本键位上。

2.2.2　鼠标的操作

(1)指向:移动鼠标使屏幕上的箭头指到某个对象上。

(2)**单击**:轻点鼠标的左键(见图 2.2.6)。

(3)**双击**:快速连续点两下鼠标左键。

(4)**拖动**:指向某个对象,并按住左键不放同时移动鼠标。

(5)**右击**:轻点鼠标的右键。

图 2.2.6

2.2.3 窗口的组成及其操作

双击"我的电脑"图标 ,出现图 2.2.7。这是一个标准的窗口,在 Windows 中,一个窗口就是一个应用程序,每个应用程序都是为了进行某项工作而设计的。比如:文字处理的应用程序是 Word;电子表格的应用程序是 Excel;绘画的应用程序是画图。

我们把打开应用程序窗口,称为启动应用程序。也就是说当一个应用程序的窗口打开以后,这个应用程序就被启动了,我们就可以在这个应用程序窗口中做能够做的事情了。在"我的电脑"这个应用程序窗口中,我们可以对电脑中的文件进行管理。下面就以图 2.2.7 为例,介绍窗口的组成与操作。

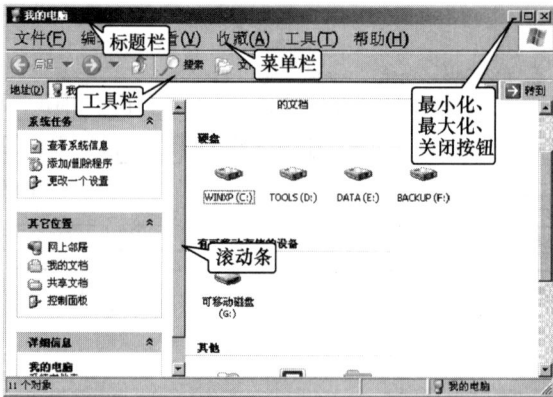

图 2.2.7

1.窗口的组成

①**标题栏**:是窗口的标识,表明该软件的名称。

②**菜单栏**:菜单栏是软件中所有命令在窗口上的分类显示。

③**工具栏**:是将常用的命令以工具图标的形式显示在窗口上。

④**滚动条**:是用来翻看窗口中被遮挡部分的内容的。

⑤**最大化按钮**:是将窗口放大到整个屏幕大小的按钮。

⑥**最小化按钮**:是将窗口缩小到屏幕的状态栏上的按钮。

⑦**关闭按钮**:是将窗口关闭,使窗口消失的按钮。同时应用程序也退出(关闭)。

2.窗口的操作

①**最小化窗口**:在图 2.2.7 中,单击右上角的最小化按钮 ,则窗口缩小到屏幕底部的状态栏上,见图 2.2.8。

图 2.2.8

②**最大化窗口**:在图 2.2.7 中,单击右上角的最大化按钮 ,则窗口放大到整个屏幕大小,且 变为 (还原按钮)。

③关闭窗口:在图 2.2.7 中,单击右上角的关闭按钮 ☒,窗口将消失。

④还原窗口:单击最大化后的窗口右上角的还原按钮 ▣,则窗口还原到最大化前的大小,即图 2.2.7 那么大。

⑤移动窗口:在图 2.2.9 中,将鼠标指在标题栏上并拖动鼠标,则窗口就可被移动。

⑥调整窗口的大小:将鼠标指针慢慢移到窗口的边框线上,使其变为双箭头,见图2.2.9,拖动鼠标,则窗口的边线就被拖动了,这样可任意改变窗口的大小。

⑦**滚动显示窗口中的内容**:在图 2.2.9 中,拖动滚动条可滚动显示窗口中其他的内容。

图 2.2.9

习 题 2

填空题

(1)计算机中能够保存各种各样的东西,如一篇文章、一幅图画和照片、一首音乐、一段程序等,通过转换设备,能将这些东西里面所包含的信息提取出来,以_____的形式,保存到计算机的磁盘上。

(2)计算机中文件起名是有一些规定的,计算机中的文件名由两个部分组成即_____。

(3)扩展名主要用于区分文件的_____。

(4)在文件名中使用通配符就可以成批地对文件进行操作处理,把带有通配符的文件名称为"通配文件名",一个通配符可以代表一批文件,文件通配符有两个即_____和_____。

(5)计算机中的文件是存放在硬盘、_____、U盘上的,这些盘都有自己的名称,我们叫盘符,盘符的写法是_____。

(6)每一个文件都可以有一个描述自己位置的地址,也就是该文件的地址。该地址又称为_____。

(7)启动计算机后,我们在屏幕上看到的那些小图形,叫做_____;而屏幕的背景部分我们叫做_____;最底下的一小条称为_____。

(8)标准键盘主要包括五个区域,它们是_____、_____、_____、_____、_____。

(9)移动鼠标使屏幕上的箭头指到某个对象上叫_____,指向某个对象,并按住左键不放,同时移动鼠标叫_____。

(10)窗口的组成部分有:①标题栏、②_____、③工具栏、④_____、⑤最大化按钮、⑥最小化按钮、⑦关闭按钮。

第3章　资源管理器的使用

3.1　资源管理器简介

资源管理器是一个用来管理文件、文件夹的软件（**特别说明：在资源管理器中我们把目录称为文件夹，请读者记住目录＝文件夹。后面我们将以文件夹取代我们前面说的目录这个名称**）。通过这个软件，我们可以查看计算机硬盘中的文件；以各种形式显示硬盘中的文件；还可以对硬盘中的文件进行复制、移动、删除、重命名；以及建立文件夹（目录）、调整文件夹（目录）结构；整理和调整文件、文件夹（目录）的存放位置；从而实现对文件和文件夹（目录）的管理职能。所以资源管理器是我们管理计算机硬盘中文件十分有用的工具，也是我们必须掌握的基本工具。掌握了它会给我们后面的学习提供很大的帮助。

打开资源管理器的步骤如下：

👣 **步骤**　①右击"开始"按钮。　②单击"资源管理器"（在图3.1.1中），出现图3.1.2。

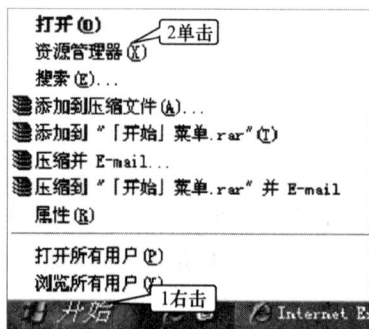

图 3.1.1

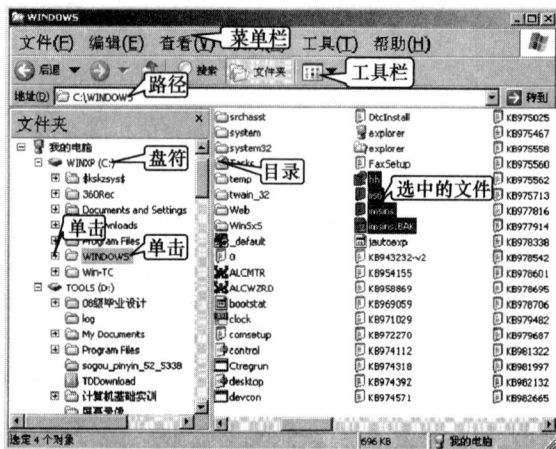

图 3.1.2

在图3.1.2中"菜单栏"中有各种操作的命令菜单；"工具栏"中是常用的操作命令菜单的按钮；"路径"是选中的文件和文件夹的路径（地址）；"目录"就是文件夹；"盘符"是C、D、E盘的符号；反白的为选中的文件或者是文件夹。

3.2　对文件和文件夹的各种操作

图3.2.1是图3.1.2左侧窗口所显示的文件夹的结构（目录结构），其中，文件夹前面带

"十"号的表示该文件夹下面还有下一级文件夹,文件夹前面带"一"号的表示该文件夹已经展开。在图中用双点划线标注的那一层文件夹是根目录下的文件夹,双点划线则表示的是根目录。单击文件夹前面的"十"号可以展开文件夹;单击文件夹前的"一"号可以折叠文件夹,也就是说把展开的文件夹收起来。

3.2.1　文件和文件夹的查看

1.查看文件夹的内容

步骤　**单击要查看的文件夹（WINDOWS）**(在图 3.1.2 中),则窗口右边显示的就是该文件夹里面包含的文件夹和文件,图 3.1.2 中窗口右边显示的是 WINDOWS 下面的文件和文件夹。

2.文件夹的展开与折叠

步骤 1　**单击 WINDOWS 文件夹前的"十"号**(在图 3.2.1 中),可展开文件夹。展开后的结果见图 3.2.2。

步骤 2　**单击 WINDOWS 文件夹前的"一"号**(在图 3.2.2 中),可折叠文件夹。折叠后的结果见图 3.2.3。

图 3.2.1

图 3.2.2

3.改变窗口中文件的显示方式

窗口中的文件可以以不同方式来显示,需要按照哪种方式显示,则完全由你来决定。改变显示方式的方法如下:

步骤 1　①单击"查看"。　②单击"缩略图"(在图 3.2.4 中),则文件和文件夹就以大图标缩略图形式显示,结果见图 3.2.4。

图 3.2.3

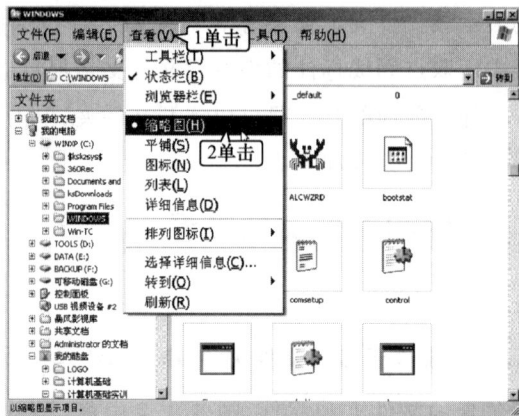

图 3.2.4

特别声明：后面将用单击"查看\大图标"的表示方式来取代：①单击"查看" ②单击"缩略图"的表示方式，其意思是：单击"查看"菜单下面的"缩略图"菜单。

步骤2 单击"查看\平铺"（在图 3.2.5 中），则文件和文件夹就以平铺形式显示，结果见图 3.2.5。

步骤3 单击"查看\图标"（在图 3.2.6 中），则文件和文件夹就以图标形式显示，结果见图 3.2.6。

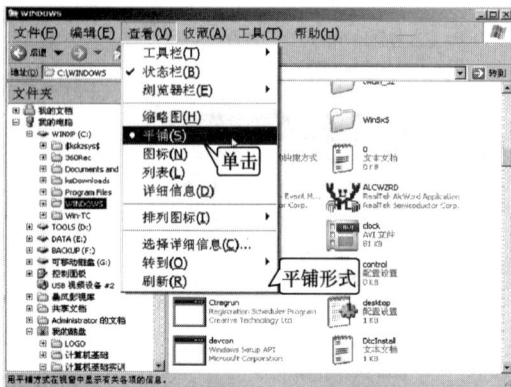

图 3.2.5

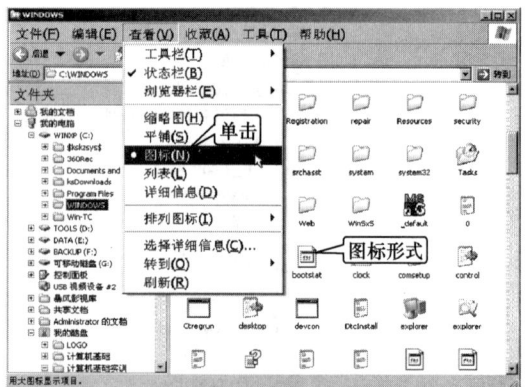

图 3.2.6

步骤4 单击"查看\列表"（在图 3.2.7 中），则文件和文件夹就以列表形式显示，结果见图 3.2.7。

步骤5 单击"查看\详细信息"（在图 3.2.8 中），则文件和文件夹就以详细资料形式显示，结果见图 3.2.8。在这种形式下我们可以看到文件的名称、大小、类型和修改时间。这对我们查找文件是很有帮助的。

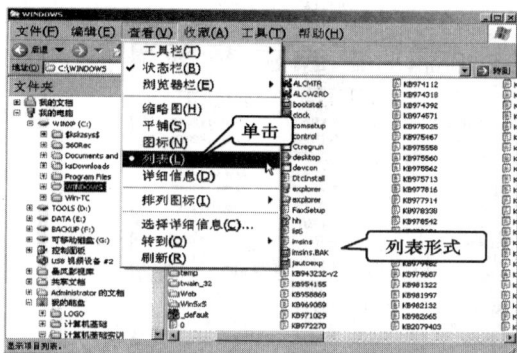

图 3.2.7

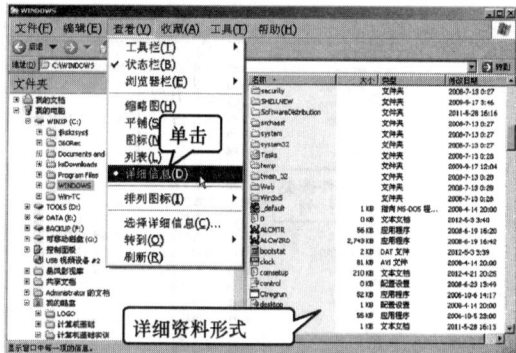

图 3.2.8

4．文件排列方式的调整

如果我们需要在文件夹中寻找文件的话，那么就需要根据我们自己掌握的文件的有关信息即文件名、大小、类型、修改日期来寻找文件。为了方便寻找，我们需要将文件按照所掌握的信息状况进行排列。

步骤 1　单击"查看\详细信息"（参见图 3.2.8），则文件和文件夹就以详细资料形式显示，结果见图 3.2.9。

步骤 2　单击"名称"（在图 3.2.9 中），则文件将按文件名的第一个字母（A～Z）顺序排列，排列后的结果见图 3.2.9，排列后我们就可根据字母（A～Z）顺序来较为方便地找到文件了。

步骤 3　单击"大小"（在图 3.2.10 中），则文件将按文件大小顺序排列，排列后的结果见图 3.2.10。排列后我们就可根据文件大小顺序来快速找到文件。

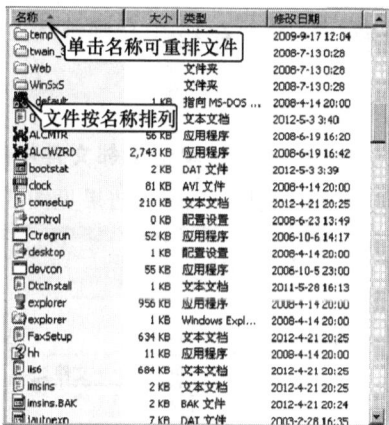

图 3.2.9

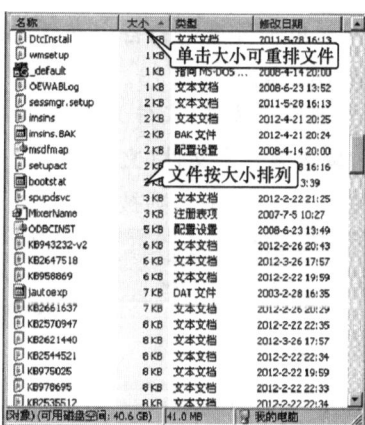

图 3.2.10

步骤 4　单击"类型"（在图 3.2.11 中），则文件将按文件类型排列，排列后的结果见图 3.2.11，排列后我们就可根据文件类型的排列来快速找到文件。

步骤 5　单击"修改日期"（在图 3.2.12 中），则文件将按文件的修改时间排列，排列后的结果见图 3.2.12，排列后我们就可根据文件修改的时间顺序来快速找到文件。

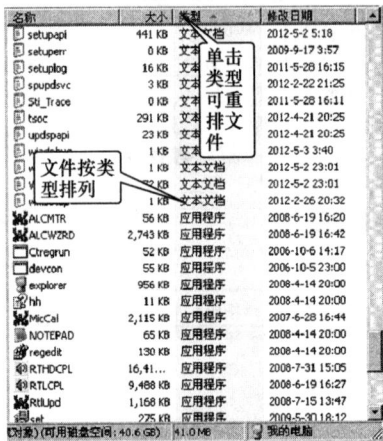

图 3.2.11

图 3.2.12

3.2.2 文件和文件夹的选定方法

选定是非常重要的操作,每一个软件中都会有选定操作,选定的方法也类似。所以掌握本节的选定方法,可以举一反三,在其他软件中应用。需要记住的是:我们这里所做的选定的目的是为了下面对被选定的对象进行复制、删除、移动等操作。**选定文件和文件夹的方法是一样的**。

1.选定单个文件或文件夹

步骤 单击要选定的文件或文件夹。

2.选定不相邻的多个文件(文件夹)

步骤 1 按住 Ctrl 键。

步骤 2 同时单击要选定的各个文件(文件夹)(在图 3.2.13 中),则被选定的文件(文件夹)就反白显示,结果见图 3.2.13。

3.选定相邻的多个文件(文件夹)

步骤 ①单击第一个文件(文件夹)。 ②按住 Shift 键单击相邻文件中的最后一个文件(文件夹)(在图 3.2.14 中),则被选定的文件(文件夹)就反白显示,结果见图 3.2.14。

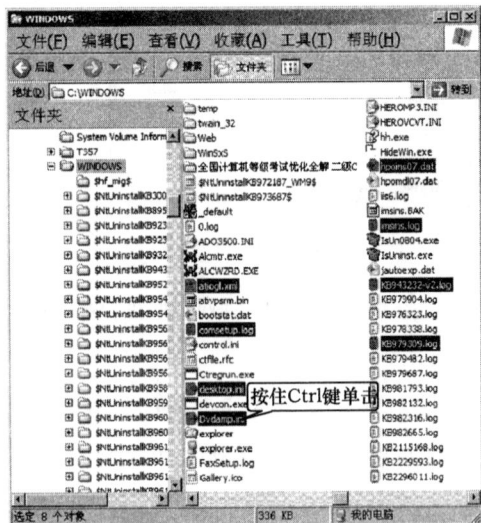

图 3.2.13

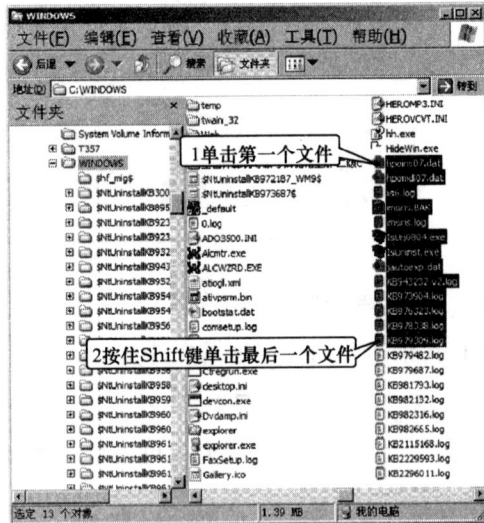

图 3.2.14

4. 选定全部文件(文件夹)

步骤　单击"编辑\全部选定"(在图 3.2.15 中),则窗口中的文件(文件夹)被全部选定并反白显示,结果见图 3.2.15。

5. 取消已选定的几文件(文件夹)

步骤　按住 Ctrl 键,单击要取消选定的文件(文件夹)(在图 3.2.16 中),则窗口中被单击的文件(文件夹)恢复正常显示。

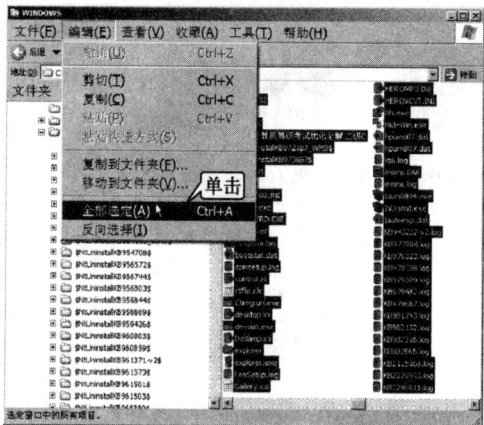

图 3.2.15

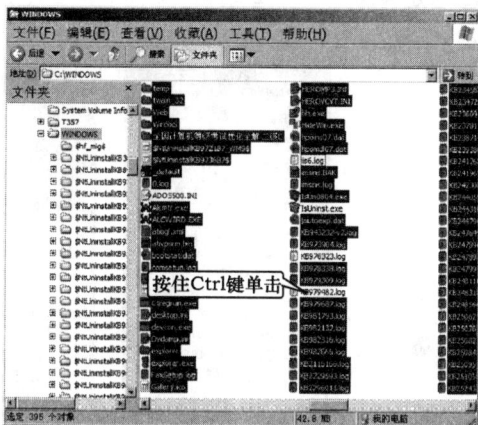

图 3.2.16

3.2.3　文件和文件夹的管理

1. 新建一个文件夹

步骤 1　①选定一个文件夹。这个文件夹是你想要在它下面新建文件夹的那个文件夹,这里我们选定 D 盘即 D 盘的根目录。　②单击"文件\新建\文件夹"(在图 3.2.17 中),这时会在 D 盘根目录下出现一个名称为"新建文件夹"的文件夹。

步骤 2　输入文件夹名"123"(在图 3.2.18 中)。

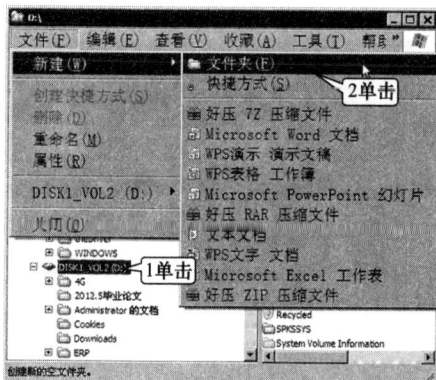

图 3.2.17

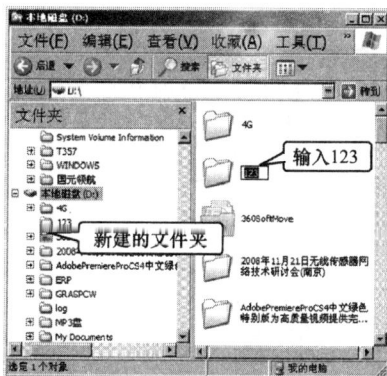

图 3.2.18

步骤 3　按回车键,这时会在 D 盘根目录下出现一个新建的文件夹 123,见图 3.2.18。

下面再给几个例子说明文件夹的新建操作:

例 1　在 123 下建一个 456 文件夹。

①选定 **123**。　②单击"文件\新建\文件夹"。　③输入文件夹名"**456**"。　④按回车键,结果见图 3.2.19。

例 2　在 123 下建一个 ABC 文件夹。

①选定 **123**。　②单击"文件\新建\文件夹"。　③输入文件夹名"**ABC**"。　④按回车键,结果见图 3.2.20。

例 3　在 456 下建一个 789 文件夹。

①选定 **456**。　②单击"文件\新建\文件夹"。　③输入文件夹名"**789**"。　④按回车键,结果见图 3.2.21。

图 3.2.19　　　　图 3.2.20　　　　图 3.2.21

2. 复制文件(文件夹)

需要说明的是复制文件和文件夹的操作是完全相同的,这里所作的操作是以复制文件为例介绍的,复制文件夹的操作也同样如此。

步骤 1　选定要复制的文件(在图 3.2.22 中),注意复制文件后原来位置的文件还存在。

步骤 2　单击"编辑\复制"(在图 3.2.23 中),这时文件就被放到了一个叫剪贴板的地方暂存起来了。

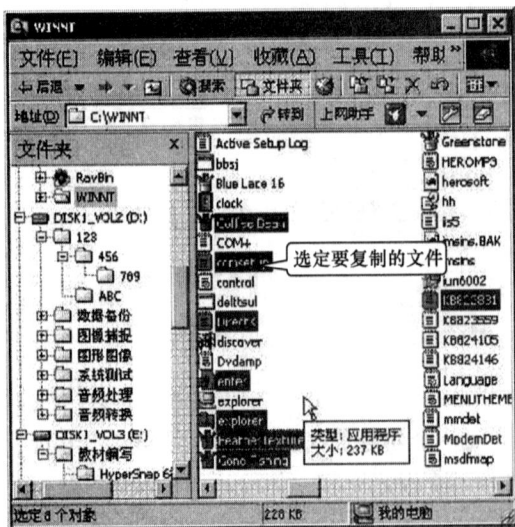 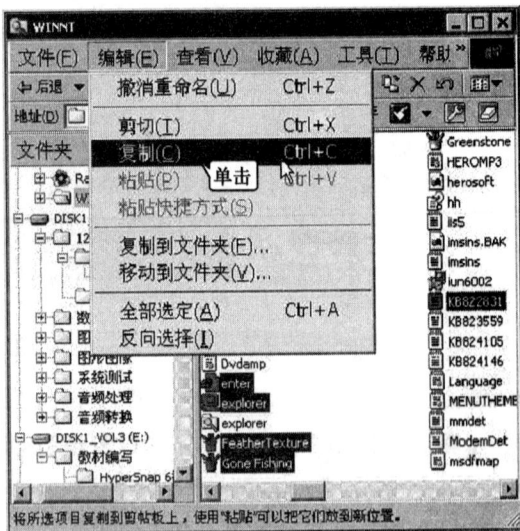

图 3.2.22　　　　　　　　　　图 3.2.23

步骤 3 ①单击目标文件夹 **123**，以指定复制文件目的地。　　②单击"编辑\粘贴"（在图 3.2.24 中）则剪贴板中的文件就被放进了（复制到）目标文件夹，单击 123 就可看到复制过来的文件，见图 3.2.25。

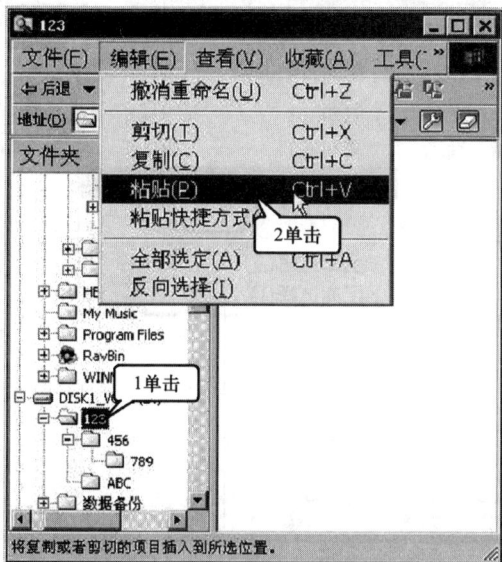

图 3.2.24

图 3.2.25

3.移动文件（文件夹）

步骤 1 **选定要移动的文件（文件夹）**（在图 3.2.26 中），这里在 123 中选定 3 个文件，注意移动文件（文件夹）后原来位置的文件（文件夹）就不存在了。

步骤 2 单击"编辑\剪切"（在图 3.2.27 中），这时文件（文件夹）就被放到了一个叫剪贴板的地方暂存起来了。

图 3.2.26

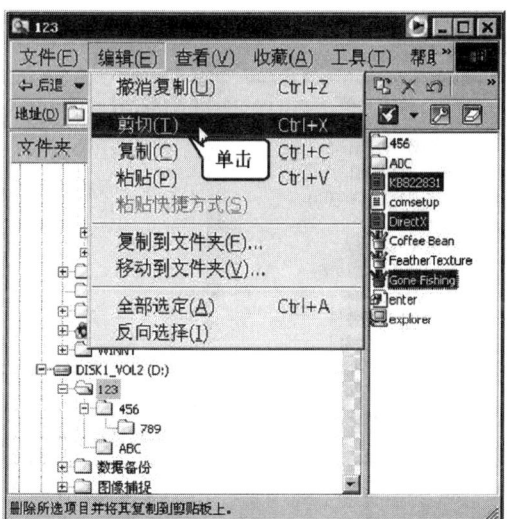

图 3.2.27

步骤 3 **单击目标文件夹 789**（在图 3.2.28 中），指定移动文件目的地。

步骤4 单击"编辑\粘贴"（在图 3.2.29 中），则上面在 123 中选定的 3 个文件，便被移动到 789 中了。单击 789 就可看到移动过来的文件，见图 3.2.30。

图 3.2.28

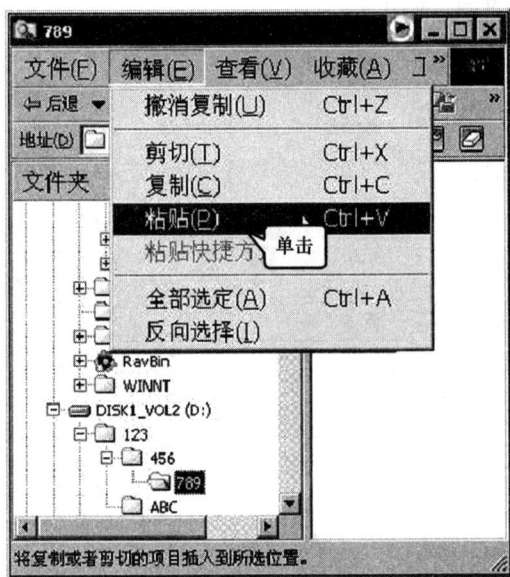

图 3.2.29

4.删除文件（文件夹）

步骤1 ①选定要删除的文件（文件夹）。　②单击"文件\删除"（或按 Delete 键）（在图 3.2.31 中），出现图 3.2.32。删除的文件放入回收站，可恢复。

图 3.2.30

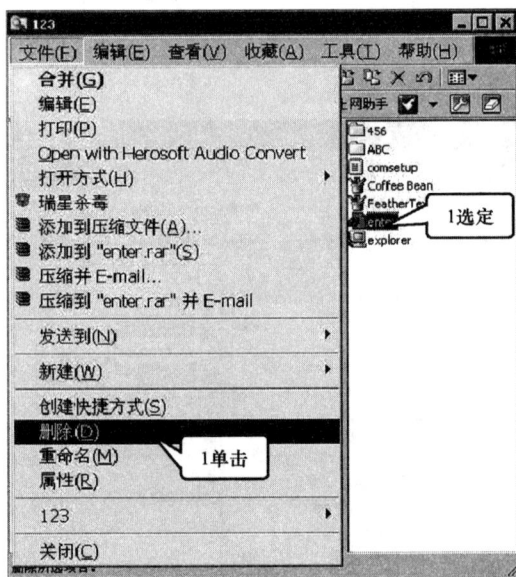

图 3.2.31

图 3.2.32

步骤 单击"是"按钮（在图 3.2.32 中），由于删除操作是破坏性的操作，所以这个对话框是提醒你再次确认是否真的要作删除操作。如果没有疑问的话，则单击"是"按钮。如果是误操作的话则单击"否"按钮。

5.文件(文件夹)的改名

步骤 ①选定要改名的文件(文件夹)。 ②单击"文件\重命名"（在图 3.2.33 中）。

步骤 输入新文件名"浏览器"，并按回车键（在图 3.2.34 中）。

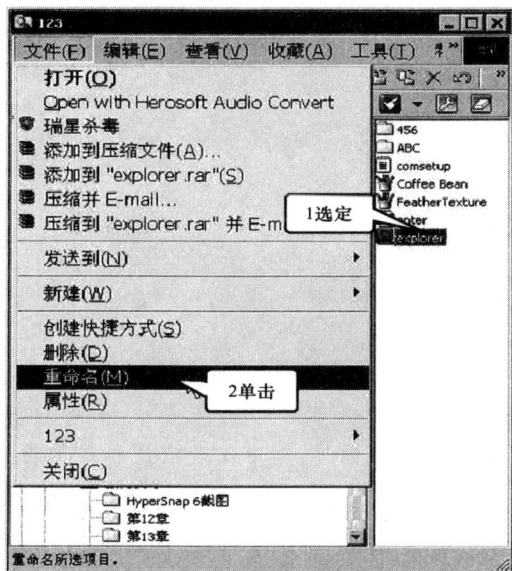

图 3.2.33

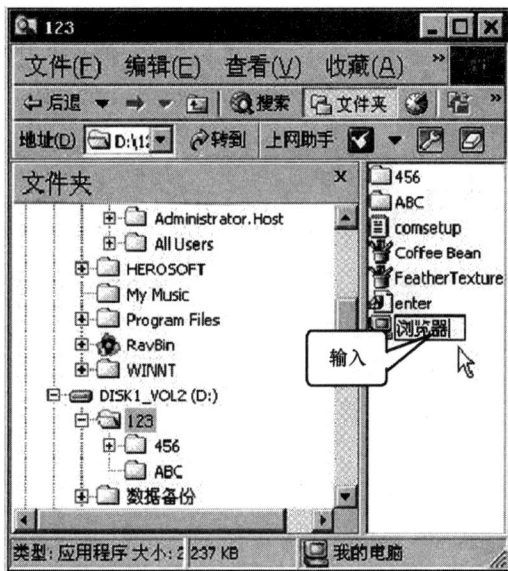

图 3.2.34

6.查找文件

如果我们记不清过去保存的文件的路径，现在要想在保存了成千上万个文件的计算机硬盘中，找到我们所需要的文件的话，那是非常困难的。因此为了快速地查找文件，Windows 提供了一个让我们快速寻找文件的工具，我们只要掌握文件的相关信息，就可以让计算机自动地在成千上万个文件当中，找到满足条件的文件。查找文件的方法如下：

步骤 单击"开始\搜索\文件或文件夹"（在图 3.2.35 中），出现图 3.2.36。

图 3.2.35

图 3.2.36

步骤 ①输入"＊.doc",表示要搜索的是所有扩展名为 DOC 的文件。 ②单击"搜索"按钮(在图 3.2.36 中),则搜索的结果被列在右侧,这样我们无论是打开这个文件,还是对文件作其他操作都可以进行了。

上面我们介绍了资源管理器的大部分功能的使用方法,需要说明的是:

在资源管理器中完成一项任务的操作方法有多种,读者只要掌握一种就可以了。为了便于大家快速上手,这里我们不对其他的操作方法作介绍,只要求大家了解还有其他方法就可以了。同样后面介绍到的各个软件的操作也存在着这样的情况,如果大家有兴趣的话可以参考帮助和其他教材,来学习另外的一些操作方法。

习 题 3

1. 选择题

(1)下列 4 种操作中,不能打开资源管理器的是_____。

A. 单击"开始\程序\附件\Windows 资源管理器"

B. 双击桌面的"资源管理器"快捷方式

C. 用鼠标右键单击"开始"按钮,出现快捷菜单后,单击"资源管理器"命令

D. 单击桌面的"资源管理器"快捷方式

(2)在 Windows 窗口的任务栏中有多个应用程序按钮图标时,其中代表应用程序的窗口是当前窗口的图标呈现状态为_____。

　　A. 高亮　　　　　　　　B. 灰色　　　　　　　　C. 凹进　　　　　　　　D. 凸起

(3)在资源管理器左侧窗口中,文件夹图标左侧有"＋"标记表示_____。

　　A. 该文件夹中没有子文件夹　　　　　　B. 该文件夹中有子文件夹

　　C. 该文件夹中有文件　　　　　　　　　D. 该文件夹中没有文件

(4)在 Windows 资源管理器中选定了文件或文件夹后,若要将它们移动到不同驱动器的文件夹中,操作为_____。

　　A. 按住 Ctrl 键,拖动选定的文件或文件夹　B. 按住 Shift 键,拖动选定的文件或文件夹

　　C. 直接拖动选定的文件或文件夹　　　　　D 按住 Alt 键,拖动选定的文件或文件夹

(5)在 Windows 资源管理器中选定了文件或文件夹后,若要将它们复制到同一驱动器的文件夹中,操作为_____。

　　A. 按住 Ctrl 键,并拖动选定的文件或文件夹　B. 按住 Shift 键,并拖动选定的文件或文件夹

　　C. 直接拖动选定的文件或文件夹　　　　　D. 按住 Alt 键,拖动选定的文件或文件夹

(6)在资源管理器中,选定多个非连续文件的操作为_____。

　　A. 按住 Shift 键,单击每一个要选定的文件

　　B. 按住 Ctrl 键,单击每一个要选定的文件

　　C. 先选中第一个文件,按住 Shift 键,再单击最后一个要选定的文件

　　D. 先选中第一个文件,按住 Ctrl 键,再单击最后一个要选定的文件

(7)在资源管理器中,选定多个连续文件的操作为_____。

　　A. 按住 Shift 键,单击每一个要选定的文件

　　B. 按住 Alt 键,单击每一个要选定的文件

C. 先选中第一个文件,按住 Shift 键,再单击最后一个要选定的文件

D. 先选中第一个文件,按住 Ctrl 键,再单击最后一个要选定的文件

(8)在 Windows 资源管理器中,要创建文件夹,应先打开的菜单是_____。

A. 文件　　　　　　 B. 编辑　　　　　　 C. 查看　　　　　　 D. 插入

2. 操作题

(1)通过"资源管理器"窗口,在 D 盘建立如图 1 所示的目录结构。

(2)将网上教学资源中图片文件夹下的所有文件复制到 123 文件夹中。

(3)将 123 文件夹中的所有文件复制到 789 文件夹中。

(4)将 789 文件夹中的任意 3 个文件复制到东方之子文件夹中。

(5)将 123 文件夹中的任意 5 个文件移动到 ABC 文件夹中。

(6)将 ABC 文件夹中的所有文件复制到汉王文件夹中。

(7)删除 ABC 文件夹中的任意 2 个文件。

(8)将 ABC 文件夹中剩余文件改名为 77.JPG、88.JPG、99.JPG。

(9)将奇瑞文件夹中所有的文件和文件夹复制到 789 文件夹中(结果见图 2)。

(10)将 456 文件夹中所有的文件和文件夹移动到 D:\(结果见图 2)。

(11)删除 789 文件夹。

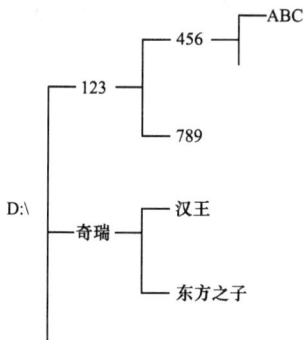

图 1

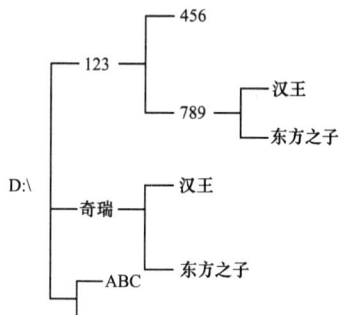

图 2

第4章　汉字输入法

4.1　智能 ABC 输入法

如果你使用汉语拼音比较熟练,可以使用全拼输入。按规范的汉语拼音输入,输入过程和书写汉语拼音的过程完全一致。其方法是按词输入,词与词之间用空格或者标点隔开。

例如:

wo　xiang　wei　qin'aide　mama　dian　yizhi　haotingde　gequ

我　　想　　为　　亲爱的　　妈妈　　点　　一支　　好听的　　歌曲

从上面的例子中可以看出,我们是将一句话分割为多个词来输入的。其中有两个三字词;三个二字词;四个单字。下面介绍字、词的输入方法。

4.1.1　单字的输入

只要输入字的拼音即可。

例如:输入"喔",步骤如下:

步骤1　输入 wo。

步骤2　按空格键,出现图 4.1.1。图中有多个同音字,但没有我们要的。

步骤3　按"十"号键 翻页,出现图 4.1.2。图中有多个同音字,没有我们要的。

步骤4　再按"十"号键 翻页,出现图 4.1.3。其中第 1 个是我们要的。

步骤5　按数字键"1"或空格键。数字键"1"与空格键作用是一样的。

图 4.1.1

图 4.1.2

图 4.1.3

4.1.2　二字词的输入

我们把二字词的输入情况分为两种：

1.常用的二字词

方法是不完整地输入两个字的声母和韵母:声母＋(韵母)＋声母＋(韵母)

其中每个字的韵母都可以省略不输。

例如:输入"我们"。输入 wm。

2.不常用的二字词

方法是完整地输入两个字的声母和韵母:声母＋韵母＋声母＋韵母

4.1.3　三字以上的词的输入

1.三字词

方法是输入三个字的声母:声母＋声母＋声母

例如:输入"计算机"。输入 jsj。

2.四字以上的词

方法是输入每个字的声母:声母＋声母＋声母＋声母＋……

4.1.4　用笔形码输入不会读的字

在不会汉语拼音,或者不知道某字的读音时,可以使用笔形码输入。在智能 ABC 中,定义了八类基本的笔画形状见图 4.1.4。

笔形代码	笔　形	笔形名称	实例	注释
1	一(✓)	横(提)	二、要、厂、政	"提"也算作横
2	丨	竖	同、师、少、党	
3	丿	撇	但、箱、斤、月	
4	、(乀)	点(捺)	写、忙、定、间	"捺"也算作点
5	乛(丁)	折(竖弯勾)	对、队、刀、弹	顺时针方向弯曲,多折笔画,以尾折为准,如"了"
6	㇄	弯	七、她、绿、以	逆时针方向弯曲,多折笔画,以尾折为准,如"乙"
7	十(乂)	叉	草、希、档、地	交叉笔画只限于正叉
8	口	方	国、跃、是、吃	四边整齐的方框

图 4.1.4

复杂汉字,即合体字,可将其按左右(如"即")、上下(如"芜")或外内(如"国")分为两块,每个字块最多取三个笔划对应的笔形码。若第一个字块多于三码,限取三码,然后并始取第二个字块的笔形码;若第一个字块不足三码,第二个字块可顺延取码;第二字块仍可一分为二(如"舞"),按每部分顺延取码,使用笔形码前要设置笔形码为可用状态,方法是:

步骤 1 ①右击"标准"按钮。　　②单击"属性设置"。

步骤 2 ①单击勾选"笔形输入"复选框。　　②单击"确定"按钮。

下面是笔形码的例子:

汉字	笔形码
辒	7158
簪	314163
果	87134
丰	711

注意:取笔画时要先取多笔画的。如:辒应先取"十"的笔画码 **7**,不可取"一"的笔画码 **1**。

4.2 搜狗拼音输入法

搜狗拼音输入法是搜狗(www.sogou.com)推出的一款基于搜索引擎技术的、特别适合网民使用的、新一代的输入法产品。

4.2.1 按句输入汉字

1.整句输入汉字

步骤 1 单击中英文标点,使其变为中文标点状态。

步骤 2 连续键入一句话的拼音。例如输入这样一句话"大家喜欢和他打篮球",在连续键入拼音过程中,你会看到图 4.2.1。在图中的输入窗口中,上面是你输入的拼音,下面是根据拼音转换成的汉字,输入法会一边接受你输入的拼音,一边将拼音根据语义转换为汉字。这种转换过程是不断变化的,直到你输入一个标点符号为止。输入标点符号的目的是告诉输入法软件,本句的拼音已经输入完毕,可以进行拼音到汉字的转换处理。

步骤 3 一句话输入完以后,再输入一个标点符号。则图 4.2.1 中的文字就被放到文档中了。

```
da'jia'xi'huan'he'ta'da'lan'qiu          工具箱(分号)  S
1.大家喜欢和他打篮球  2.大家喜欢  3.大甲溪  4.大家  5.打架  6.打假 ◄►
```

图 4.2.1

步骤 4 再输入下一个句子的拼音。

搜狗拼音输入法就是连续输入一句话的拼音,然后以标点符号为一句话的结束点,并根据这句话的拼音,分析其语意后将其转换为汉字。

2.在输入完后修改转换结果

搜狗拼音输入法的大多数自动转换都是正确的,但这种正确性并不是100%的,错误是不能避免的。对于那些错误的转换结果,可以在输入整句话之后进行修改。以上面例子为例,我们继续操作,在完整句子拼音输入完之后,将"他"修改成"她"。你可以按键盘上的左右方向键,将光标移动到"ta"前,见图 4.2.2,则输入法会把"ta"的同音字列在后面供你选择,这里我们要选"她"所以按键盘上的"3"键,然后再按空格键即可。如果下面的候选字中没有你所要的字的话,则可以按键盘上的","或"。"键翻页寻找。

图 4.2.2

3.在输入完后修改拼音

在输入一句话的拼音时,如果拼音输错的话就会造成转换的汉字不正确,见图 4.2.3。这时只要用键盘上的方向键将光标移到错的拼音处修改即可。在图 4.2.3 中我们将光标移到了"ji"后,并补上了"a",结果见图 4.2.4。然后按空格键即可。

图 4.2.3

图 4.2.4

4.在输入完后增加拼音

在输入一句话的拼音时,如果某个字的拼音输漏的话,也就会造成转换的汉字不正确,见图 4.2.5。这时只要用键盘上的方向键将光标移到输漏的拼音处,再补输漏掉的拼音即可。在图 4.2.5 中我们将光标移到了"dou"后,并补上了"xi",结果见图 4.2.6。然后按空格键即可。

图 4.2.5

图 4.2.6

需要特别说明的是:在输入一句话的拼音时,有些字可以只输声母不输韵母,至于哪些字可以这样做,由自己定,但只输声母不输韵母的字越多准确率就越低。

4.2.2 按词输入汉字

搜狗拼音输入法也可以以词为单位输入汉字。

1.二字词的输入

①常用的二字词

方法是输入两个字的声母:声母+声母

②不常用的二字词

方法是不完整地输入两个字的声母和韵母:声母+(韵母)+声母+(韵母)

2.三字以上的词的输入

方法是输入三个字的声母:声母+声母+声母

3.四字以上的词的输入

方法是输入每个字的声母：声母＋声母＋声母＋声母＋……

4.2.3 实用功能介绍

1.中英文切换输入

输入法默认是按下 Shift 键就切换到英文输入状态，再按一下 Shift 键就会返回中文状态。用鼠标点击状态栏上面的中英图标也可以切换。

除了 Shift 键切换以外，搜狗拼音输入法也支持回车输入英文，在输入较短的英文时使用能省去切换到英文状态下的麻烦。具体使用方法是：

输入英文"word"，见图 4.2.7，直接敲回车键即可输入 word。

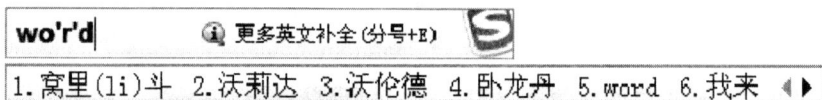

wo'd ⓘ更多英文补全(分号+E)

1.窝里(li)斗 2.沃莉达 3.沃伦德 4.卧龙丹 5.word 6.我来

图 4.2.7

2.自定义短语

自定义短语是指用你指定的字符串来代替输入的词、短句、人名、产品名称。

步骤1 ①输入"**wo**"，并将鼠标指到 **wo** 上，则会出现"添加短语"，见图 4.2.8。

步骤2 单击"添加短语"（在图 4.2.8 中），出现图 4.2.9。

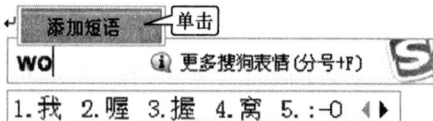

图 4.2.8

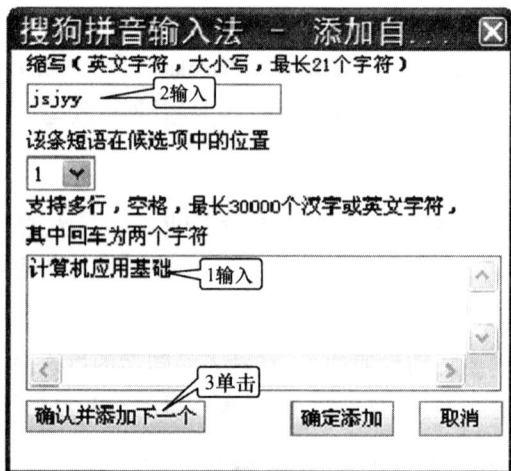

图 4.2.9

步骤3 ①输入短语"**计算机应用基础**"。 ②输入字符串"**jsjyy**"。 ③单击"**确认并添加下一个**"按钮（在图 4.2.9 中），则完成短语的定义，以后只要输入"jsjyy"，即可得到"计算机应用基础"。自定义字符串的数量最少1个最多21个，这也就是说"计算机应用基础"还也可以用一个字符代替。读者可以自定义用"j"来代替"计算机应用基础"。

3.自学习

搜狗拼音输入法有自学习功能，学习能力强，学习速度高。同时还可以像编辑自造词那样来编辑自学习的词语。所谓的自学习就是由输入法自己学习。比如，当我们输入一句话的拼音经过转换后,有些地方转换得不正确时,我们可以像前面那样修改转换不对的字,当我们下一次再输入同样一段拼音的话,输入法就记住了你刚才所作的修改。这一次转换就不会出错了。比如,我们输入"sui mu jing mai qun guang jue"时,会出现图4.2.10。经过重新选择同音字后就得到了图4.2.11所示的"岁暮景迈群光绝",当我们第二次再输入同样的拼音时,无需选择同音字,就会得到正确的短语词"岁暮景迈群光绝"。

图4.2.10

图4.2.11

4. 手写模式输入

当你输入不会读的字时,可以使用手写模式,使用手写模式的方法是:

步骤1　按"U"键,出现图4.2.12。

步骤2　单击"打开手写输入"(在图4.2.12中)。

步骤3　拖动鼠标,写出文字,见图4.2.13。

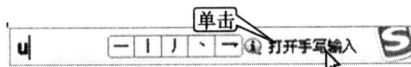

图4.2.12

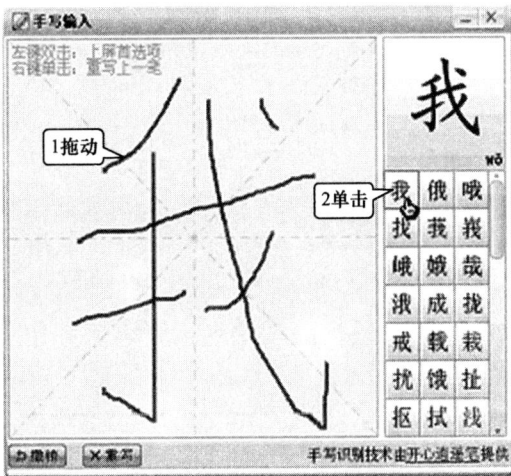

图4.2.13

步骤4　双击鼠标,即可完成输入(或者单击右侧候选框中形似的字)。

习 题 4

1. 填空题

(1)单击屏幕_____下角位置的输入法按钮,可启动汉字输入法。

(2)Word文字处理软件的启动方法:①单击_____。　②指向程序。　③指向 Microsoft Office。　④单击_____。

（3）智能 ABC 四字以上的词输入方法是：_____＋声母＋_____＋声母。

（4）在智能 ABC 中设置笔形码，用以输入不会读的汉字，方法是：①右击"标准"按钮。②单击_____。　　③在智能 ABC 输入法设置对话框中单击_____复选框。

（5）汉字中有的字是没有声母的，输入这些字的时候必须用一个替代的声母，它是_____。

（6）右击智能 ABC 输入法上的▨按钮，可输入希腊字母、_____、数学序号、单位符号、_____等。

（7）智能 ABC 中造词的操作方法：①右击输入法的"标准"。　　②单击_____。③输入要造的词。　　④输入所造词的_____。　　⑤单击_____按钮。　　⑥单击"关闭"按钮。

（8）智能 ABC 中输入自造词的方法是_____。

2. 操作题

（1）用智能 ABC 中的笔形码输入：抠、弯

（2）在智能 ABC 中输入：拍案而起

（3）用智能 ABC 造词功能造词：学习动机

第 5 章 文字处理软件 Word

5.1 文字编辑的基本操作

5.1.1 Word 的启动与界面介绍

启动 Word 以后，我们看到的就是图 5.1.1 所示的界面。在图中，我们可以看到文字输入区是一片空白，表示这是一个空文档。所谓空文档，实际上就相当于一张白纸。Word 窗口是一个标准的 Windows 窗口。它由图 5.1.1 中所示的几个部分组成，下面就介绍这几个部分：

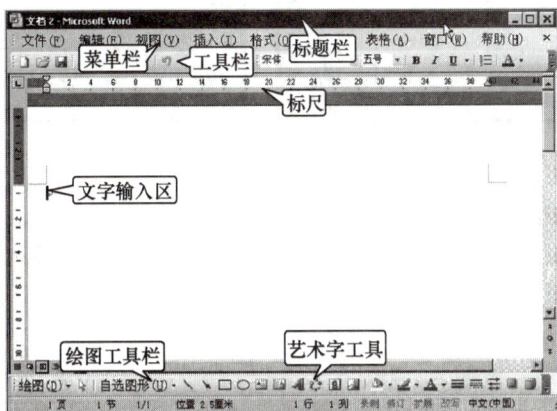

图 5.1.1

①**标题栏**：表示该应用程序窗口是文字处理软件 Word 的窗口。

②**菜单栏**：里面有 9 大类菜单，每一类菜单下面还有下级子菜单。

③**工具栏**：是把常用的命令以图标的形式放在工具栏上，这样使我们使用这些命令的时候方便、快捷。工具栏上面的工具，是可以添加或者去除的，其方法我们将在后面介绍。

④**标尺**：用来显示纸张的大小，并且可以确定文字在纸张中的位置，相当于一个坐标。

⑤**绘图工具栏**：提供了在文档中作图的基本工具。

⑥**艺术字工具栏**：用来在文章中插入别具风格的艺术字。绘图工具栏和艺术字工具栏等是可以加上或去除的，你的电脑上面可能没有加上这两个工具栏。这没关系，不影响你的使用。

5.1.2 文章的简单修改

1.文字的插入

前面我们已经掌握了汉字的输入方法,这里我们就以输入一句话为例说明。比如:先输入"我正在学电脑"(wo zheng zai xue dian nao)这句话,假如少输入了一个字"们",见图5.1.2。这时就需要在这一句话中插入"们"字。插入的操作如下:

步骤1 将鼠标指针移动到"正"前面,见图5.1.3。

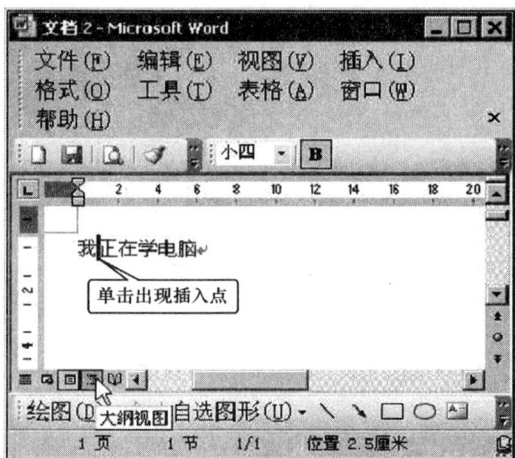

图5.1.2   图5.1.3

步骤2 单击鼠标(在图5.1.2中),"正"的前面就会出现一个黑线条,并闪动。这个黑线条我们叫"插入点"。请大家务必记住"插入点"这个名词,后面我们会经常提到它。

步骤3 输入"men"(要插入的"们"字的拼音)(在图5.1.4中)。

步骤4 按"1",则"们"被插入,见图5.1.5。

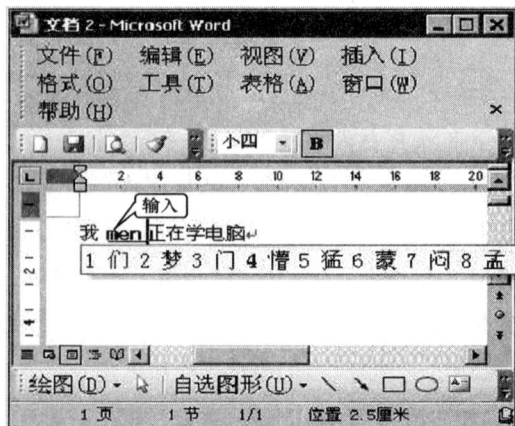
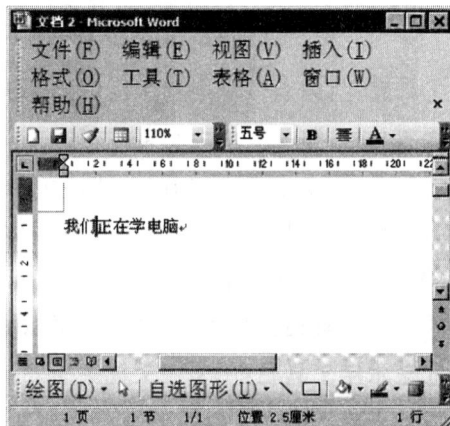

图5.1.4   图5.1.5

2. 文字的删除

步骤 1　在要删除的"正"字后单击，则插入点出现在"正"字后，见图 5.1.6。

步骤 2　按退格键"←"(Backspace)，则"正"字被删除，见图 5.1.7。注意退格键用于删除插入点前面的字。

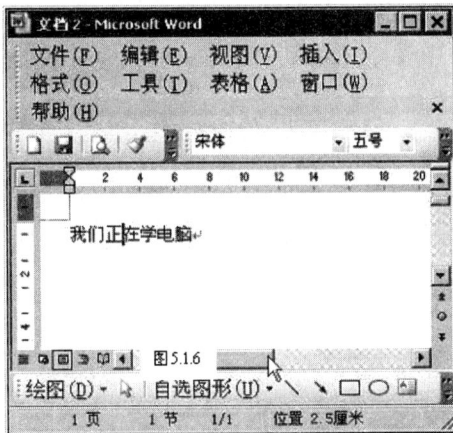
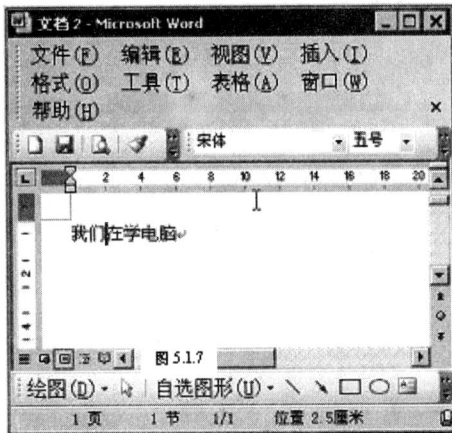

图 5.1.6　　　　　　　　　　　　　　　　　图 5.1.7

步骤 3　如不按退格键改按 Delete 键，则"在"被删除，见图 5.1.8。

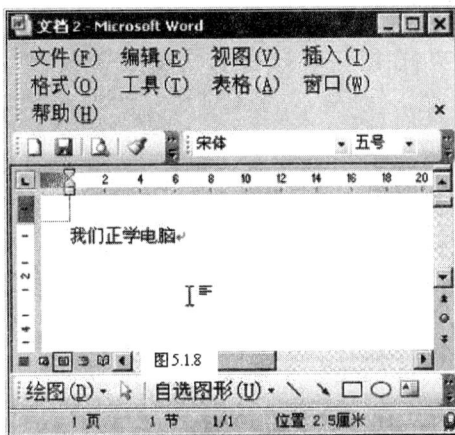

图 5.1.8

注意：按退格键用于删除插入点前面的字，按 Delete 键用于删除插入点后面的字。

3. 改写文字

如果输错了文字的话，就需要把它改正过来，方法如下：

步骤　删除错字后再插入新字。

5.1.3　保存文件

在学会简单地对文章进行修改之后，我们接着介绍对文章的保存。请大家务必要记住：在我们对文章进行编辑修改完之后，一定要作保存操作。如果不作保存的话，我们在屏幕上看到的和输入的所有的信息,将全部丢失。因为在作保存之前,屏幕上看到的文字是暂存在内存当中的。当我们关机以后,内存当中的所有信息将全部消失。保存实际上是将我们的文章从内存中保存到硬盘上。硬盘在断电之后,它的信息是不会丢失的,就如同录音磁带上面的信息,在关闭录音机之后不会丢失一样。

保存文件的操作如下:

步骤1 单击"文件\保存"(在图 5.1.9 中),出现图 5.1.10。

图 5.1.9 　　　　　　　　　　图 5.1.10

步骤2 ①单击"保存位置"下拉列表框。　②单击"本地磁盘(**D:**)"(在图 5.1.10 中),以选择将文件保存到 D 盘,出现图 5.1.11。

步骤3 双击 **123** 文件夹(在图 5.1.11 中),出现图 5.1.12。则 123 文件夹被打开,表示下面要将文件保存在该文件夹内。

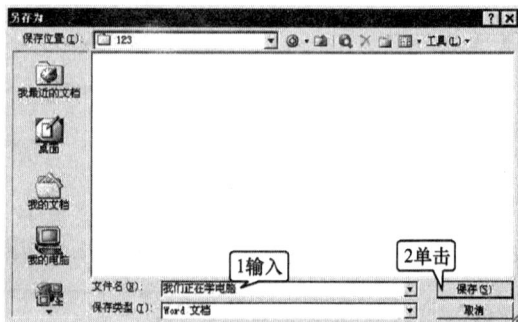

图 5.1.11 　　　　　　　　　　图 5.1.12

步骤4 ①输入文件名"我们正在学电脑"。　②单击"保存"按钮(在图 5.1.12 中)。

5.1.4　打开文件

我们在编辑和输入文章时,往往不是一次就能完成的,需要几次甚至是几天。当我们输入或是编辑到一半时,可能要去做其他事情。这时我们就应该在关机之前,将文章保存到硬盘中。当我们第二天或者再次打开计算机时,就要把上次我们编辑或者是输入的文章取出来,继续进行编辑和输入。从磁盘上取文章,我们叫打开文件。其方法是:

步骤 1　单击"文件\打开"（在图 5.1.13 中），出现图 5.1.14。

图 5.1.13　　　　　　　　　　　　　　　图 5.1.14

步骤 2　①单击"查找范围"下拉列表框。　②单击"本地磁盘（D:）"（在图 5.1.14 中），以选择刚才我们保存文件的 D 盘，出现图 5.1.15。

步骤 3　双击 123 文件夹（在图 5.1.15 中），以打开刚才我们保存文件的文件夹，出现图 5.1.16。

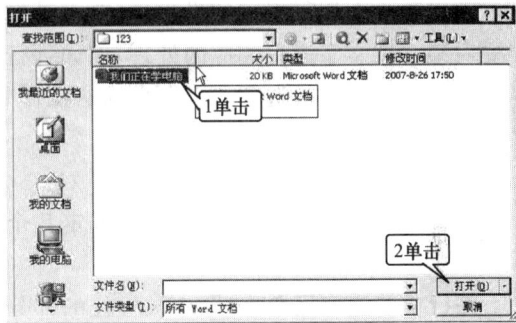

图 5.1.15　　　　　　　　　　　　　　　图 5.1.16

步骤 4　①单击"我们正在学电脑"文件名。　②单击"打开"按钮（在图 5.1.16 中），就可以打开刚才我们保存的"我们正在学电脑"这个文件了。

5.1.5　新建文档

新建命令是用来新建一个空白文档的，所谓的空白文档就是相当于一张空白的纸。假设我们现在正在编写一篇文章，同时还有一篇文章供我们参考。并且我们可以从参考文章当中复制所需的内容到自己的文档当中。这时我们可以先打开参考文章，然后用新建命令建立一个空白文档，并把两个文档窗口同时放在屏幕上，这样就可以十分方便地将参考文章的内容复制到自己的文章中去了（复制的方法将在后面介绍）。新建文档的操作如下：

步骤 1　单击"文件\新建"（在图 5.1.17 中），出现图 5.1.18。

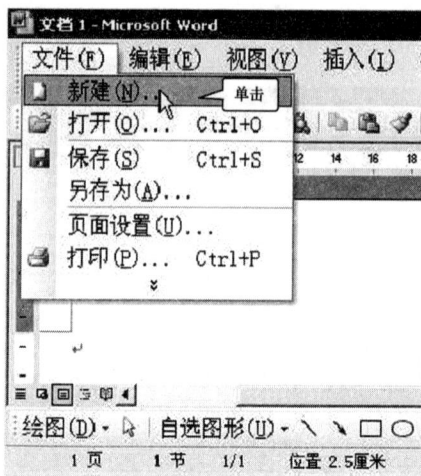

图 5.1.17

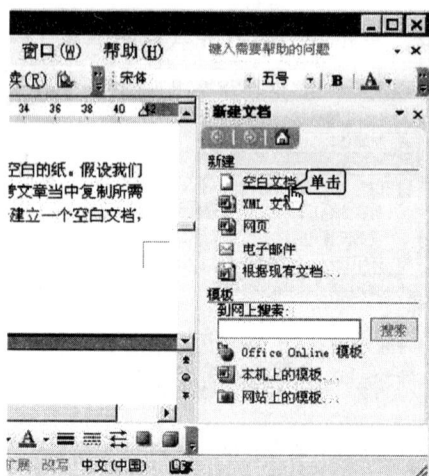

图 5.1.18

步骤2 单击"空白文档"(在图5.1.18中),出现图5.1.1,一个空白的文档窗口。

5.1.6 文字的选定

选定是一个用得很多的操作,同时也是初学者容易忽略的操作。所以这里要强调的是:我们要对某一段文字进行相应的处理,例如进行复制、移动、改变字体、改变颜色等操作时,千万不要忘记首先要进行选定。否则后面的操作是没有任何效果的,而对于初学者而言选定操作又是他们经常会忘记的操作。

1.选定几个字

在要选定的字上拖动鼠标,可以选定几个字,见图5.1.19。

2.选定一行

在行首的选定区单击(图中被框住的部分为选定区),见图5.1.20。

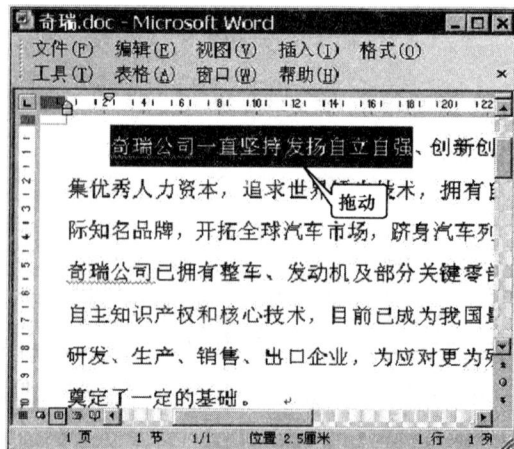

图 5.1.19

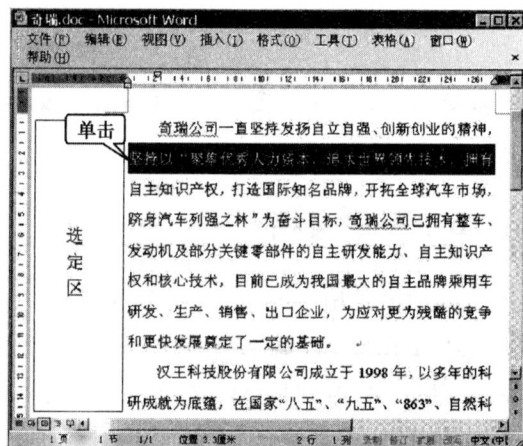

图 5.1.20

3.段落的概念

当我们输入文字到行尾时,Word会自动换行。当我们输入完一个段落的文字而段落的最后一行文字又没有到行尾的话,就需要按回车键强制换行,另起一行,开始下一个段落的输入。那么 Word 把从我们开始输入到我们按回车键之间的所有的文字叫做一个**段落**。

下面所介绍的几个操作需要用到一段文字,读者可以打开本书所赠光盘中的"奇瑞"这个文件,得到后面几项选定操作所需要的文字。其路径是:教材素材\Word 素材\奇瑞。读者也可以自己随便在键盘上输入英文字母,以形成多行的文字。

4.选定段落

在要选定的段落前的选定区双击,可以选定整个段落,见图 5.1.21。

5.选定几行

在选定区沿垂直方向拖动鼠标,可以选定若干行,见图 5.1.22。

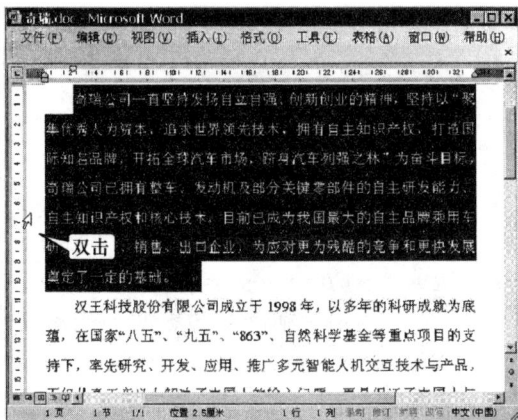

图 5.1.21

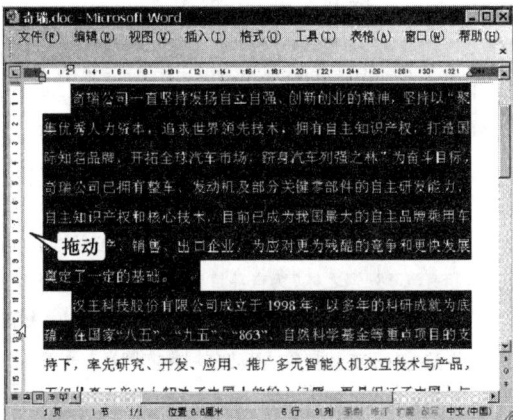

图 5.1.22

6.选定一段长文字

步骤　①在要选定的第一行单击,以定位插入点。　②拖动滚动条找到要选定的最后一行,**按住 Shift 键单击最后一行的最后一个字**。这样就选定了很长一段的文字,选定的文字可以跨越几十行或几十页。见图 5.1.23。

7.选定全文

单击"编辑\全选",见图 5.1.24。

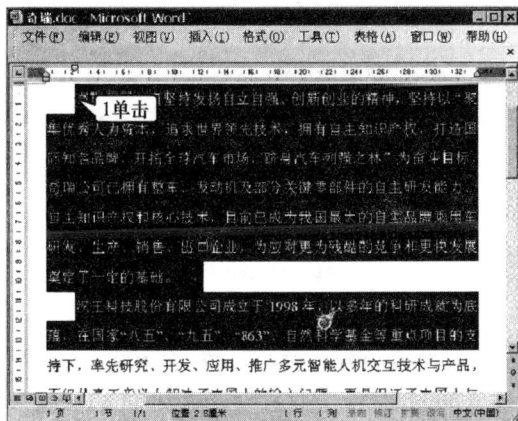

图 5.1.23

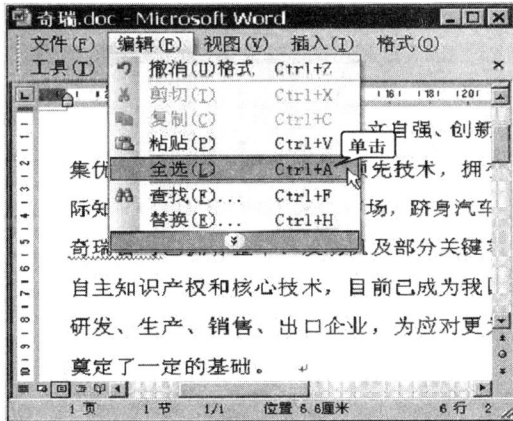

图 5.1.24

5.1.7　编辑文档的几个技巧

1.将一行断为两行

我们在修改文章的时候,如果遇到要将一行文字,从某句话开始另起一个段落的话,就需要把这一行切断为两行,其操作如下:

步骤1　**在断点处单击**,将插入点定位在断点处,见图 5.1.25。

步骤2　**按回车键**,出现图 5.1.26。

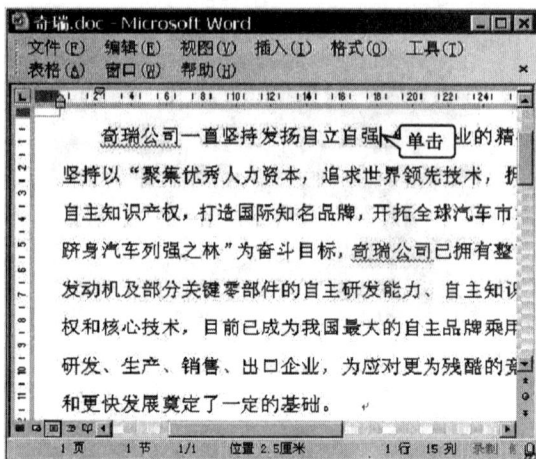

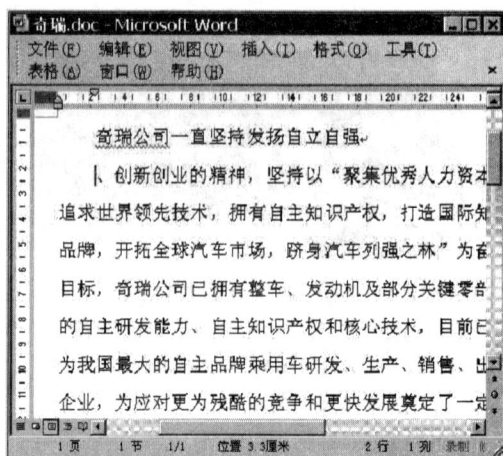

图 5.1.25　　　　　　　　　　　　　　　　图 5.1.26

2.整行水平移动

我们在调整文章标题的时候,往往需要把标题放在中间,或者是偏左偏右的位置。这就需要将标题在水平方向左右移动,这样的操作就是整行水平移动。方法如下:

步骤1　**在行首单击**,将插入点定位在行首,见图 5.1.27。

步骤2　**按空格键右移**,见图 5.1.28;**按退格键←(Backspace)左移**,见图 5.1.29。

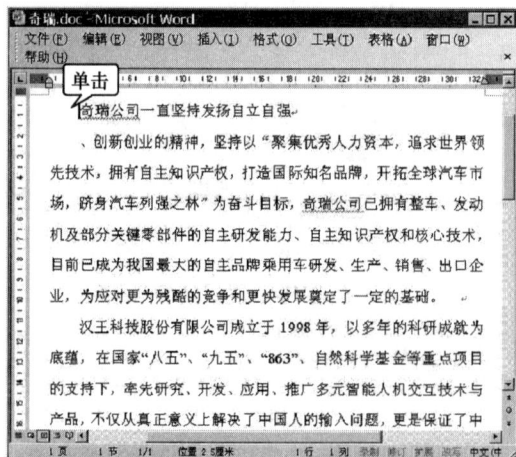

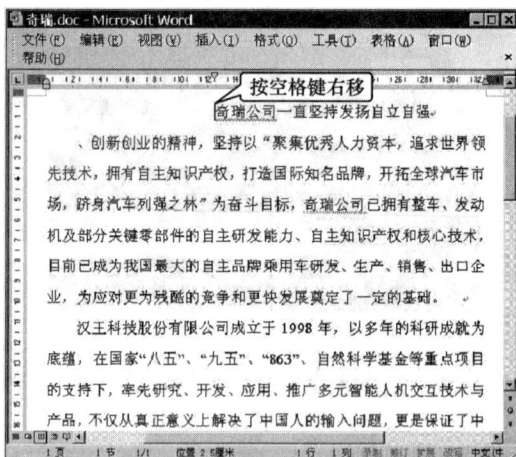

图 5.1.27　　　　　　　　　　　　　　　　图 5.1.28

3.将两行并为一行

我们在修改文章的时候,如果遇到需要将下面一行并到上面一行;或者是将下面一个段落合并到上面一个段落时,就需要将两行并为一行。其操作如下:

步骤1 **在需并行的行首单击**,见图5.1.30。

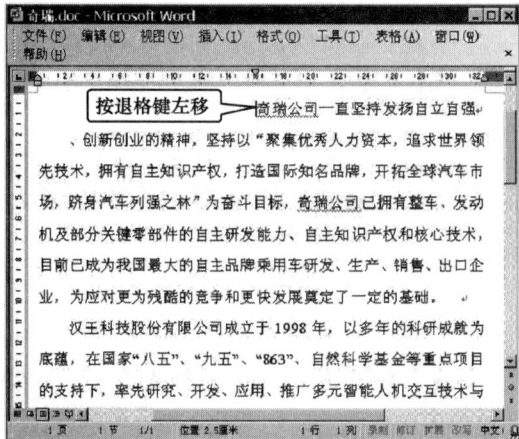 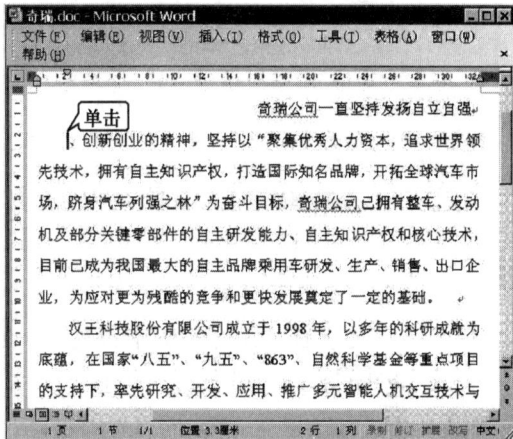

图 5.1.29　　　　　　　　　　　图 5.1.30

步骤2 **按退格键一次至几次,直到这行并到上行为止**(在图 5.1.31 中),结果见图5.1.32。

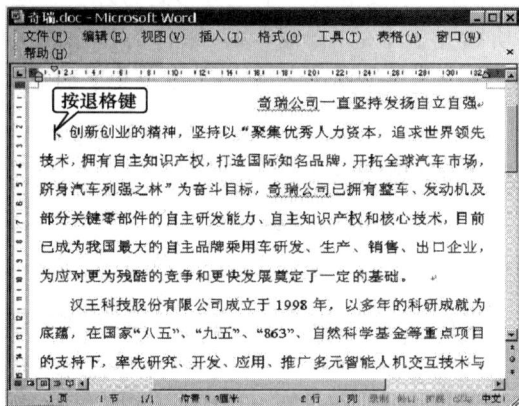 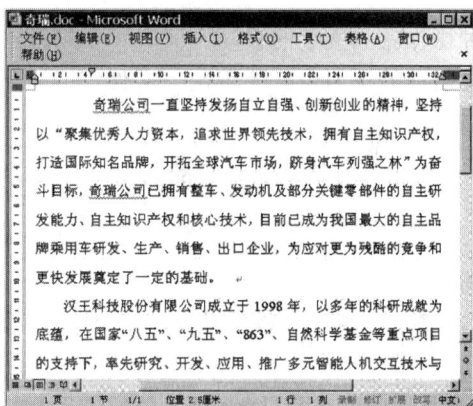

图 5.1.31　　　　　　　　　　　图 5.1.32

4.整段垂直移动

当我们在排版文章时,有时需要将一段前空若干行,或者是将一段前面的空行消除。这就是我们所说的整段垂直移动。操作步骤如下:

步骤1 **在段首单击**,将插入点定位在段首,见图5.1.30。

步骤2 **按回车键**,则整段下移,见图5.1.33;**按退格键**,则整段上移,见图5.1.34。

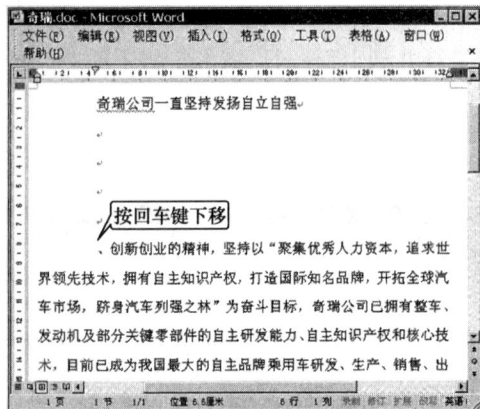

图 5.1.33

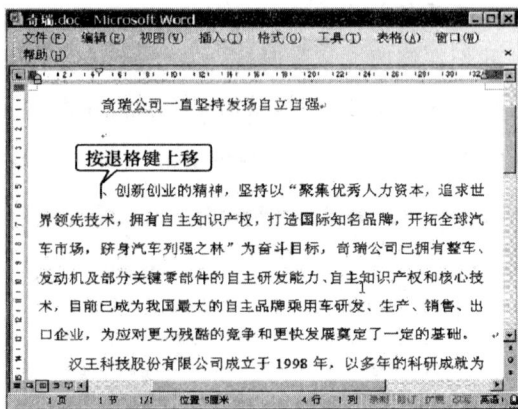

图 5.1.34

5.在任意位置输入文字

通常在有文字的地方输入文字很简单,只要在输入处单击定位插入点,就可以输入文字了。但是,要在空白地方的任意一处输入文字,就需要**在该处双击**,才能定位插入点,然后再输入文字。

5.1.8　文字的移动、复制和撤销错误操作

1.文字的移动

在修改文章时,往往需要将几个字、一句话,或者一个段落从一个地方移到另外一个地方,这种操作就叫文字的移动。读者可以打开本书所赠光盘中的"奇瑞"文件来作为操作的文档,**请在后面的练习中都使用这个文件**(其路径是:教材素材\Word素材\奇瑞)。文字的移动方法如下:

步骤1　①选定要移动的文字。　②单击"编辑\剪切"(在图 5.1.35 中)。

步骤2　①在目的地单击,以定位插入点。　②单击"编辑\粘贴"(在图 5.1.36 中),出现图 5.1.37。

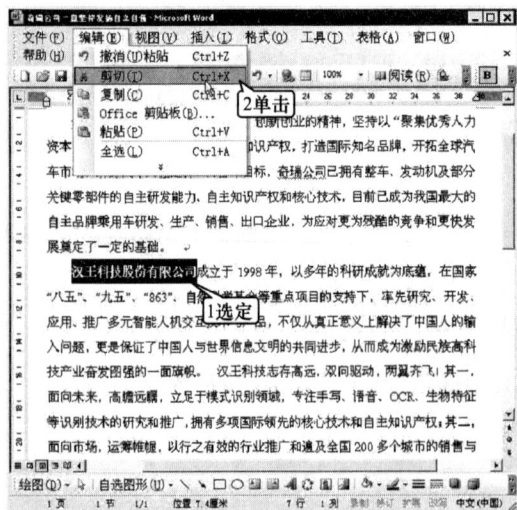

图 5.1.35

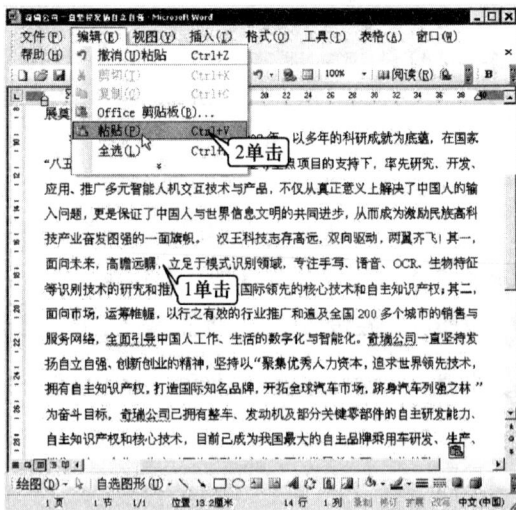

图 5.1.36

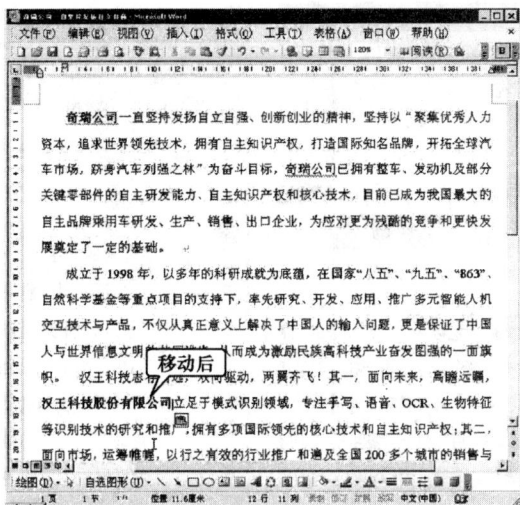

图 5.1.37

2. 文字的复制

如果文章中的几个字、一句话，或者一个段落需要重复出现的话，这时我们不需要输入重复的部分，只要将文章中已有的部分复制过来就可以了。这种操作就叫文字的复制，操作方法如下：

步骤 1　①选定要复制的文字。　②单击"编辑\复制"（在图 5.1.38 中）。

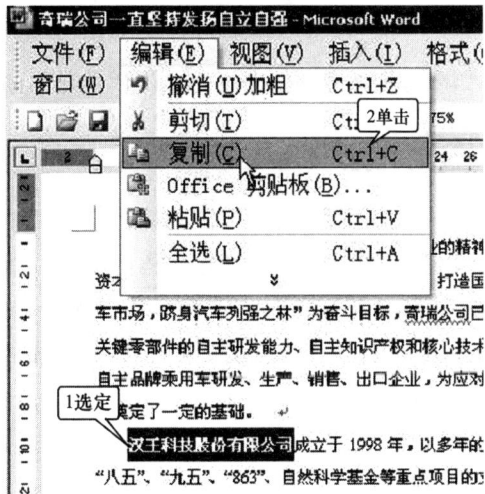

图 5.1.38

步骤 2　①在目的地单击，以定位插入点。　②单击"编辑\粘贴"（在图 5.1.39 中），出现图 5.1.40。

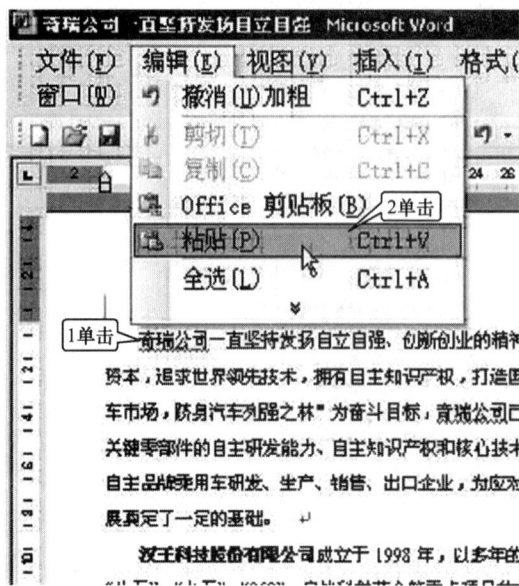

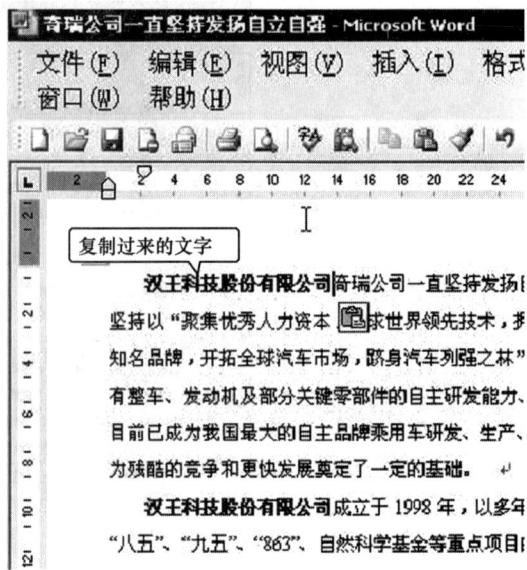

图 5.1.39   图 5.1.40

3.撤销错误操作

当我们在做各种操作时,可能会发生一些错误。比如:我们刚刚把一句话作了一个移动,在移动完之后,我们发现这种移动并不好,想要废除刚才所做的移动操作。这时我们就需要用到撤消错误操作的命令。方法是:

步骤　单击"编辑\撤消(＊＊)"。括号中的内容是变化的,如果你刚才做的是删除操作,括号中的内容就是"清除";如果你刚才做的是粘贴操作,括号里面的内容就是"粘贴"。

5.1.9　查找和替换文字

对于一个几十页长的文档,要想在里面查找某个词,通常的办法是把这个文档看一遍,但是这样是很费时间的。因为我们不知道这个词是在文档的什么位置。这时我们就希望让计算机来帮我们快速地找到这个词,并且翻到这个词所在的页。**查找命令**就是可以满足我们这个要求的一个十分有用的命令,读者可以打开本书所赠光盘中的"奇瑞"文件(其路径是:教材素材\Word 素材\奇瑞)做**查找文字**操作。方法如下:

1.查找

步骤1　①在文章的开头单击,以把插入点定位在开头,表示要从头开始查找。如果插入点是定位在中间的话,就表示从文章的中间开始查找。　②单击"编辑\查找"(在图 5.1.41中),出现图 5.1.42。

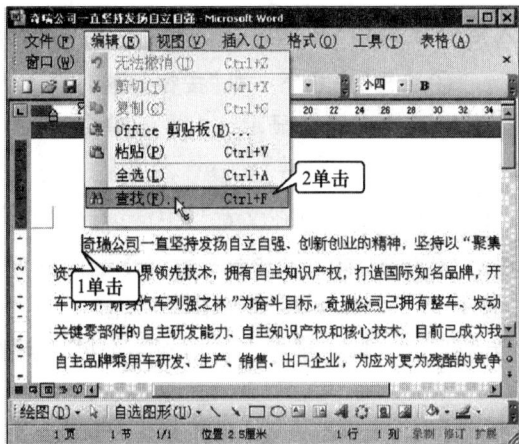

图 5.1.41

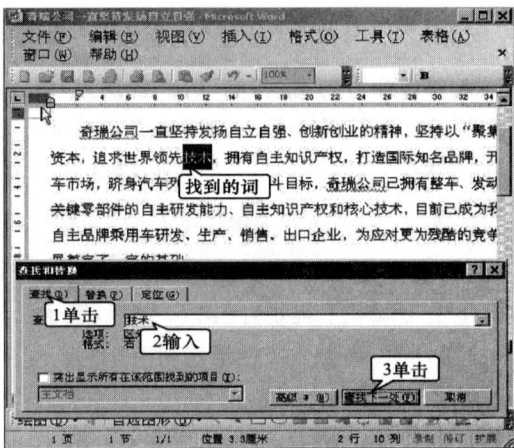

图 5.1.42

步骤2 ①单击"查找"选项卡。 ②输入要查找的词 "技术"（在"查找内容"框内）。 ③单击"查找下一处"按钮,这时插入点会快速跳到要找的那页或者是那行,并且将找到的词反白显示,见图 5.1.42。

步骤3 再次单击"查找下一处"按钮（在图 5.1.42 中）,就可以在文章当中继续寻找同样的词,直到查到文章的结尾。屏幕上会出现一个提示见图 5.1.43,表示已经查找完了。

图 5.1.43

步骤4 单击"确定"按钮,结束查找。

2. 替 换

步骤1 ①在文章的开头单击,以把插入点定位在开头,表示要从头开始替换。如果插入点是定位在中间的话,就表示从文章的中间开始替换。 ②单击"编辑\替换"（在图 5.1.44 中）,出现图 5.1.45。

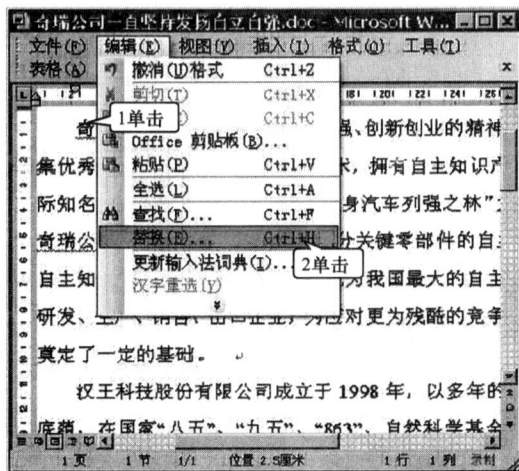

图 5.1.44

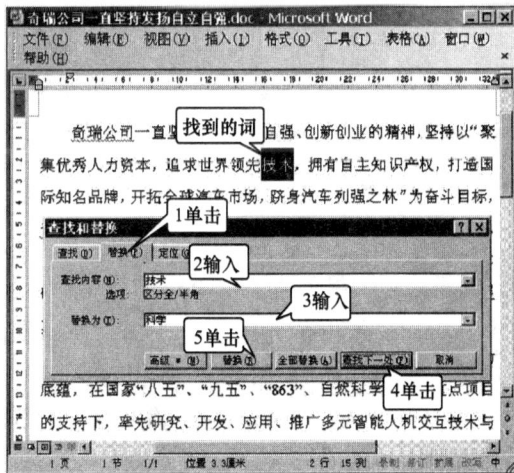

图 5.1.45

步骤2　①单击"替换"选项卡。　②输入要查找的词"技术"（在"查找内容"框内）。③输入要替换为的词"科学"（在"替换为"框内）。　④单击"查找下一处"按钮。这时插入点会快速跳到要找的词所在的那页或者是那行，并且将找到的词反白显示。　⑤单击"替换"按钮（在图5.1.45中），这样就把找到的"技术"这个词替换成了"科学"。

步骤3　再次单击"查找下一处"按钮（在图5.1.45中），就可以在文章当中继续寻找同样的词，再次单击"替换"按钮，会把找到的第二个"技术"替换为"科学"。直到查到文章的结尾。屏幕上会出现一个提示，见图5.1.46，表示已经替换完了。**如果单击"全部替换"**（在图5.1.45中）**的话**，那么就会一次性地将所有的"技术"替换为"科学"。同时屏幕上会出现一个提示见图5.1.46。

步骤4　单击"是"按钮（在图5.1.46中）。

图5.1.46

5.1.10　插入符号、特殊字符、特殊符号

1. 插入符号、特殊字符

键盘上的字符是不多的，对于键盘上没有的字符，我们可以通过 Word 的"插入符号"和"特殊字符"命令来输入。方法是：

步骤1　①在要插入符号的地方单击。　②单击"插入\符号"（在图5.1.47中）出现图5.1.48。

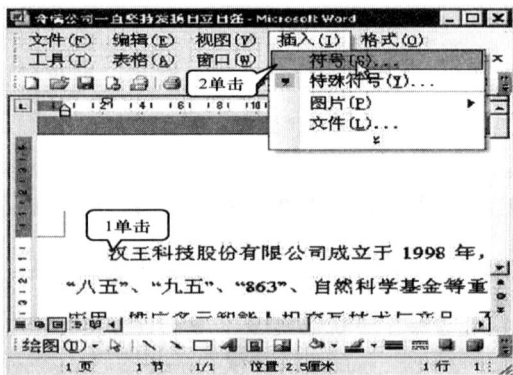

图5.1.47

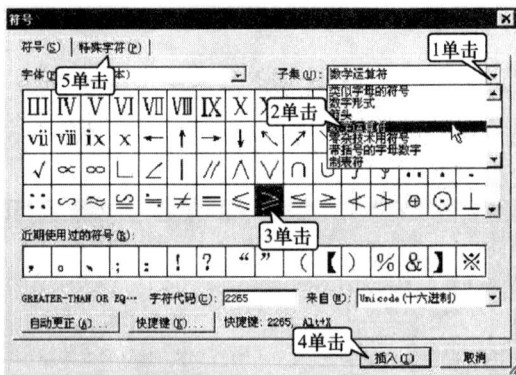

图5.1.48

步骤2　①单击"子集"下拉列表框。　②单击"数学运算符"（在弹出的下拉列表中），以便在下面显示出各种数学运算符。　③单击数学运算符"≥"。　④单击"插入"按钮，然后单击关闭按钮（在图5.1.48中），出现图5.1.49。　⑤如果要输入特殊字符的话则可在图5.1.48中单击"特殊字符"选项卡，出现图5.1.50。

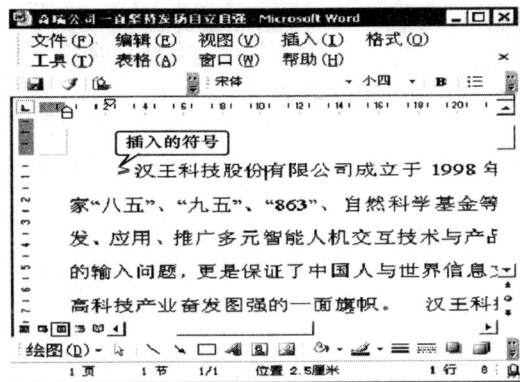

图 5.1.49

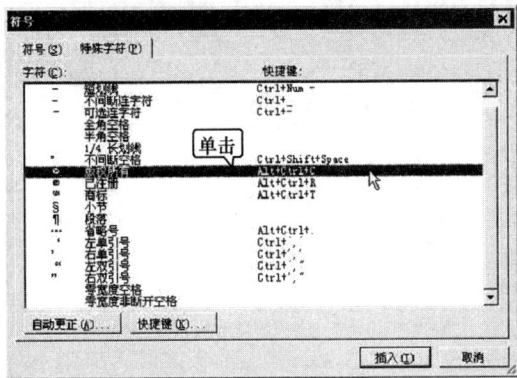

图 5.1.50

步骤 3 ①单击某个特殊字符（在"字符"框中），以选择该特殊字符。 ②单击"插入"按钮（在图 5.1.50 中），然后单击关闭按钮。

2. 插入特殊符号

步骤 1 ①在要插入符号的地方单击。 ②单击"插入\特殊符号"（在图 5.1.51 中），出现图 5.1.52。

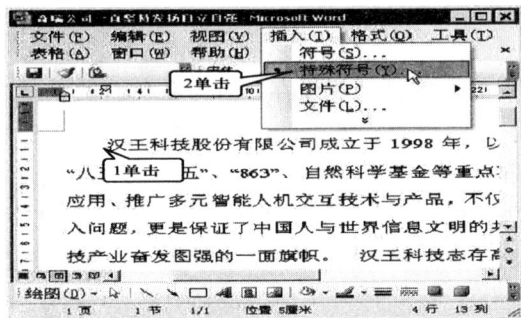

图 5.1.51

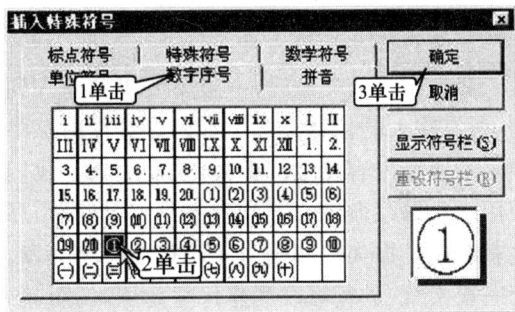

图 5.1.52

步骤 2 ①单击"数字序号"选项卡。 ②单击数字序号"①"。 ③单击"确定"按钮（在图 5.1.52 中），则"①"这个数字序号就被插入。

5.1.11 插入日期、时间

如果我们在输入文章时，需要输入当天的时间和日期的话，可以不用键盘，而用命令来输入，这样相对比较快一点。由于计算机中带有一个电子钟，我们通过命令就可将电子钟的时间和日期插入到文档中。插入时间和日期的方法如下：

步骤 1 单击"插入\日期和时间"（在图 5.1.53 中），出现图 5.1.54。

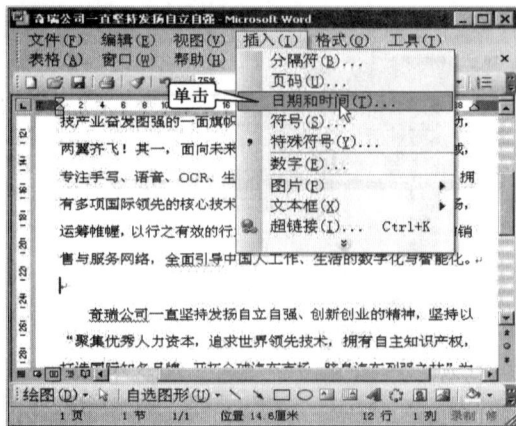

图 5.1.53

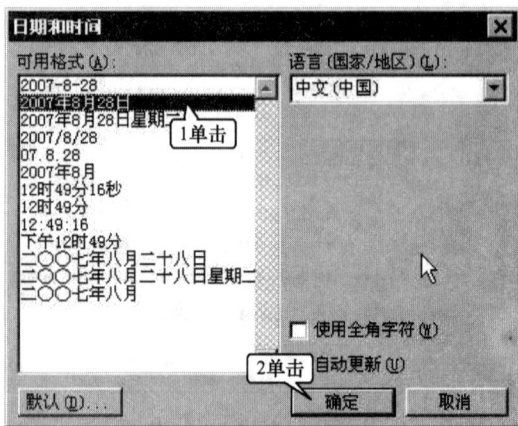

图 5.1.54

步骤2 ①单击选择一种样式的时间或者是日期(在"可用格式"框中)。 ②单击"确定"按钮(在图5.1.54中)。

在上面的第二步中,如果选择的是一种样式的时间,则插入文档中的就是时间;如果选择的是一种样式的日期,则插入文档中的就是日期。

5.1.12 文件保存的技巧

1. 保存修改后的文件

我们在输入文章时,一般不要等到输入到文章的最后再进行保存。因为在我们做保存之前,所有输入的信息实际上都是存放在内存中的。如果在我们输入过程中突然停电,那么我们输入的所有内容将全部丢失,前功尽弃。我们要养成一个习惯,就是在输入一小段文字之后,使用一次保存命令。这样即使是停电的话,那么丢失的内容仅是两次保存之间所输入的文字,这就减少了损失。同样当我们打开一个文章,并进行修改时,也要及时地做保存。下面就以打开一篇文章,进行修改后作保存为例,说明其方法:

步骤1 打开一篇文章。

步骤2 对文章进行修改。

步骤3 单击"文件\保存"(在图5.1.55中)。

2. 将修改后的文件换名保存

假如我们打开了磁盘上某个文件X,并进行了修改。如果我们这时使用保存命令,那么修改后的文章就会覆盖掉X文件里面的内容,也就说原稿被冲掉了。但有的时候,我们不希望这样,而要求保持原稿内容不变,把修改后的文章换一个文件名保存起来,作为原稿的修改稿或者叫副本。这样就可以做到两全其美,万无一失了。换名保存的操作如下:

步骤1 打开一篇文章。

步骤2 对文章进行修改。

步骤3 单击"文件\另存为"(在图5.1.56中),出现图5.1.10。

步骤4 ①单击"保存位置"下拉列表框。 ②单击"本地磁盘(D:)"(在图5.1.10中),

以选择将文件保存到 D 盘,出现图 5.1.11。

步骤 5　　**双击 123 文件夹**(参见图 5.1.11),出现图 5.1.12,表示要将文件保存在该文件夹内。

步骤 6　　①**输入文件名**。注意文件名应该与原文件名有区别,一般是在原文件名后加一个字符比如 A 或者 1。　　②**单击"保存"按钮**(参见图 5.1.12)。

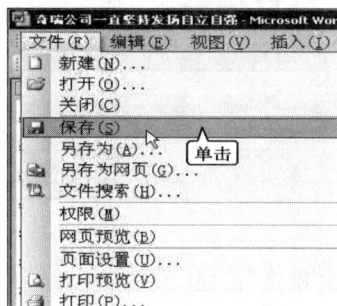

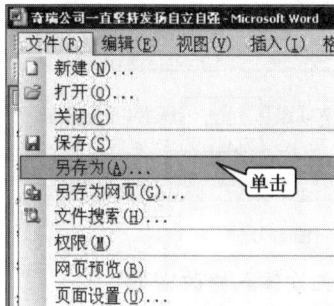

图 5.1.55　　　　　　　　　　　　图 5.1.56

3.加密保存文件

如果文章不希望被别人看到的话,我们就可以给文章加上密码。这样每次打开这个文件时就必须要输入密码,不知道密码的人,是无法打开这个文件查看里面内容的。给文件加密的方法如下:

步骤 1　　**单击"文件\保存"**(或**"文件\另存为"**)(参见图 5.1.55 或 5.1.56),出现图 5.1.10。

步骤 2　　①**单击"保存位置"下拉列表框**。　　②**单击"本地磁盘(D:)"**(在图 5.1.10 中),以选择将文件保存到 D 盘,出现图 5.1.11。

步骤 3　　**双击 123 文件夹**(在图 5.1.11 中),出现图 5.1.57。这时该文件夹被打开,表示要将文件保存在该文件夹内。

步骤 4　　**单击"工具\安全措施选项"**(在图 5.1.57 中),出现图 5.1.58。

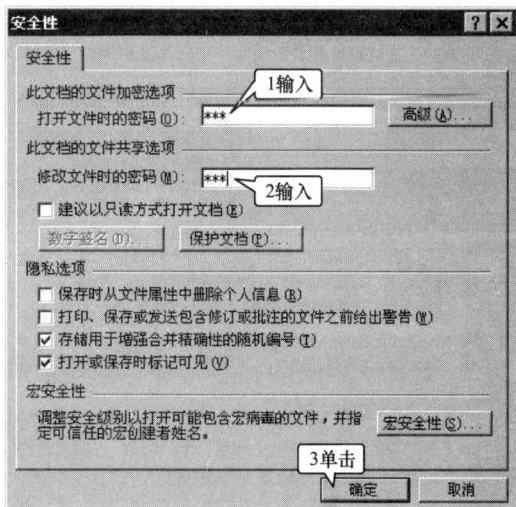

图 5.1.57　　　　　　　　　　　　图 5.1.58

步骤 5 ①输入打开文件的密码"123"(在"打开文件时的密码"框中)。如果只设打开密码,则只能控制打开这个文件,而不能控制对其修改。 ②输入修改文件所需要的密码"123"(在"修改文件时的密码"框中)。只有打开和修改两个密码都设置后,才能够控制查看文件和修改文件。 ③单击"确定"按钮(在图 5.1.58 中),出现图 5.1.59。

步骤 6 ①第二次输入打开密码。 ②单击"确定"按钮(在图 5.1.59 中),出现图 5.1.60。

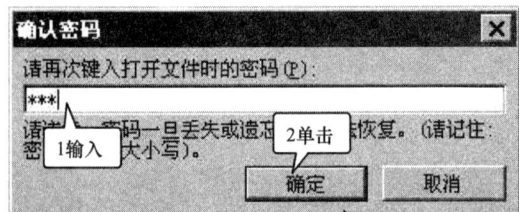

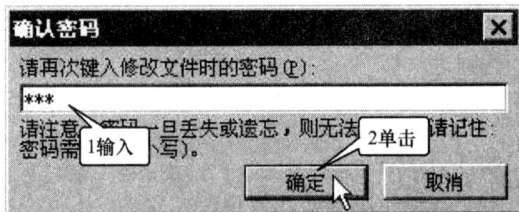

图 5.1.59　　　　　　　　　　　　　　　　图 5.1.60

步骤 7 ①第二次输入修改密码。 ②单击"确定"按钮(在图 5.1.60 中),回到图 5.1.57。让我们二次输入密码的目的是为了确认和记住密码。

步骤 8 单击"保存"按钮(在图 5.1.57 中)。

这样以后打开这篇文章的时候,就必须要输入密码才行。而修改文章的时候,则需要输入密码才可以修改。

5.2　设置文字格式

在上面文字的基本编辑操作中,我们可以看到对文字的插入、复制、改写、移动等操作同我们写文章时所作的手工誊写、修改工作是基本一致的。但在计算机中对文章的操作还有一个我们手工无法做到的事情,那就是美化文字。就是说我们可以快速、方便地将文字设成各种不同的大小、字体、字形和效果,下面就介绍美化文字的方法。

5.2.1　设置文字的字体

步骤 1 ①选定文字。 ②单击"格式\字体"(在图 5.2.1 中),出现图 5.2.2。

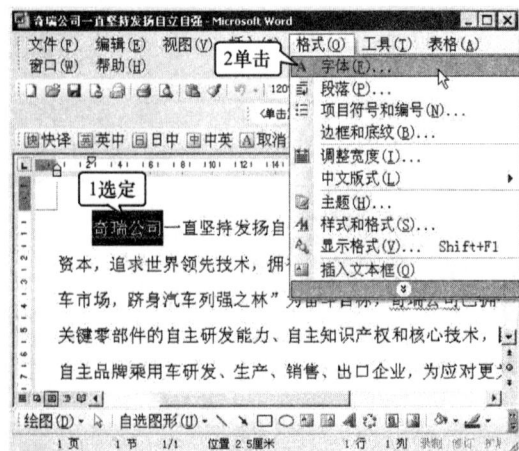

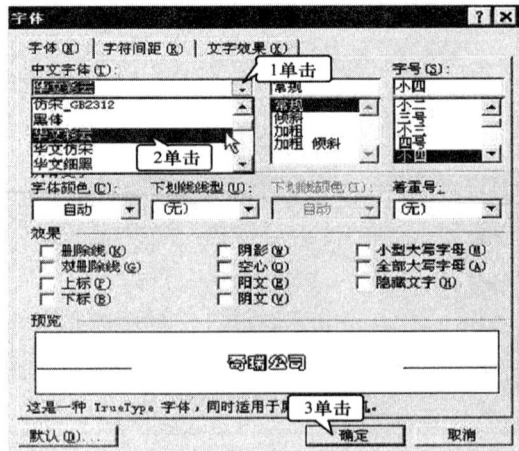

图 5.2.1　　　　　　　　　　　　　　　　图 5.2.2

步骤 ①单击"中文字体"右侧的三角。　②单击"华文彩云"。　③单击"确定"按钮(在图 5.2.2 中),其结果见图 5.2.3。

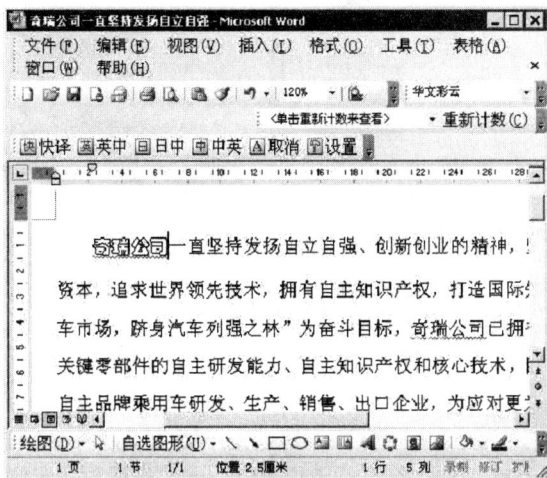

图 5.2.3

5.2.2　设定文字的大小

步骤 1 ①选定文字。　②单击"格式\字体"(参见图 5.2.1),出现图 5.2.4。

步骤 2 ①拖动滚动条找到"二号"(在"字号"框中)。　②单击"二号",以设定字的大小为二号。　③单击"确定"按钮(在图 5.2.4 中),结果见图 5.2.5。

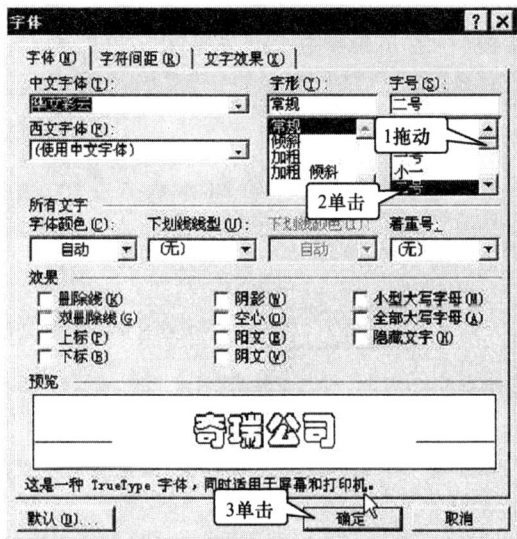

图 5.2.4

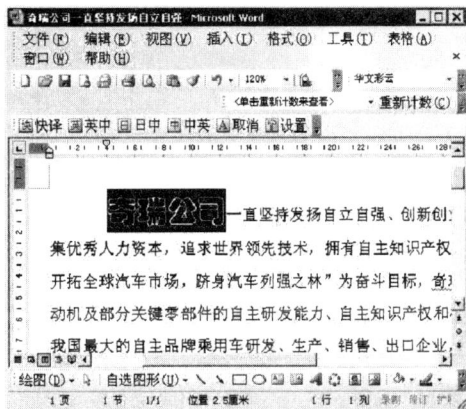

图 5.2.5

5.2.3　设定文字的字形

步骤 1 ①选定文字。　②单击"格式\字体"(参见图 5.2.1),出现图 5.2.6。

步骤2 ①单击"加粗 倾斜"。 ②单击选择"华文彩云"。 ③单击选择"三号"。
④单击"确定"按钮(在图 5.2.6 中),结果见图 5.2.7。

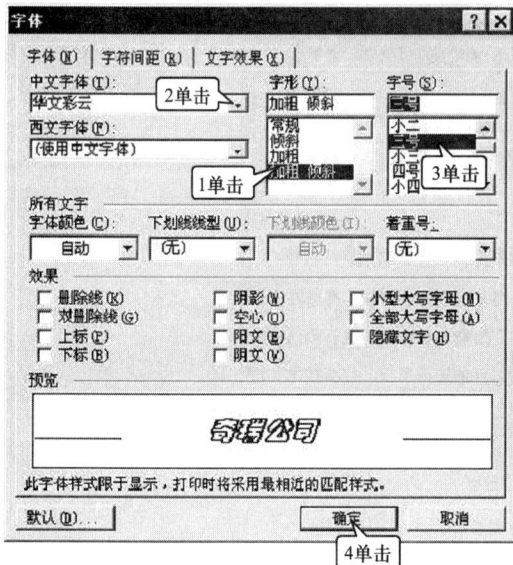

图 5.2.6

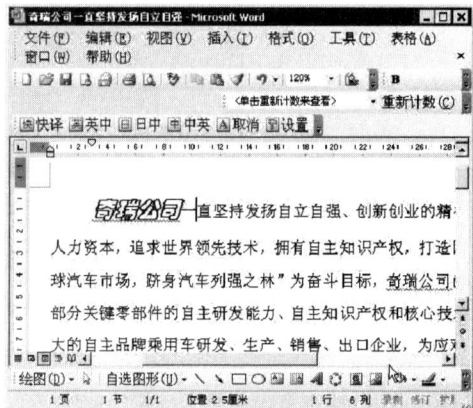

图 5.2.7

5.2.4 给文字加下划线、着重号

步骤1 ①选定文字。 ②单击"格式\字体"(参见图 5.2.1),出现图 5.2.8。

步骤2 ①单击"下划线线型"下拉列表框。 ②单击某种线型。 ③单击"着重号"
下拉列表框,选择着重号。 ④单击"确定"按钮(在图 5.2.8 中),结果见图 5.2.9。

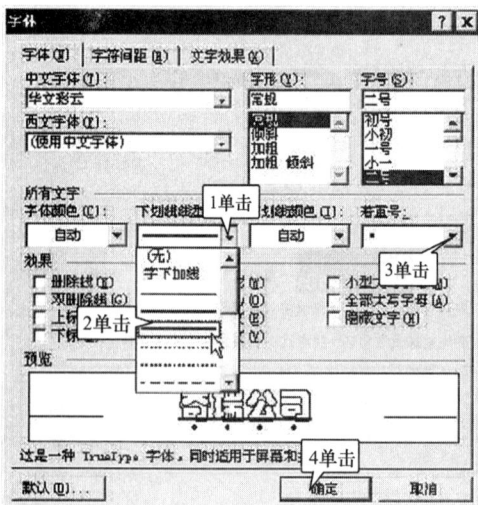

图 5.2.8

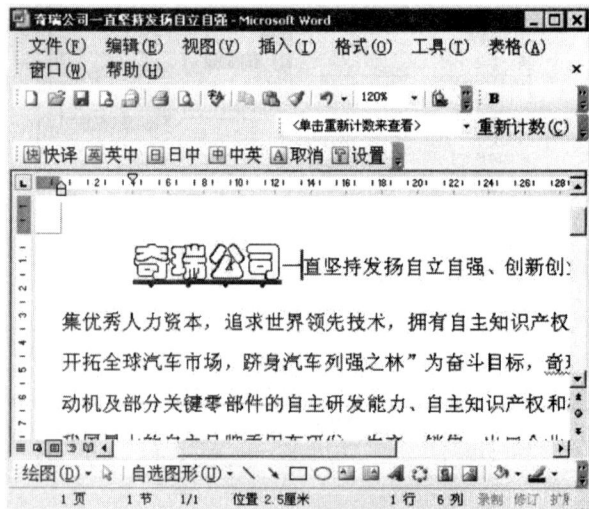

图 5.2.9

5.2.5 设置文字的颜色

步骤1 ①选定文字。 ②单击"格式\字体"(参见图 5.2.1),出现图 5.2.10。

步骤 ①单击"字体颜色"框右侧的三角。②单击选择一种颜色。③单击"其他颜色"按钮（如果对其中的颜色不满意的话）（在图 5.2.10 中），出现图 5.2.11。

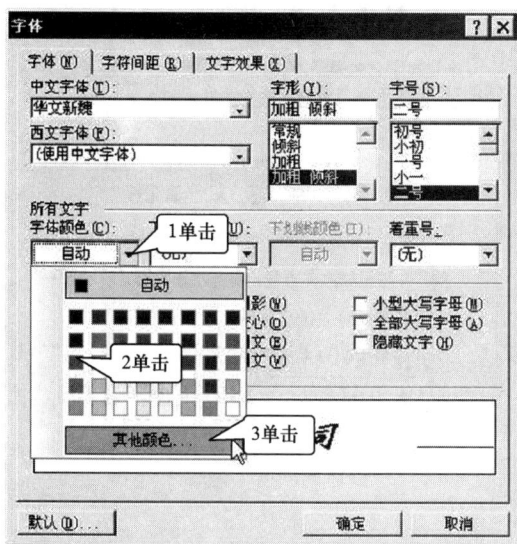

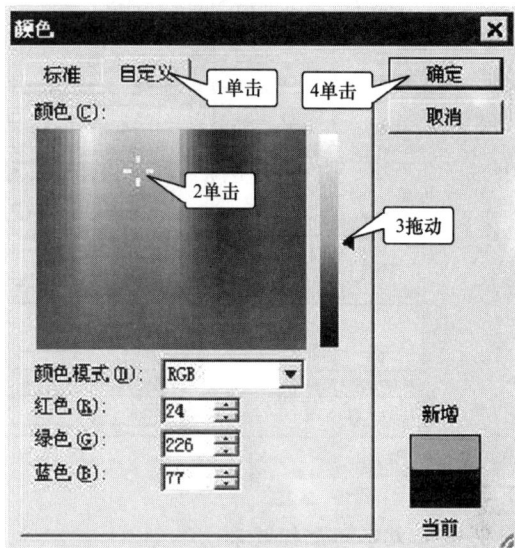

图 5.2.10　　　　　　　　　　　　　　　　图 5.2.11

步骤 ①单击"自定义"选项卡。②单击选择一种颜色。③拖动图中的黑三角，以设定颜色深浅。④单击"确定"按钮（在图 5.2.11 中）回到图 5.2.10。

步骤 单击"确定"按钮（在图 5.2.10 中），结果见图 5.2.12。

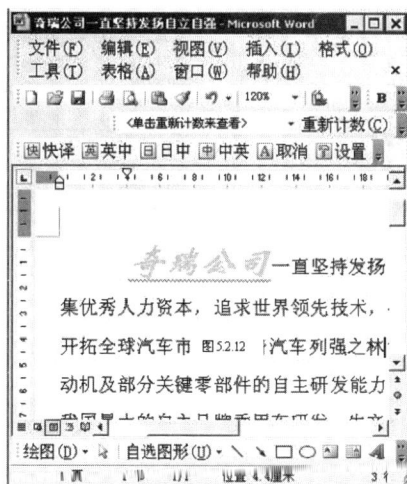

图 5.2.12

5.2.6　设置文字的效果

1. 设置文字的空心效果

步骤 ①选定文字。②单击"格式\字体"（参见图 5.2.1），出现图 5.2.13。

步骤 ①单击"空心"复选框，以设定文字为空心字。②单击选择"隶书"。③单击"加粗"。　　④单击"一号"。　　　⑤单击"确定"按钮(在图 5.2.13 中),结果见图 5.2.14。

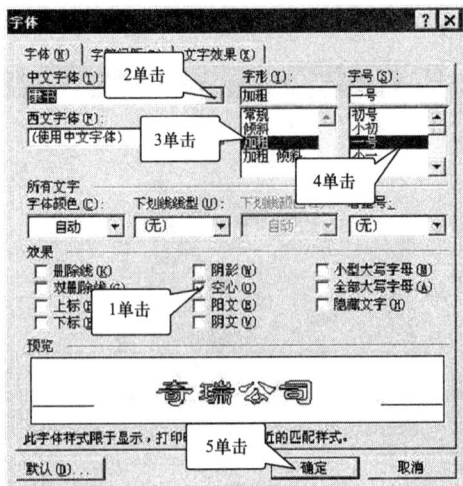

图 5.2.13

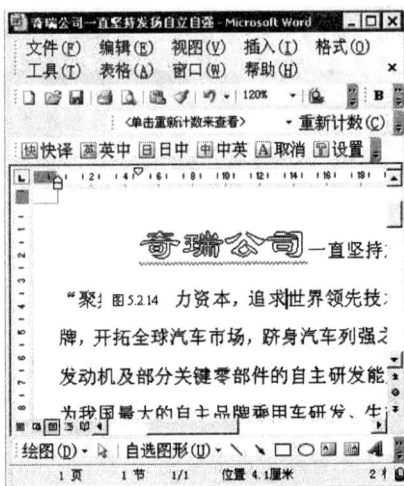

图 5.2.14

2.设置文字的上标效果

步骤1　①输入"A2"并将其设为二号字。　　②选定文字"2"。　　③单击"格式\字体"(在图 5.2.15 中),出现图 5.2.16。

步骤2　①单击"上标"复选框,以设定文字为上标字。　　②单击"确定"按钮(在图 5.2.16 中),结果见图 5.2.17。

图 5.2.15

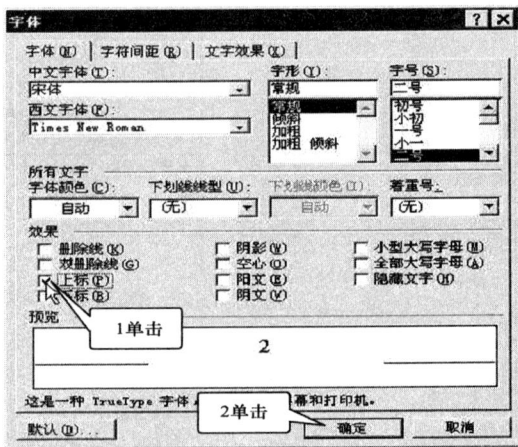

图 5.2.16

3.设置文字的下标效果

步骤1　①输入"A2"并将其设为二号字。　　②选定文字"2"。　　③单击"格式\字体"(在图 5.2.15 中),出现图 5.2.18。

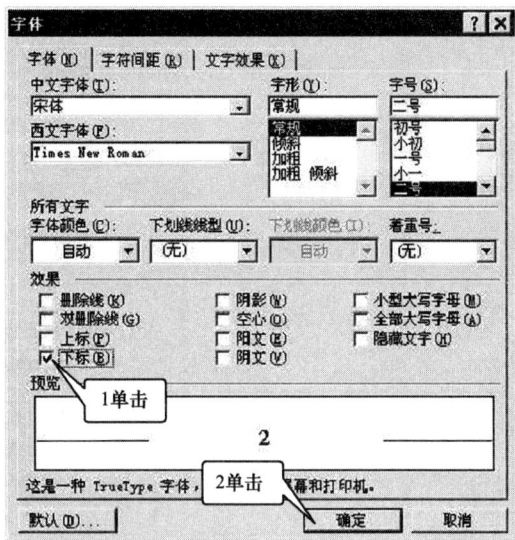

图 5.2.17　　　　　　　　　　　　　　图 5.2.18

步骤 ①单击"下标"复选框，以设定文字为下标字。　②单击"确定"按钮（在图 5.2.18 中），结果见图 5.2.19。

4.设置文字的动态效果

步骤 ①选定文字并将其设为二号字。　②单击"格式\字体"，出现图 5.2.20。

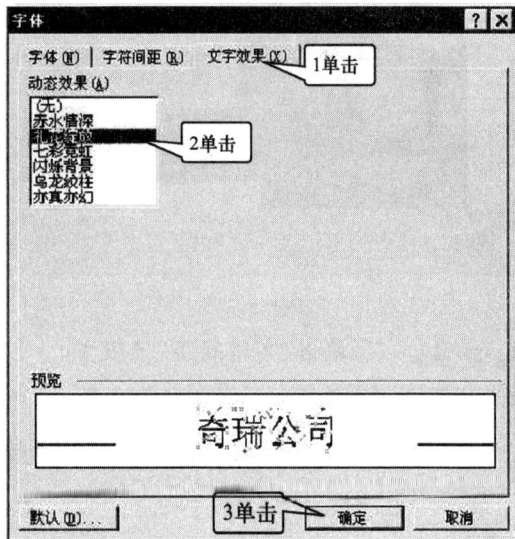

图 5.2.19　　　　　　　　　　　　　　图 5.2.20

步骤 ①单击"文字效果"选项卡。　②单击"礼花绽放"，以选择礼花绽放效果。
③单击"确定"按钮（在图 5.2.20 中），出现图 5.2.21 的礼花绽放效果，在文字的周围有动态的礼花绽放效果。

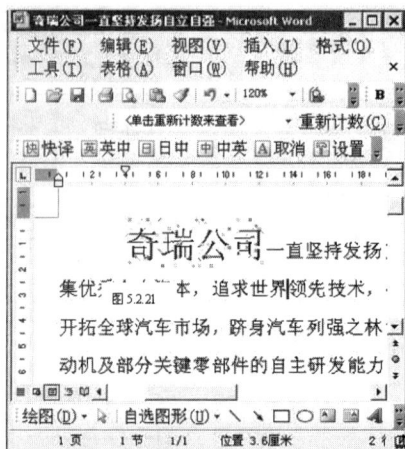

图 5.2.21

5.2.7　设定字间距

步骤1　①选定一段文字。　②单击"格式\字体"（在图 5.2.22 中），出现图 5.2.23。

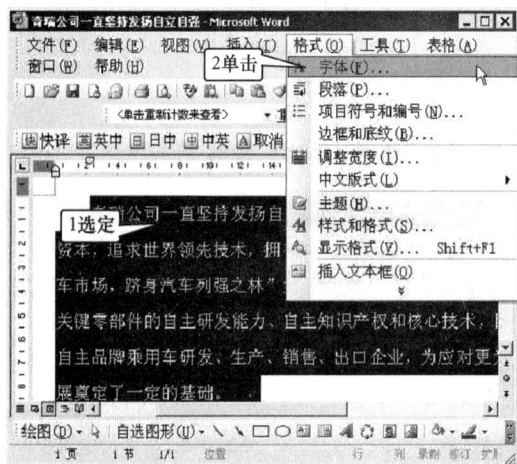

图 5.2.22

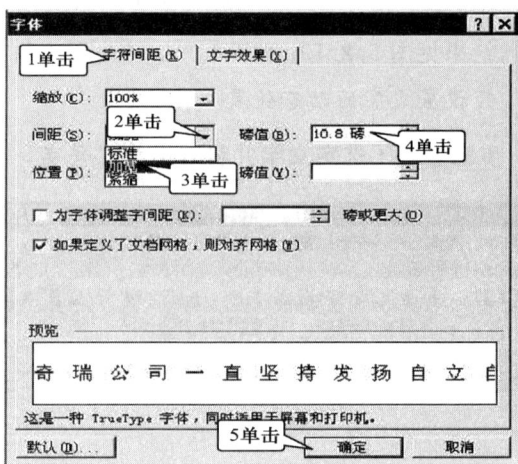

图 5.2.23

步骤2　①单击"字符间距"选项卡。　②单击"间距"下拉列表框。　③单击"加宽"，以加宽字间距。　④输入"10.8"。　⑤单击"确定"按钮（在图 5.2.23 中），结果见图 5.2.24。

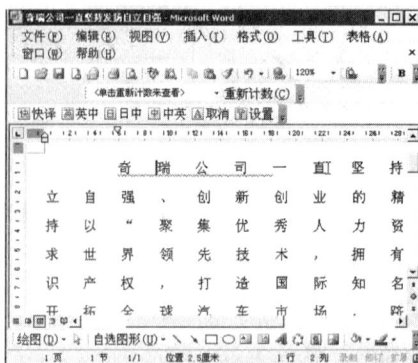

图 5.2.24

5.3 美化段落

5.3.1 设定段落的对齐方式

步骤 1 在段落中单击,将插入点定位在该段落(在图 5.3.1 中)。

步骤 2 单击"格式\段落"(在图 5.3.2 中),出现图 5.3.3。

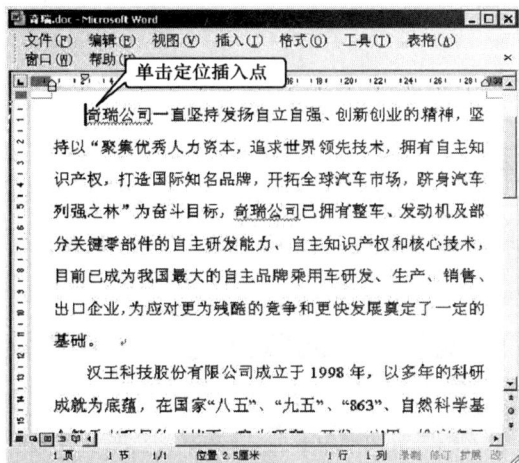

图 5.3.1

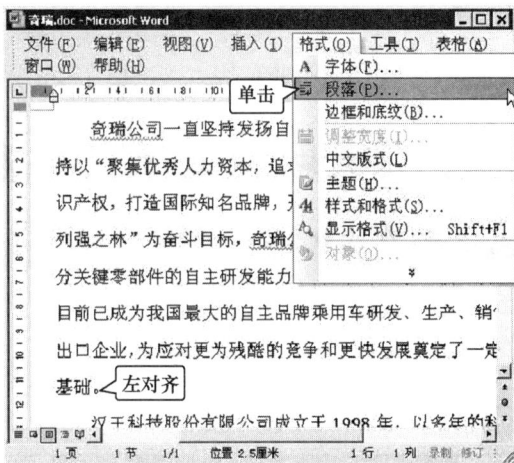

图 5.3.2

步骤 3 ①单击"对齐方式"下拉列表框。 ②单击"右对齐"。 ③单击"确定"按钮 (在图 5.3.3 中),结果见图 5.3.4。

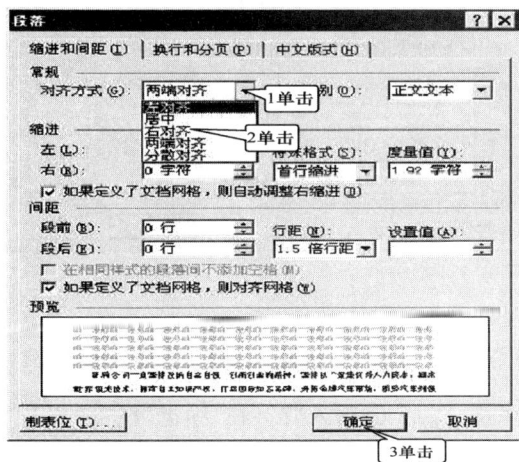

图 5.3.3

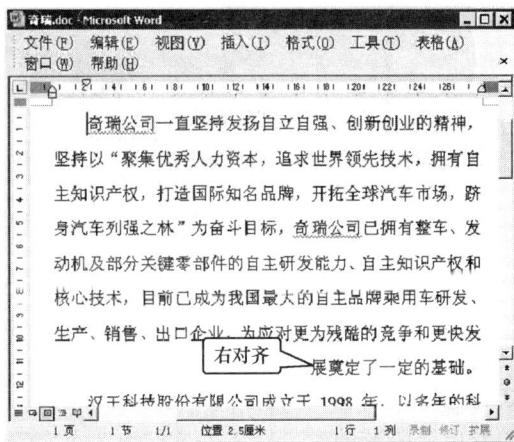

图 5.3.4

步骤 4 在上一步中,如选择"居中",则出现的效果如图 5.3.5 所示;如选择"左对齐",则出现的效果如图 5.3.2 所示;如选择"分散对齐",则出现的效果如图 5.3.6 所示。

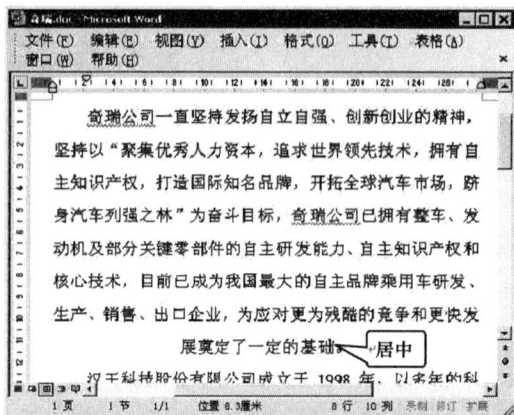

图 5.3.5

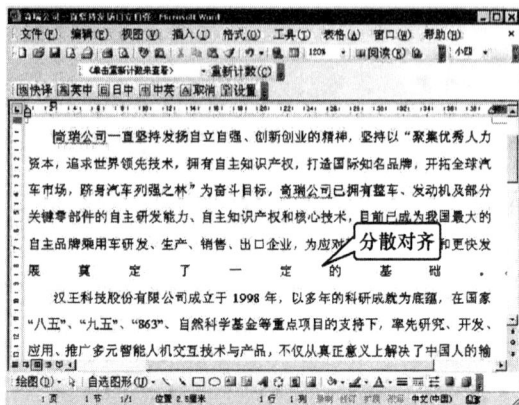

图 5.3.6

5.3.2 设定段落的左、右和首行缩进

步骤1 ①单击鼠标或选定一段文字（在要缩进的段落）。 ②单击"格式\段落"（在图 5.3.7 中），出现图 5.3.8。

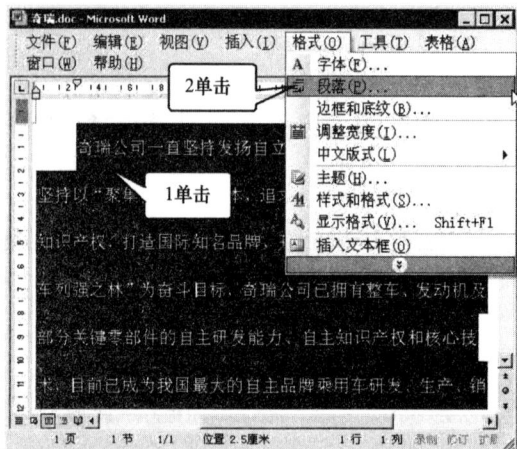

图 5.3.7

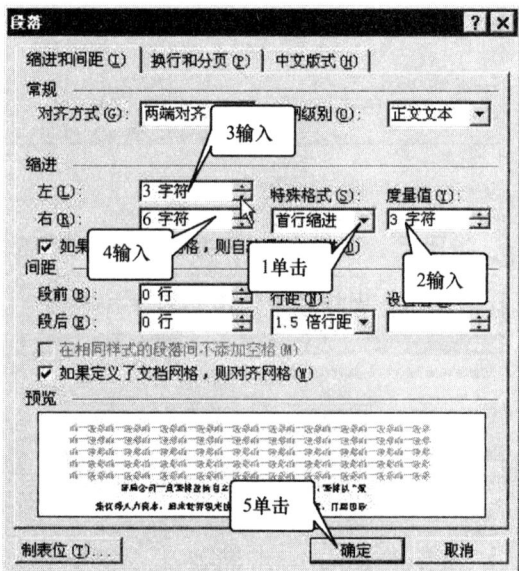

图 5.3.8

步骤2 ①单击"特殊格式"下拉列表框，选择"首行缩进"，以将段落的第一行设为缩进。②在"度量值"栏输入"3"，以将缩进量定为 3 个字符。 ③输入"3"（在"缩进"栏下的"左"框中），以将段落的左边界缩进量定为 3 个字符。 ④输入"6"（在"缩进"栏下的"右"框中），以将段落的右边界缩进量定为 6 个字符。 ⑤单击"确定"按钮（在图 5.3.8 中），结果见图5.3.9。

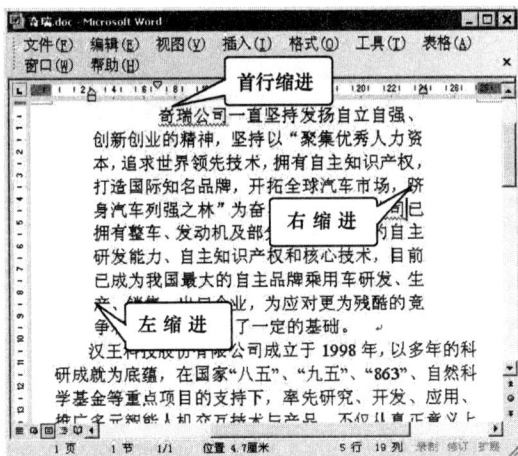

图 5.3.9

5.3.3　设定行间距

🦅 **步骤 1**　①单击鼠标或选定一段文字（在要缩进的段落）。　　②单击"格式\段落"（在图 5.3.7 中），出现图 5.3.10。

🦅 **步骤 2**　①单击"行距"下拉列表框。　②单击"多倍行距"。　③输入行距值"3"（在"设置值"框中），如设定为单倍行距、1.5 倍行距、2 倍行距，则表示行间距为一行的 1 倍、1.5 倍、2 倍。　④单击"确定"按钮（在图 5.3.10 中），出现图 5.3.11。

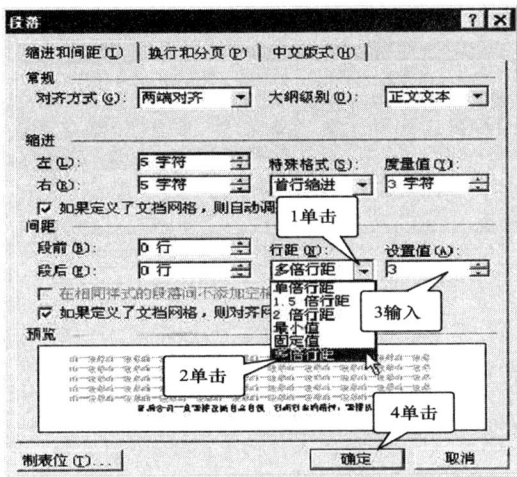

图 5.3.10

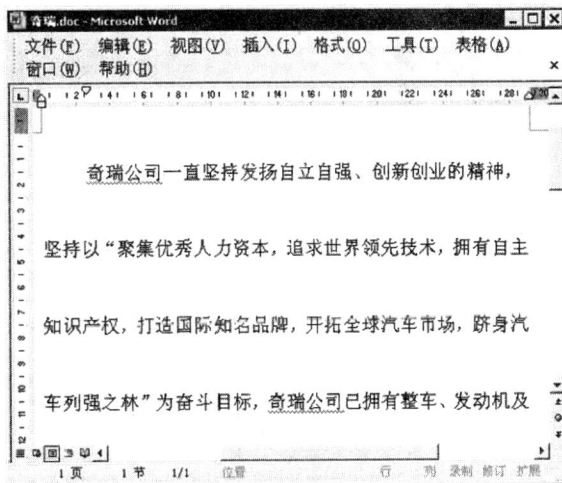

图 5.3.11

5.4 制作表格

5.4.1 制作一个简单的表格

1. 制作简单表格

步骤 1 单击"表格\插入\表格"(在图 5.4.1 中),出现图 5.4.2。

图 5.4.1

步骤 2 ①输入列数"5"(在"列数"框中)。 ②输入行数"5"(在"行数"框中)。 ③单击"确定"按钮(在图 5.4.2 中),出现图 5.4.3。

步骤 3 在上一步的图 **5.4.2** 中,如选中"**根据内容调整表格**"单选钮,则表格的大小会自动随里面的内容多少而调整,见图 5.4.4。

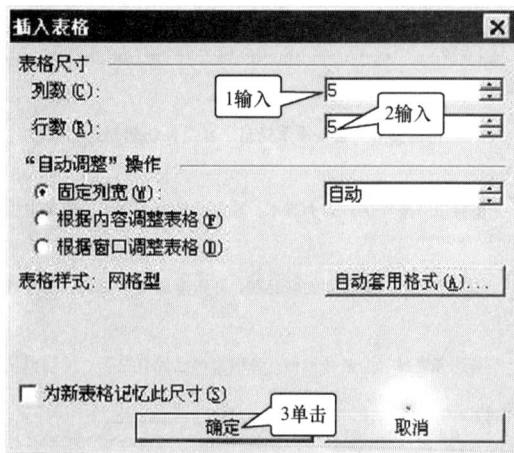

图 5.4.2

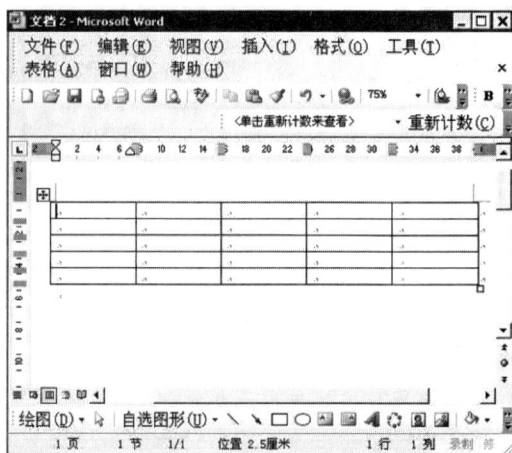

图 5.4.3

2. 调整表格大小

步骤 ①拖动标尺上的表格列调整钮可改变列宽。 ②拖动标尺上的表格行调整钮可改变行高(在图 5.4.5 中)。

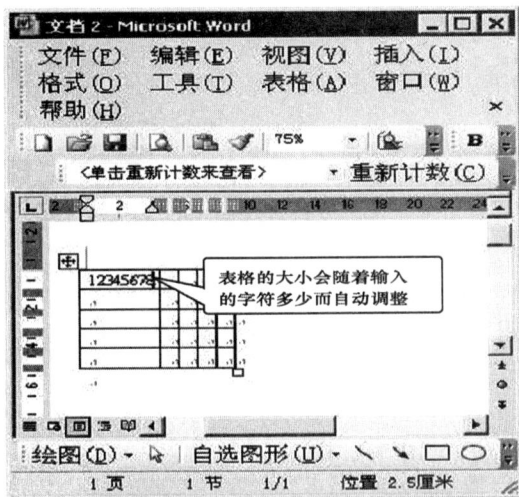

图 5.4.4

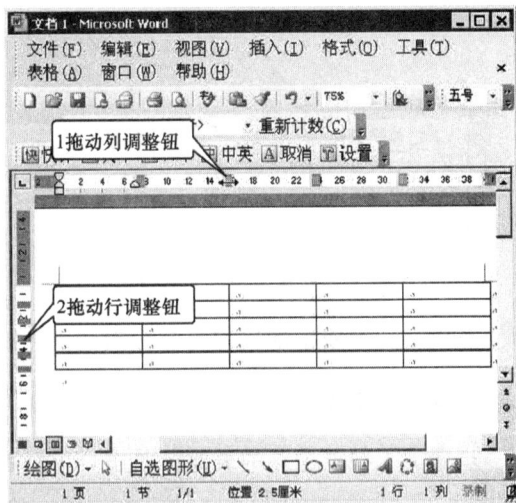

图 5.4.5

3.单元格的概念

我们把表格中的每个小格称为**单元格**。

5.4.2 手绘复杂的表格

步骤 *1* 单击"**表格\绘制表格**"(在图 5.4.6 中),会出现图 5.4.7"表格和边框"工具栏。

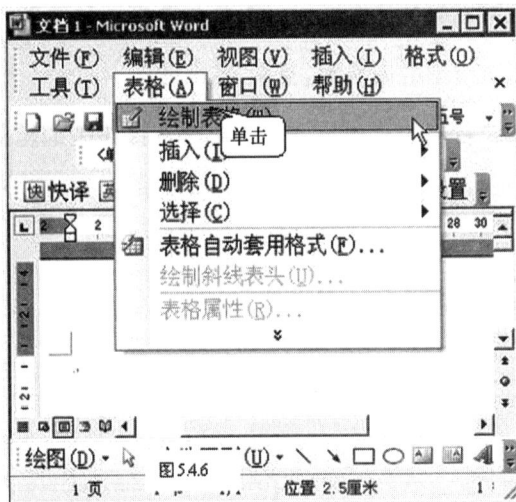

图 5.4.6

步骤 *2* 单击"**绘制表格**"工具(在图 5.4.7 中)。

步骤 *3* 拖动鼠标可画出表的外框,见图 5.4.8。

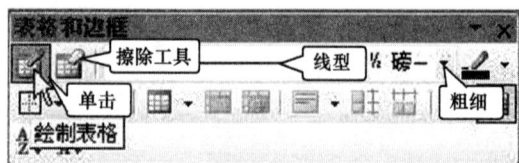

图 5.4.7

图 5.4.8

步骤 4 再次拖动鼠标可画出表的内线,见图 5.4.9。

步骤 5 单击擦除工具(参见图 5.4.7)。

步骤 6 在要擦除的表线上单击,可擦除表格线,见图 5.4.10。

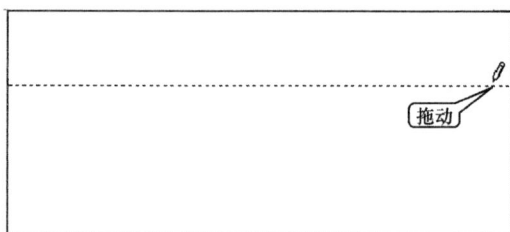

图 5.4.9

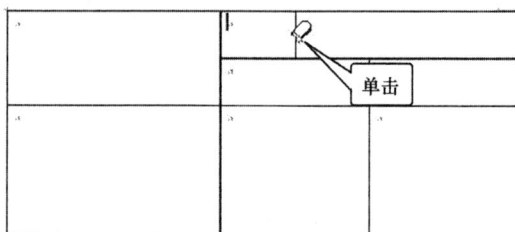

图 5.4.10

步骤 7 ①单击"线型"右侧的三角。　②单击选择一种线型(在图 5.4.11 中)。

步骤 8 拖动可画出该线型的表格线,见图 5.4.12。

步骤 9 ①单击"粗细"右侧的三角。　②单击选择线型的粗细(在图 5.4.13 中)。

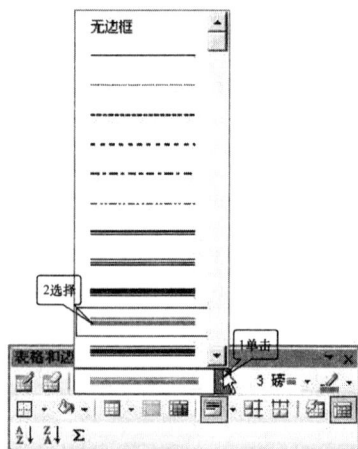

图 5.4.11

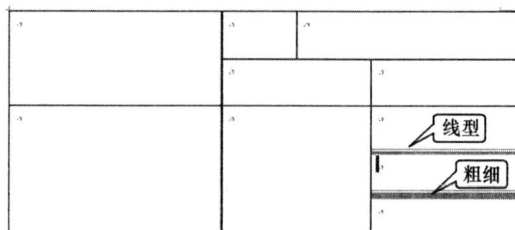

图 5.4.12

步骤 10 拖动可画出该粗细的表格线,见图 5.4.12。

步骤 11 ①单击"边框颜色"右侧的三角。　②单击选择一种颜色(在图 5.4.14 中)。

步骤 12 拖动可画出该颜色的表格线,参见图 5.4.14。

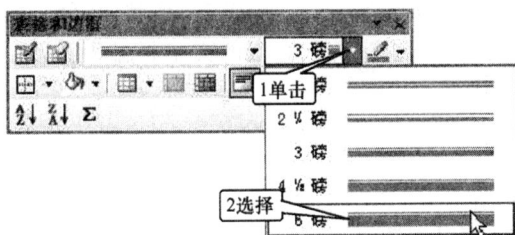
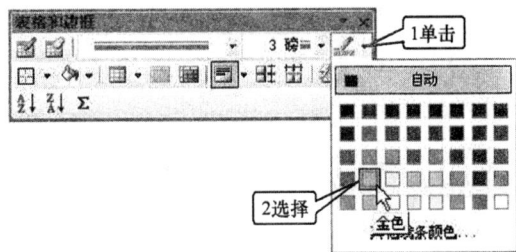

图 5.4.13   图 5.4.14

5.5 页面设置

每当我们打开 Word 时，Word 实际上就提供了一张"白纸"，这张"白纸"的大小是 A4 规格，即 21.0 cm×29.7 cm。我们在屏幕上输入的文字就是排列在这一张 A4 大小的纸张上的。如果我们将屏幕上的文字打印出来的话，那么打印机必须装上 A4 大小的纸。也就是说屏幕上设定的是 A4 规格纸的话，我们输入的文字也将按照这种规格的纸张大小来排列。除此之外，Word 还提供了多种规格的纸张大小（同时还可以自己随意定义纸张的大小），供我们来排列文章中的文字。选择不同规格的纸张大小，设定不同的页边距等就叫做页面设置。

5.5.1 设定纸张的规格

步骤 1   单击"文件\页面设置"（在图 5.5.1 中），出现图 5.5.2。

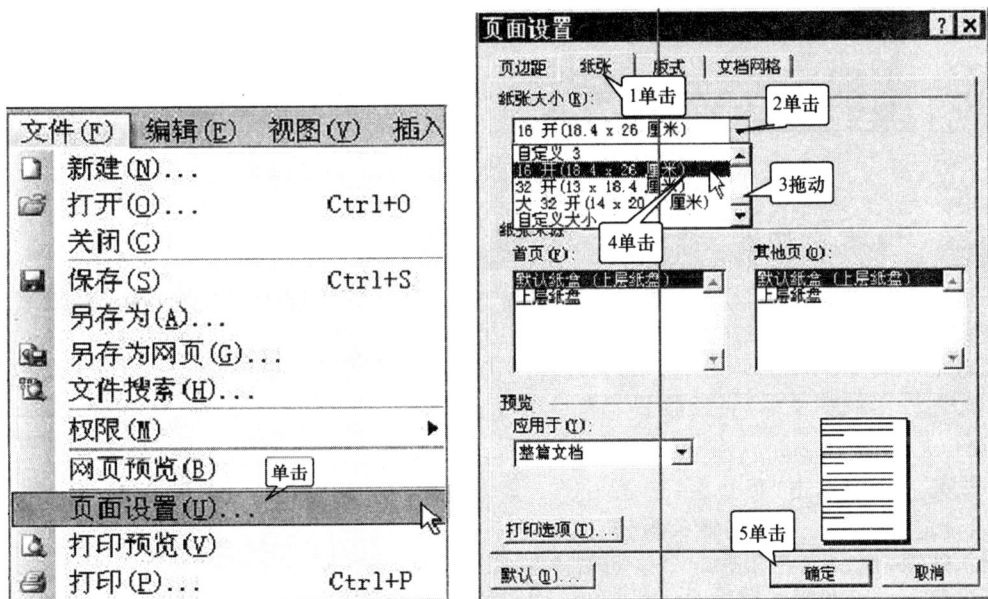

图 5.5.1   图 5.5.2

步骤 2   ①单击"纸张"选项卡。   ②单击"纸张大小"下拉列表框。   ③拖动滚动条找到"16 开（18.4×26 厘米）"。   ④单击"16 开（18.4×26 厘米）"，以设定纸张规格为常用的 16 开纸,当然也可以设定 A4、A3、32 开等常用的纸张规格。　⑤**单击"确定"按钮**(在图 5.5.2 中)。经过这样的设定以后,我们的页面就为 16 开了。所有输入的文字将排列在 16 开大小的纸张上。

5.5.2　自定义纸张的大小

步骤 1　单击"文件\页面设置"(参见图 5.5.1),出现图 5.5.3。

步骤 2　①单击"纸张"选项卡。　②单击"纸张大小"下拉列表框。　③拖动滚动条找到"自定义大小"。　④单击"自定义大小"(在图 5.5.3 中),以设定纸张规格为自定义大小,出现图 5.5.4。

步骤 3　①输入数字"10"(在"纸张大小"栏中"宽度"右侧的框内)。　②输入数字"12"(在"纸张大小"栏中"高度"右侧的框内)。则纸张的大小就被设为 10×12。　③**单击"确定"按钮**(在图 5.5.4 中)。

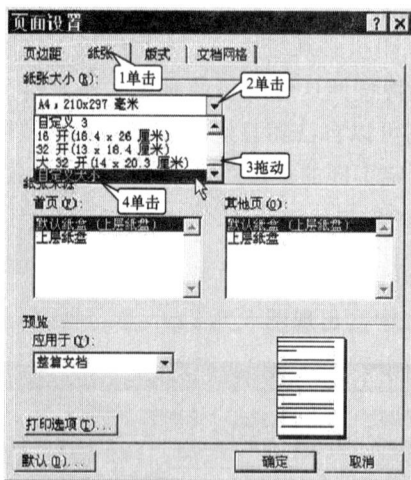

图 5.5.3

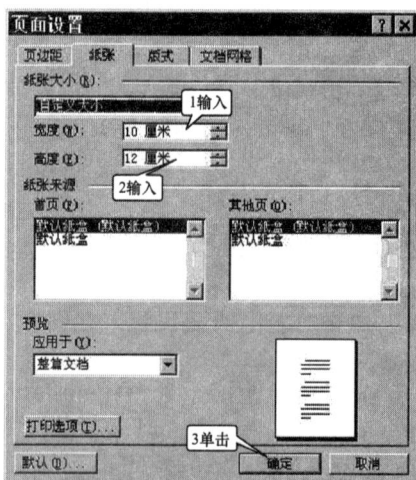

图 5.5.4

5.5.3　设定页边距、装订线和打印方向

　　页边距是指文章中排列的文字与纸张边缘的距离。装订线是指装订的位置与纸张边缘的距离。它们的大小都是可以随意进行设定的,其方法如下:

步骤 1　单击"文件\页面设置"(参见图 5.5.1),出现图 5.5.5。

步骤 2　①单击"页边距"标签。　②输入数值,以设定上边距。　③输入数值,以设定下边距。④输入数值,以设定左边距。　⑤输入数值,以设定右边距。　⑥输入数值,以确定装订线距离纸张边缘的距离。　⑦单击"装订线位置"下拉列表,选择"左"或"上",以设定装订线位置。　⑧单击"纵向",以设定纸张的长边为高,短边为宽(如单击"横向",则是设定纸张的短边为高,长边为宽)。　⑨单击"确定"按钮(在图 5.5.5 中)。

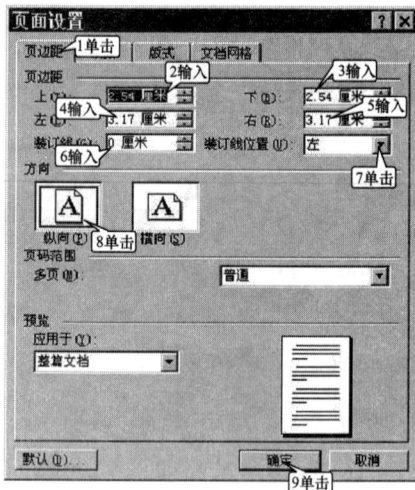

图 5.5.5

5.6　打印文章

5.6.1　打印前预览

在打印前最好进行一下预览,这样可以使你看到文章打印到纸上后的实际效果,以及图文排版的效果。如果觉得满意的话,就可以进行打印。这样可以节约纸张,避免打印出来后不满意,再重新打印。进行打印预览的方法如下:

步骤 1　单击"文件\打印预览"(在图 5.6.1 中),出现图 5.6.2。

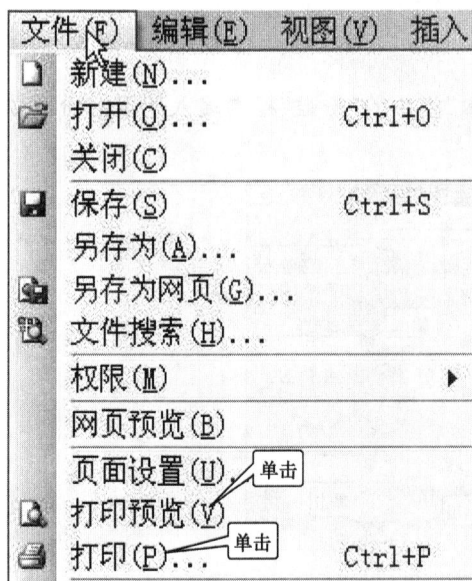

图 5.6.1

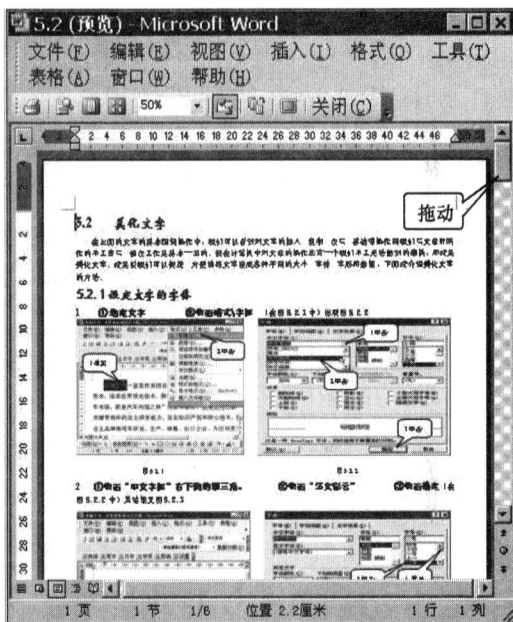

图 5.6.2

步骤 2　拖动滚动条可以看到其他页的预览效果(在图 5.6.2 中)。

5.6.2　打印及打印设置

当我们输入并编排好一篇文章后,最好进行一下预览,如果预览后没有问题,就可以进行打印。打印时需要进行一定的设置,其设置方法如下:

步骤 1　单击"文件\打印"(在图 5.6.1 中),出现图 5.6.3。

步骤 2　①单击"全部"单选钮,表示要打印整个文档;单击"当前页"单选钮,表示要打印插入点所在的那页;单击"页码范围"单

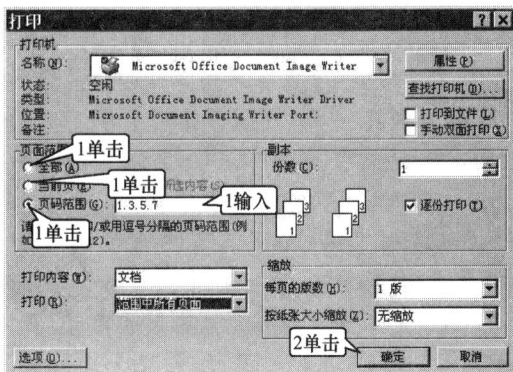

图 5.6.3

选钮,并输入要打印的页码(在"页码范围"右侧的框中),表示要打印指定的页。其中输入"1,3,5,7"表示打印1、3、5、7页,输入"1-18"表示打印1到18页。 ②单击"确定"按钮(在图5.6.3中),即可打印。

5.6.3 双面打印和打印多份

步骤1 单击"文件\打印"(参见图5.6.1),出现图5.6.4。

步骤2 ①单击"打印"下拉列表框。 ②单击选择"奇数页",则表示要打印文章中的奇数页。 ③单击"确定"按钮(在图5.6.4中),打印完成后再将纸张翻转过来,放入打印机,然后进行下一步操作。

步骤3 单击"文件\打印",出现图5.6.4。

步骤4 ①单击"打印"下拉列表框。 ②单击选择"偶数页",则表示要打印文章中的偶数页。 ③单击"确定"按钮(在图5.6.4中)。

步骤5 如果要打印多份的话,则可以在"副本"栏中的"份数"框内输入所要的份数值(在图5.6.4中)。

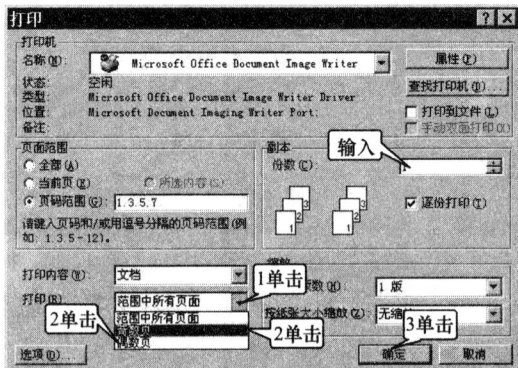

图 5.6.4

习 题 5

1.填空题

(1)Word中文件的保存方法是单击_____。

(2)当对文件进行修改后,要同时保留原稿和修改稿的话,应单击_____。当文件内容需要保密的时候,应该在保存文件时给文件设置_____。为了防止突然断电造成输入的内容丢失,可以在Word中设置定时自动_____。

(3)选定文字,单击"格式\字体",在出现的字体对话框中可设置文字的字体、_____、_____、下划线、_____、_____等。

(4)单击"格式\段落",在出现的段落对话框中,可设置段落的_____、右对齐、_____、两端对齐、首行缩进、_____、右缩进、_____等。

(5)选定不相邻的单元格里面的内容,需按住_____键。在要选定的单元格的内容上拖动可选定_____单元格。

（6）要裁剪 Word 中的图片,可以单击"视图\工具栏\图片",选中需要裁剪的图片,在出现的图片工具栏中,单击_____按钮,将鼠标指针指到图片的_____上,拖动鼠标,即可将图片裁剪。

（7）对文档中图片可以进行复制、_____、_____、改变_____、_____处理。

（8）图文混排的形式有:嵌入型、_____、_____、_____等。

2. 操作题

（1）手绘制作下列表格:

可利用资源量				已投入量	平衡多余	计划申请量	
合计	其中					合计	已解决量
	库存	期货	在途				
申请单位				E-mail			
通信地址				电话			
银行账号				到站			

（2）在 Word 中输入下列文字,并在 D 盘建一个"我的练习"文件夹,将其保存到 D:\ 我的练习中。

中

春节,是一种味道

　　春节又叫阴历(农历)年,俗称"过年"。是我国民间最隆重、最热闹的一个古老传统节日。节日喜庆气氛要持续一个月。正月初一前有祭灶、祭祖等仪式;节中有给儿童压岁钱、亲朋好友拜年等典礼;节后半月又是元宵节,其时花灯满城,游人满街,盛况空前,元宵节过后,春节才算结束了。

（3）然后对输入的文字进行排版,其中"春节,一种味道"为红色,"春节"为粉色,"过年"为蓝色,"元宵节"为橙色。排版效果如下所示:

第6章 电子表格制作软件 Excel

Excel 是由 Microsoft 公司开发的一个十分流行且出色的电子表格软件。它不但可以用于个人事务的处理，而且被广泛地应用于财务、统计和分析等领域，具有强大的表格处理功能，其界面美观、使用方便、操作简单、功能齐全，是集电子数据表、图表与数据库于一体的优秀办公软件。Excel 能通过一系列的公式或函数对一堆杂乱无章的数据进行组织、计算和分析等处理，最后制作成美观实用的，甚至是复杂的三维图形的报表。它不仅能胜任各种表格的制作和数据统计，而且具有强大的图形、图表、数据分析、检索和管理功能。同时还能利用宏功能进行自动化处理。由于其含有丰富的财务、统计和数据库的函数，并具有强大的图形图表功能，特别适用于制作财务表格和进行经济信息分析。它不仅是一个制作表格的强大工具，同时还是一个具有计算、统计、分析功能的数学工具。如果表中的某项数据是若干个数据通过运算得出的结果的话，那么该项数据将会随着相关的参与运算的数据的变化而变化。这对于我们制作一个通用的公式，或者是通用的具有计算功能的表格，或者是随时修改表格中原始数据从而得到相应结果的表格，是十分有用和方便的。

6.1 基本概念与操作

6.1.1 Excel 的启动与界面介绍

步骤 单击"开始\程序\Microsoft Office\Microsoft Office Excel 2003"即可启动 Excel，图 6.1.1 是 Excel 的界面。图中各部分的功能如下：

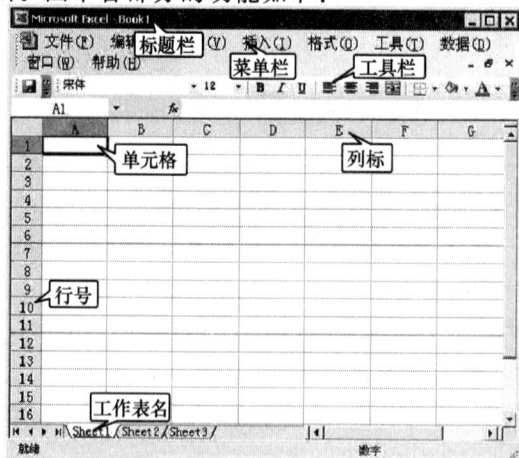

图 6.1.1

①**标题栏**:表示该应用程序窗口是电子表格软件 Excel 的窗口。

②**菜单栏**:里面有 9 大类菜单,每一个菜单下面还有下级子菜单。

③**工具栏**:是把常用的命令以图标的形式放在工具栏上,这样我们使用这些命令的时候就更为方便、快捷。工具栏上面的工具,是可以添加或者去除的,其方法我们将在后面介绍。

6.1.2　工作簿与工作表

1.工作簿的概念

有关工作簿我们需要掌握下面几个概念:

①**在 Excel 中一个工作簿就是一个 Excel 文件**。②**启动时 Excel 会自动给出一个工作簿,这个工作簿里面有三张工作表**。一个工作簿可由一张或多张工作表组成。工作簿当中的工作表是可以添加或删除的。③**一个工作簿最多只能允许添加 255 张工作表**。每张工作表默认的名称是 **Sheet1**、或 **Sheet2**、**Sheet3**……**Sheet**_n_。工作簿是在 Excel 环境中用来储存并处理工作数据的文件。

2.工作表

图 6.1.1 就是一张空白的工作表,有关工作表我们需要掌握下面几个概念:

①**它是由 65536 行和 256 列构成的一张表格**,这是一个非常大的表格。②**其中行号是由上自下按 1 到 65536 进行编号,而列标则由左到右采用字母 A、B、C……AA、AB、AC……进行编号**。③**工作表不仅仅是一个庞大的由线条组成的表格,而且还是一个具有强大计算功能的表格**,表格中的内容可以是数字、字符、数学表达式等。

Excel 的基本工作平台是工作表(图 6.1.1 所示的一个屏幕网格),它类似于人们日常工作中的数据表格,其中含有可供输入数据的单元格,在工作表上可以进行各种操作。

6.1.3　单元格与单元格地址

1.单元格

图 6.1.1 中的小格子叫单元格,一张工作表是由 $65536 \times 256 = 16777216$ 个单元格组成的。当选中某个单元格时,这个单元格才是活动的单元格,才可以在该单元格中输入信息。也就是说我们从键盘上输入的数据,只是出现在活动单元格中。没有被选中的单元格,数据是不会被放进里面去的。

2.单元格地址

图 6.1.1 中的每个单元格都有自己的地址,我们称为单元格地址,它的地址是以行号和列标来表示的。例如 A1 表示第 1 行第 1 列这个单元格,B10 表示第 10 行第 2 列这个单元格……

6.1.4　制作一个简单的表格

启动 Excel 后,只要用鼠标单击某个单元格,然后再输入相应的文字和数字,就可以制作一个简单的 Excel 表格了,见图 6.1.2。

图 6.1.2

6.1.5　保存工作簿

在我们用 Excel 制作好表格后,一定要执行保存命令。因为我们在屏幕上看到的表格实际上是存放在计算机的内存中的。如果不做保存,那么在计算机关闭时,我们所做的表格信息就会消失。而保存操作是将屏幕上所看到的表格信息保存到磁盘上即硬盘上,这样在关闭计算机时,硬盘上的信息是不会消失的。保存的步骤是:

步骤 1　单击"文件\保存"(在图 6.1.3 中),出现图 6.1.4。

步骤 2　①单击"保存位置"框右侧的三角。　②单击 E 盘(在图 6.1.4 中),以选择将文件保存到 E 盘,出现图 6.1.5。

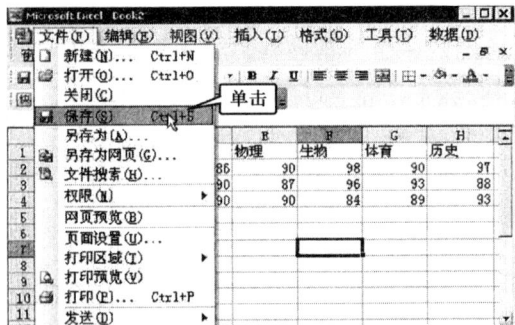

图 6.1.3

图 6.1.4

步骤 3　双击 123 文件夹(在图 6.1.5 中),出现图 6.1.6,则 123 文件夹被打开,表示下面要将文件保存在该文件夹内。

步骤 4　①输入文件名"成绩"。　②单击"保存"按钮(在图 6.1.6 中),这样文件就被保存到 E:\123 中了。

图 6.1.5

图 6.1.6

6.1.6 打开工作簿

我们在编辑和输入表格或处理表格数据时,往往不是一次就能完成的,需要几次甚至是几天。当我们输入或是编辑到一半时,可能要做其他事情。这时我们就应该在关机之前,将工作簿保存到硬盘中。当我们第二天或者再次打开计算机时,就要把上次我们编辑或处理的工作簿取出来,继续进行编辑处理。从磁盘上取工作簿,我们叫打开工作簿,其方法是:

步骤 1 单击"文件\打开"(在图 6.1.7 中),出现图 6.1.8。

步骤 2 ①单击"查找范围"框右侧的三角。 ②单击 **E 盘**(在图 6.1.8 中),以选择文件所在的盘,出现图 6.1.9。

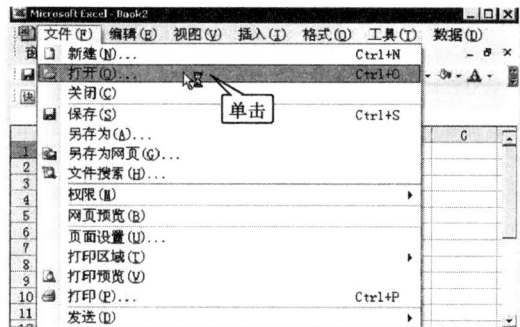

图 6.1.7

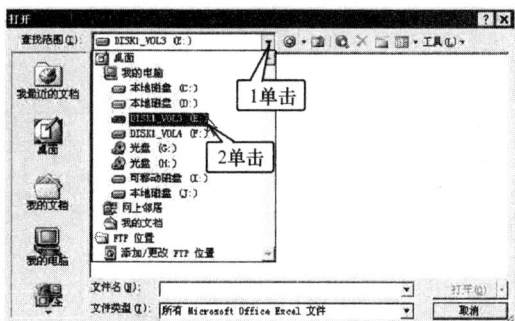

图 6.1.8

步骤 3 双击 **123 文件夹**(在图 6.1.9 中),以打开文件所在的文件夹,出现图 6.1.10。

步骤 4 ①单击文件名"成绩"。 ②单击"打开"按钮(在图 6.1.10 中)。

图 6.1.9

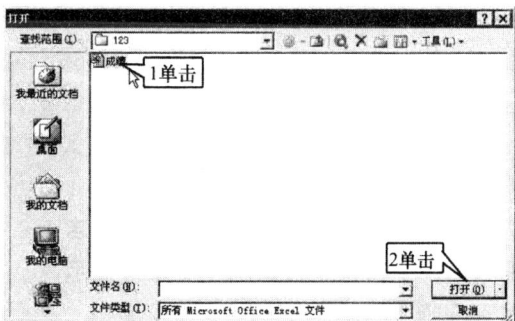

图 6.1.10

6.2 数据的分类与输入

6.2.1 数据的分类

1.数据

我们把每个单元格中输入的内容,叫单元格中的数据。

2.数据的分类

单元格中的数据分为文本型、数值型、日期和时间型、逻辑型、公式。

①文本型

单元格中的文本型数据可包括任何字母、数字、汉字和其他符号的组合。单元格中的文本默认以左对齐方式显示。如果单元格的宽度容纳不下文本,可占相邻单元格的显示位置,见图6.2.1(注意相邻单元格本身并没有被占据),如果相邻单元格已经有数据,就截断显示,见图6.2.2。

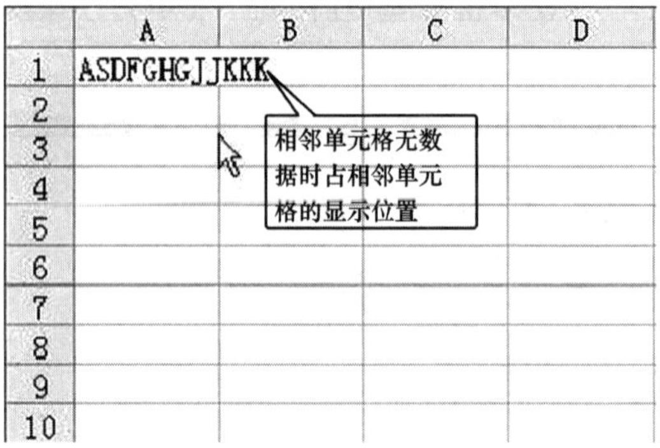

图 6.2.1

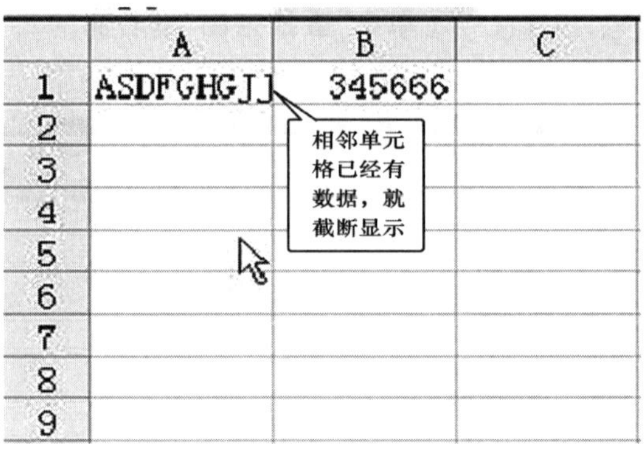

图 6.2.2

②数值型

数值型数据只能包含正号(＋)、负号(－)、小数点、0～9 的数字、百分号(％)、千位分隔号(,)等符号,它们是正确表示数值的字符组合。数值型数据的最大特点就是它可以作为数字在公式中参与运算。例如:"5786708＋10",如果我们不把 5786708 定义为字符的话,那么它就可以在公式中出现,并可以参与运算得出结果。如果我们把 5786708(如电话号码)定义为字符的话,则上面的公式就是一个错误的公式,一个无法进行运算并且得出运算结果的公式。因为前面的 5786708 是字符,后面的 10 是数字,字符和数字是无法进行相加的。

数值型数据在单元格中的显示方式:①当单元格容纳不下一个未经格式化的数字时,就用**科学记数法显示它**。如:数字 123456789,当单元格宽度不够时就用科学记数法显示它,即显示为 1.23E＋08。②如单元格的宽度连 **1.23E＋08** 都显示不下时,就用若干个"♯"号代替,见图 6.2.3。③调整列宽就可以正常显示。

③逻辑型

单元格中可输入逻辑值 True(真)和 False(假)。逻辑值常常由公式产生,并用作条件。

④日期和时间型

日期和时间是一种特殊的数据。日期数据的输入格式通常为"年/月/日"或"年-月-日"，其中每个数据均可用两位数字表示。如 3/5 或 03/05 表示 3 月 5 日、66/05/08 表示 1966-5-8。时间数据的输入格式通常为"时:分:秒"，如 8:55 表示 8 点 55 分。时间数据的显示有两种格式:12 小时制和 24 小时制，见图 6.2.4。

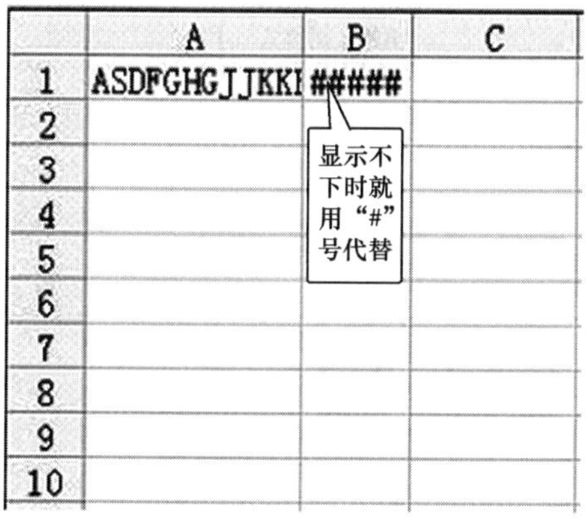

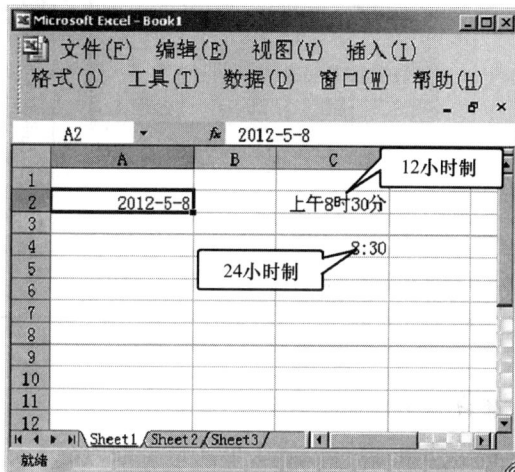

图 6.2.3

图 6.2.4

6.2.2 数据的输入

在单元格中可以输入多种数据，包括数字、文本、公式、函数、日期和时间等。在工作表中输入数据是一种基本的操作，Excel 的数据不仅可以从键盘直接输入还可以自动输入，输入时还可以检查其正确性。向单元格中输入数据，先要选中输入数据的单元格，再键入数字、文字或其他符号。输入过程中发现有错误，可用 BackSpace 键删除，按 Enter 键完成输入。若要取消，可直接按 Esc 键。

1.可作为数字使用的字符

在 Excel 中，数字只可以为下列字符:0、1、2、3、4、5、6、7、8、9、＋ 、－ 、(、) 、/ 、\$ 、% 、E 。Excel 将忽略数字前面的正号(＋)，并将单个英文句点视作小数点，所有其他数字与非数字的组合均看作文本。如:38878A、889K 均被 Excel 看做文本。

2.日期和时间的输入

日期和时间的输入有多种形式。输入日期时，可在年、月、日之间用"/"或"-"连接。例如，要输入 2008 年 8 月 1 日，可输入 2008/8/1 或 2008-8-1。如果只输入了月和日，则 Excel 就会自动取计算机内部时钟的年份作为该单元格日期数据的年份。如输入 8-1，计算机时钟的年份为 2008 年，那么该单元格实际的值是 2008 年 8 月 1 日。当选中这个单元格时，这个单元格的值可在编辑栏中看到。

3.单元格内多行内容的输入

在单元格中当输入到单元格行尾要换行时，应按住"Alt＋回车键"来换行，见图 6.2.5。注意不要按回车键换行，因为按回车键后将会跳到下一个单元格进行输入，而不是换行。

4.单元格中的身份证、邮编、电话号码的输入

要在输入数字前加上一个英文的单引号，即"'"＋数字，系统将把它们当做字符数据处理。

5.公式的输入

先按"＝"键,再输入运算式,见图 6.2.6。

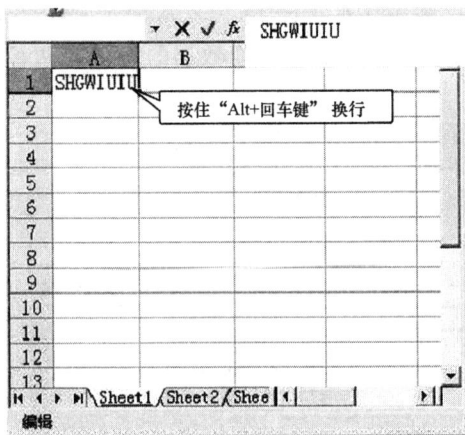

图 6.2.5

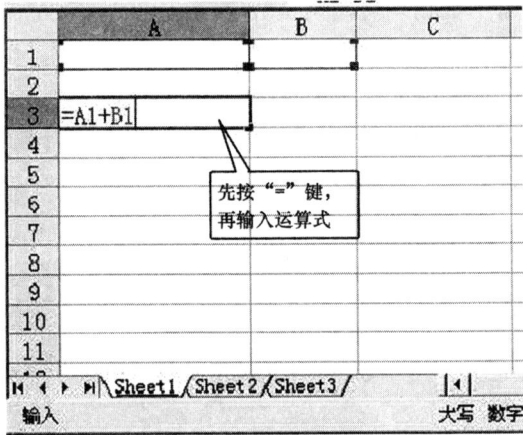

图 6.2.6

6.修改单元格中的内容

双击单元格,就可以修改单元格中的内容了。

7.输入分数

为避免将输入的分数视作日期,请在分数前键入 0(零)＋空格。如键入 0＋空格 1/2,结果就为 1/2。

8.输入负数

请在负数前键入减号（－）,或将其置于括号（）中。如键入－88、(88)。

9.对齐单元格中的内容

在默认状态下,所有数字在单元格中均右对齐。改变其对齐方式的方法如下:

步骤1 ①选定要改变对齐方式的单元格。 ②单击"格式\单元格"(在图 6.2.7 中),出现图 6.2.8。

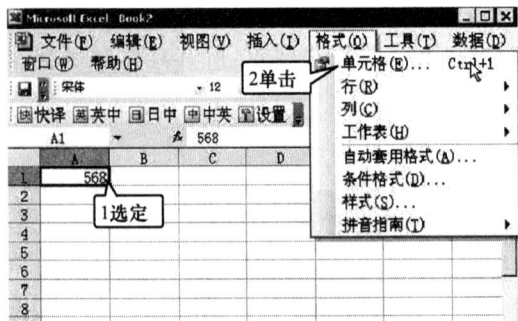

图 6.2.7

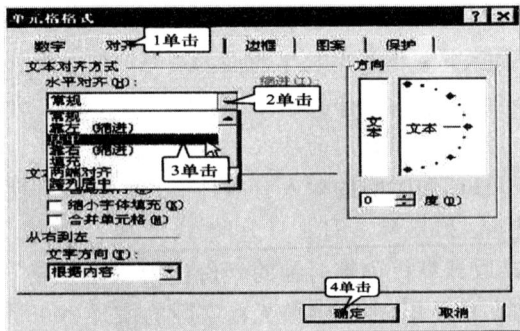

图 6.2.8

步骤2 ①单击"对齐"选项卡。 ②单击"水平对齐"右下侧的三角。 ③单击"居中",即可让数据改变为居中显示。 ④单击"确定"按钮(在图 6.2.8 中)。

10.数字的显示方式

单元格中的数字格式决定 Excel 在工作表中显示数字的方式。如果在"常规"格式的单元格中键入数字(Excel 默认的格式为"常规"),Excel 将根据具体情况套用不同的数字格式。例如,如果键入 $66,Excel 将套用货币格式即¥66。数字格式是可以改变的,具体方法如下:

步骤 1 ①选定包含数字的单元格。　②单击"格式\单元格"(在图 6.2.9 中),出现图 6.2.10。

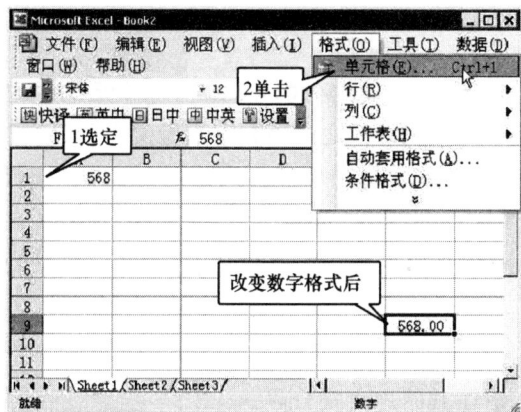

图 6.2.9

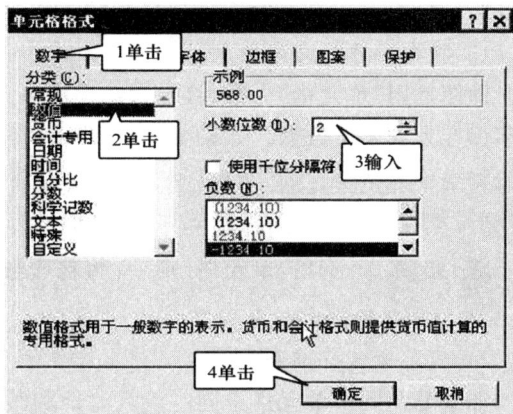

图 6.2.10

步骤 2 ①单击"数字"选项卡。　②单击"数值"。　③在"小数位数"框中输入"2",表示显示方式为保留两位小数。　④单击"确定"按钮(在图 6.2.10 中),改变数字格式后的结果参见图 6.2.9。

11. 自定义数字格式

如果单元格使用默认的"常规"数字格式,Excel 会将数字显示为整数(789)、小数(7.89),或者当数字长度超出单元格宽度时以科学记数法表示(显示为 7.89E+08)。采用"常规"格式的数字长度为 11 位,其中包括小数点和类似"E"和"+"这样的字符。如果要输入并显示多于 11 位的数字,可自定义数字格式。例如:要让 878788887798767 这个数完整地显示就必须这样设置:

步骤 1 ①选定包含数字的单元格。　②单击"格式\单元格"(在图 6.2.11 中),出现图 6.2.12。

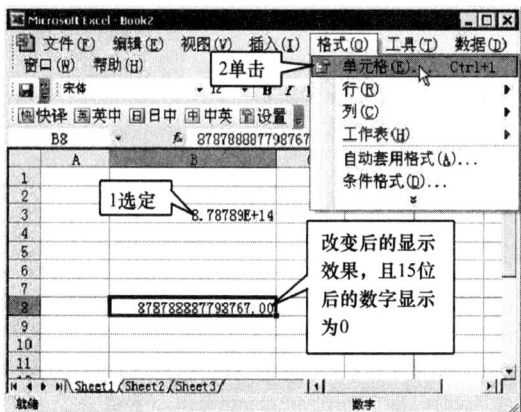

图 6.2.11

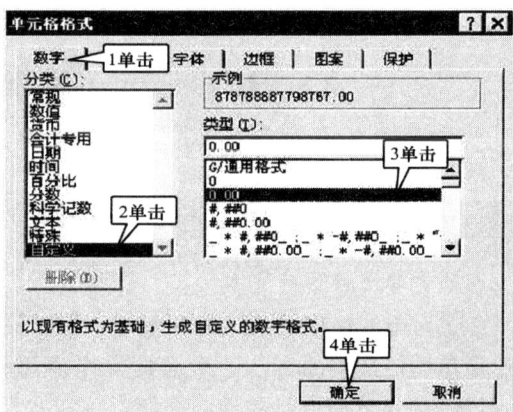

图 6.2.12

步骤 ①单击"数字"选项卡。 ②单击"自定义"。 ③单击"0.00",表示显示方式为保留两位小数。 ④单击"确定"按钮(在图 6.2.12 中)。

12.15 位限制

无论显示数字的位数如何,Excel 都只保留 15 位的数字精度。如果数字长度超出了 15位,Excel 则会将多余的数字位转换为零(0)。

13.将数字作为文本输入

即使是用"单元格"命令,将包含数字的单元格设置为"文本"格式,Excel 仍将单元格中的数字保存为数字型数据。如果要使 Excel 将类似于身份证、学号之类的数字当做文本的话,需要先将空单元格设置为"文本"格式,再输入数字。如果单元格中已经输入了身份证、学号的话,就需要对其应用"文本"格式,可按下面的方法操作:

步骤 ①用"单元格"命令,将包含数字的单元格设置为"文本"格式。 ②按 F2键。 ③按 Enter 键。

14.同时输入日期和时间

如果要在同一单元格中同时键入时期和时间,请在其间用空格分隔。

15.时间数据的输入

时间数据由时、分、秒组成。输入时,时、分、秒之间用冒号分隔,如 9:45:30 表示 9 点 45分 30 秒,如 9:45,表示 9 点 45 分。

16.十二小时制和二十四小时制

如果要输入十二小时制的时间,请在时间后键入一个空格,然后键入 AM 或 PM(也可键入 A 或 P),用来表示上午或下午。否则,Excel 将以二十四小时制计算时间。例如,如果键入3:00 而不是 3:00 PM,将被视为上午 3:00 保存。

17.计算日期和时间

时间和日期可以相加、相减,并可以运算。如果要在公式中使用时期或时间,请用带引号的文本形式输入日期或时间值。例如公式"2007/5/12"－"2007/3/5"得出的天数差值为68 天。

18.有关输入文本的说明

在 Excel 中,文本可以是数字、空格和非数字字符的组合。如 Excel 将下列数据项视作文本:10AA109、127AXY、12-976 和 208 4675。

6.3 单元格和工作表的选定

6.3.1 工作表中单元格的选定

1.选定单元格中的文本

为了对单元格中的文字进行复制、移动、删除和设置字体、字号、颜色等操作,我们必须掌握选定单元格文本的方法。后面的操作请用教材素材中的"汉王"文件(路径是:教材素材\Excel 素材)。下面就对此加以介绍:

步骤 ①单击要选定文本的单元格。 ②在编辑栏中要选定的文字上拖动(在

图6.3.1中)。

  2.选定一个单元格

🕊️ **步骤** 单击要选定的单元格。

  3.选定某个单元格区域

🕊️ **步骤** 用鼠标在单元区域上拖动,即可选定一个单元格区域,见图 6.3.2。该方法也可用于选定表格中的几行或几列。

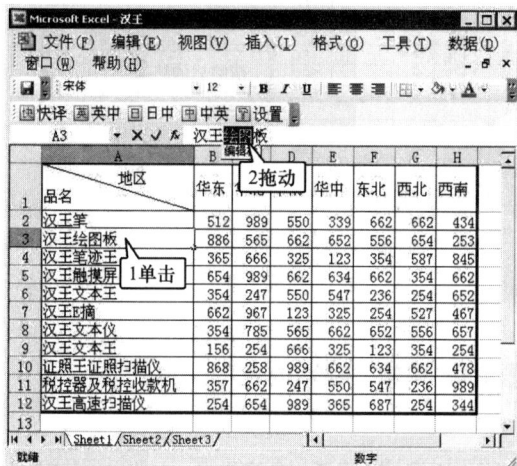

图 6.3.1

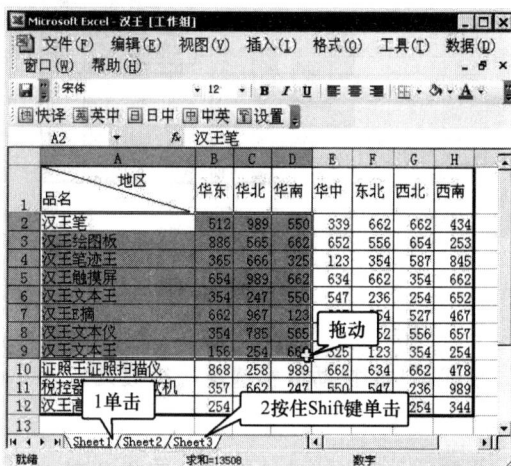

图 6.3.2

  4.取消单元格的选定

🕊️ **步骤** 在任意单元格上单击,可取消选定。

6.3.2 工作表的选定

  1.选定单张工作表

🕊️ **步骤** 单击要选定的工作表名。

  2.选定两张以上相邻的工作表

🕊️ **步骤** ①单击要选定的第一张工作表名。 ②按住 Shift 键,单击最后一张工作表(在图 6.3.2 中)。

  3.取消对工作表的选定

🕊️ **步骤** 在任意工作表上单击可取消选定。

6.4 单元格的各种操作

6.4.1 清除单元格、行、列的内容

  1.清除单元格的内容

🕊️ **步骤** ①选定单元格(要清除内容的单元格)。 ②单击"编辑\清除\内容"(在图

6.4.1中),结果见图6.4.2。

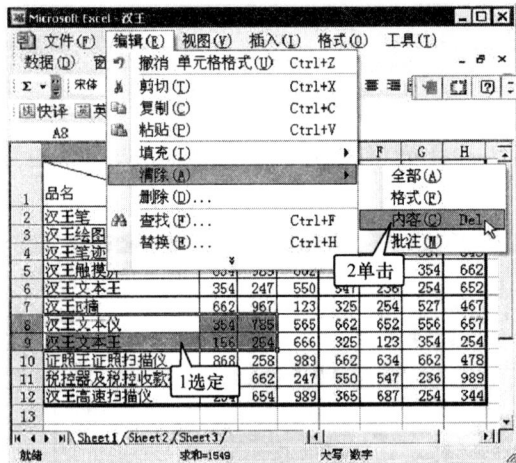

图 6.4.1

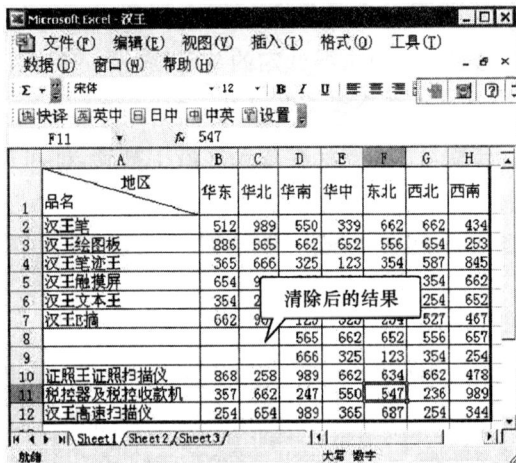

图 6.4.2

2.清除行的内容

步骤 ①拖动鼠标选定一行或几行。 ②单击"编辑\清除\内容"。

3.清除列的内容

步骤 ①拖动鼠标选定一列或几列。 ②单击"编辑\清除\内容"。

6.4.2 查找和替换

如果一个表格很大,有上千行。那么想要快速地找到某个单元格中的内容是比较困难的,"查找"功能就可以帮助我们借助电脑迅速地找到某个内容所在的单元格。同样要想快速地将某个单元格中的内容修改替换为新的内容的话,那么"替换"功能就可以帮助我们快速地完成这项任务。查找和替换的操作同 Word 中一样,下面简单介绍一下步骤:

1.查找单元格的内容

步骤1 单击"编辑\查找",出现查找和替换对话框。

步骤2 ①单击"查找"选项卡。 ②输入"汉王文本王"。 ③单击"查找下一个"按钮,就会找到所要的内容。

2.替换单元格的内容

步骤1 单击"编辑\替换",出现查找或替换对话框。

步骤2 ①单击"替换"选项卡。 ②输入"汉王文本王"(在"查找内容"框中)。
③输入"汉王"(在"替换为"框中)。 ④单击"查找下一个"按钮,就会找到所要的内容。
⑤单击"替换",则"汉王文本王"就被替换为"汉王"了。如果单击"全部替换"按钮则会将表格中的所有"汉王文本王"全部替换为"汉王"。

6.4.3 数据的复制、移动和删除

1.单元格中数据的复制

复制单元格中数据是指将一个单元格或者多个单元格里面的数据复制到其他单元格中。

要复制的数据的多少,取决于你所选定的单元格的数量。如果选定一个单元格,那么将复制一个单元格中的数据;如果选择的是多个单元格,那么这多个单元格的数据将被复制。其方法如下:

步骤1 ①选定单元格(要复制的单元格)。 ②单击"编辑\复制"。

步骤2 单击目标单元格(要存放复制内容的单元格)。 ②单击"编辑\粘贴",得到复制后的结果。

2.单元格中数据的移动

步骤1 ①选定要移动的单元格。 ②单击"编辑\剪切"。

步骤2 ①单击要放置移动数据的目标单元格。 ②单击"编辑\粘贴",移动后的结果中,原单元格中的数据没有了,被移到目标单元格中去了。

6.5 美化表格

6.5.1 美化表格中的字符

本节的操作请用教材素材中的"汉王"文件(路径是教材素材\Excel 素材)。

1.给单元格中的字符设置字体、大小、字形

步骤1 ①选定要设置的单元格。 ②单击"格式\单元格"(在图 6.5.1 中),出现图 6.5.2。

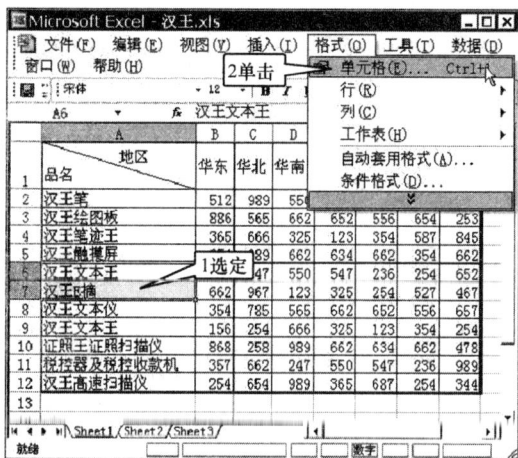

图 6.5.1

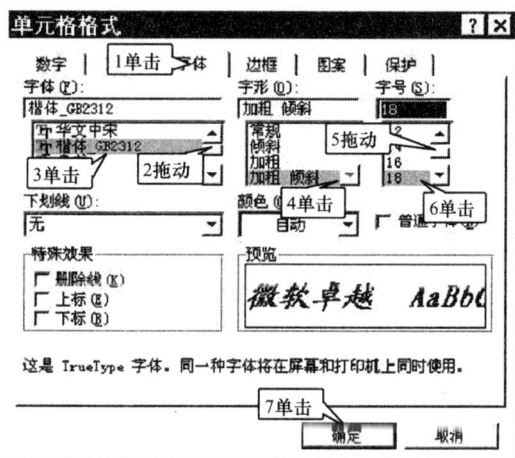

图 6.5.2

步骤2 ①单击"字体"选项卡。 ②拖动"字体"栏下的滚动条,找到"楷体"。 ③单击"楷体"。 ④单击"字形"栏下的"加粗 倾斜"。 ⑤拖动"字号"栏下的滚动条,找到"18"。 ⑥单击"18"。 ⑦单击"确定"按钮(在图 6.5.2 中),结果见图 6.5.3。

2.给单元格中的字符设置下划线、颜色

步骤1 ①选定要设置的单元格。 ②单击"格式\单元格"(在图 6.5.1 中),出现

图6.5.4。

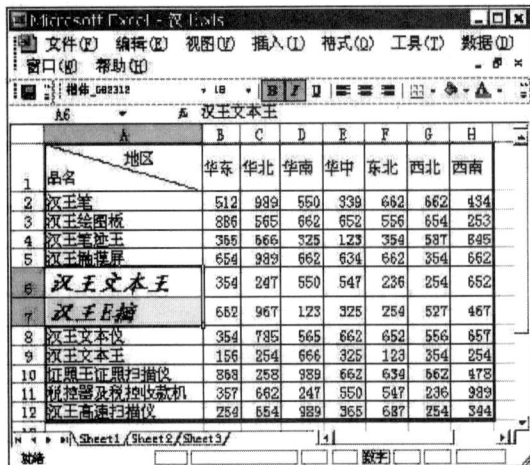

图 6.5.3

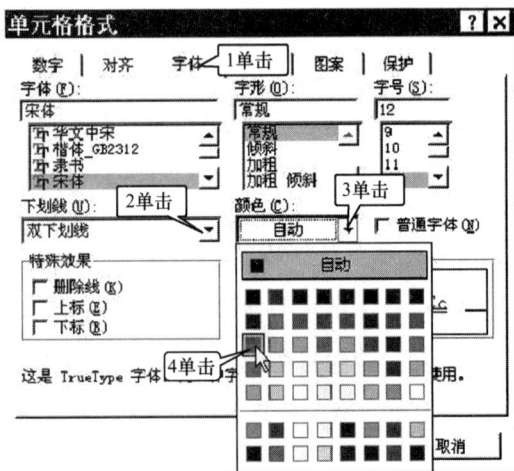

图 6.5.4

步骤2 ①单击"字体"选项卡。 ②单击"下划线"栏右下侧的三角,并选择"双下划线"。 ③单击"颜色"右下侧的三角。 ④单击"红色"(在图6.5.4中)。 ⑤单击"确定"按钮,结果见图6.5.5。

3. 在水平方向对齐单元格中的字符

步骤1 ①选定要对齐字符的单元格。 ②单击"格式\单元格"(在图6.5.6中),出现图6.5.7。

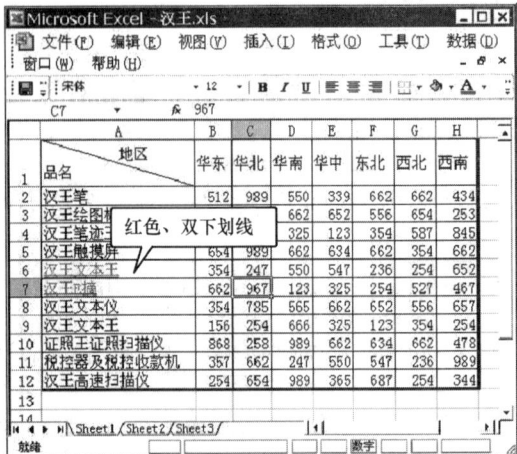

图 6.5.5

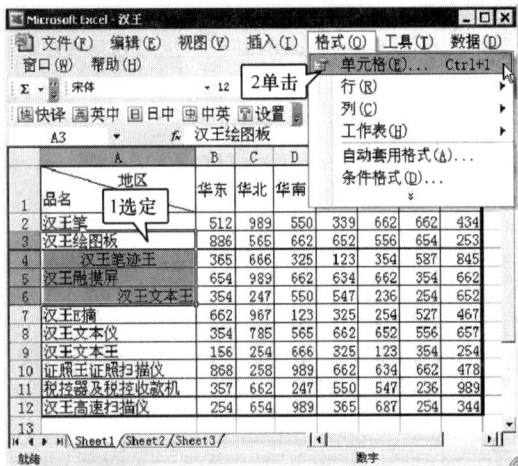

图 6.5.6

步骤2 ①单击"对齐"选项卡。 ②单击"水平对齐"右下侧的三角。 ③单击"靠左(缩进)",表示让选定单元格中的文字靠左排列。 ④单击"确定"按钮(在图6.5.7中),结果见图6.5.8。

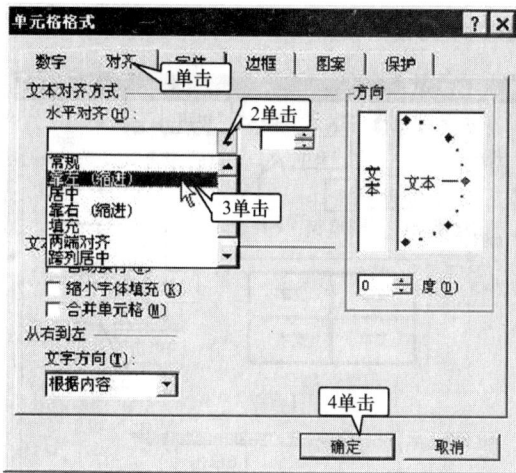

图 6.5.7

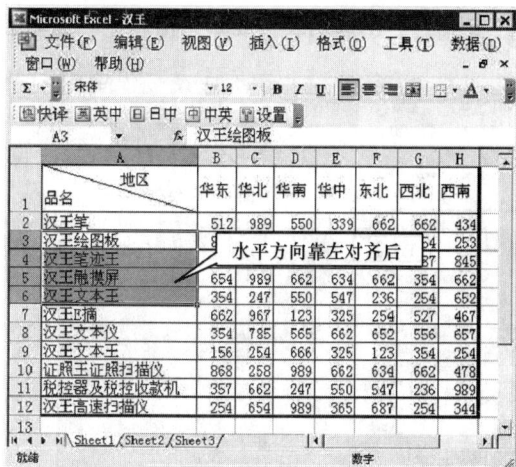

图 6.5.8

4．在垂直方向对齐单元格中的字符

步骤 1　①选定要对齐字符的单元格。　②单击"格式\单元格"（在图 6.5.9 中），出现图 6.5.10。

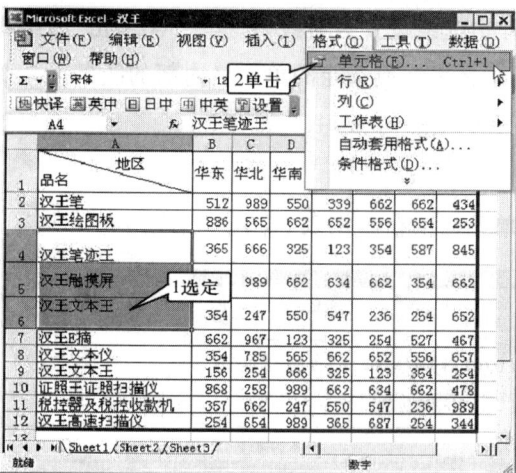

图 6.5.9

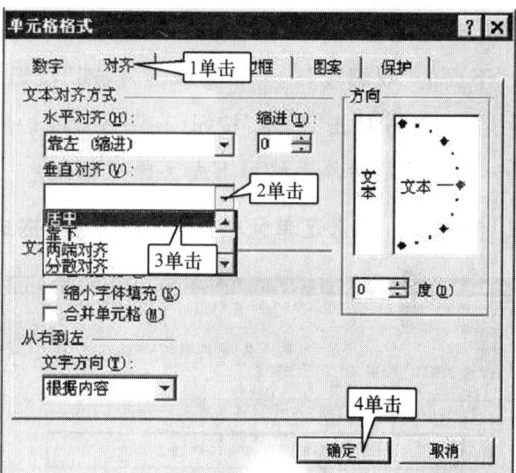

图 6.5.10

步骤 2　①单击"对齐"选项卡。　②单击"垂直对齐"右下侧的三角。　③单击"居中"，表示让单元格中选定的文字在垂直方向居中排列。　④单击"确定"按钮（在图 6.5.10 中），结果见图 6.5.11。

6.5.2　美化表格的边框

1．在表格中设置不同的边框线

在一个表格中往往各部分的边框线是不同的，为了使得表格更为美观，就需要在表格的不同部分设置不同的边框线。其方法是：

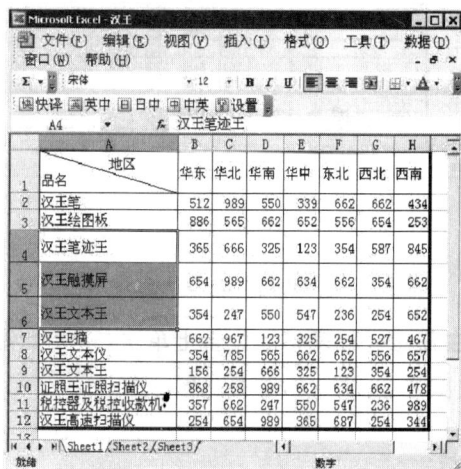

图 6.5.11

步骤1 ①选定表格或单元格。　　②单击"格式\单元格"(在图6.5.12中),出现图6.5.13。

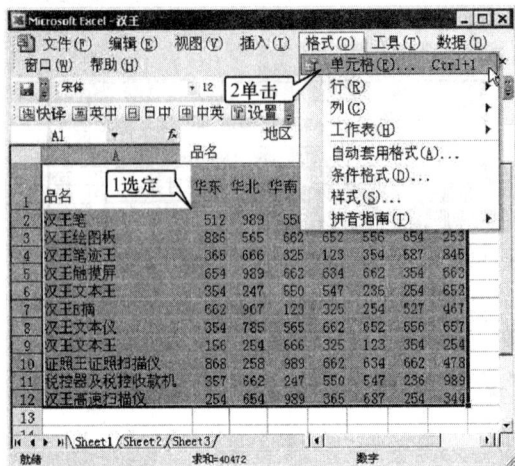

图6.5.12

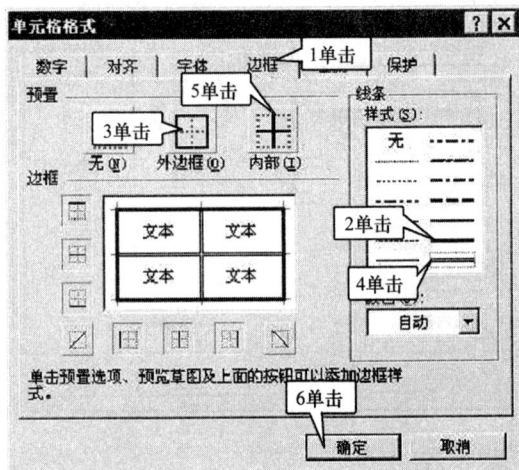

图6.5.13

步骤2 ①单击"边框"选项卡。　　②单击"线条样式"下面的"粗线",以选择线型。③单击"外边框"按钮,以将表格或选定的单元格外边框线设置为粗线条。　　④单击"线条样式"下面的"双细线"。　　⑤单击"内部"按钮,用于将表格或选定的单元格内部的线条设为双细线。　　⑥单击"确定"按钮(在图6.5.13中),结果见图6.5.14。

2.给选定的单元格加上或去除边框线

步骤1 ①选定单元格。　　②单击"格式\单元格"(在图6.5.15中),出现图6.5.16。

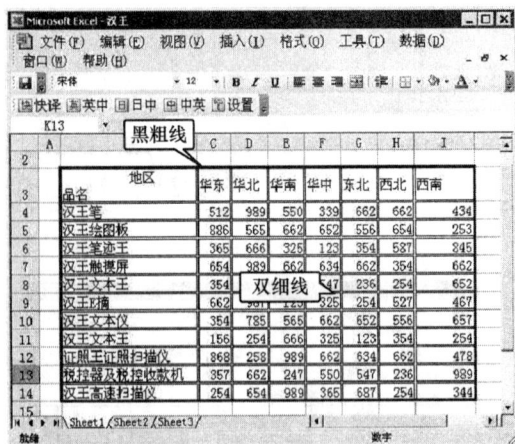

图6.5.14

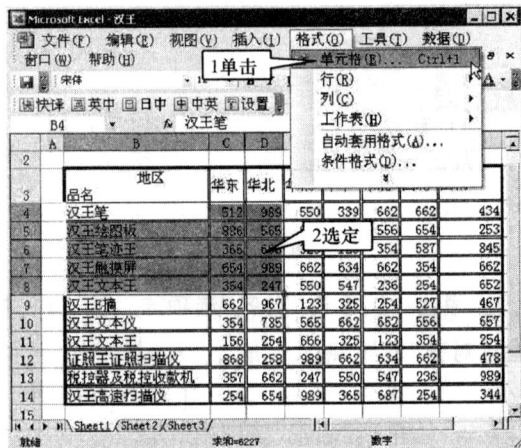

图6.5.15

步骤2 ①单击"边框"选项卡。　　②单击"线条样式"下面的"粗线",以选择线型。③在任意一根表格线位置上单击,就可以将这根表格线加上或去除。　　④单击"确定"按钮(在图6.5.16中),结果见图6.5.17。

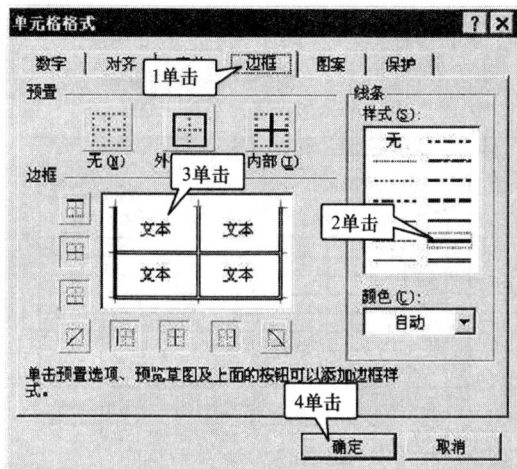

图 6.5.16

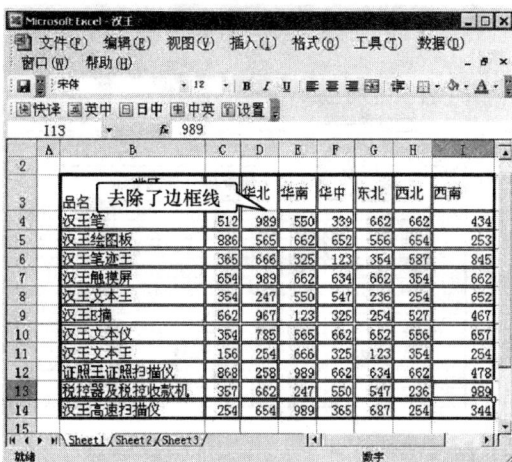

图 6.5.17

3. 给选定的单元格加上或去除斜线

步骤 1 ①选定单元格。 ②单击"格式\单元格"（在图 6.5.18 中），出现图 6.5.19。

步骤 2 ①单击"边框"选项卡。 ②单击"线条样式"下面的"粗线"，以选择线型。
③单击"斜线"按钮，就可以将斜线加上或去除。 ④单击"确定"按钮（在图 6.5.19 中），结果见图 6.5.20。

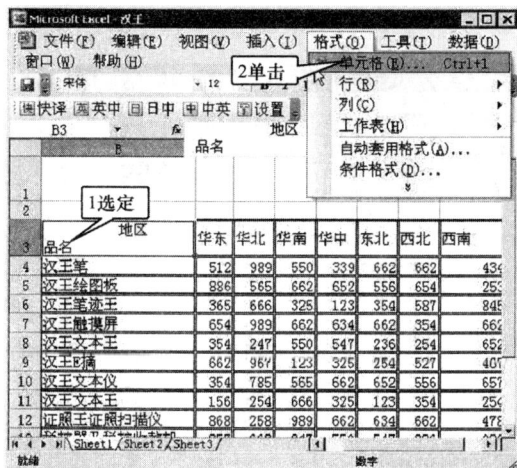

图 6.5.18

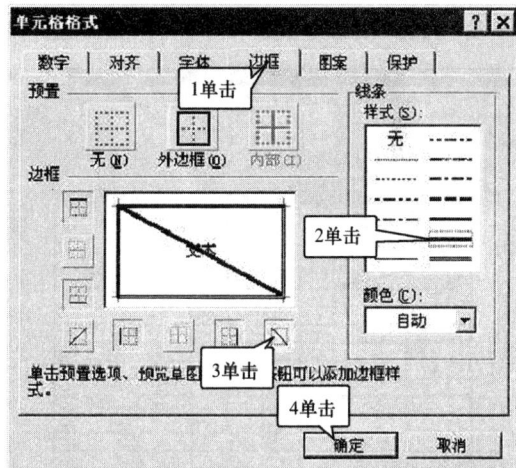

图 6.5.19

4. 给表格加表头

步骤 1 ①选定表头所在的几行单元格。 ②单击"合并及居中"按钮（在图 6.5.21 中），出现图 6.5.22。

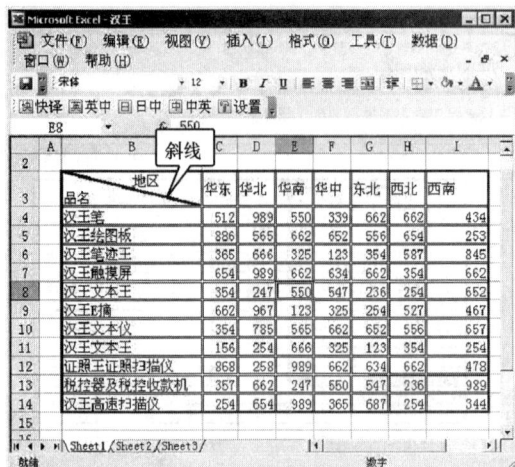

图 6.5.20

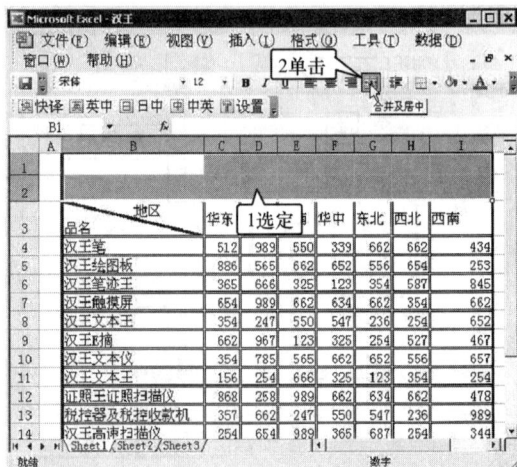

图 6.5.21

步骤 2 ①双击合并的单元格。 ②输入表头内容"产品销售表"(在图 6.5.22 中),结果见图 6.5.22。

5.设置边框线的颜色

步骤 1 ①选定单元格。 ②单击"格式\单元格"(在图 6.5.15 中),出现图 6.5.23。

步骤 2 ①单击"边框"选项卡。 ②单击"颜色"右下侧的三角。 ③单击"红色"。

④单击"确定"按钮(在图 6.5.23 中),则边框线就被设置为红色。

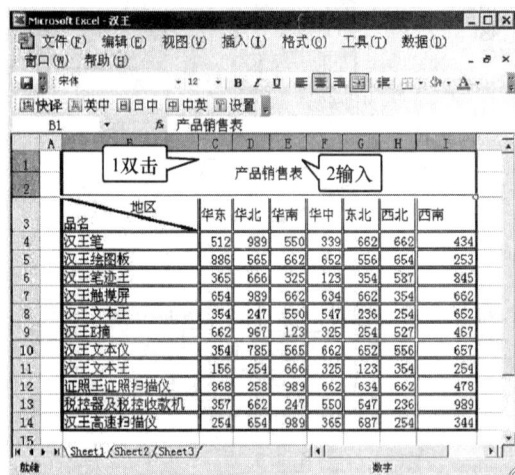

图 6.5.22

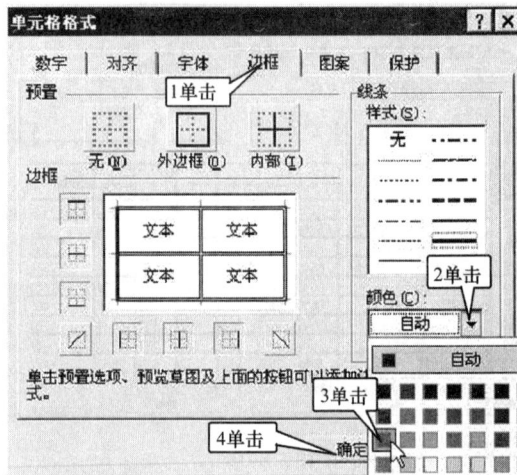

图 6.5.23

6.5.3 调整行高、列宽

1.调整单行(列)高(宽)

步骤 ①将鼠标移到行线或是列线上使其变为双箭头。 ②拖动鼠标(在图 6.5.24 中),即可改变行高或者是列宽。

2.同时调整多行(列)

步骤 ①选定几列(行)单元格。 ②单击"格式\列\列宽"(或"格式\行\行高"),出现列(行)宽对话框。 ③输入列(行)宽值。 ④单击"确定"按钮(在图 6.5.25 中)。

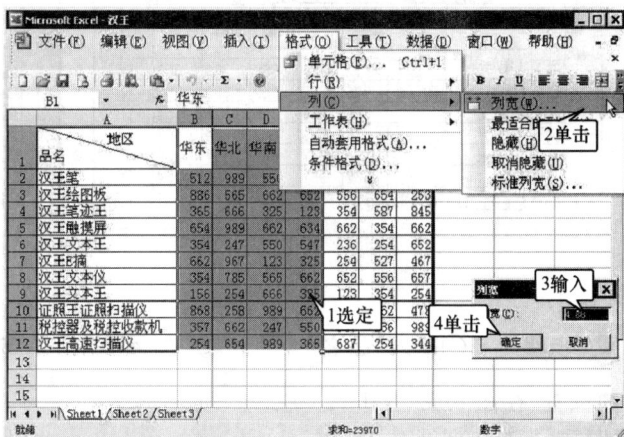

图 6.5.24　　　　　　　　　　　　　　　　　图 6.5.25

3.调整多行(列)为适合的高(宽)

步骤 ①选定几行(列)单元格。 ②单击"格式\行\最适合的行高"(或"格式\列\最适合的列宽")(在图 6.5.26 中),最终图中的所有行的高度都变为一样,而且正好满足文字大小的要求。

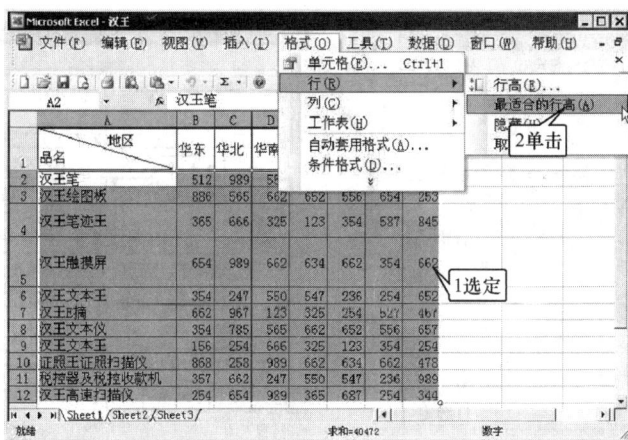

图 6.5.26

4.斜线表栏的制作

步骤 ①单击要加斜线的单元格。 ②输入"地区"。 ③在"地区"前单击,并按空格键将"地区"向右移到图中的位置。 ④在"地区"后单击。 ⑤按 Alt+回车键(在图 6.5.27 中),出现图 6.5.28。

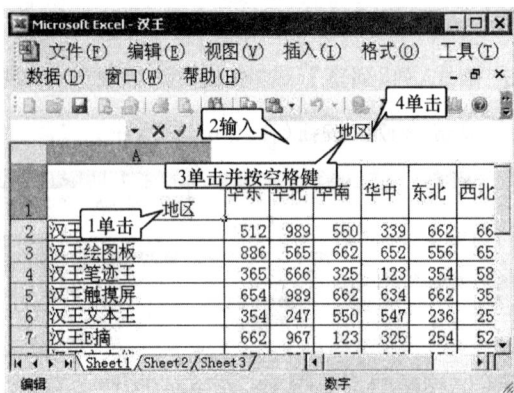

图 6.5.27

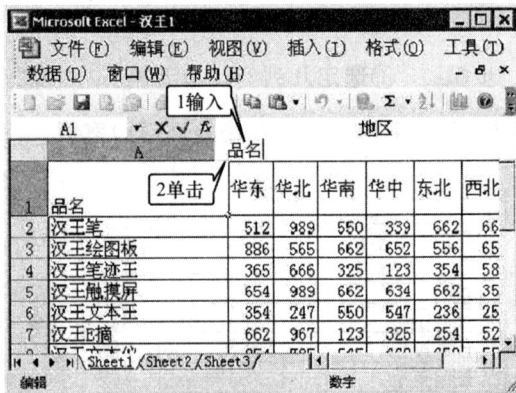

图 6.5.28

步骤 2　①输入"品名"。　②在"品名"前单击,然后按空格键将"品名"向右移到图中的位置(在图 6.5.28 中)。

6.5.4　利用 Excel 提供的表格样式设置表格的外观

Excel 提供了多种已经设置好的表格样式供我们选择使用,如果我们不想自己来设置表格的外观的话,就可以利用 Excel 提供的表格样式来设置自己的表格外观。其设置方法如下:

步骤 1　①选定要设置表格样式的单元格。　②单击"格式\自动套用格式"(在图 6.5.29 中),出现图 6.5.30。

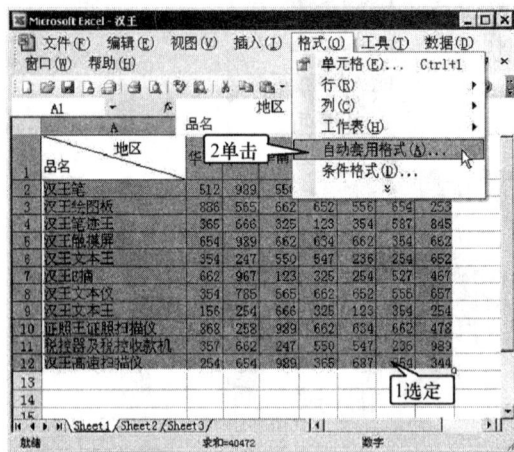

图 6.5.29

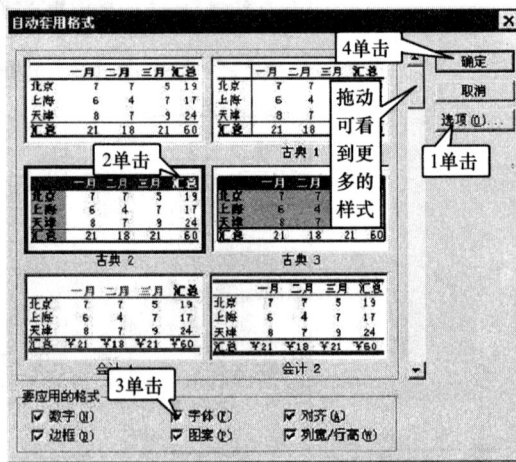

图 6.5.30

步骤 2　①单击"选项"按钮。　②单击"古典 2"(还可以通过拖动滚动条选择更多的样式)。　③单击"要应用的格式"中某个选项,即可改变已选定的样式。　④单击"确定"按钮(在图 6.5.30 中),结果见图 6.5.31。

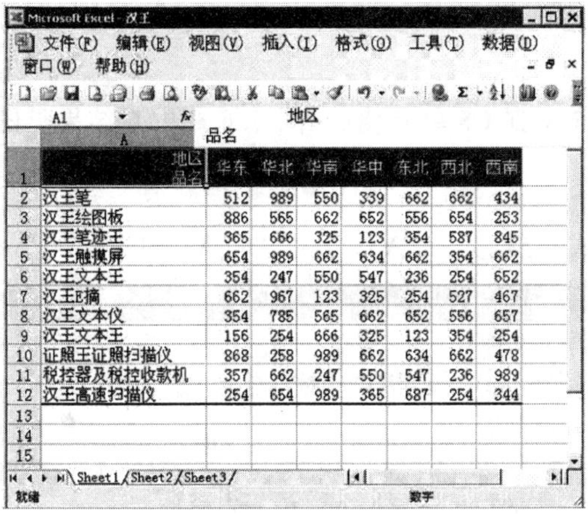

地区 品名	华东	华北	华南	华中	东北	西北	西南
汉王笔	512	989	550	339	662	662	434
汉王绘图板	886	565	662	652	556	654	253
汉王笔迹王	365	666	325	123	354	587	845
汉王触摸屏	654	989	662	634	662	354	662
汉王文本王	354	247	550	547	236	254	652
汉王E摘	662	967	123	325	254	527	467
汉王文本仪	354	785	565	662	652	556	657
汉王文本王	156	254	666	325	123	354	254
证照王证照扫描仪	868	258	989	662	634	662	478
税控器及税控收款机	357	662	247	550	547	236	989
汉王高速扫描仪	254	654	989	365	687	254	344

图 6.5.31

6.6　公式与基本函数使用

6.6.1　单元格的引用

在 Excel 中引用是指把单元格作为公式中的变量使用，而单元格中的数据就是变量的值。引用实际上就是指在公式中使用单元格地址来代表单元格这个变量，这些单元格地址就相当于函数的变量，使用或者是引用单元格地址有三种不同的形式。

1. 相对引用及用法

如果公式中的单元格地址写法是 **A1**、**B1**、**C5**、**D8** 的话，就叫做相对引用。例如：A1＋B5＊C8 这个公式中引用的单元格地址就是相对引用。从下面的例子里我们可以看出相对引用的含义及用法。

步骤 1　在 A1:B5 单元格中输入一组数据。　②在 C1 中输入"＝A1＋B1"，然后按回车键(在图 6.6.1 中)出现图 6.6.2，则 C1 中就存放了公式：A1＋B1，同时也显示出 A1＋B1 的结果。

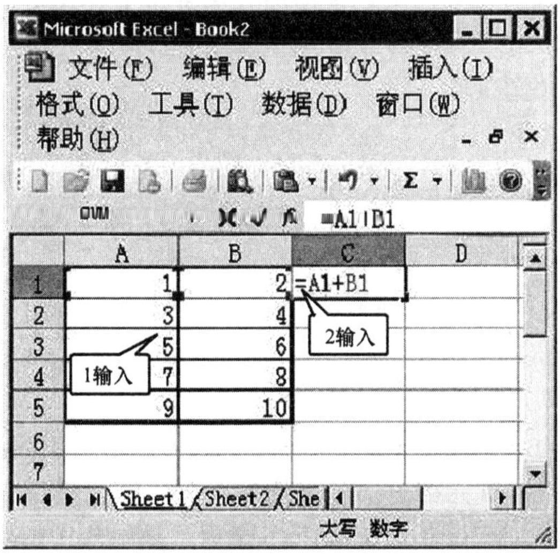

图 6.6.1

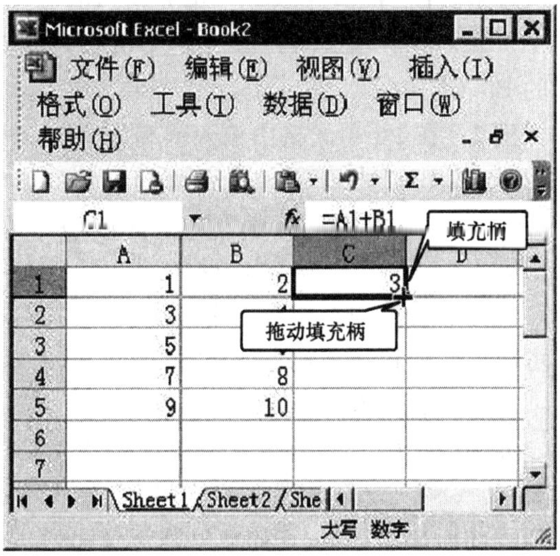

图 6.6.2

🐦 **步骤** 2　　**向下拖动填充柄到 C5 单元格**(在图 6.6.2 中),结果见图 6.6.3。

🐦 **步骤** 3　　**单击 C2**(在图 6.6.3 中),则在编辑栏里就有 C2 中的公式 A2＋B2。同样单击 C3、C4、C5 中也会看到公式,分别为"＝A3＋B3"、"＝A4＋B4"、"＝A5＋B5"。

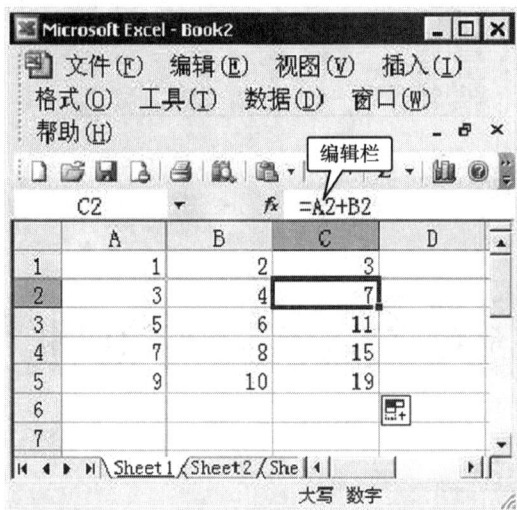

图 6.6.3

从上述例子中我们可以看出:

①单元格中的公式可以通过拖动的方法复制到其他单元格中。

②复制后的公式是有差异的。

③C1 中的公式"＝A1＋B1"的实际意思是将单元格左侧的两个单元格数据相加,也就是相对于 C1 将其左侧的两个单元格数据相加。这就是相对引用。

为了让大家了解相对引用的实质,下面我们举 2 个例子加以说明。

例 1　在 H2 单元格中输入求和公式"＝SUM(B2:G2)",其意思就是将 H2 单元格左侧的 B2、C2、D2、E2、F2、G2 这 6 个单元格内的数据求和。如果用上述拖动的方法将这个公式复制到 H5 单元格中,那么 H5 单元格中的公式就变为 SUM(B5:G5),其意思就是将 H5 单元格左侧的 B5、C5、D5、E5、F5、G5 这 6 个单元格内的数据求和。

例 2　在 B8 单元格中输入求和公式"＝SUM(B2:B7)",其意思就是将 B8 单元格上面的 B2、B3、B4、B5、B6、B7 这 6 个单元格内的数据求和。如果将这个公式复制到 F8 单元格中,那么 F8 单元格中的公式就变为"＝SUM(F2:F7)",其意思就是将 F8 单元格上面的 F2、F3、F4、F5、F6、F7 这 6 个单元格内的数据求和。

④只要公式中是相对引用,在复制公式时,公式中引用的地址就会相对发生变化。复制公式可以使我们快速地输入公式,提高效率。

2.绝对引用及用法

如果公式中的单元格地址写法是 ＄A＄1、＄B＄1、＄C＄5 这样的话,就叫做绝对引用。例如:＄A＄1＋＄B＄5＊＄C＄8 这个公式中引用的单元格地址就是绝对引用。在这里行号和列号前面都加了＄,它的意思是行号和列号是绝对不会发生变化的,不论你是复制公式还是做其他的操作,公式中引用的单元格是固定不变的。从下面的例子里我们可以看出绝对引用的用法。

步骤 1　在 **A1：B5** 单元格中输入一组数据。　　　　②在 C1 中输入"＝＄A＄1＋

＄B＄1"，然后按回车键（在图 6.6.4 中），出现图 6.6.5。

步骤 2　向下拖动填充柄到 **C5** 单元格（在图 6.6.5 中），结果见图 6.6.6。

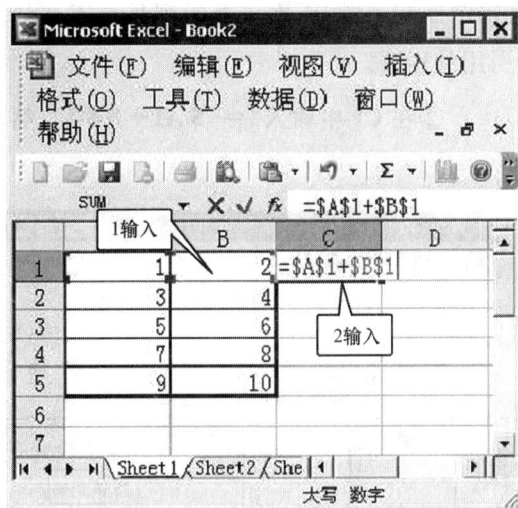

图 6.6.4

图 6.6.5

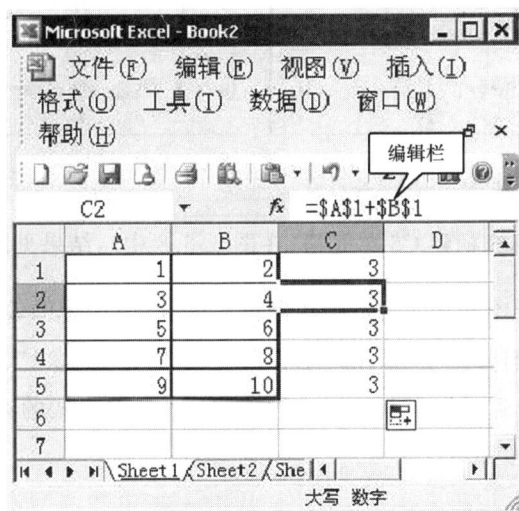

图 6.6.6

步骤 3　单击 C2（在图 6.6.6 中），则在编辑栏里就有 C2 中的公式 ＄A＄1＋＄B＄1。同样单击 C3、C4、C5 中也会看到同样的公式，都为 ＄A＄1＋＄B＄1。

从上述例子中我们可以看出：

①单元格中的公式可以通过拖动的方法复制到其他单元格中。

②用绝对引用的公式，复制后公式没有发生变化。

③C1 中的公式"＝＄A＄1＋＄B＄1"的意思是将 A1、B1 两个单元格数据相加，决不会由于任何操作而发生变化，这就是绝对引用。

3.混合引用及用法

如果公式中的单元格地址写法是＄A1、B＄1这样的话,就叫做混合引用。例如:＄A1＋＄B5＊C＄8这个公式中引用的单元格地址就是混合引用。在这里行号或列号前面加了＄,其意思是行号或列号前加了＄的是绝对不会发生变化的,不论你是复制公式还是做其他的操作,公式中引用的行号或列号是固定不变的。如公式＄A1＋＄B5在复制时列号是不变的而行号是变的,从下面的例子里我们可以看出混合引用的用法。

🐞 **步骤1** 在 **A1:B5** 单元格中输入一组数据。 ②在 **C1** 中输入"＝＄A1＋B＄1",然后按回车键(在图 6.6.7 中)出现图 6.6.8。

图 6.6.7

图 6.6.8

🐞 **步骤2** 向下拖动填充柄到 **C5** 单元格(在图 6.6.8 中),结果见图 6.6.9。

🐞 **步骤3** 单击 **C2**(在图 6.6.9 中),则在编辑栏里就有 C2 中的公式 ＄A2＋B＄1。同样单击 C3、C4、C5 中也会看到公式"＝＄A3＋B＄1"、"＝＄A4＋B＄1"、"＝＄A5＋B＄1"。比较一下上述的公式,可以看到在复制公式时 C2、C3、C4、C5 中公式的第一项的列号不变行号在变,而第二项中列号、行号都不变。

6.6.2 使用公式运算

Excel 表格同 Word 表格一样也可以将每一个单元格都作为变量来使用,同时在每个单元格中都可以输入公式。这些公式当中可以包括函数、代数运算式,而公式中的变量就是单元格里面的数据。我们在公式中就使用单元格地址作为变量,代表单元格里面的数据。在公式或函数中出现的单元格地址就叫做单元格的引用。一个单元格地址就代表了一个变量,或者说是该单元格里面的数据。因此,如果我们公式中应用了单元格地址作为变量的话,那么当作为变量的单元格里的数据发生变化的时候,公式的值也会发生相应的变化。

1.Excel 中的运算符

运算符是为了对公式中的变量进行某种运算而规定的符号。Excel 中有 4 种类型的运算

图 6.6.9

符:算术运算符、比较运算符、文本运算符和引用运算符。

①算术运算符

算术运算符的功能是完成基本的算术运算。算术运算符包括:加(＋)、减(－)、乘(＊)、除(/)、幂(∧)、负号(－)、百分号(％)等。算术运算符可连接数字、变量并产生运算结果,有较直观的感觉。

例如,公式:60＊2/5,它是先求 60 乘以 2,再除以 5,公式的值为 24。

②比较运算符

比较运算符的功能是比较两个数值,运算产生的结果是布尔代数逻辑值 True(真)或 False(假)。比较运算符包括:等于(＝)、大于(＞)、小于(＜)、大于等于(＞＝)、小于等于(＜＝)、不等于(＜＞)。

例如:单元格 B1 的数值是 50,则公式:B1 ＜ 60 的逻辑值为 True,

若单元格 B1 的数值是 70,则公式:B1 ＜ 60 的逻辑值为 False。

③文本运算符

文本运算符的功能是将两个文本连接成一个文本。文本运算符为"&"。它是将两个文本(字符串)连接成一个连续的字符串的运算符。例如,设 A1 单元格内的字符是"汉王笔",若在 B1 中输入公式:A1& 和汉王文本王,则 B1 中的内容就是"汉王笔和汉王文本王"。运算符"&"就将"汉王笔"和"汉王文本王"连接成一个整体。

④引用运算符

引用运算符可以将单元格区域合并运算,包括:冒号(:)、逗号(,)和空格。其中:

● 冒号(:)是区域运算符,可对两个引用的单元格之间(包括这两个引用在内)的所有单元格进行引用(即使用)。例如:**A2:F6** 是引用 A2 到 F6 的所有单元格,见图 6.6.10。

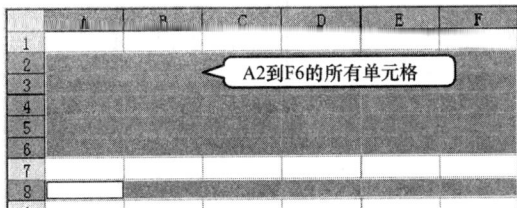

图 6.6.10

● ②逗号(,)是联合运算符,可以将多个引用的单元格区域合并在一起。例如:公式"＝SUM(**B1:C3,D6:E8**)"是将 B1:C3 和 D6:E8 两个单元格区域中的所有单元格的数据求和,见图 6.6.11。

● 空格是交叉运算符,是将同时属于两个单元格区域的单元格区域(公共部分)加以引用。例如:公式"＝SUM（B1:C2 C2:D4）"中只有 C2 同时属于两个引用区域 B1:C2 和 C2:D4,其结果是只将 C2 的数据求和,见图 6.6.12。

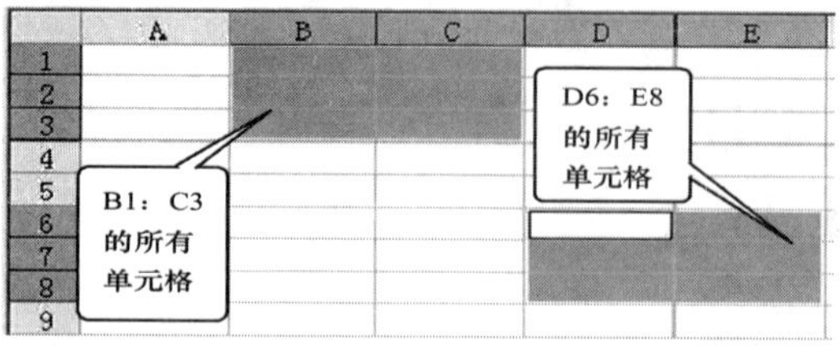

图 6.6.11

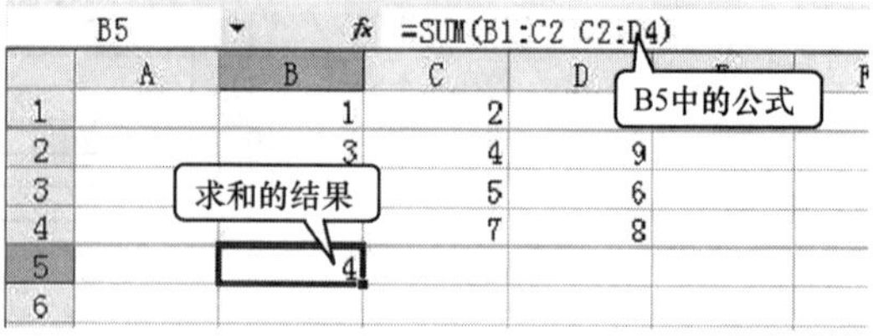

图 6.2.12

2.公式的使用

所有的公式必须以"＝"开头,一个公式是由运算符和参与计算的元素组成的。参与计算的元素可以是常量、单元格地址、函数。输入公式的方法如下:

①单击要输入公式的单元格。

②在编辑栏或直接在单元格内部输入"＝",接着输入运算表达式。公式中引用的单元格可以直接写在公式中,也可以用鼠标单击要引用的单元格,以代替手工输入要引用的单元格。

③按回车键确认。

下面通过实例来说明单元格中公式的使用,在图 6.6.13 中,我们要在 I2 单元格中输入一个求和公式,以便将各个地区的销售数相加起来,并放在 I2 单元格中。其方法如下:

步骤 1 ①单击要输入公式的单元格 I2。 ②输入"＝B2＋C2＋D2＋E2＋F2＋G2＋H2"(在图 6.6.13 中)。

步骤 2 按回车键,则 I2 中就被输入了公式"＝B2＋C2＋D2＋E2＋F2＋G2＋H2",同时在该单元格中显示求和的结果,见图 6.6.14。

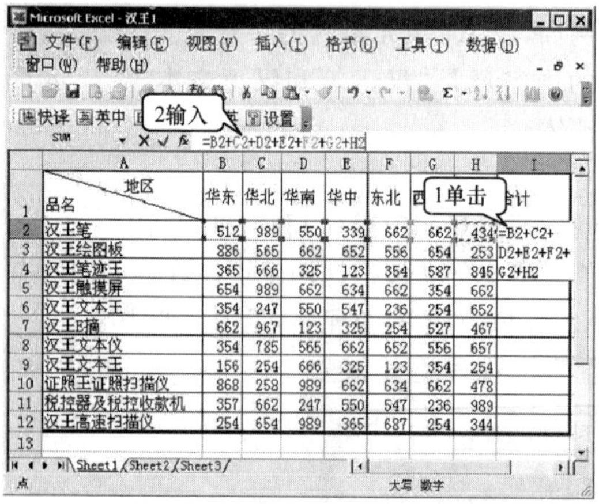

图 6.6.13

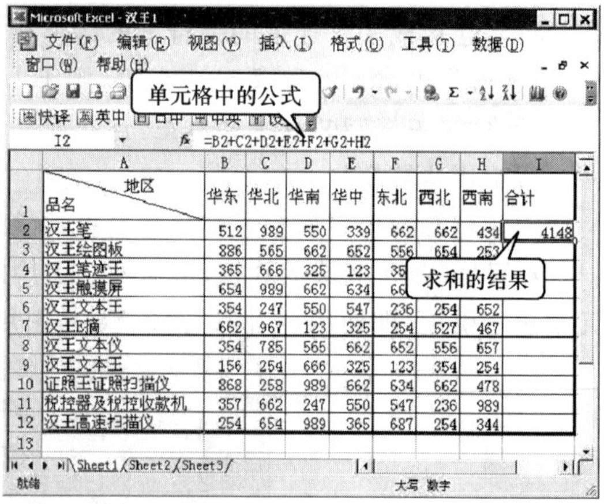

图 6.6.14

3.公式的填充(复制)

在处理数据时,常会遇到在同一行或同一列填入相同形式计算公式的情况。利用公式填充功能可以简化公式输入过程。方法是:

步骤 1 ①在单元格中输入公式。 ②按回车键。 ③将鼠标指到填充柄(在图 6.6.15

中)。

🐦 **步骤2**　**拖动填充柄到 I12**(在图 6.6.16 中),结果在 I2～I12 单元格中都输入了同样形式的公式,但是这些公式的运算结果是不一样的。因为每个单元格里面的公式形式一样,而参与运算的单元格是不一样的。

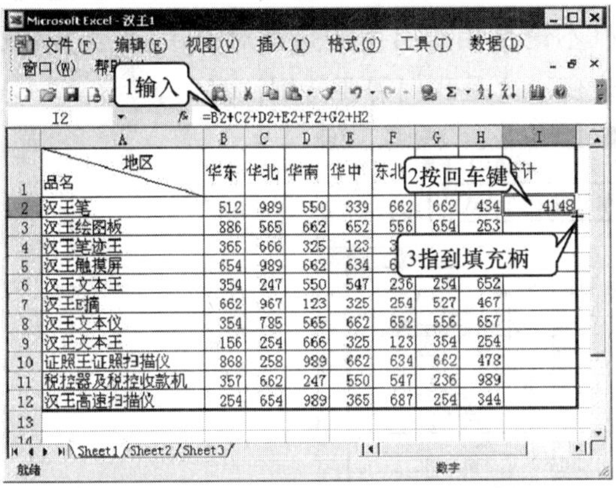

图 6.6.15

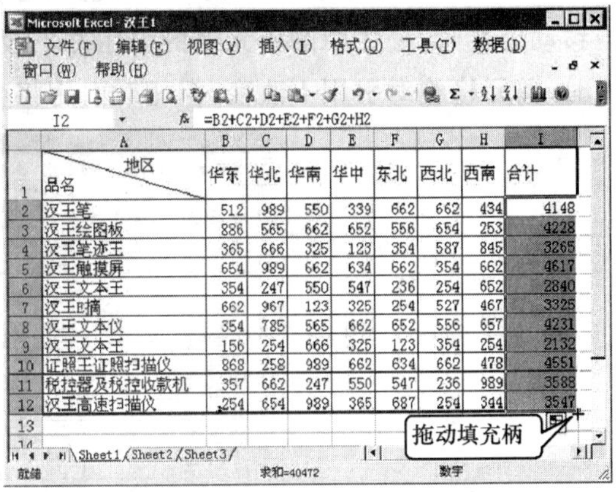

图 6.6.16

4.公式的修改

如果在输入公式后发现公式有错误可以修改。方法是:

🐦 **步骤1**　①选中公式所在的单元格。　　②在编辑栏中进行修改(在图 6.6.17 中)。

🐦 **步骤2**　按回车键。

5.公式的复制

🐦 **步骤**　①单击公式所在的单元格。　　②按 Ctrl＋C。　　③单击目标单元格。　　④按 **Ctrl＋V**(在图 6.6.18 中)。请注意:目标单元格中的公式"＝SUM(B14:H14)"运算的结果为零。这是因为公式中使用了相对引用,相对引用的含义是将目标单元格左侧的 7 个单元格内容相加求和。而目标单元格左侧的 7 个单元格里面没有任何数据,也就说数据为零,所以结果为零。从这里我们就看出了相对引用的实质。如果将公式改为绝对引用即"＝SUM($B$2:$H$2)"的话,那么其结果就为 4148。这就是"B2:H2"相对引用与"$B$2:$H$2"绝对引用的不同之处。

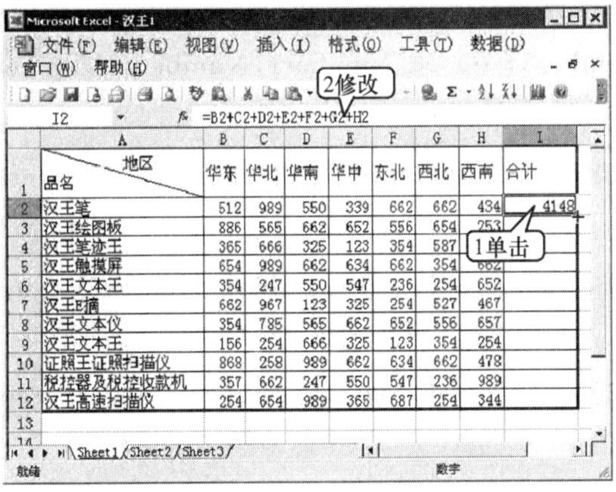

图 6.6.17

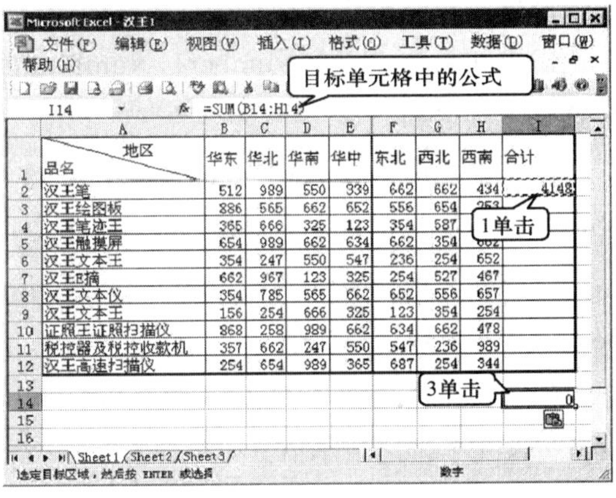

图 6.6.18

6.公式的移动

![步骤] ①单击公式所在的单元格。 ②按 Ctrl＋X。 ③单击目标单元格。 ④按

Ctrl＋V(在图 6.6.19 中)。移动公式的情况同复制公式不一样,目标单元格中的公式是"＝SUM(B2:H2)",运算的结果为 4148,也就是说移动后公式没有发生变化,保持原样。这说明当移动公式时,公式中的单元格的引用并不改变(不论是相对引用还是绝对引用)。当复制公式时,单元格绝对引用不改变,但相对引用将会改变。这是我们需要特别注意的。

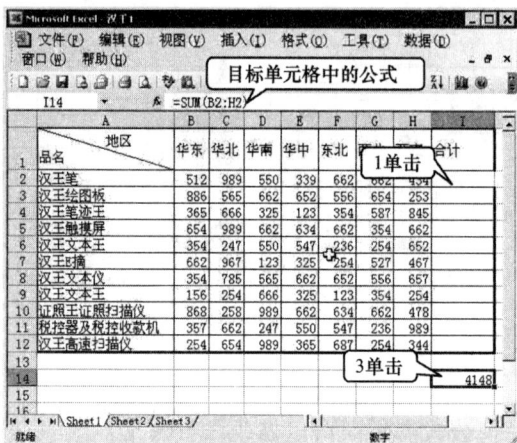

图 6.6.19

7.公式的删除

![步骤] 选定公式所在的单元格,然后按 Delete 键。

6.6.3 常用函数的使用

Excel 包含许多预定义的或称内置的公式,它们被叫做函数。例如常用函数、财务函数、日期与时间函数、数学与三角函数、统计函数、查寻与引用函数、数据库函数、文本函数、逻辑函数、信息函数等。在公式中使用函数可以实现简单或复杂的计算。

1.函数的书写格式

函数的一般格式为:函数名(参数 1,参数 2,参数 3,…)。下面为几个常用函数:

①求和函数 SUM(Number1,Number2,Number3,…):求 Number1,Number2,Number3 …这几个量之和。

②求平均值函数 AVERAGE(Number1,Number2,Number3…):求 Number1,Number2,Number3…这几个量之平均值。

③求最大值函数 MAX(Number1,Number2,Number3…):求 Number1,Number2,Number3…这几个量之最大值。

④求最小值函数 MIN(Number1,Number2,Number3…):求 Number1,Number2,Number3…这几个量之最小值。

这里的 Number1,Number2,Number3…是函数的变量。

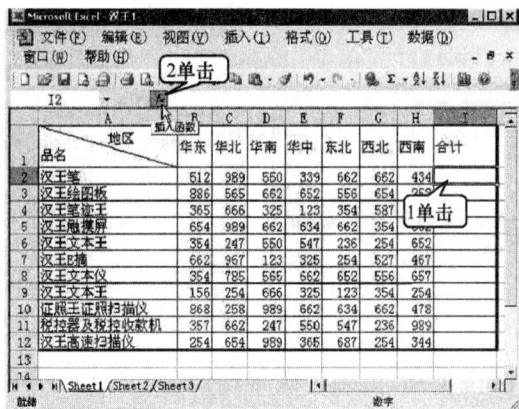

图 6.6.20

2. 求和函数 SUM 的使用

步骤1　①单击要使用函数的单元格 **I2**。　②单击"插入函数"按钮 fx（在图 6.6.20 中），出现图 6.6.21。

步骤2　①单击"常用函数"。　②单击"**SUM**"。　③单击"**确定**"按钮（在图 6.6.21 中），出现图 6.6.22。

步骤3　①输入求和的范围"**B2:H2**"，表示求 **B2~H2** 单元格之和。　②单击"**确定**"按钮（在图 6.6.22 中），则 I2 中就为 **B2~H2** 的和 4148。

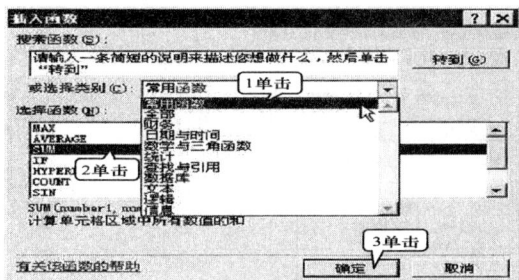

图 6.6.21

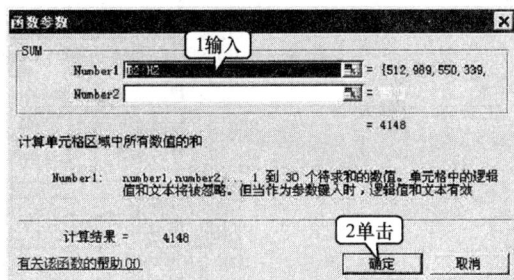

图 6.6.22

3. 求平均值函数 AVERAGE 的使用

步骤1　①单击要使用函数的单元格 **I2**。　②单击"插入函数"按钮 fx（参见图 6.6.20），出现图 6.6.23。

步骤2　①单击"常用函数"。　②单击"**AVERAGE**"。　③单击"**确定**"按钮（在图 6.6.23中），出现图 6.6.24。

步骤3　单击"折叠"按钮（在图 6.6.24 中），出现图 6.6.25。

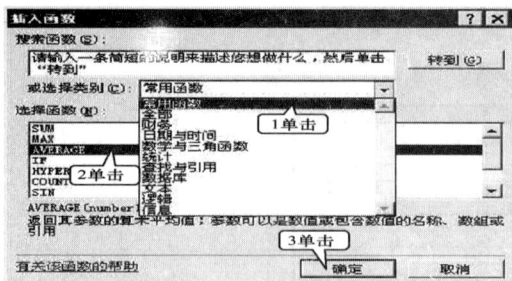

图 6.6.23

图 6.6.24

步骤 4 ①在 **B3～H3** 上拖动，以选定求平均的区域 B3～H3。 ②单击"折叠"按钮
（在图 6.6.25 中），出现图 6.6.26。

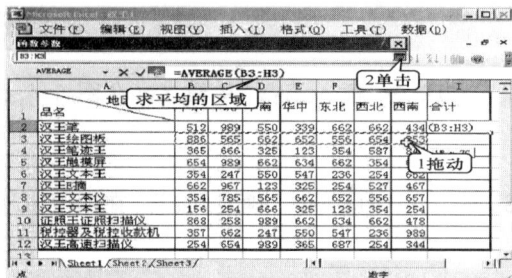

图 6.6.25

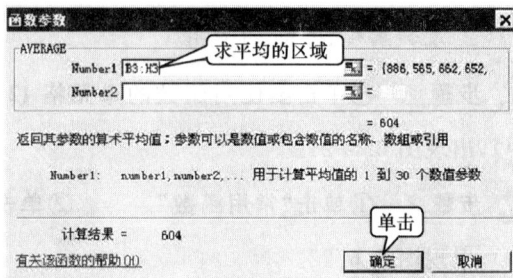

图 6.6.26

步骤 5 单击"确定"按钮（在图 6.6.26 中），则 I2 中就为 B3～H3 的平均值，见图 6.6.27。

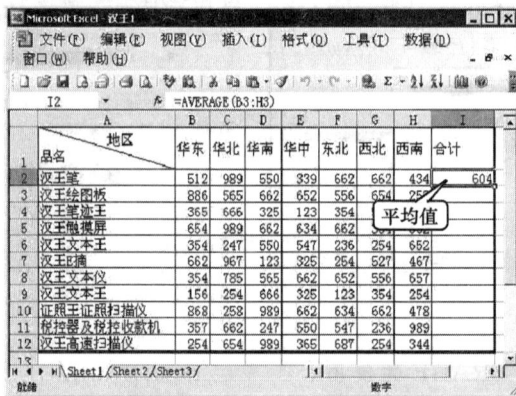

图 6.6.27

6.7 对工作表的各种操作

6.7.1 工作表的插入、改名

1. 插入工作表

当 Excel 提供的默认的三张工作表不够使用时，就需要我们在工作簿中增加（即插入）若

干张工作表,用以制作其他的数据表格。插入工作表的方法如下:

步骤　单击"插入\工作表"(在图 6.7.1 中),结果见图 6.7.1。

2.工作表改名

步骤 1　①右击要改名的工作表。　②单击"重命名"。　③输入新工作表名"汉王"(在图 6.7.2 中)。

步骤 2　按回车键,结果见图 6.7.2。

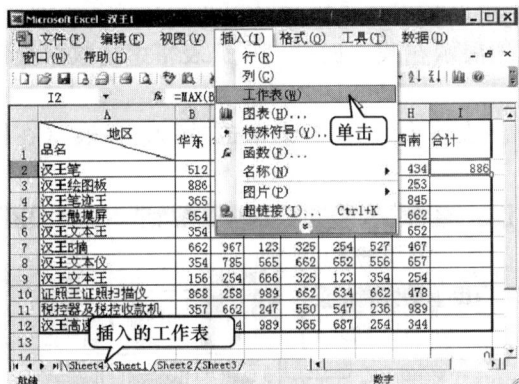

图 6.7.1

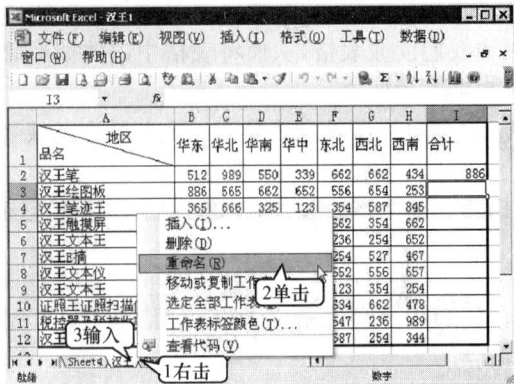

图 6.7.2

6.7.2　工作表的复制、移动、删除

1.工作表的复制

步骤 1　按住 Ctrl 键不放。

步骤 2　①拖动工作表名到另一工作表名前,注意鼠标上面的加号表示复制。　②松开鼠标(在图 6.7.3 中)。

2.工作表的移动

步骤　①拖动工作表名到另一工作表名前,注意鼠标上面无加号表示移动。　②松开鼠标(在图 6.7.4 中)。

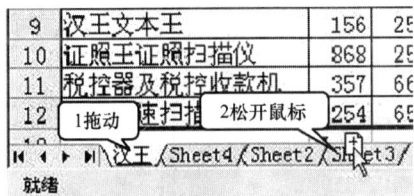

图 6.7.3

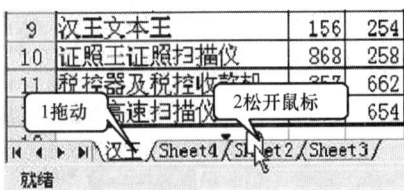

图 6.7.4

3.工作表的删除

步骤　①右击要删除的工作表。　②单击删除。

6.8 数据处理

6.8.1 根据表格中的数据创建图表

1.创建一个图表

表格中的数据看起来纷繁杂乱,不容易找出数据之间的内在联系和变化规律,根据表格中的数据绘制图形,将数据以图形形式表示出来,就可以从中看出数据的变化规律和内在联系,便于我们读懂表格,从而将表格中的数据形象化地展示在我们面前。根据表格中的数据绘制图形的方法如下:

步骤1 ①选定表格(注意选定的区域要包括表格栏)。 ②单击"插入\图表"(在图6.8.1中),出现图6.8.2。

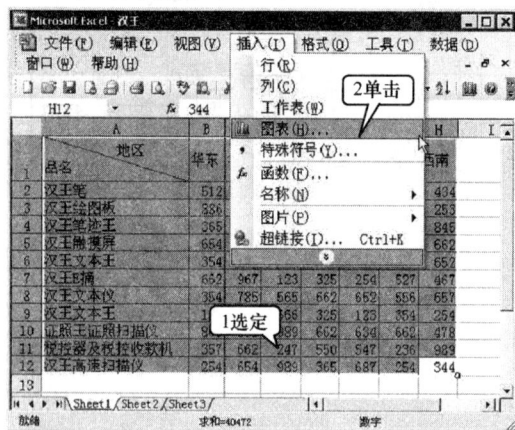

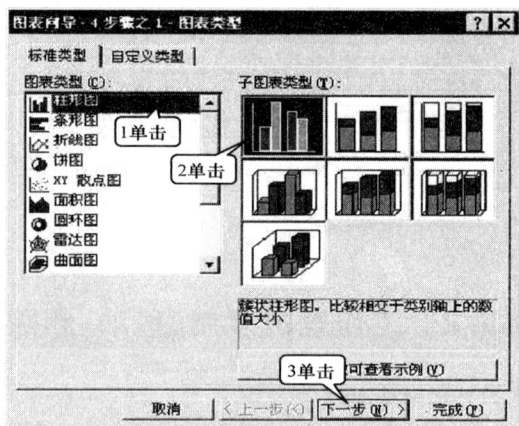

图 6.8.1   图 6.8.2

步骤2 ①单击"柱形图"。 ②单击某种子柱形图。 ③单击"下一步"按钮(在图6.8.2中),出现图6.8.3。

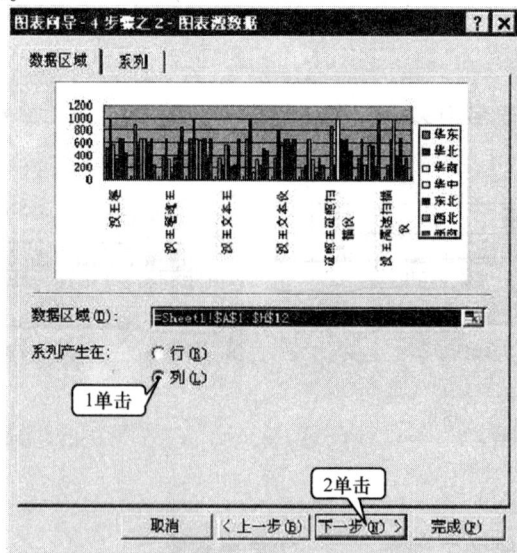

图 6.8.3

步骤3 ①单击"列",表示以表格的纵向栏"品名"作 X 坐标,如单击"行"则表示以表格的横向栏"地区"作 X 坐标。 ②单击"下一步"按钮(在图 6.8.3 中),出现图 6.8.4。

步骤4 ①输入图表的名称"销售图"。 ②输入 X 轴名"产品名"。 ③输入 Y 轴名"数量"。 ④单击"下一步"按钮(在图 6.8.4 中),出现图 6.8.5。

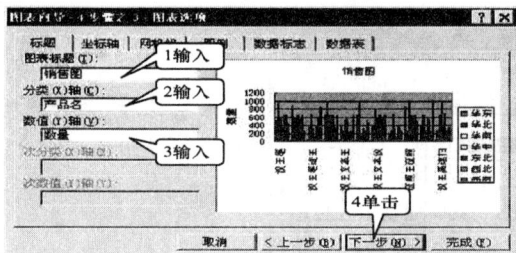

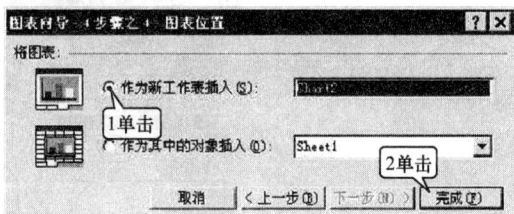

图 6.8.4　　　　　　　　　　　　　　　　　　图 6.8.5

步骤5 ①单击"作为新工作表插入",表示把图放入一张新的工作表中。如单击"作为其中的对象插入",则表示把图放到表格下方。 ②单击"完成"按钮(在图 6.8.5 中),出现图 6.8.6 所示的图表。

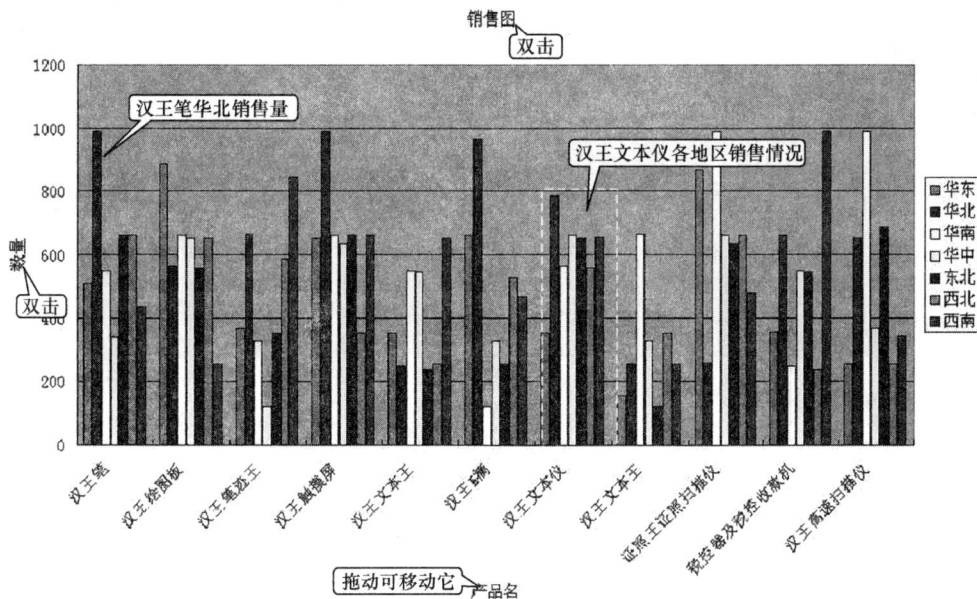

图 6.8.6

2.删除一个图表

步骤1 单击选中要删除的图表。

步骤2 按 Delete 键。

6.8.2 图表的修改

1.图表中文字的设置

步骤1 双击"销售图"(在图 6.8.6 中),出现图 6.8.7。

步骤　①单击"字体"选项卡。　②单击"隶书"。　③单击"常规"。　④输入"38"。　⑤单击"颜色"框右下侧的三角。　⑥单击"洋红色"。　⑦单击"确定"按钮（在图 6.8.7 中），则图 6.8.6 中的"销售图"三个字就变为图 6.8.8 中的样式。

步骤　双击"数量"（在图 6.8.6 中），出现图 6.8.9。

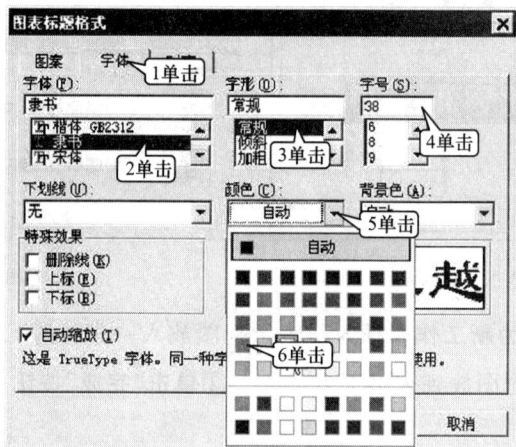

图 6.8.7

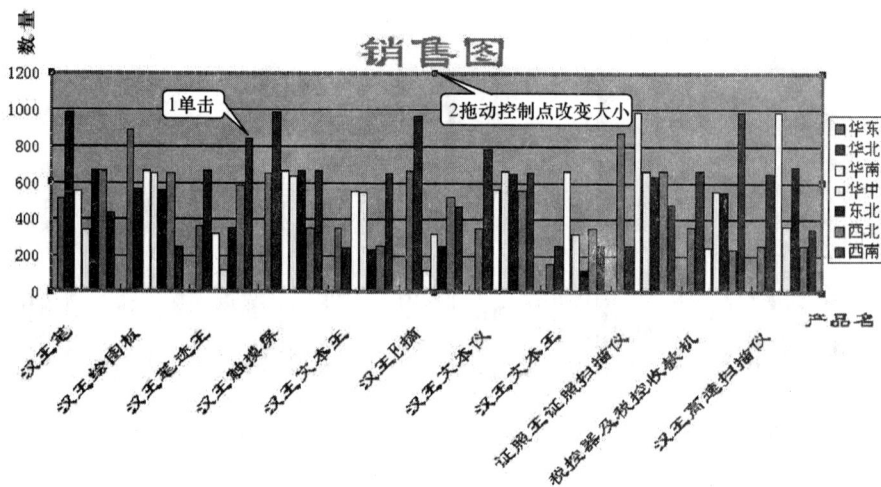

图 6.8.8

步骤　①单击"字体"选项卡。　②单击"隶书"。　③单击"常规"。　④输入"18"。　⑤单击"颜色"框右下侧的三角。　⑥单击"绿色"。　⑦单击"确定"按钮（在图 6.8.9 中），则图 6.8.6 中的"数量"两个字就变为图 6.8.8 中的样式。

图中的其他文字都可以用上述方法加以设置，从而使得图表更为美观。经过设置后的文字效果见图 6.8.8。

2.图表大小的调整

步骤　①单击图表。　②拖动任意一个控制点（在图 6.8.8 中）。

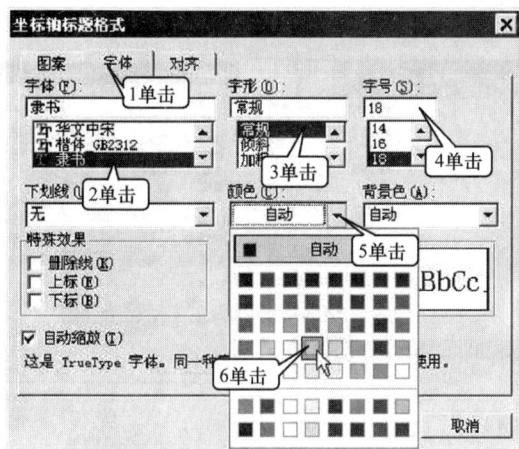

图 6.8.9

6.8.3 打印表格

1.打印前预览和调整表格

Excel 中所看到的灰色表格线在打印时是打印不出来的,所以我们在制作表格时,需要给表格的单元格加上边框线。为了看到打印在纸上的表格的效果,我们可以提前预览,看看表格最终打印在纸上的效果。预览的方法如下:

步骤1 单击"**文件\打印预览**"(在图 6.8.10 中),出现图 6.8.11。

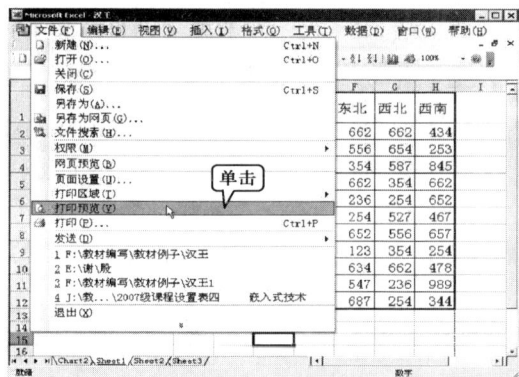

图 6.8.10

图 6.8.11

步骤2 ①单击"**页边距**"按钮 ②拖动控制点,用于调整单元格大小。 ③单击"**关闭**"按钮(在图 6.8.11 中),结束预览。

2.打印表格

步骤1 单击"**文件\打印**"(在图 6.8.12 中),出现图 6.8.13。

步骤2 在"打印范围"栏中:"全部"表示打印表格的全部;"页"表示打印表格的某几页,在"从"框中输入打印的起始页码,在"到"框中输入打印的终止页码,那么将打印起始页码到终止页码范围内的表格。在"打印内容"栏中:"选定区域"表示打印表格的选定区域;"选定工作表"表示打印选定的工作表;"整个工作簿"表示打印整个工作簿中的所有工作表。单击"**确定**"

按钮(在图 6.8.13 中)。

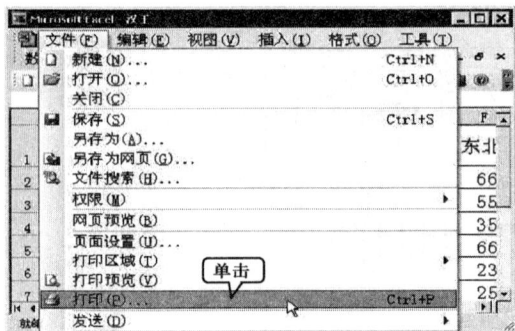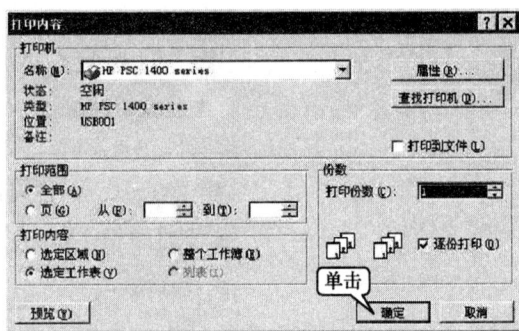

图 6.8.12   图 6.8.13

习 题 6

1. 填空题

(1)一个工作簿最多能允许添加_____张工作表,一张工作表是由_____行和_____列构成的表格。

(2)每个单元格都有自己的地址,我们称为单元格地址,它是以_____号和_____号来表示的。

(3)单元格中的数据分为:数值型、日期型、_____、逻辑型、_____。

(4)单元格中可以输入多种数据,如:数字、文本、公式、_____、日期和_____等。

(5)Excel 单元格中的数据可以是数字,亦可以是字符,所有数字与非数字字符(即文本)的组合(如 12DFG),均被视做_____。

(6)单元格中的身份证、邮编、电话号码的输入,需要在输入数字前加上一个_____。

(7)输入分数时,在分数前应先键入_____。

(8)在 Excel _____中,单击"格式\单元格",可设定表格中字符的_____、数据的类型、_____等。

(9)Excel 提供了多种已经设置好的表格样式供我们选择使用,只需单击_____菜单,即可选择表格的样式。

(10)在 Excel 中引用是指把单元格_____作为函数或公式中的变量使用,而单元格中的数据就是变量的_____。

(11)用绝对引用的公式,复制后公式中引用的_____不发生变化。

(12)公式中应用单元格地址作为变量时,当作为变量的单元格里的数据发生变化的时候,公式的值也会_____。

(13)移动公式时,公式中的单元格引用(不论是相对引用还是绝对引用)将不会发生_____。当复制公式时,公式中的单元格绝对引用_____会发生改变,但相对引用将_____发生改变。

2. 操作题

制作下面的班级成绩统计表:

科目 \ 姓名	语文	数学	英语	物理	化学	生物	地理	总分
洪霞	89.0	79.0	96.0	78.0	88.0	99.0	96.0	625.0
张振	75.5	98.0	89.0	76.0	93.0	97.0	97.0	625.5
李霞林	86.0	69.5	97.0	85.0	91.0	96.0	95.0	619.5
司金	79.0	88.0	88.0	84.0	88.0	93.0	93.0	613.0
夏丽	69.0	96.0	79.0	79.0	75.0	89.0	94.0	581.0
肖平平	85.0	78.0	85.0	90.5	74.0	91.0	92.0	595.5
郝怀理	78.0	99.5	88.0	66.0	79.0	95.0	89.0	594.5
叶萧萧	91.0	81.0	92.0	71.0	81.0	91.0	91.0	598.0
全晴铭	66.0	75.0	91.0	82.0	92.0	92.0	90.5	588.5
班平均	79.8	84.9	89.4	79.1	84.6	93.7	93.1	604.5

第7章 幻灯片制作软件 **PowerPoint**

7.1 基本概念

PowerPoint 是一个幻灯片制作软件,所谓幻灯片就是以前幻灯机所使用的 135 胶卷制成的胶片。幻灯机将幻灯片上的图像投射到电影屏幕上,其内容主要是静态的图片和文字。而幻灯片制作软件就是模仿幻灯机投射静态图片和文字的效果。但是它与传统的幻灯片不相同的是:它是将静态图片、文字显示在计算机显示器上;或者是通过投影机投射到屏幕上;同时还可以投射视频和动画;并可以对投射到屏幕上的图片、文字、动画配上音乐和解说。其实质就是一套可以在计算机屏幕上演示的多媒体幻灯片。当你利用 PowerPoint 软件设计制作完该幻灯片后,还可以将幻灯片制成实际 35 mm 的幻灯片,也可以制成投影片,在通用的幻灯机上使用。当然也可以在与计算机相连的大屏幕投影仪上直接演示,甚至可以通过网络会议的形式进行交流。总之,丰富多彩的幻灯片能使人们接收您所表达的信息的效率得到大幅度提高。

本章将介绍幻灯片制作软件 PowerPoint 的基本概念和基本功能,并通过幻灯片制作实例的讲解,使读者学会利用本软件制作电子版幻灯片。

PowerPoint 是用于制作、维护和播放幻灯片的应用软件。在幻灯片中可以输入和编辑文本,建立组织结构图,插入表格、剪贴画、图片、艺术字和公式等。为了加强演示的效果,还可以在幻灯片中插入并播放声音或视频等。

7.1.1 PowerPoint 的启动与界面介绍

步骤 单击"开始\程序\ **Microsoft Office** **Microsoft Office PowerPoint 2003**"(在图 7.1.1中)就可以启动 PowerPoint,启动后的 PowerPoint 见图 7.1.2。

图 7.1.1

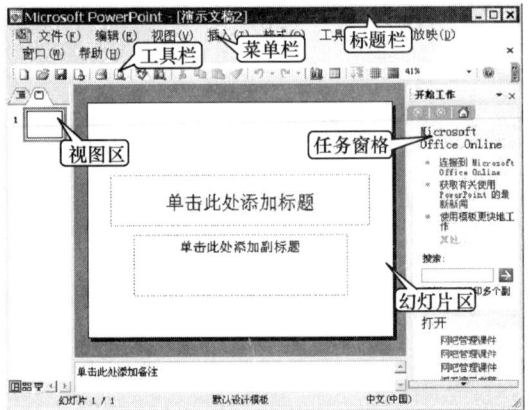

图 7.1.2

PowerPoint 的窗口是一个标准的 Windows 窗口。它由图 7.1.2 中所示的几个部分组成,下面就介绍这几个部分。

1.标题栏

标题栏表示该应用程序窗口是一个幻灯片制作软件。

2.菜单栏

菜单栏里面有 9 大类菜单,每一大类菜单下面还有下级子菜单。

3.工具栏

工具栏是把常用的命令以图标的形式放在工具栏上,这样我们使用这些命令时就方便、快捷。工具栏上面的工具,是可以添加或者去除的,其方法同 Word 一样。

4.任务窗格

任务窗格是让我们对幻灯片中的对象进行设置的一个辅助窗口,如进行动画设置、幻灯片切换设置等。

5.视图区

视图区是让我们变换幻灯片显示方式,便于浏览幻灯片的一个辅助窗口。

6.幻灯片区

幻灯片区是主要的工作区,我们可以在这个区域中具体地制作含有图片、声音、文字、视频的多媒体幻灯片。

7.1.2 打开演示文稿

🍃 **步骤** *1* 单击"文件\打开"(在图 7.1.3 中),出现图 7.1.4。

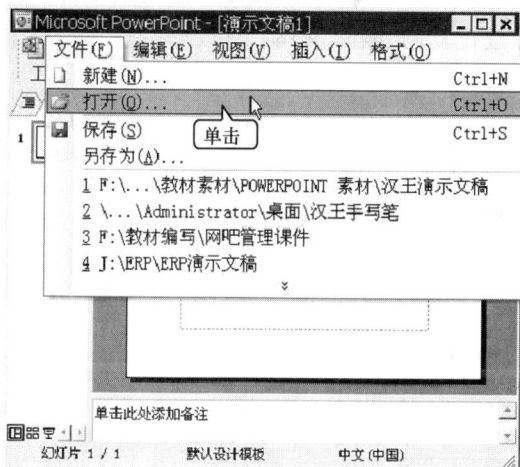

图 7.1.3

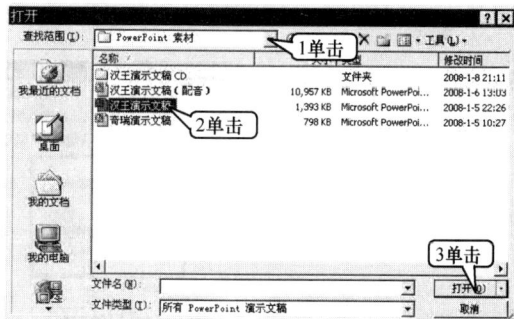

图 7.1.4

🍃 **步骤** *2* ①单击选择演示文稿的路径(在"查找范围"框中),这里选择教材素材\PowerPoint 素材。 ②单击"汉王演示文稿"。 ③单击"打开"按钮(在图 7.1.4 中),出现图 7.1.5。

图 7.1.5

7.1.3 演示文稿与视图

1. 演示文稿

在 PowerPoint 中我们把由一张到几张幻灯片组成的一组幻灯片称为一个演示文稿,将这一组幻灯片保存为一个文件,这个文件就叫做演示文稿文件。

2. PowerPoint 视图

PowerPoint 提供普通视图、幻灯片浏览视图、幻灯片放映视图三种视图,在不同情况下进入不同的视图,可以方便我们创建、编辑和浏览演示文稿。

3. 普通视图

步骤 1 打开教材素材\PowerPoint 素材\汉王演示文稿,见图 7.1.5。

步骤 2 单击"普通视图"按钮□(在图 7.1.5 中),就可切换到普通视图,见图 7.1.5。

在普通视图下,我们可以十分方便地对幻灯片进行各种编辑和设计;还可以重新排列图 7.1.5 中幻灯片的顺序;同时还可以对这组幻灯片进行复制、删除、移动操作。

4. 幻灯片浏览视图

步骤 单击"幻灯片浏览视图"按钮▦(在图 7.1.5 中),就可切换到幻灯片浏览视图,见图 7.1.6。

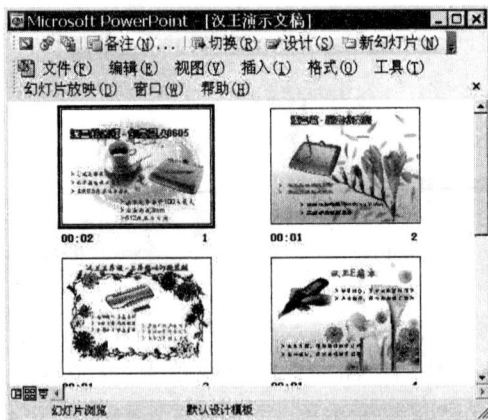

图 7.1.6

在幻灯片浏览视图中,可以看到整个文件中的幻灯片都排列在工作区中,在这种视图方式下,编辑者可以轻松地添加、删除、移动幻灯片,并且可以编辑幻灯片之间的切换方式。单击幻灯片右下角的按钮可观察动画效果。

5.幻灯片放映视图

步骤 单击"放映"按钮 (在图 7.1.5 中),就可切换幻灯片到放映状态,开始放映幻灯片。

幻灯片放映视图就是幻灯片实际播放的情景,是幻灯片放映的实际效果。

7.2 简单幻灯片的制作与放映

7.2.1 最简单的幻灯片的制作

启动 PowerPoint 后系统就自动给出了一个幻灯片,见图 7.2.1。这个幻灯片只有一张,上面有两个文本框。这就是最简单的幻灯片。下面就将它完善成一张有内容的幻灯片。

步骤1 单击选中文本框(在图 7.2.1 中),出现图 7.2.2。

步骤2 ①输入"汉王手写笔"。 ②拖动鼠标选中"汉王手写笔"。 ③单击"格式\字体"(在图 7.2.2 中),出现图 7.2.3。

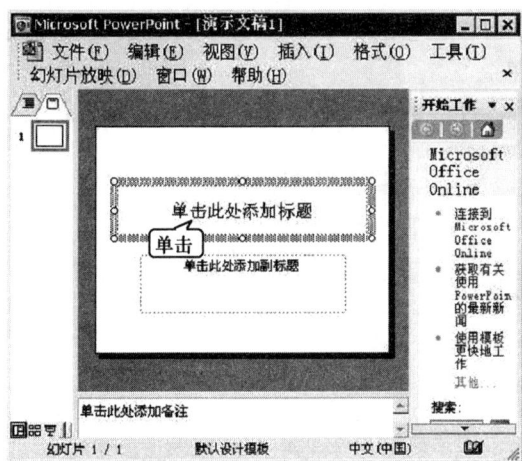

图 7.2.1

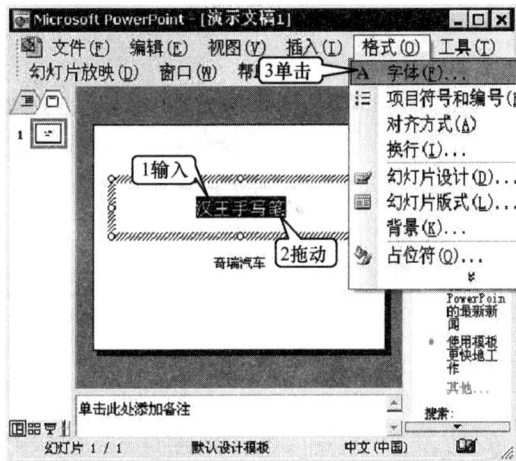

图 7.2.2

步骤3 ①单击"中文字体"下拉列表框,选择"华文彩云"。 ②单击选择"加粗"。③单击选择"96"。 ④单击"颜色"右下侧的三角。 ⑤单击"其他颜色"(在图 7.2.3 中),出现图 7.2.4。

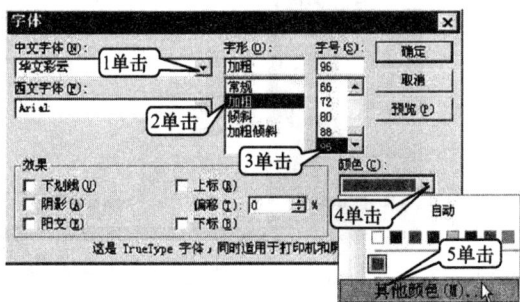

图 7.2.3

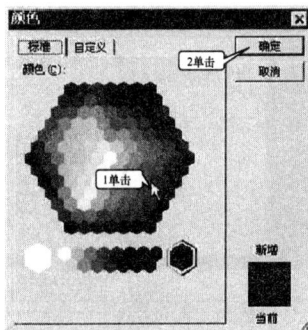

图 7.2.4

步骤 4 ①单击"红色"。 ②单击"确定"按钮（在图 7.2.4 中），回到图 7.2.3。

步骤 5 单击"确定"按钮（在图 7.2.3 中），结果见图 7.2.5，这就是一张最简单的幻灯片。

图 7.2.5

7.2.2 利用向导制作幻灯片

步骤 1 ①单击"文件\新建"，则右侧的任务窗格就会打开。 ②单击任务窗格中的"根据内容提示向导"链接（在图 7.2.6 中），出现图 7.2.7。

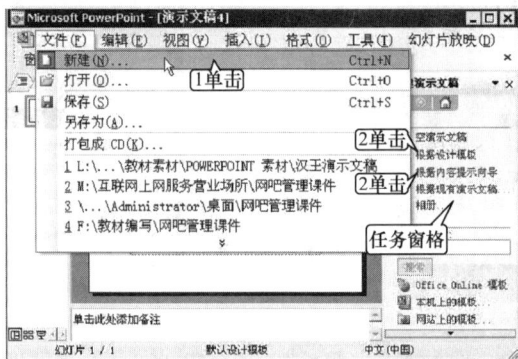

图 7.2.6

步骤 2 单击"下一步"按钮（在图 7.2.7 中），出现图 7.2.8。图中列出了各种类型的幻灯片分类，我们可以根据需要选择相应的类型，并在该类型下选择我们需要制作的幻灯片的名称。

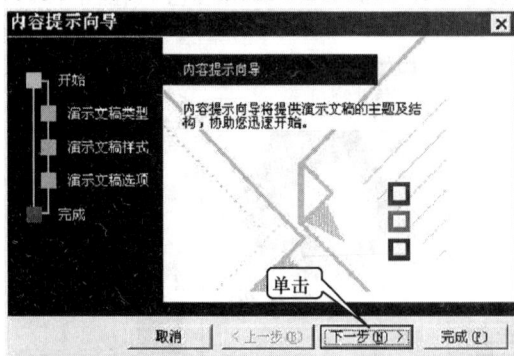

图 7.2.7

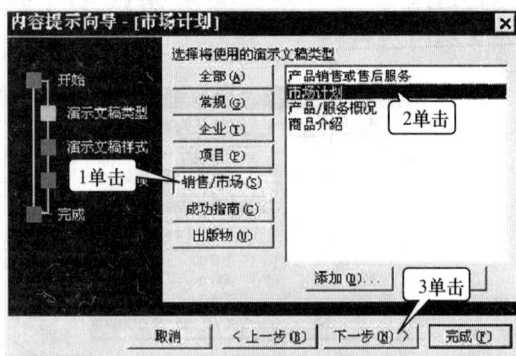

图 7.2.8

步骤 3 ①单击"销售/市场"按钮。 ②单击"市场计划"。 ③单击"下一步"按钮（在图 7.2.8 中），出现图 7.2.9。

步骤 4 单击"下一步"按钮（在图 7.2.9 中），出现图 7.2.10。

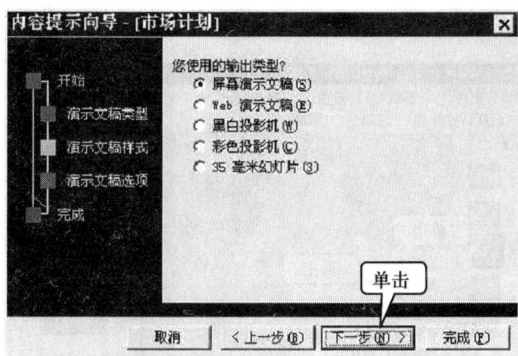

图 7.2.9

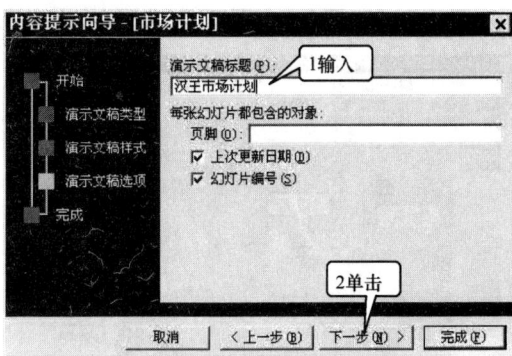

图 7.2.10

步骤 5 ①输入"汉王市场计划"，这是这组幻灯片的标题部分，也就是片头。 ②单击"下一步"按钮（在图 7.2.10 中），出现图 7.2.11。

步骤 6 单击"完成"按钮（在图 7.2.11 中），出现图 7.2.12。

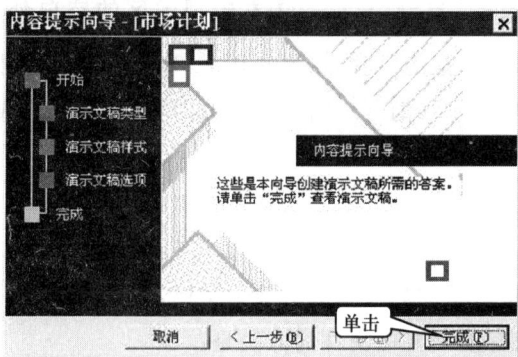

图 7.2.11

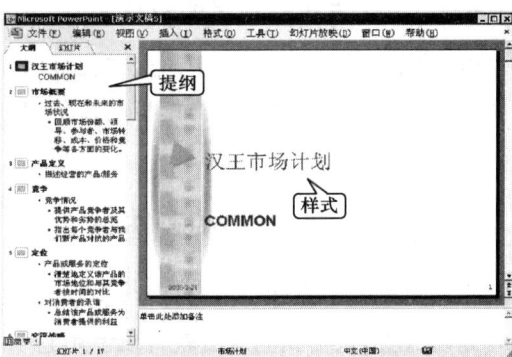

图 7.2.12

图 7.2.12 就是通过内容提示向导所自动生成的一组幻灯片，从图中我们可以看出：它给出了一个市场计划幻灯片的标准模板，为我们自动做好了市场计划幻灯片所应该包括的各个部分，以及各个部分阐述内容的标题。所以即使我们不会做市场计划幻灯片，也不要紧。因为 PowerPoint 已经把市场计划该做的内容和标题，以及相应的幻灯片都给我们自动生成了。而我们需要做的，只是对每张幻灯片进行具体细化。根据我们所要说明的产品，将幻灯片中的各个要点填上具体的内容。所以，从这里我们就知道：内容提示向导可以帮助我们制作各种幻灯片，是一个近似傻瓜似的制作幻灯片的途径。

7.2.3 利用模板制作幻灯片

PowerPoint 提供了多种模板供我们使用，所谓模板就是一张设计好背景、设计好文本框的数量和布局的幻灯片。

步骤 1 ①单击"文件\新建"，则右侧的任务窗格就会打开。 ②**单击任务窗格中的**

"根据设计模板"(参见图7.2.6),出现图7.2.13。

步骤 ①拖动滚动条,找到"欢天喜地"模板。 ②单击"欢天喜地"模板。 ③输入"汉王手写板"。 ④输入"奇瑞汽车"。 ⑤分别设置"汉王手写板"和"奇瑞汽车"的字体、字号、字形和颜色(在图7.2.13中),出现图7.2.14。

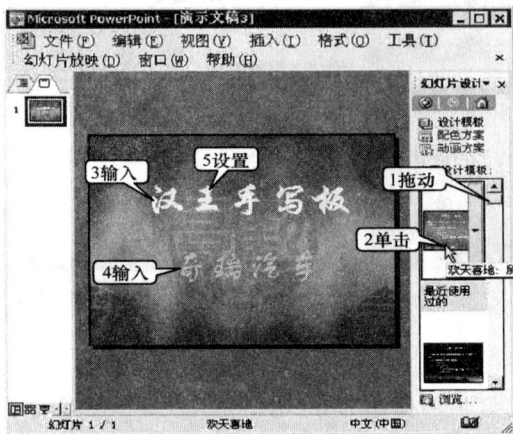

图7.2.13

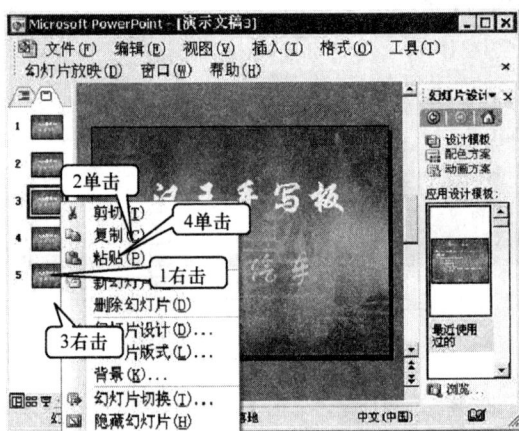

图7.2.14

步骤 ①右击视图区的幻灯片。 ②单击"复制"。 ③右击视图区的空白处。
④单击"粘贴"(在图7.2.14中),这样就可以复制出一张幻灯片,结果见图7.2.14。通过这种方式我们可以复制出具有同样模板的多张幻灯片,将每张幻灯片输入不同的内容,就可以构成一套完整的幻灯片。

7.2.4　保存演示文稿文件

在利用模板制作好一组幻灯片后,我们必须将这组幻灯片构成的演示文稿,作为一个文件保存到硬盘上,这样我们日后就可以使用它了,保存演示文稿文件的方法是:

步骤 单击"文件\保存"(在图7.2.15中),出现图7.2.16。

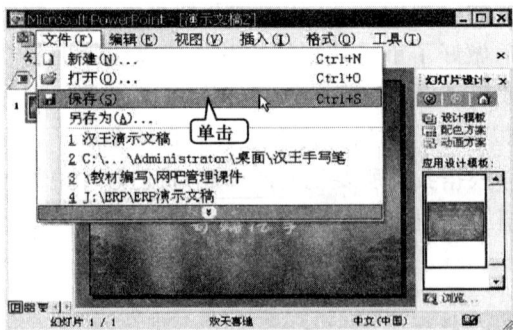

图7.2.15

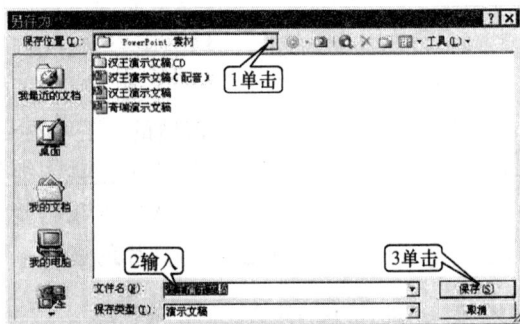

图7.2.16

步骤 ①单击"保存位置"下拉列表框,选择演示文稿的保存路径。 ②输入文件名。
③单击"保存"按钮(在图7.2.16中)。

7.2.5　放映幻灯片

步骤 1　打开教材素材\PowerPoint 素材\汉王演示文稿（或自己制作一套幻灯片）。

步骤 2　单击"幻灯片放映\观看放映"（在图 7.2.17 中），就会进入幻灯片放映状态。

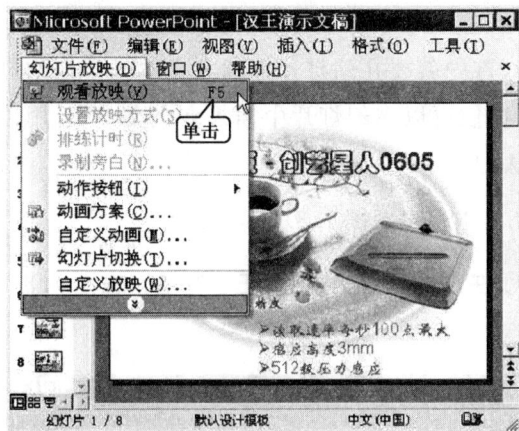

图 7.2.17

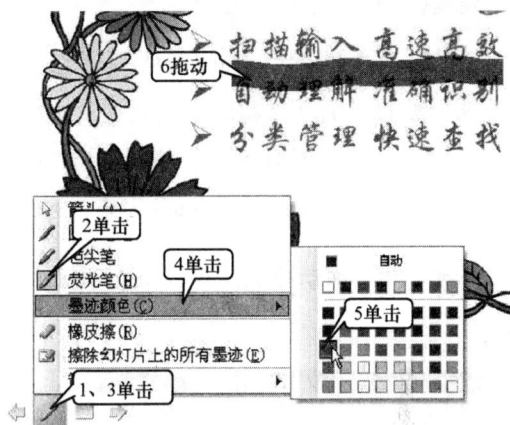

图 7.2.18

步骤 3　**单击鼠标**，就可以向后翻看幻灯片。当我们单击鼠标翻看幻灯片时，屏幕的左下角就会出现控制放映的工具栏，见图 7.2.18。另外我们还可以按 **Page Down** 和 **Page Up** 键向前、向后翻看幻灯片。

步骤 4　①单击"画笔"按钮。　②单击"荧光笔"，以选择荧光笔工具。　③单击"画笔"按钮。　④单击"墨迹颜色"。　⑤单击"红色"。　⑥在文字上拖动（在图 7.2.18 中），就可标记文字了。

步骤 5　①单击控制菜单按钮。　②单击"下一张"，则跳到下一张。若单击"上一张"，则跳到上一张。　③单击"定位至幻灯片\汉王 E 摘客"就可以直接跳转到该张幻灯片，通过该命令可以控制放映任意一张幻灯片。　④单击"结束放映"（在图 7.2.19 中），就可以退出。

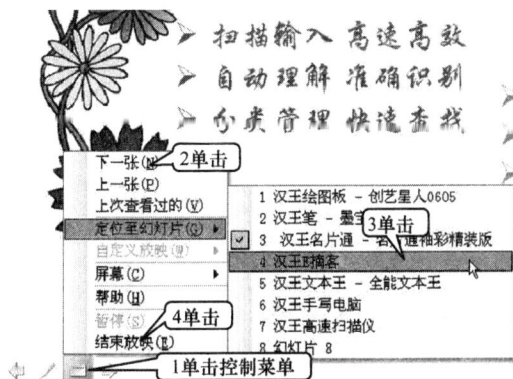

图 7.2.19

7.3 文本框的插入与编辑

7.3.1 文本框的插入

在 PowerPoint 中，要想在幻灯片中输入文字，首先就要在幻灯片上插入文本框。在幻灯片上所有要显示的文字都必须被放在文本框中。我们可以在幻灯片中插入多个文本框，用以显示不同段落不同风格的文字，插入文本框的方法如下：

步骤 1 单击"插入\文本框\水平"(在图 7.3.1 中)，出现图 7.3.2。

步骤 2 ①拖动鼠标产生一个文本框。 ②在文本框中输入"汉王手写笔"(在图 7.3.2 中)。

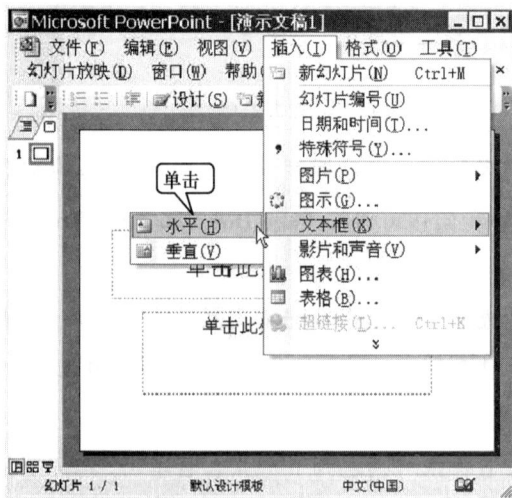

图 7.3.1

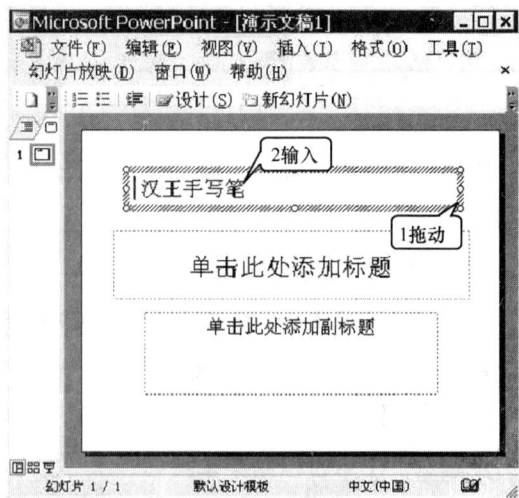

图 7.3.2

7.3.2 文本框中文字的复制、移动和删除

1．文本框中文字的复制

步骤 1 选定要复制的文字(在图 7.3.3 中)。

步骤 2 按 Ctrl＋C。

步骤 3 单击目标文本框(在图 7.3.4 中)。

步骤 4 按 Ctrl＋V，结果见图 7.3.4。

图 7.3.3

图 7.3.4

2. 文本框中文字的移动

步骤 1 选定要移动的文字(参见图 7.3.3)。

步骤 2 按 Ctrl＋X。

步骤 3 单击目标文本框(在图 7.3.5 中)。

图 7.3.5

步骤 4 按 Ctrl＋V,结果见图 7.3.5。

3. 文本框中文字的删除

步骤 1 选定要删除的文字。

步骤 2 按 Delete 键。

7.3.3　文本框中文字字体、字号、颜色、字形的设置

步骤1　①选定要设置的文字。　②单击"格式\字体"(在图7.3.6中)，出现图7.3.7。

步骤2　①单击"中文字体"下拉列表框。　②单击"华文彩云"。　③单击"加粗"。

④单击"66"。　⑤单击"确定"按钮(在图7.3.7中)，结果见图7.3.8。

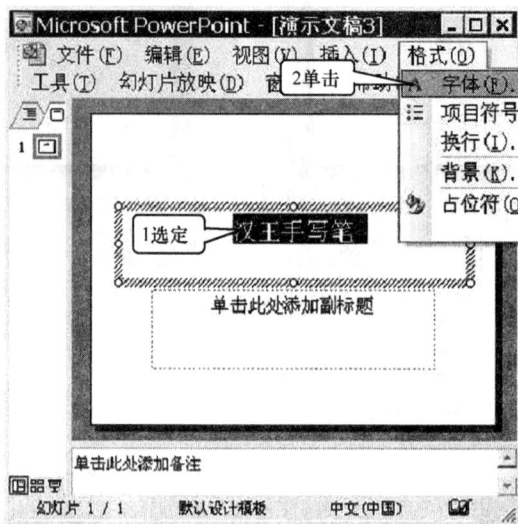

图7.3.6

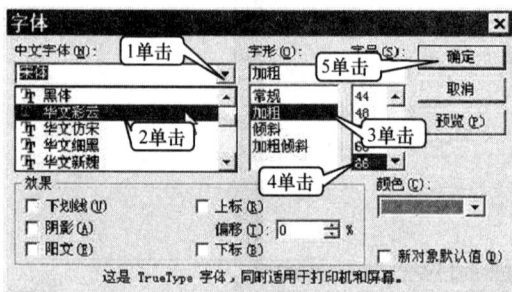

图7.3.7

图7.3.8

7.3.4　文本框中文字颜色、效果的设置

步骤1　①选定要设置的文字。　②单击"格式\字体"(参见图7.3.6)，出现图7.3.9。

步骤2　①单击"阴影"。　②单击"颜色"右下侧的三角。　③单击选择"红色"。

④单击"确定"按钮(在图7.3.9中)，结果见图7.3.8。

7.3.5 文本框大小的调整

步骤 ①单击文本框。 ②拖动文本框的控制点（在图 7.3.10 中）。

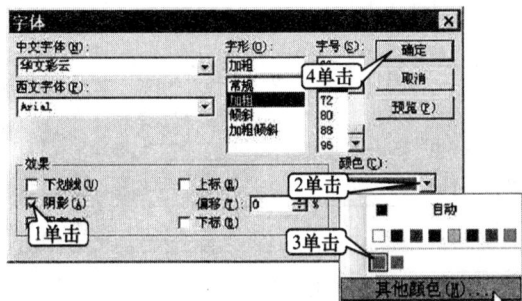

图 7.3.9 图 7.3.10

7.3.6 文本框中段落的格式化

1. 设置行距与段间距

步骤 1 打开教材素材\ **PowerPoint** 素材\汉王演示文稿。

步骤 2 ①选定文字。 ②单击"格式\行距"（在图 7.3.11 中），出现图 7.3.12。

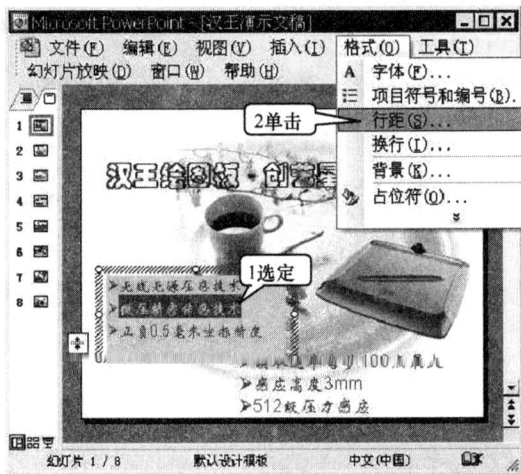

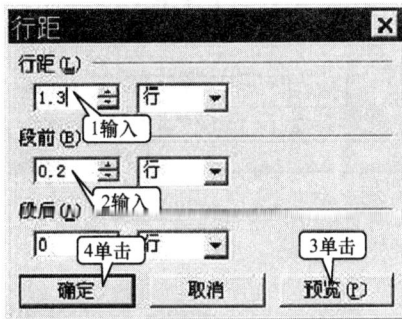

图 7.3.11 图 7.3.12

步骤 3 ①输入"**1.3**"。 ②输入"**0.2**"，设置段落前的空行数。 ③单击"**预览**"按钮，可看到设置的效果。 ④单击"**确定**"按钮（在图 7.3.12 中）。

2. 设置段落的项目符号和编号

步骤 1 ①选定文字。 ②单击"格式\项目符号和编号"（在图 7.3.13 中），出现图 7.3.14。

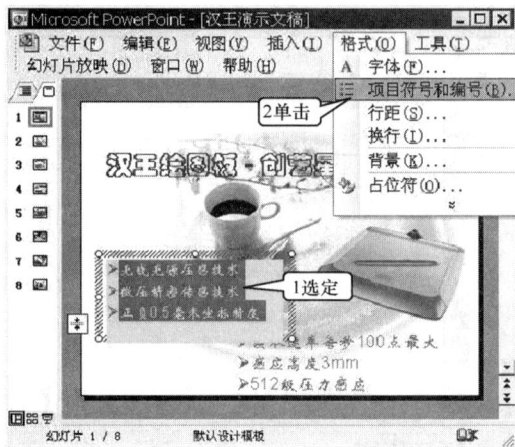

图 7.3.13

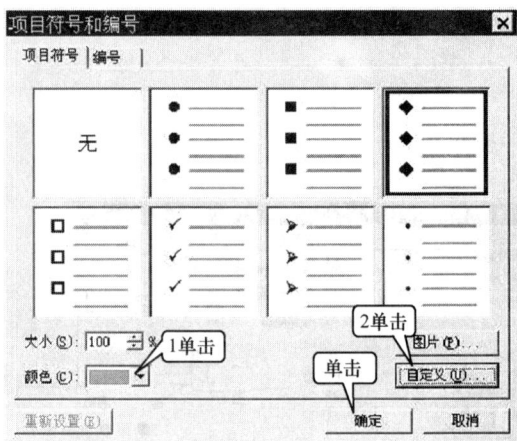

图 7.3.14

步骤 2 ①单击选择"绿色"。 ②单击"自定义"按钮（在图 7.3.14 中），出现图 7.3.15。

步骤 3 ①单击选择图中的符号。 ②单击"确定"按钮（在图 7.3.15 中），回到图 7.3.14。

步骤 4 单击"确定"按钮（在图 7.3.14 中），结果见图 7.3.16。

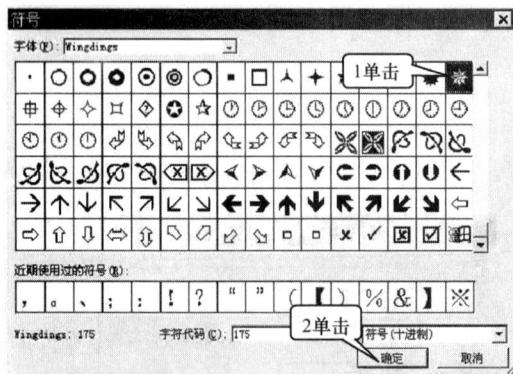

图 7.3.15

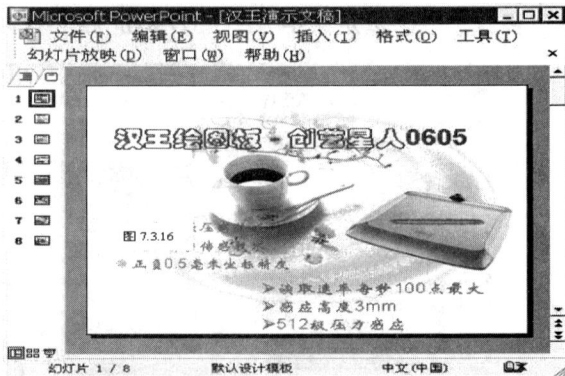

图 7.3.16

7.4　多媒体幻灯片的制作

7.4.1　在幻灯片中插入和调整图片大小

步骤 1 新建一个空白幻灯片。

步骤 2 单击"插入\图片\来自文件"（在图 7.4.1 中），出现图 7.4.2。

图 7.4.1

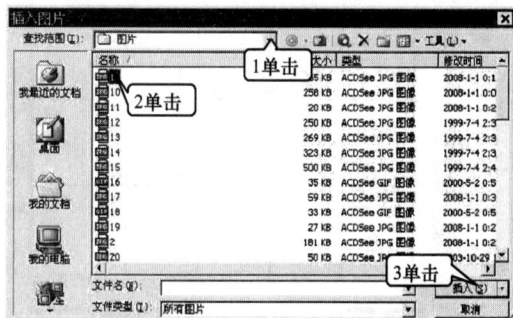

图 7.4.2

步骤 3 ①单击"查找范围"下拉列表框，选择图片所在的文件夹。　②单击选择"1"文件。　③单击"插入"按钮（在图 7.4.2 中），出现图 7.4.3。

步骤 4 拖动控制点（在图 7.4.3 中），即可调整图片大小。

7.4.2　在幻灯片中插入表格与图表

1. 插入表格和调整表格大小

步骤 1 ①单击"插入\表格"，出现"插入表格"对话框。　②输入列数"5"。　③输入行数"3"。　④单击"确定"按钮（在图 7.4.4 中），出现图 7.4.5。

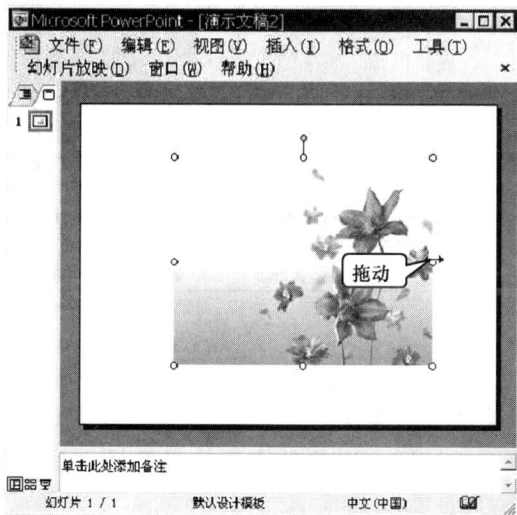

图 7.4.3

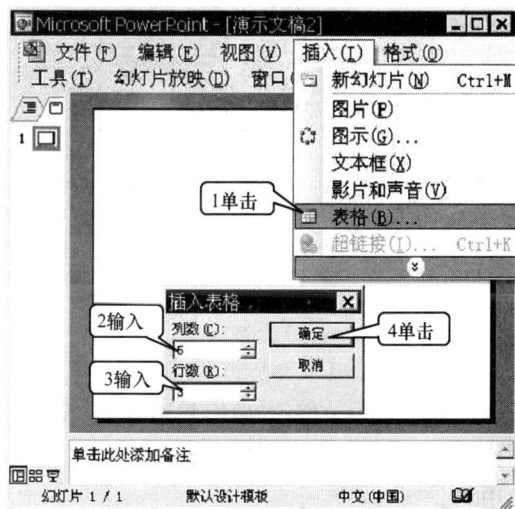

图 7.4.4

步骤 2 拖动表格线（在图 7.4.5 中），即可调整表格大小。

2.设置表格线的线型、颜色和粗细

步骤1 ①单击选中表格。 ②单击"格式\设置表格格式"(在图 7.4.6 中),出现图7.4.7。

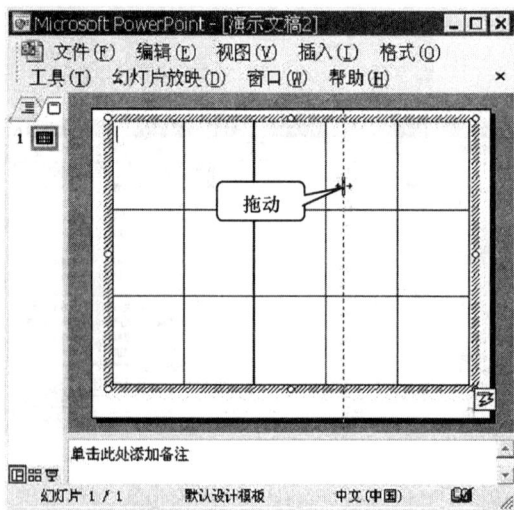

图 7.4.5

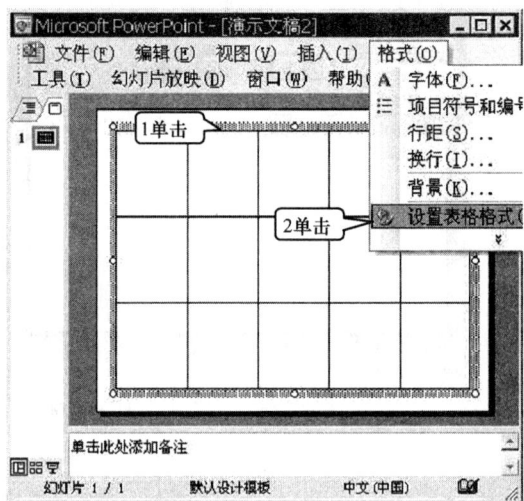

图 7.4.6

步骤2 ①单击选择表格线型。 ②单击选择表格线颜色为"绿色"。 ③单击选择表格线宽度。 ④单击 ▦ 按钮,可添加或去除表格内横线。 ⑤单击 ▦ 按钮,可添加或去除表格内竖线。其他按钮的用法类似。 ⑥单击"确定"按钮(在图 7.4.7 中),出现图7.4.8。

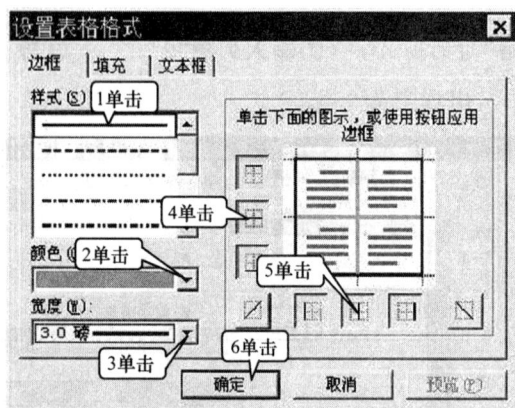

图 7.4.7

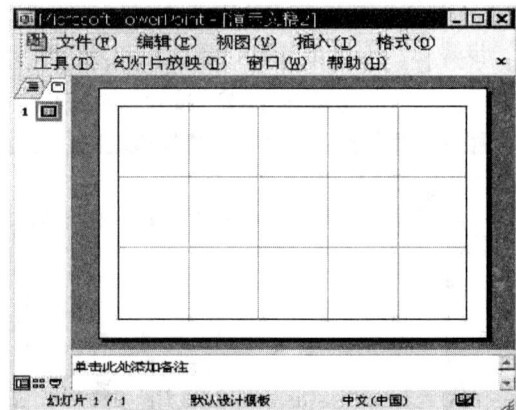

图 7.4.8

3.插入 Excel 表格

PowerPoint 的表格功能并不强大,要想制作美观且功能强的表格的话,最好在 Excel 中制作。我们可以在 Excel 中把表格制作完成,然后通过插入对象的方法将表格插入到幻灯片中。

步骤1 新建一个空白幻灯片。

步骤2 单击"插入\对象"(在图 7.4.9 中),出现图 7.4.10。

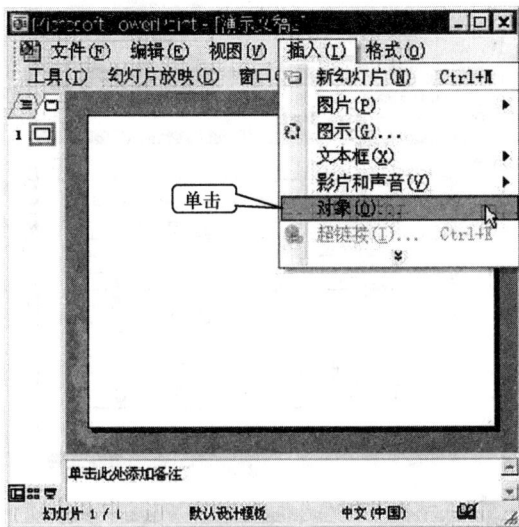

图 7.4.9

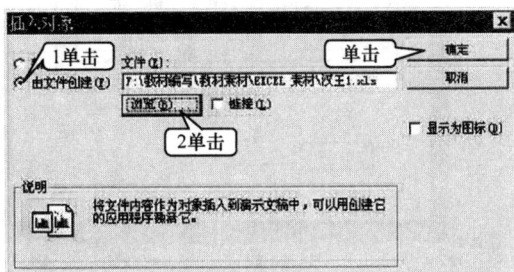

图 7.4.10

步骤 3　①单击选中"由文件创建"单选钮。　②单击"浏览"按钮（在图 7.4.10 中），出现图 7.4.11。

步骤 4　①单击选择要插入文件所在的文件夹（这里选择教材素材\Excel 素材）。　②单击"汉王 1"（这是一个事先制作好的 Excel 文件）。　③单击"确定"按钮（在图 7.4.11 中），回到图 7.4.10。

步骤 5　单击"确定"按钮（在图 7.4.10 中），出现图 7.4.12。

步骤 6　①拖动表格的控制点可调整表格的大小。　②双击表格（在图 7.4.12 中），出现图 7.4.13。这样表格便进入虚拟 Excel 状态，在此状态中表格就变成了 Excel 中的表格。这样就可以像在 Excel 中那样处理表格了。

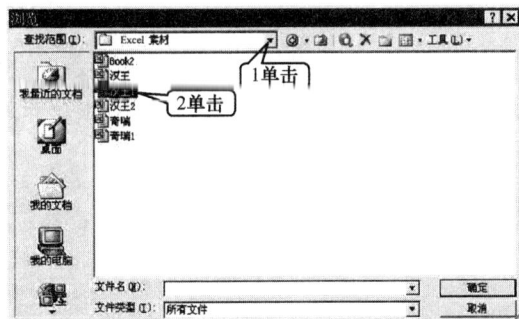

图 7.4.11

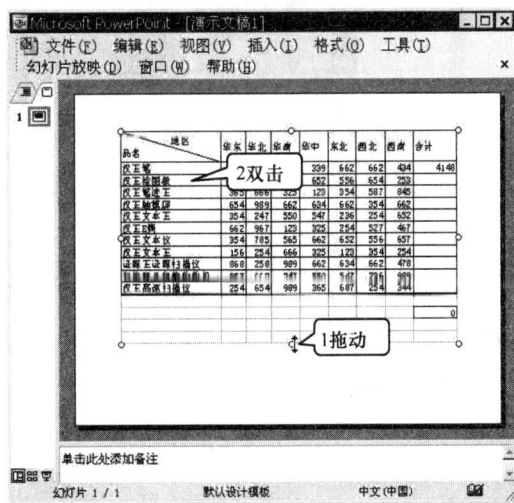

图 7.4.12

步骤 7　①拖动控制点使表格大小适合。　②在表格外单击（在图 7.4.13 中），退出虚拟 Excel 状态,结果见图 7.4.14。

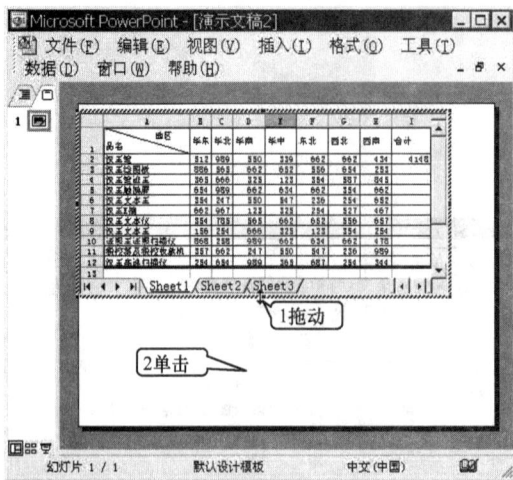

图 7.4.13

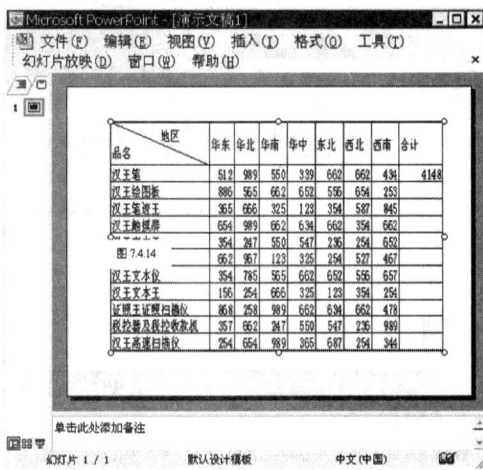

图 7.4.14

4.插入图表和调整图表大小

步骤 1　新建一个空白幻灯片。

步骤 2　单击"插入\图表"(在图 7.4.15 中),出现图 7.4.16。

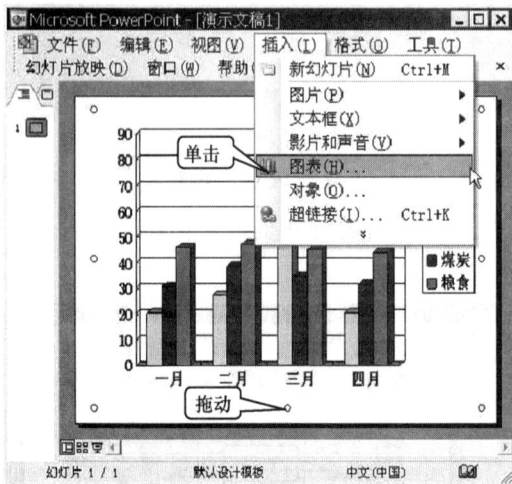

图 7.4.15

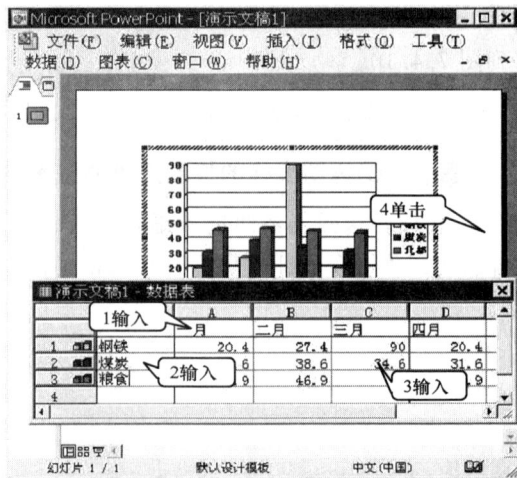

图 7.4.16

步骤 3　①输入表格的列。　②输入表格的行。　③输入表格数据。　④在表格框外单击(在图 7.4.16 中),结果见图 7.4.15。

步骤 4　拖动控制点可以调整图表大小(参见图 7.4.15)。

7.4.3　在幻灯片中插入声音

1.插入声音

在播放幻灯片时,我们可以给幻灯片加上音乐或者配上解说,音乐和解说是事先录制好或下载的存放在硬盘上的 MP3 或 WAV 格式的声音文件。插入声音的方法如下:

步骤 1 打开教材素材\ PowerPoint 素材\汉王演示文稿。

步骤 2 单击"插入\影片和声音\文件中的声音"(在图 7.4.17 中),出现图 7.4.18。

步骤 3 ①单击选择声音文件所在的文件夹,这里我们选择教材素材\音乐。 ②单击 "01"文件。 ③单击"确定"按钮(在图 7.4.18 中),出现图 7.4.19。

步骤 4 单击"自动"按钮(在图 7.4.19 中),表示在放映时自动播放声音文件。如果单击 "在单击时"按钮,则表示在放映幻灯片时,单击图中的小喇叭才开始播放声音文件。结果见图 7.4.20。

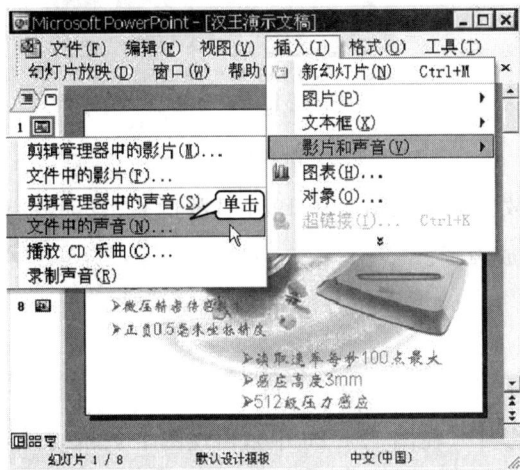

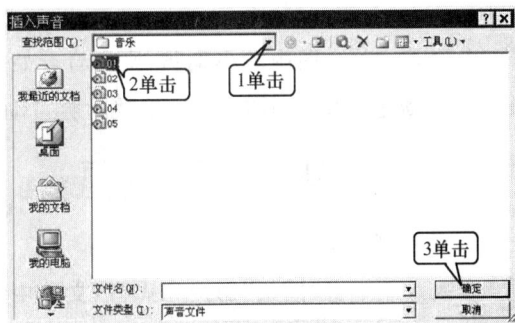

图 7.4.17

图 7.4.18

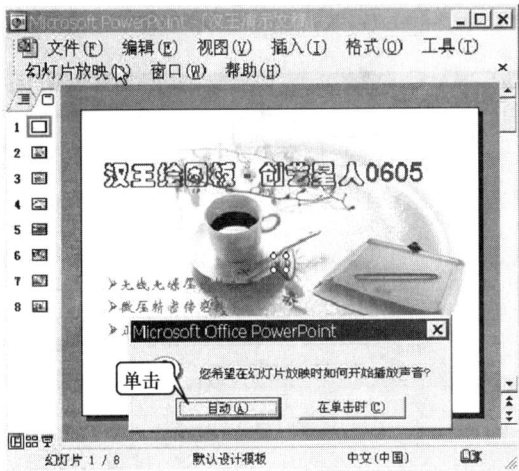

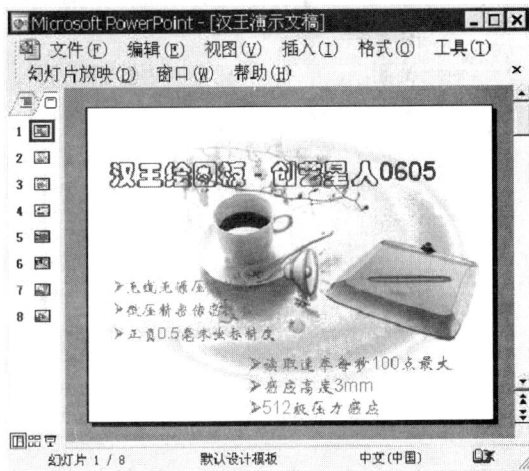

图 7.4.19

图 7.4.20

2.播放声音

步骤 1 单击"幻灯片放映\观看放映"(在图 7.4.21 中),出现图 7.4.22,则幻灯片进入全屏幕放映状态。

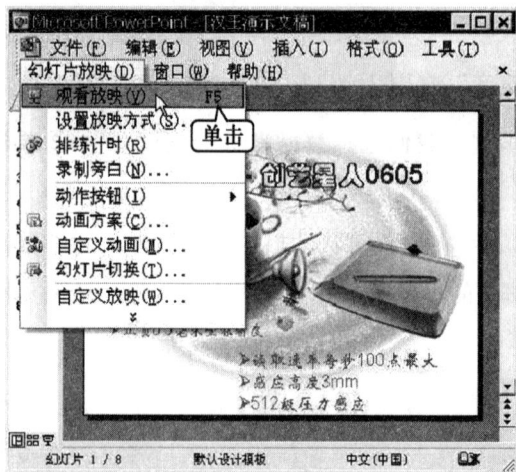

图 7.4.21

图 7.4.22

步骤2　单击图中的小喇叭,则声音开始播放。如果在图 7.4.19 中选择的是"自动"的话就不需要单击图中的小喇叭了,放映时会自动播放声音。

7.4.4　在幻灯片中插入视频

1.插入视频并对其调整

步骤1　单击"插入\影片和声音\文件中的影片"(在图 7.4.23 中),出现图 7.4.24。

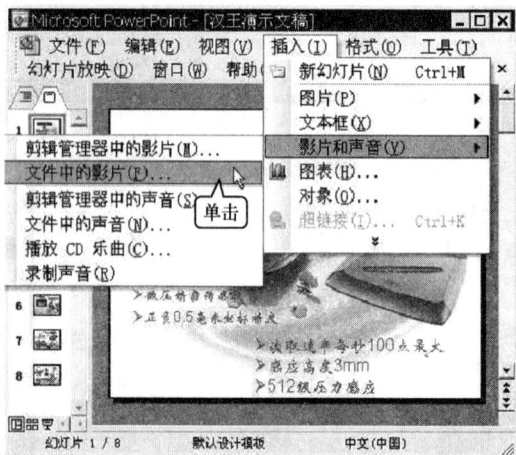

图 7.4.23

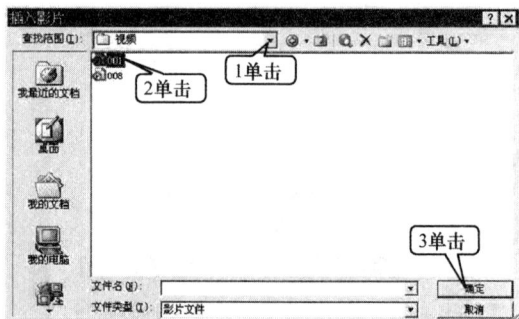

图 7.4.24

步骤2　①单击选择视频文件所在的文件夹(这里选择教材素材\视频)。　②单击选择"001"文件。　③单击"确定"按钮(在图 7.4.24 中),出现图 7.4.25。

步骤3　单击"自动"按钮(在图 7.4.25 中),出现图 7.4.26。这里"自动"表示在放映这张幻灯片时,视频文件会自动播放。如果单击"在单击时"按钮的话,则表示放映时要单击视频才能播放视频文件。

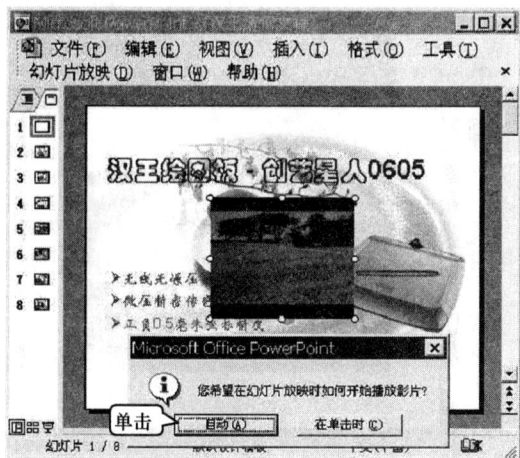

图 7.4.25

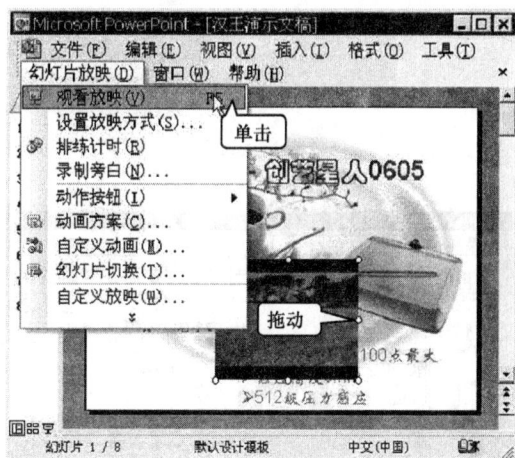

图 7.4.26

步骤 4 拖动视频窗口上的控制点（在图 7.4.26 中），可以调整视频播放窗口的大小。

　2．播放视频

步骤 1 单击"幻灯片放映\观看放映"（在图 7.4.26 中），出现图 7.4.27。

步骤 2 单击视频窗口（在图 7.4.27 中），就可以播放视频图像。如果在图 7.4.25 中选择的是"自动"的话就不需要单击图中的视频窗口了，放映时会自动播放视频。

图 7.4.27

7.4.5　在幻灯片中插入动画

　　PowerPoint 支持插入与显示 GIF 格式的动画文件。在幻灯片中插入动画可以使画面显得更为活泼和生动，更具有可看性，可以吸引观众的注意力。插入动画的方法如下：

步骤 1 新建一个空白幻灯片。

步骤 2 单击"插入\图片\来自文件"（参见图 7.4.1），出现图 7.4.28。

步骤 3 ①单击选择动画文件所在的文件夹（这里选择教材素材\图片）。　②单击选择"动画 1"文件。　③单击"插入"按钮（在图 7.4.28 中），出现图 7.4.29。

步骤 4 拖动控制点，即可调整动画的大小（在图 7.4.29 中）。

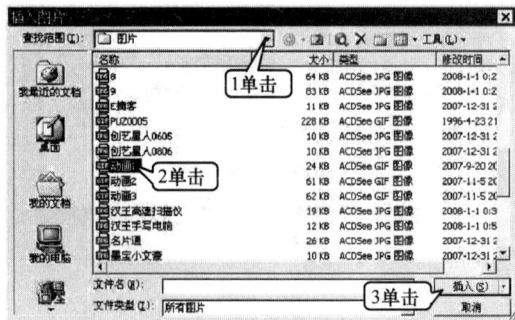

图 7.4.28

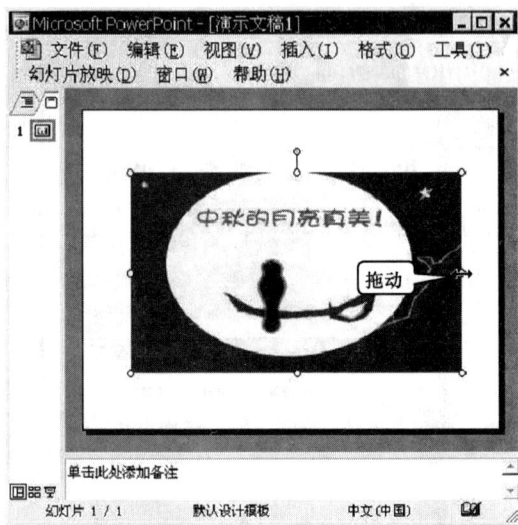

图 7.4.29

7.4.6　对幻灯片中各个对象的设置

我们把幻灯片中插入的声音、视频、文本框、动画等都称为对象。这些对象的大小和位置是可以调整的,并且在同一位置可以插入多个对象。这些对象根据插入的先后互相重叠,最后插入的在最上面一层。每一个对象都可以被复制、移动和删除,同时每一个对象的层数也是可以改变的。其操作方法如下:

1. 对象的移动

步骤1　打开教材素材\ **PowerPoint** 素材\汉王演示文稿。

步骤2　拖动对象(在图 7.4.30 中),就可将对象移动。

图 7.4.30

2. 对象的复制与删除

步骤1　按住 **Ctrl** 键拖动对象(在图 7.4.31 中),就可复制对象。

步骤2　单击对象(在图 7.4.31 中)。

步骤 3　按 Delete 键,就可删除对象。

3.调整各个对象的层次

步骤　①右击对象。　　②单击"叠放次序\置于底层"(在图 7.4.32 中),出现图 7.4.33,则该对象就被放置到最底层。如果"单击叠放次序\上移一层"的话,则该对象将被上移一层。如果单击"叠放次序\下移一层"的话,则该对象将被下移一层。

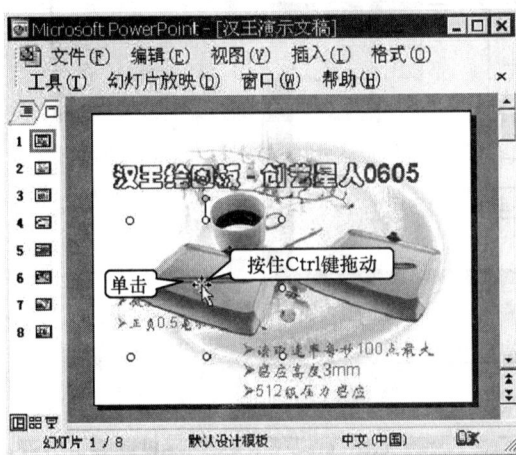

图 7.4.31

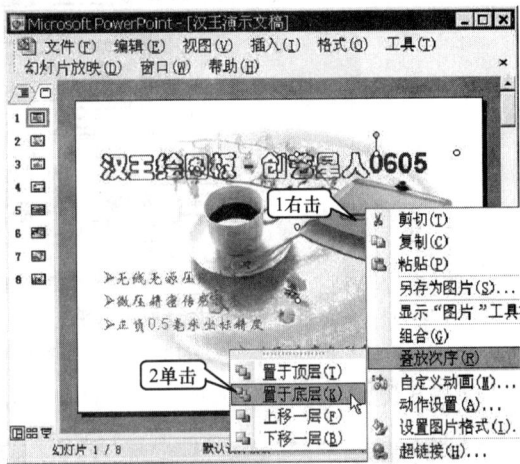

图 7.4.32

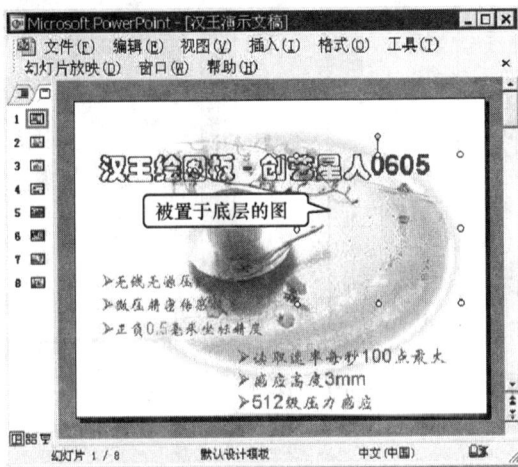

图 7.4.33

7.4.7　设置背景的幻灯片

1.设置单一颜色背景

步骤 1　新建一个空白幻灯片。

步骤 2　①单击"格式\背景"。　②单击"背景填充"栏右下侧的三角。　③单击"其他颜色"(在图 7.4.34 中),出现图 7.4.35。

步骤 3　①单击选择"绿色"。　②单击"确定"按钮(在图 7.4.35 中),回到图 7.4.34 中。

步骤 4 单击"应用"按钮（在图 7.4.34 中），则幻灯片的背景就变为绿色，见图 7.4.36。如有多张幻灯片的话，单击"全部应用"按钮，将会使所有幻灯片的背景都变为绿色。

图 7.4.34

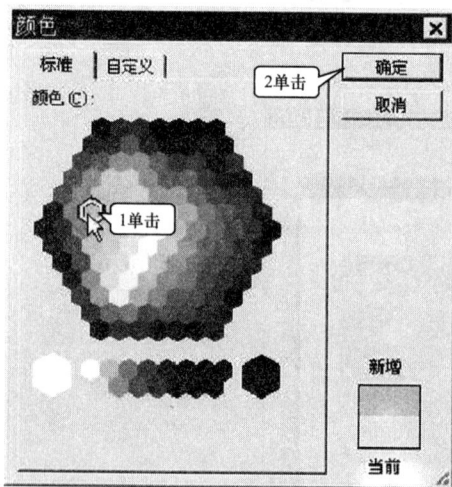

图 7.4.35

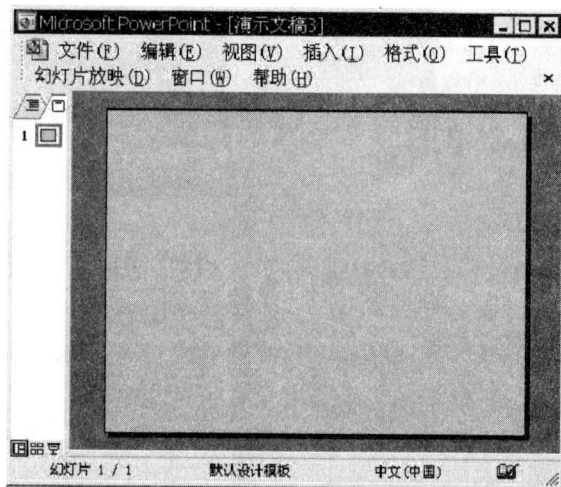

图 7.4.36

2.设置过渡色背景

步骤 1 新建一个空白幻灯片。

步骤 2 ①单击"格式\背景"。 ②单击"背景填充"右下侧的三角。 ③单击"填充效果"（参见图 7.4.34），出现图 7.4.37。

步骤 3 ①单击"双色"。 ②单击"斜上"。 ③单击选择"白色"。 ④单击选择"绿色"。 ⑤单击"确定"按钮（在图 7.4.37 中），回到图 7.4.34 中。

步骤 4 单击"应用"按钮（在图 7.4.34 中），则幻灯片的背景就变为白色到绿色的渐变色，见图 7.4.38。如有多张幻灯片的话，单击"全部应用"按钮，将会使所有幻灯片的背景都变为渐变色。

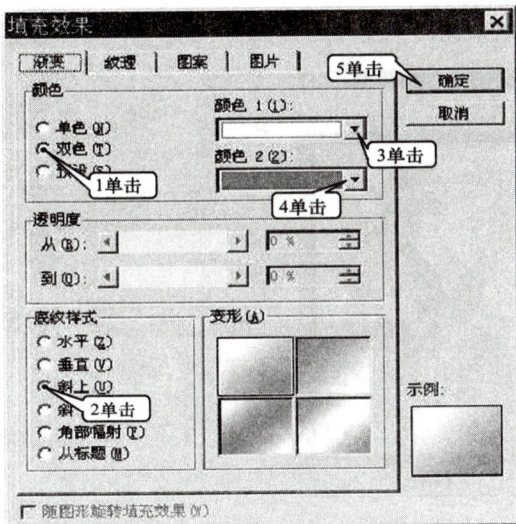

图 7.4.37

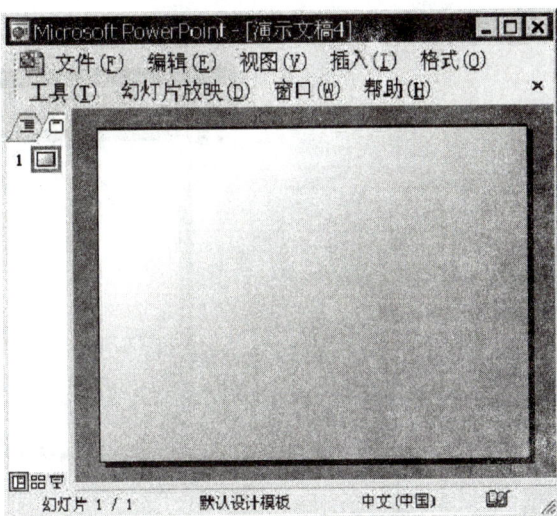

图 7.4.38

3.用图片作背景

步骤1 新建一个空白幻灯片。

步骤2 ①单击"格式\背景"。 ②单击"背景填充"右下侧的三角。 ③单击"填充效果"(参见图 7.4.34),出现图 7.4.39。

步骤3 ①单击"图片"选项卡。 ②单击"选择图片"按钮(在图 7.4.39 中),出现图7.4.40。

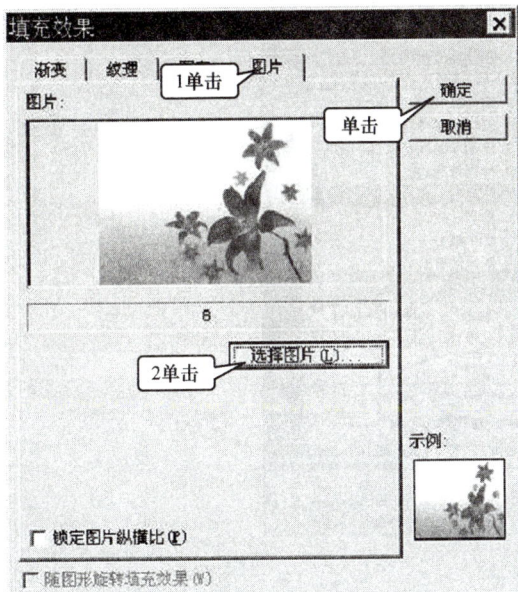

图 7.4.39

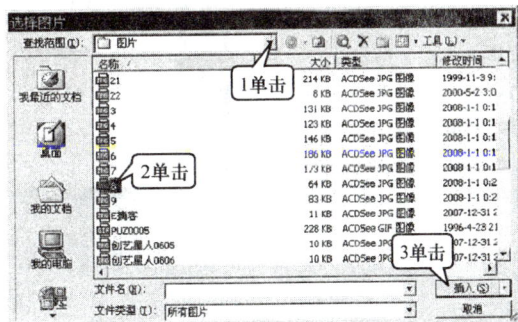

图 7.4.40

步骤4 ①单击选择图片文件所在的文件夹(这里选择教材素材\图片)。 ②单击选择"8"文件。 ③单击"插入"按钮(在图 7.4.40 中),回到图 7.4.39 中。

步骤 *5* 单击"确定"按钮(在图7.4.39中),结果见图7.4.41。

图7.4.41

7.4.8 在幻灯片中插入艺术字

1.插入艺术字

步骤 *1* 新建一个空白幻灯片。

步骤 *2* ①单击"插入\图片\艺术字"。 ②单击选择一种艺术字样式。 ③单击"确定"按钮(在图7.4.42中),出现图7.4.43。

步骤 *3* ①输入"艺术字"。 ②单击选择"华文新魏"。 ③单击选择"96"。 ④单击"确定"按钮(在图7.4.43中),结果见图7.4.44。

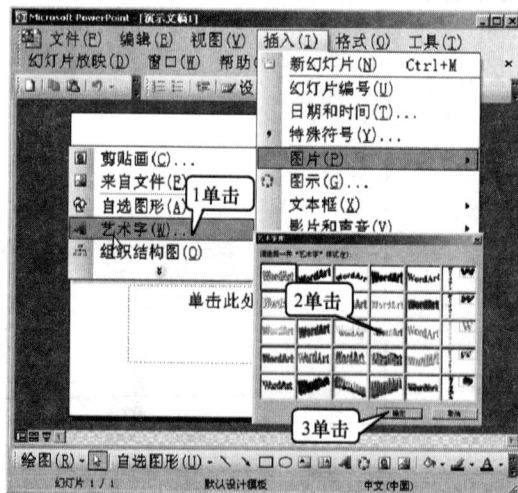

图7.4.42

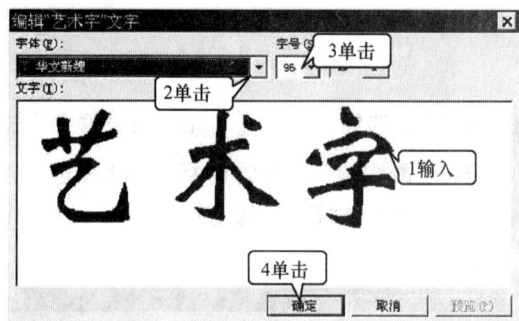

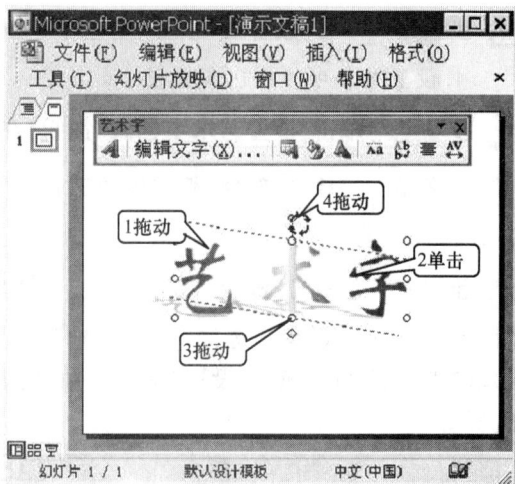

图 7.4.43

图 7.4.44

2.艺术字的移动、旋转和大小改变

步骤 ①拖动艺术字,就可以移动它。 ②单击艺术字。 ③拖动艺术字上的控制点,可以改变艺术字的大小。 ④拖动艺术字上方的绿色控制点,就可以旋转艺术字(在图7.4.44 中)。

3.艺术字的复制、删除和编辑

对于已经插入的艺术字,我们可以随意地复制和删除。如果对它的样式、颜色以及各种属性不满意的话,还可以对它进行重新编辑和设置。其方法是:

步骤 ①**按住 Ctrl 键拖动艺术字**,就可以复制艺术字。 ②**单击艺术字**,然后按 Delete键就可以删除艺术字。 ③**单击"编辑文字"按钮**,会出现图 7.4.43 所示的对话框,在该对话框中可以对艺术字的内容进行编辑修改。 ④**单击"艺术字库"按钮**,会出现图 7.4.42 所示对话框,在该对话框中可以重新设定艺术字样式。 ⑤**单击"艺术字形状"按钮**(在图7.4.45 中),出现图 7.4.46。

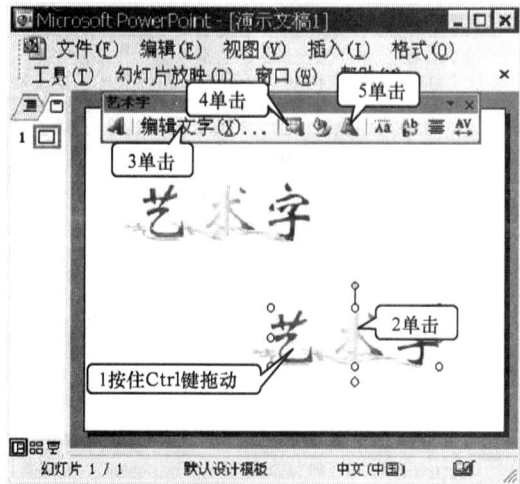

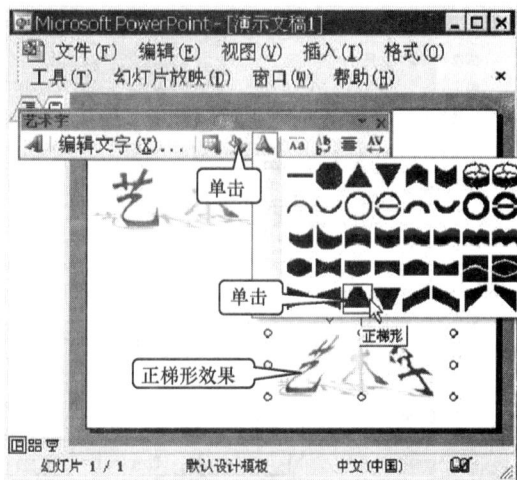

图 7.4.45

图 7.4.46

步骤 单击"正梯形"按钮,则艺术字就变为正梯形效果,见图7.4.46。

4.设置艺术字的颜色和边框

步骤1 单击"设置艺术字格式"按钮(在图7.4.46中),出现图7.4.47。

步骤2 ①单击"颜色"框右侧的三角。 ②单击"填充效果"(在图7.4.47中),出现图7.4.48。

步骤3 ①单击"渐变"选项卡。 ②单击"预设"单选钮。 ③单击"预设颜色"右下侧的三角。 ④单击选择"彩虹出岫"。 ⑤拖动"透明度"栏内的游标,以设置透明度。 ⑥单击"斜上"单选钮,以设置"彩虹出岫"的方向。 ⑦单击"确定"按钮(在图7.4.48中),出现图7.4.49。

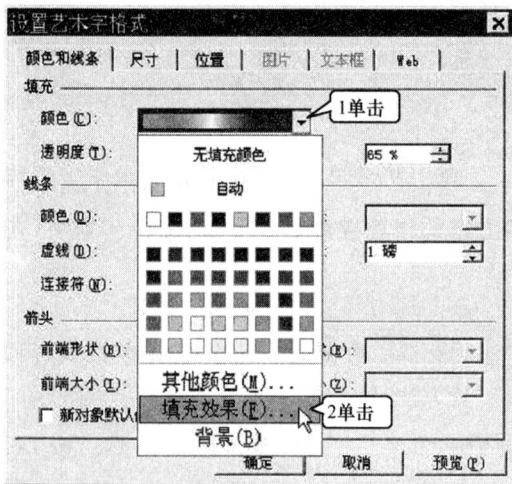

图7.4.47

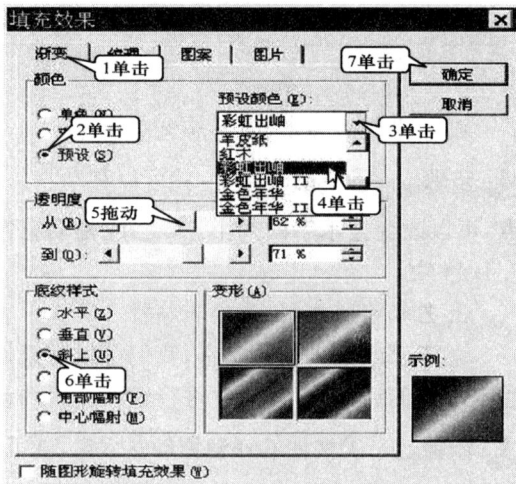

图7.4.48

步骤4 ①单击选择艺术字边框线颜色。 ②单击选择艺术字边框线线型。 ③输入"5",以设定边框线的粗细。 ④单击"确定"按钮(在图7.4.49中),结果见图7.4.50。

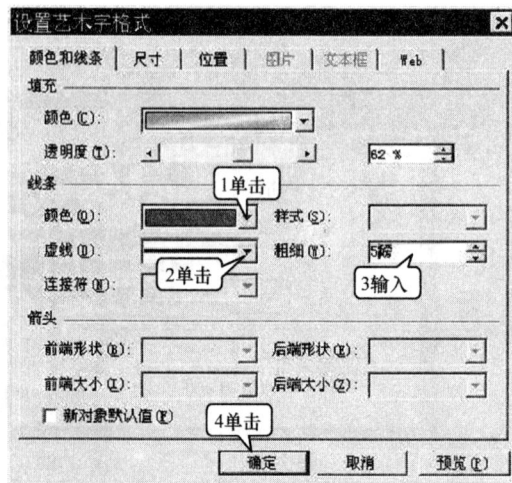

图7.4.49

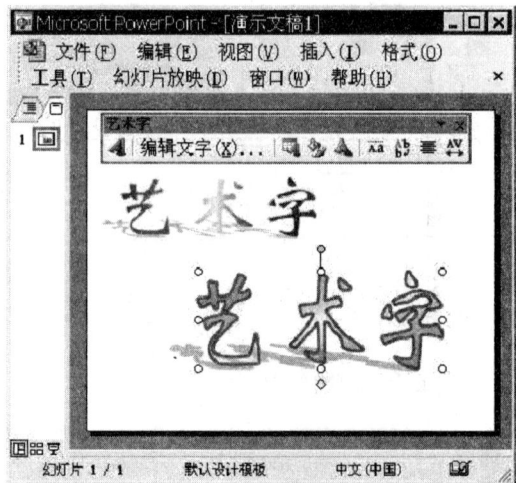

图7.4.50

5.竖排艺术字

步骤 ①单击艺术字。 ②单击"艺术字竖排"按钮(在图 7.4.51 中),则艺术字被竖排,结果见图 7.4.51。

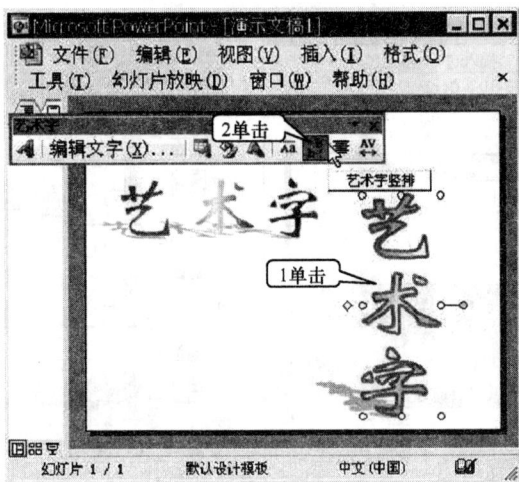

图 7.4.51

7.5 对幻灯片的各种操作

7.5.1 幻灯片的选定

步骤1 打开教材素材\ **PowerPoint** 素材\汉王演示文稿。

步骤2 按住 Ctrl 键单击要选定的幻灯片(在图 7.5.1 中)。

7.5.2 复制、添加幻灯片

步骤1 ①选定要复制的幻灯片。 ②单击"编辑\复制"(在图 7.5.2 中)。

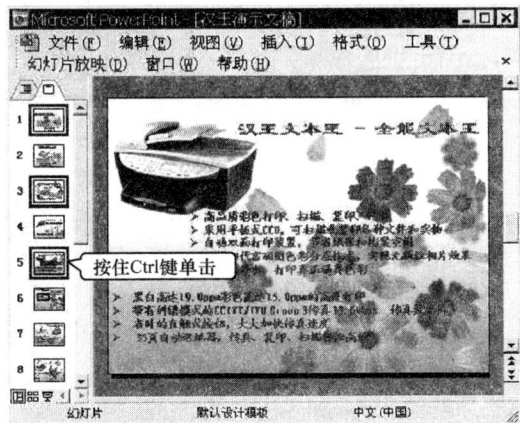

图 7.5.1

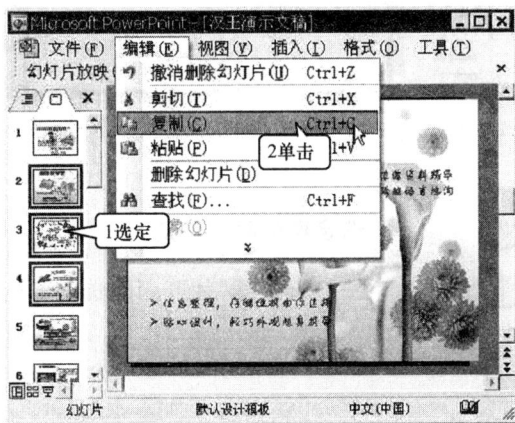

图 7.5.2

步骤2 ①在要复制的目的位置单击。 ②单击"编辑\粘贴"(在图 7.5.3 中),结果见图 7.5.4。

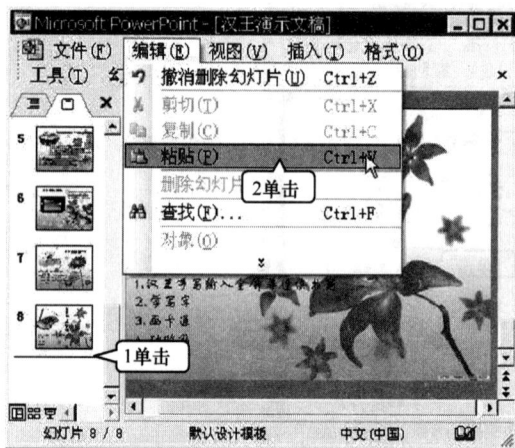

图 7.5.3

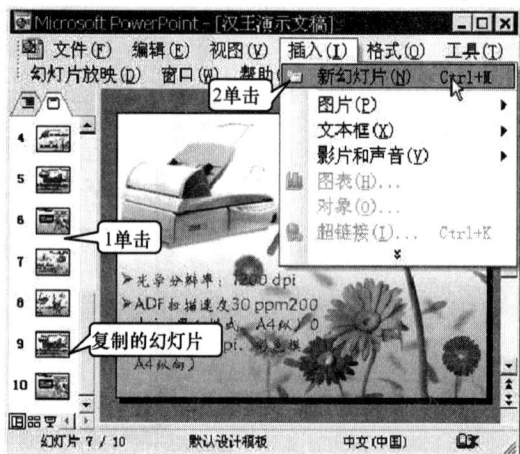

图 7.5.4

步骤3 ①在要添加幻灯片的位置单击。 ②单击"插入\新幻灯片"(在图 7.5.4 中),结果见图 7.5.5。

7.5.3 移动、删除幻灯片

步骤1 在视图区中拖动幻灯片,就可移动幻灯片(在图 7.5.6 中)。

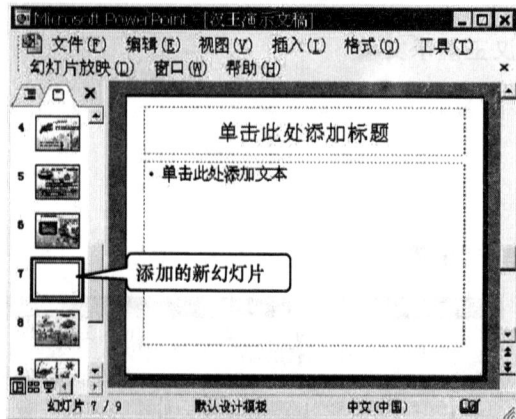

图 7.5.5

图 7.5.6

步骤2 选定要删除的幻灯片。

步骤3 按 Delete 键,就可删除选定的幻灯片。

习题 7

1. 填空题

（1）PowerPoint 是一个幻灯片制作软件，其实质就是一套可以在_____屏幕上演示的幻灯片。

（2）幻灯片区是主要的工作区，我们可以在这个区域当中具体地制作含有图片、_____、文字、_____的多媒体幻灯片。

（3）在 PowerPoint 中我们把由一张或几张幻灯片组成的一组幻灯片称为一个_____。

（4）模板就是一张设计好背景、设计好_____的数量和布局的幻灯片。

（5）PowerPoint 提供普通视图、幻灯片浏览视图、_____视图三种视图，在不同情况下进入不同的视图，可以方便我们创建、编辑和浏览演示文稿。

（6）在幻灯片上所有要显示的文字都必须被放在_____中。我们可以在幻灯片中插入多个文本框，用以显示不同段落不同风格的文字。

（7）在幻灯片中可以插入_____、表格、声音、_____、动画中的一种或几种，这样制作出的幻灯片就是多媒体幻灯片。

2. 操作题

（1）利用向导制作如下幻灯片（该幻灯片是教材素材\PowerPoint 素材\PowerPoint 习题素材）：

(2)制作如下幻灯片(该幻灯片是教材素材\PowerPoint 素材\PowerPoint 习题素材):

第二部分 提高篇

　　本篇为需要进一步提高计算机应用技能的读者编写,我们将在本篇中介绍更深的概念和理论,更多的高级操作,并将这些知识以最通俗易懂的方式进行传授。通过本篇的学习可使读者快速掌握更多的计算机操作方法,并能够应用计算机处理更多的复杂问题。希望本书能够成为更多读者工作、学习的有力助手。

第8章 汉字的输入进阶

8.1 手写输入汉字

手写输入是汉字输入的另一种方式，它是通过如图8.1.1所示的手写笔，在专用的手写板上写字来输入汉字。它适合于不熟悉键盘输入，以及没有时间去学习和练习汉字输入法的人。使用手写输入基本不需要学习就可掌握它的使用方法。但是手写输入法也有它的缺点，就是它的速度较慢，和相对比较熟悉键盘操作的人来比，用这种输入方式输入汉字的速度要慢些。图8.1.1是一款汉王手写笔。

图 8.1.1

8.1.1 手写输入硬件和软件的安装

手写板的硬件安装十分简单，图8.1.1所示手写板只有一根线，而且是 USB 接口的，只要将其插到计算机的 USB 口中即可。

手写板硬件连接好后还不能够直接使用，必须安装相应的驱动程序和手写识别软件。将产品提供的光盘放入光驱中它会自动运行安装程序，安装完后就可以使用了。

8.1.2 手写输入汉字

🔥 **步骤 1** 单击"开始\程序\汉王全能王\汉王手写识别\汉王手写窗口"，打开手写输入窗口，见图8.1.2。

🔥 **步骤 2** 在手写板上用笔书写汉字，则在屏幕上会出现手写的字迹，经过1～2秒钟的识别，汉字就会出现在手写窗口中了，见图8.1.2。

🔥 **步骤 3** ①书写完后单击一个标点符号。 ②单击 ⬆ 按钮（在图8.1.3中），就可将手写窗口中的文字放入 Word 中了。

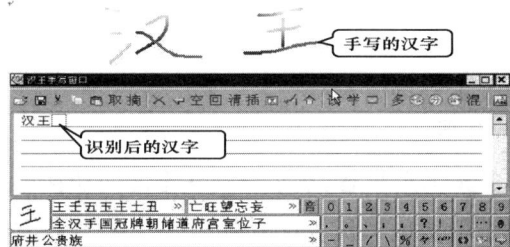

图 8.1.2

图 8.1.3

8.1.3 手写窗口功能按钮的用法

下面对图 8.1.4 中几个按钮的功能及用法加以说明(下面所说的单击是指轻点一下手写笔):

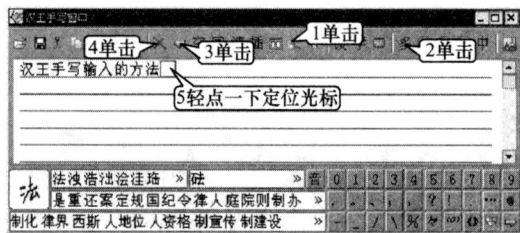

图 8.1.4

①**单击 按钮**,可在鼠标、鼠标和笔、笔三个按钮之间切换。其中鼠标按钮是将手写笔设为鼠标;鼠标和笔按钮是将手写笔设为鼠标和笔,使其既具有笔的功能也具有鼠标的功能;笔按钮是将手写笔设为笔。

②**单击 按钮**,可在多字和单字状态之间切换。其中单字是指一次只能写一个字,而多字是指一次可写多个字(注意多字状态时所写的字要分开写,字与字的间距要大些)。

③**单击 按钮**,可删除光标前的字。

④**单击 按钮**,可删除光标处的字。

⑤**轻点一下笔**,可定位光标。当手写笔被设为鼠标、鼠标和笔时,可用来定位光标,只要用手写笔指到手写窗口中的字上,轻点一下笔就可定位光标。

下面对图 8.1.5 中几个按钮的功能及用法加以说明:

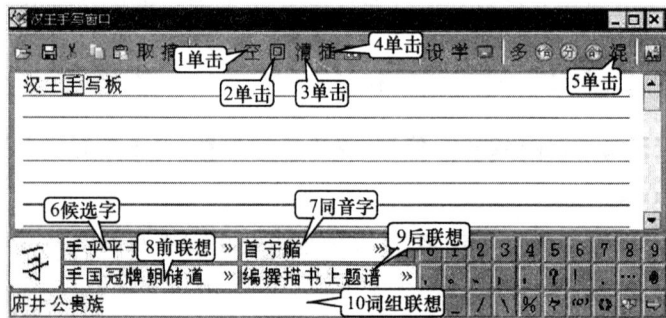

图 8.1.5

①**单击 空 按钮**,可输入一个空格。

②**单击 回 按钮**,可输入一个回车。

③**单击 清 按钮**,可清除手写窗口中所有字符。

④**单击 插 按钮**,可在插入状态和改写状态之间切换。

⑤**单击 混 按钮**,可在中英文混合识别状态、中文识别状态、数字识别状态之间切换。其中,中英文混合识别状态可识别手写的中文和英文;中文识别状态只识别手写的中文;数字识别状态只识别手写的数字。

⑥候选字是与识别后的字相似的字,如果识别不对的话,点击它就可重选字。

⑦同音字是与识别后的字同音的字,如果识别不对的话,点击它就可重选字。

⑧前联想是识别后的字前面的联想字,点击它就可输入前面的联想字。

⑨后联想是识别后的字后面的联想字,点击它就可输入后面的联想字。

⑩词组联想是识别后的字后面的联想词组,点击它就可输入联想词组。

8.1.4　手写笔的自学习

手写笔具有自学习的功能,如果把手写的字识别错的话,我们可以让它重新识别一下。并用拼音输入对应的正确字,让它记住。下次就不会出错了。下面就以识别软件错将"读"字识别为"按"字为例,介绍手写笔自学习的操作:

步骤1　①单击错字"按"(是识别错的字)。　　②单击**学**按钮(在图 8.1.6 中),出现图 8.1.7。

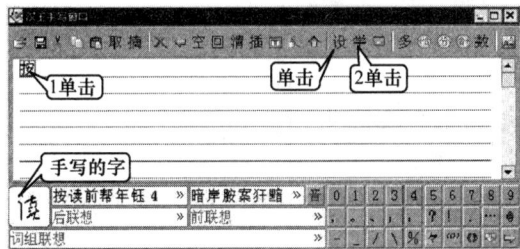

图 8.1.6

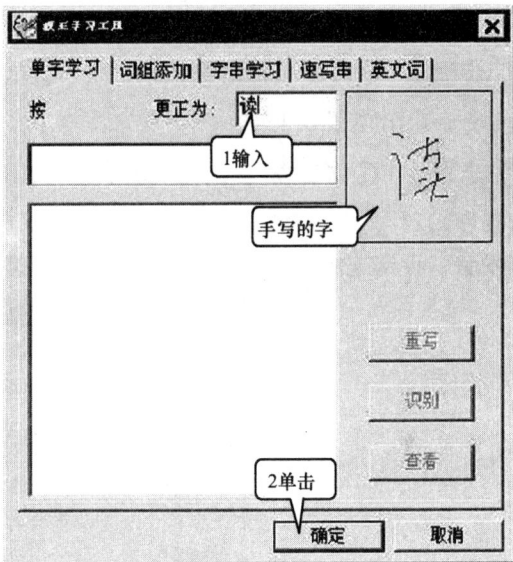

图 8.1.7

步骤2　①输入正确的字"读"。　　②单击"确定"按钮(在图 8.1.7 中),则错字"按"就会变为正确的"读"字,下次就不会出错了。

8.1.5　手写笔的设置

步骤1　单击**设**按钮(在图 8.1.6 中),出现图 8.1.8。

步骤2　①单击"识别设置"选项卡。　　②单击勾选"识别范围"栏内各项,以设定可以识别的各种类型的中英文字符、标点符号、数字及其他符号。　　③单击勾选"联想功能"栏内**各项**,以启用各种形式的字词的联想。　　④拖动"识别等待时间"滑块,以设定识别汉字所需要的时间。　　⑤单击勾选"使用智慧学习",以设定智慧学习功能。　　⑥单击勾选"手写自动校正",以设定自动校正手写汉字的倾斜,提高识别率。　　⑦单击"手写设置"选项卡(在图 8.1.8 中),出现图 8.1.9。

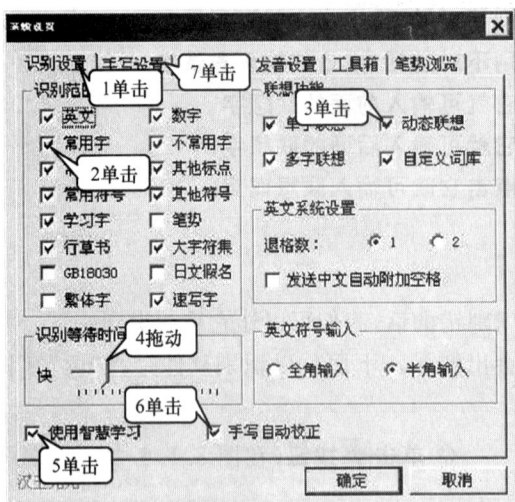

图 8.1.8

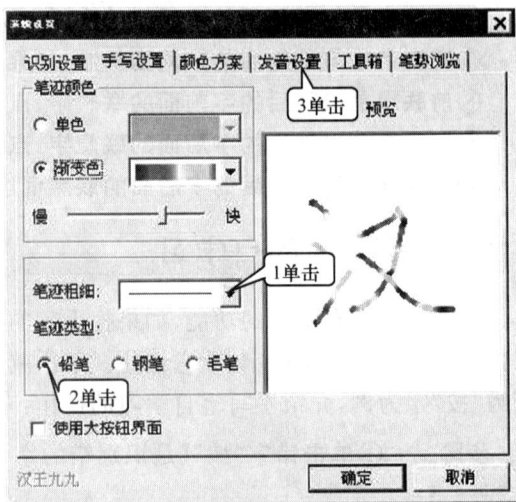

图 8.1.9

步骤 3 ①单击选择笔迹粗细。 ②单击"铅笔"。 ③单击"发音设置"选项卡（在图 8.1.9 中），出现图 8.1.10。

步骤 4 ①拖动"放音速度"滑块，设定读出手写汉字的速度（手写笔在写完后会读出所写的汉字）。 ②拖动"放音音量"滑块，设定读出手写汉字的声音大小。 ③单击勾选"连续发音"，设定连续读出汉字。 ④单击"确定"按钮（在图 8.1.10 中）。

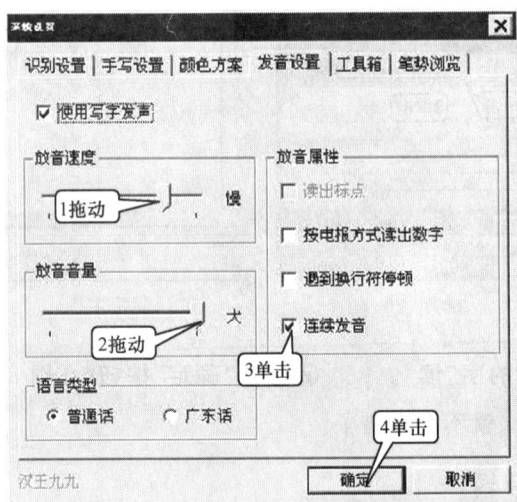

图 8.1.10

8.1.6 其他按钮功能的说明

在图 8.1.11 中：①单击 按钮，可在数字键盘与英文键盘之间切换。②单击 按钮，可在大小写键盘之间切换。③单击 按钮，可把 txt 文件打开到手写窗口中。④单击 按钮，可保存手写窗口的文字。⑤单击某个字再拖动，可选定一段文字。

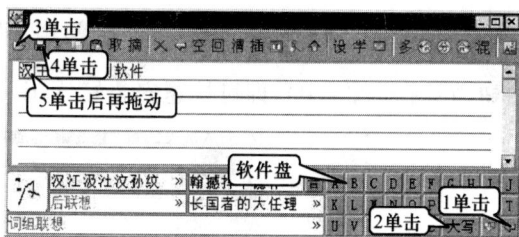

图 8.1.11

8.2　语音输入

8.2.1　语音输入简介

从计算机诞生的那一天开始,人类就在不断探索如何让计算机更加方便易用:从键盘、鼠标到多点触控,科技的进步让信息设备的使用不断"回归自然",语音作为人类信息交互最自然、最便捷的方式之一,被普遍认为是下一代人机交互革命的主角。

科大讯飞作为中文语音产业国家队,在智能语音尤其是中文语音方面一直走在国际 IT 巨头的前面。2010 年讯飞在业界率先发布了提供高质量中文语音合成、搜索、听写等能力的智能交互平台——讯飞"语音云"。

语音输入是通过麦克风将人的讲话声音送入计算机,并由计算机软件进行识别后转换为文字,所以麦克风是必需的输入部件。安装麦克风的方法很简单,只要将麦克风插头插入计算机的麦克风插孔即可。使用者通过朗读将文字输入 Word、Excel 等应用软件中,速度可达 50～120 字/min。

8.2.2 语音输入的使用

讯飞语音输入目前最适合输入的是日常生活中的各种常用语,使用时尽量使用普通话,在安静的环境中,以中等语速,与麦克风保持 20 cm 左右的距离进行语音输入最佳。下面就以讯飞"语音云"输入为例介绍语音输入的方法:

步骤 1　打开科大讯飞公司网站,见图 8.2.1。

步骤 2　单击"语音识别在线演示"(在图 8.2.1 中),出现图 8.2.2。

图 8.2.1

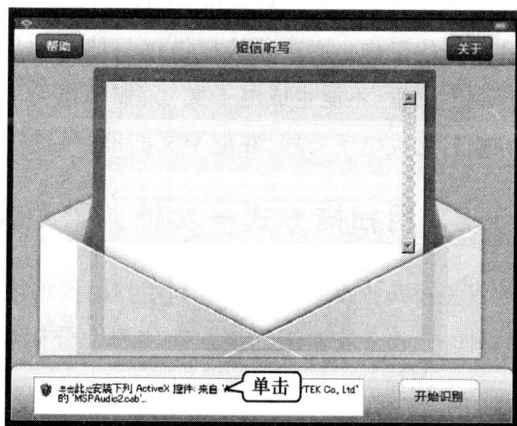

图 8.2.2

步骤3 单击"在此安装下列 **ActiveX 控件**"（在图 8.2.2 中），出现图 8.2.3。

步骤4 单击"安装"按钮（在图 8.2.3 中），即可快速安装好 ActiveX 控件，出现图 8.2.4。

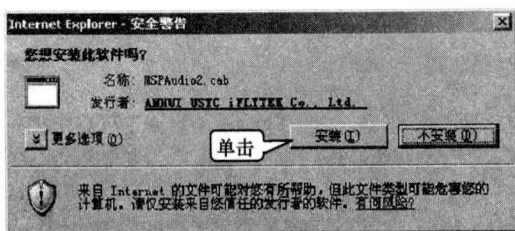

图 8.2.3

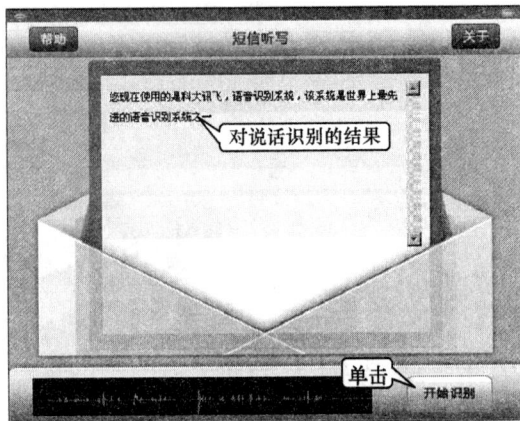

图 8.2.4

步骤5 单击"开始识别"按钮，对着麦克风说话，则计算机就会把你说的内容变成汉字显示出来，见图 8.2.4。

8.3 OCR 输入

8.3.1 OCR 的概念

OCR 是英文 Optical Character Recognition 的缩写，中文译为"光学字符识别"，意思就是通过光学技术对文字进行识别。

中文 OCR 系统是采用扫描仪、数码相机等输入设备，把中文印刷体的文稿图像送入计算机，并将其转换为电子文档的软硬件系统。主要用于文字和表格输入，可以用扫描仪将整页的印刷文稿或者表格输入计算机，由计算机上的识别系统自动生成电子文档。替代人工输入汉字和表格的工作。而普通的扫描仪只能把原纸质的印刷文稿以图像形式（JPG 格式）扫描并保存到电脑里，不能生成电子文档，如果结合 OCR 软件，原纸质文稿扫描形成的图像文件就可轻松转化成电子文档，在电子文档里可根据自己需要进行任意编辑和修改。

8.3.2 用扫描方式一次输入整页文字

汉王公司推出了一款可以利用扫描仪将纸质文稿上面的文字一次扫描并识别为电子文档的软件——汉王文本王。该软件使用十分简单，当启动软件后，通过简单的设置就可以使用了。其方法如下：

步骤1 ①单击"扫描分辨率"按钮 300dpi↓。 ②单击"300dpi"（在图 8.3.1 中）。

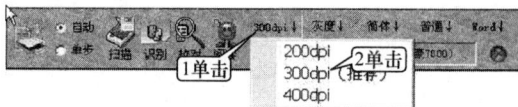

图 8.3.1

步骤 2　①单击"扫描图像类型"按钮 灰度↓ 。　②单击"灰度"(在图 8.3.2 中)。

图 8.3.2

步骤 3　①单击"识别引擎"按钮 简体↓ 。　②单击"简体"(在图 8.3.3 中)，表示只能扫描识别简体印刷汉字。

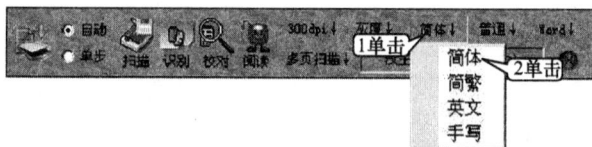

图 8.3.3

步骤 4　①单击"扫描图像类型"按钮 普通↓ 。　②单击"普通"(在图 8.3.4 中)。

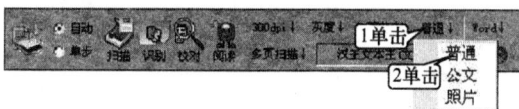

图 8.3.4

步骤 5　①单击"输出选项"按钮 Word↓ 。　②单击"到 Word"(在图 8.3.5 中)，表示将扫描识别的结果直接放入 Word。

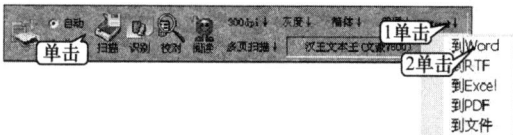

图 8.3.5

步骤 6　单击"扫描"按钮 (在图 8.3.5 中)，出现图 8.3.6，扫描结束后出现图 8.3.7。

步骤 7　单击"否"按钮，汉王文本王就开始进行识别。识别结束后自动打开 Word，并将识别后的文字显示在 Word 中。

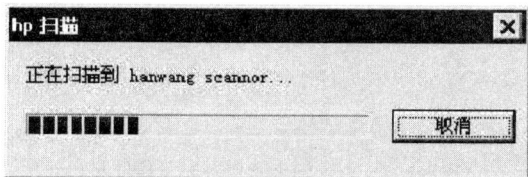

图 8.3.6

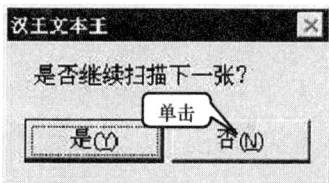

图 8.3.7

习 题 8

填空题

(1)汉字除用键盘输入外,还有_____输入、_____输入、_____输入。

(2)手写输入是汉字输入的另一种方式,通过在专用的手写板上写字来输入汉字。手写板硬件连接好后还不能够直接使用,必须安装相应的_____程序和_____软件。

(3)语音输入是通过_____将人的讲话声音送入计算机,并由计算机进行_____后转换为文字的。

(4)普通的扫描仪配合_____软件,就可将纸质文稿扫描形成的_____文件轻松地转化成_____文档,这样就可以进行任意编辑和修改了。

第9章 文字处理软件 Word 进阶

9.1 美化文字

9.1.1 设置文字的动态效果

当我们编辑好一篇文章之后,如果要增加一些文字的动感,就可以通过对文字进行动态效果的设定来实现。对需要强调的地方加入动态的效果,可使文字版面优美,重点突出。设置动态效果的操作如下(下面的操作的素材为:教材素材\Word 素材\奇瑞):

步骤1 ①选定。 ②单击"格式\字体"(在图 9.1.1 中),出现图 9.1.2。

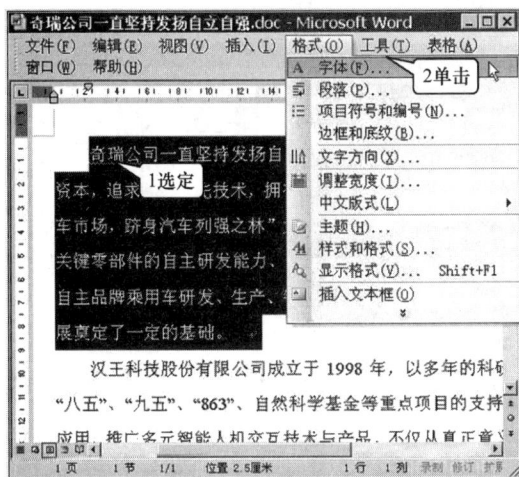

图 9.1.1

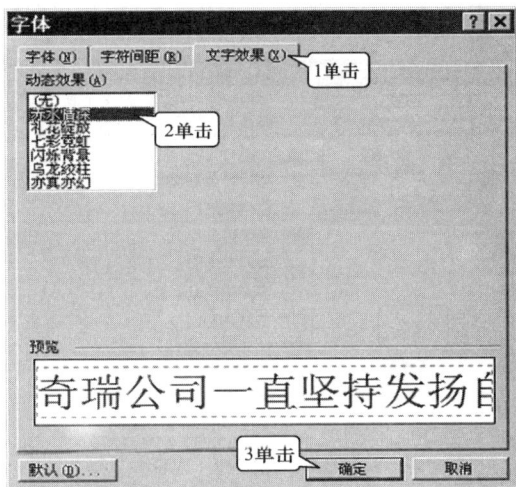

图 9.1.2

步骤2 ①单击"文字效果"选项卡。 ②单击"赤水情深"。 ③单击"确定"按钮(在图 9.1.2 中),设置完毕的效果见图 9.1.3。

其他效果如礼花绽放、七彩霓虹等的设置,可按照以上步骤进行,在"动态效果"框内,选取不同的效果即可实现。

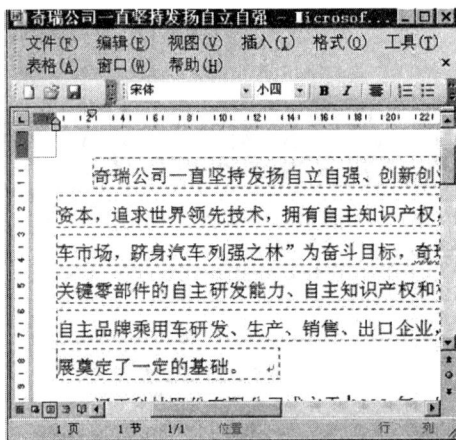

图 9.1.3

9.1.2 设置特大号的字

通常我们在标语中都需要使用特大号的字。在前面的章节中,我们学习了在字号栏中设置字号,其中最大只能选定初号字,我们如果想要设定比初号字更大的字的话,通常可以在字号设置栏中输入字号对应的数字,就可以设定特大号的字体。操作方法如下:

步骤 1 ①选定。 ②单击"格式\字体"(在图 9.1.4 中),出现图 9.1.5。

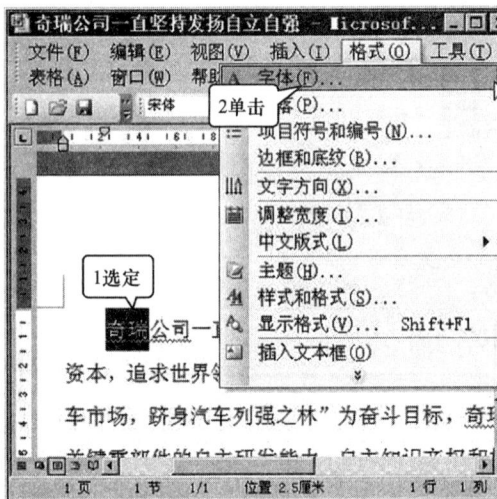

图 9.1.4

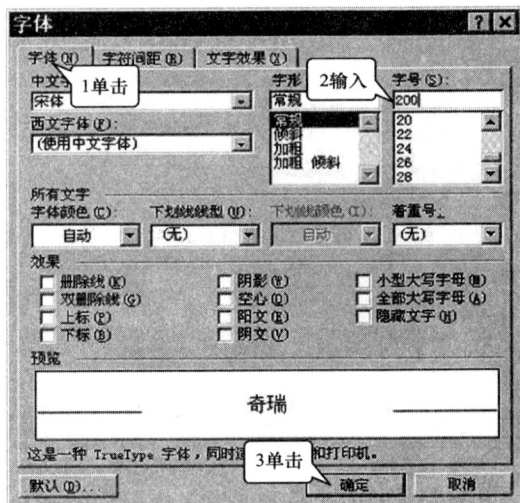

图 9.1.5

步骤 2 ①单击"字体"选项卡。 ②输入 **200**(输入值可介于 1~1638)。 ③单击"确定"按钮(在图 9.1.5 中),设置完毕效果见图 9.1.6。按照以上方法,可在字号栏中输入不同的数值,设置不同大小的字体。

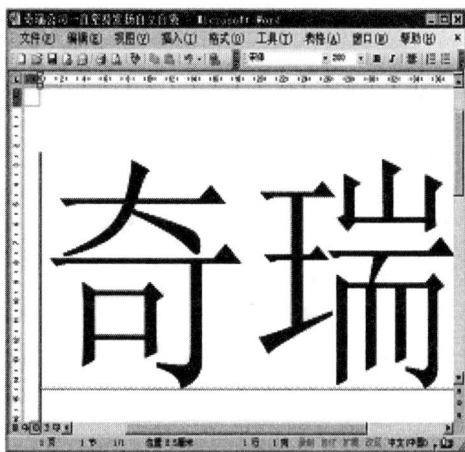

图 9.1.6

9.1.3 设定首字下沉

报纸和杂志上为了引起读者注意，会将每段开头的第一个字放大，并占据 2 行或 3 行，其他字符围绕在它的右下方，这就叫首字下沉。首字下沉的设置方法如下：

步骤 ①在需要首字下沉的段落单击，将光标定位到需要首字下沉的段落。　②单击"格式\首字下沉"（在图 9.1.7 中），出现图 9.1.8。

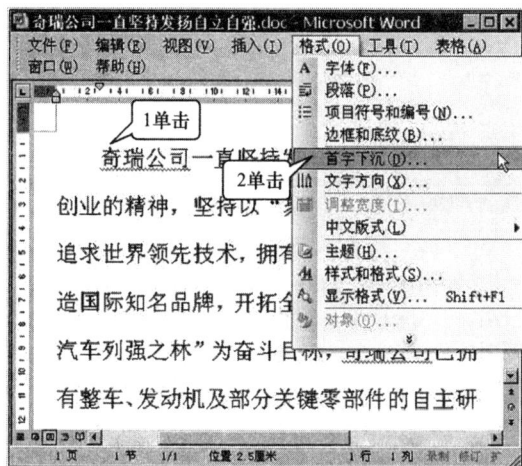

图 9.1.7

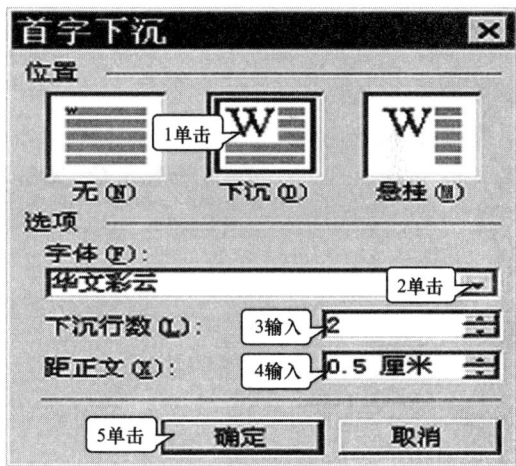

图 9.1.8

步骤 ①单击"下沉"框。　②单击"字体"下拉列表框，选择"华文彩云"。　③输入"2"，表示将首字高度设置为 2 行。　④输入"0.5"，表示首字距正文为 0.5 厘米。　⑤单击"确定"按钮（在图 9.1.8 中），结果见图 9.1.9。

还可以根据以上方法设定首字悬挂等效果，设置方法是在图 9.1.8 中单击"悬挂"框。其余步骤相同，这样就可以设置出首字的悬挂效果。

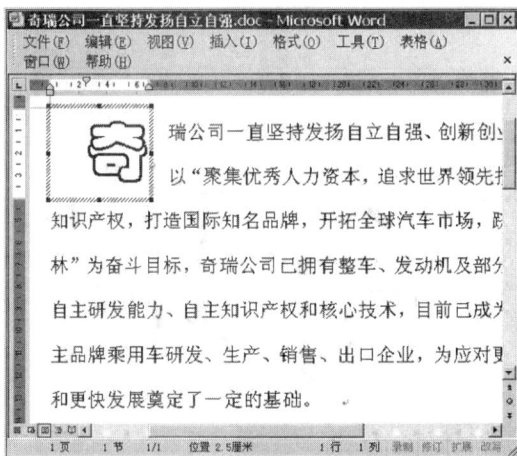

图 9.1.9

9.1.4 快速定位到文档的某个部分

在比较长的文章中,如果采用拖动滚动条的方式去查看文章中间某一行或某一页的话,往往很不方便。这时为了方便查找文字信息,我们可以采取快速定位的方法,迅速找到所要定位的行或页的文字内容,操作方法如下:

步骤 1 ①将光标定位至文章开头。 ②单击"编辑\定位"(在图 9.1.10 中),出现图 9.1.11。

步骤 2 ①单击"定位"选项卡。 ②单击"行"。 ③输入行号"5"。 ④单击"定位"按钮(在图 9.1.11 中),则光标定位在文章的第 5 行,见图 9.1.12。

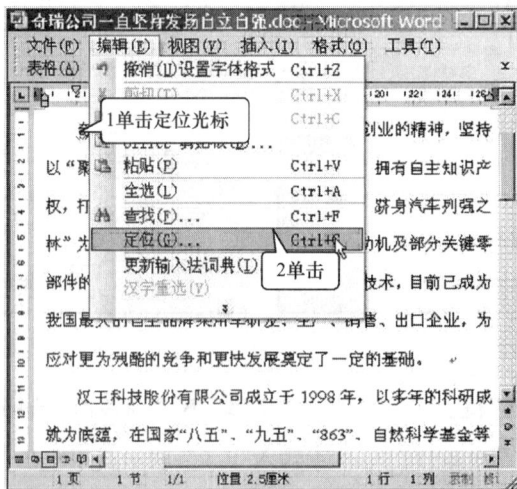

图 9.1.10

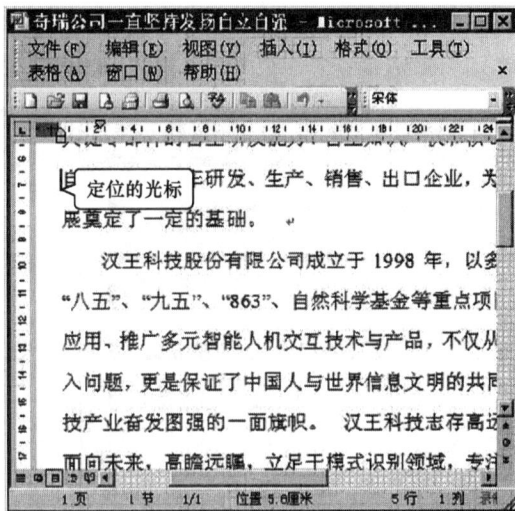

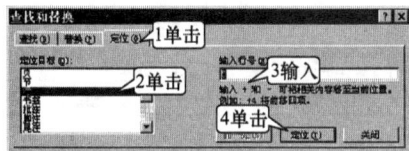

图 9.1.11　　　　　　　　　　　　　　　　　图 9.1.12

9.1.5　设定文字的边框和底纹

边框和底纹可以用来美化文档,同时也可以起到使文字突出和醒目的作用,增加读者对文档不同部分的兴趣和注意程度。我们可以为页面、文本、表格的单元格、图形对象、图片等设置边框。操作方法如下:

1.设定文字的边框

步骤1　①选定。　②单击"格式\边框和底纹"(在图 9.1.13 中),出现图 9.1.14。

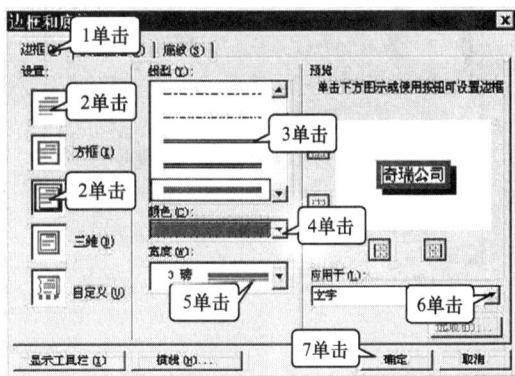

图 9.1.13　　　　　　　　　　　　　　　　　图 9.1.14

步骤2　①单击"边框"选项卡。　②单击"阴影",此处所选的是带阴影的边框。③单击选择一种线型。　④单击"颜色"下拉列表框,选择"红色"。　⑤单击"宽度"下拉列表框,选择一种线宽。　⑥单击"应用于"下拉列表框,选择"文字"。　⑦单击"确定"按钮(在图 9.1.14 中),结果见图 9.1.15。

2.设定文字的底纹

在广告、宣传片或是杂志等排版中,为了使文字更具有视觉冲击力,除了给文字设置字体、字形、字号外,还可以对文字背景进行一定的设置,如给文字加入底纹,就可以增加文字的美感和吸引力。操作步骤如下：

步骤1 ①选定。 ②单击"格式\边框和底纹"（参见图9.1.13），出现图9.1.16。

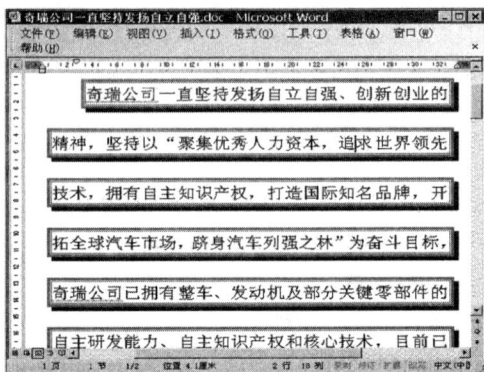

图 9.1.15

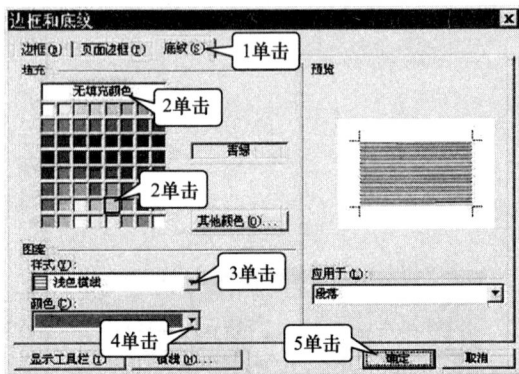

图 9.1.16

步骤2 ①单击"底纹"选项卡。 ②单击选择背景底色为"浅蓝色"。 ③单击"样式"下拉列表框，选择"浅色横线"。 ④单击"颜色"下拉列表框，选择"红色"为底纹颜色。⑤单击"确定"按钮（在图9.1.16中），出现图9.1.17。这样就给文字加上了底纹，效果如图9.1.17所示。

3. 页面边框设置

步骤1 单击"格式\边框和底纹"（参见图9.1.13），出现图9.1.18。

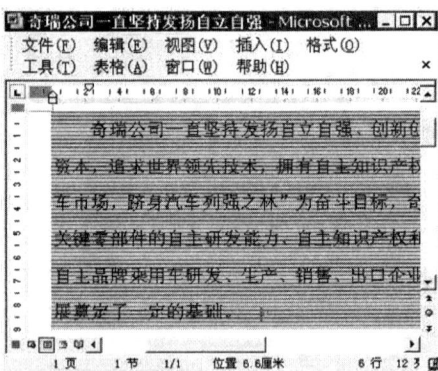

图 9.1.17

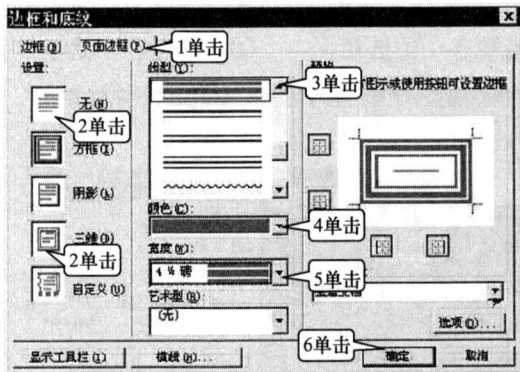

图 9.1.18

步骤2 ①单击"页面边框"选项卡。 ②单击选择边框样式为"三维"。 ③单击"线型"下拉列表框，选择一种线型。 ④单击"颜色"下拉列表框，选择边框颜色为"红色"。⑤单击"宽度"下拉列表框，选择一种线宽。 ⑥单击"确定"按钮（在图9.1.18中），出现图9.1.19。

4. 取消边框、底纹、页面边框的设置

步骤1 ①选定。 ②单击"格式\边框和底纹"（参见图9.1.13），出现图9.1.14。

步骤2 ①单击"边框"选项卡。 ②单击"无"（参见图9.1.14中）则边框被去除。

步骤3 ①单击"底纹"选项卡。 ②单击"无填充颜色"以去除底色。 ③单击"样

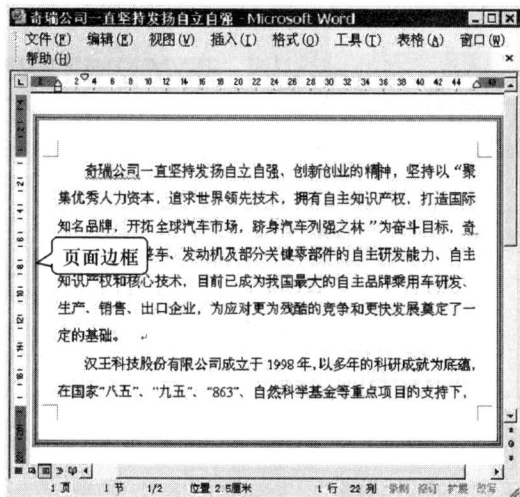

图 9.1.19

式"下拉列表框,选择"清除"(参见图 9.1.16)以去除底纹。

步骤 4 ①单击"页面边框"选项卡。 ②单击"无"(参见图 9.1.18),就可以去除页面边框。

9.1.6 对文字进行分栏排版

在报纸和杂志中,为了整体版式的美观紧凑,需要进行特殊的排版,如将文档分为多栏。分栏的方法如下:

步骤 1 ①选定要设置的文字或插入光标,若对整篇文档进行分栏,需将插入点置于文档中。 ②单击"格式\分栏"(在图 9.1.20 中),出现图 9.1.21。

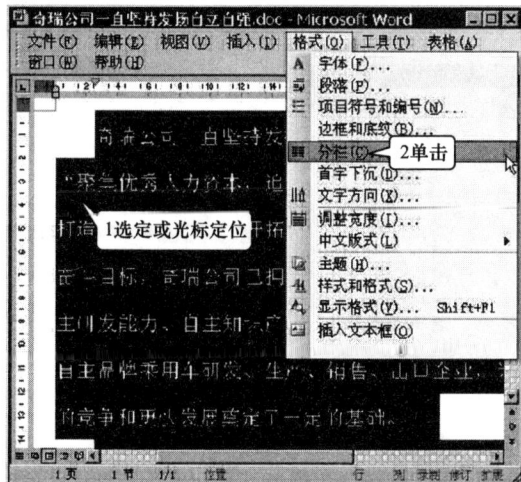

图 9.1.20

步骤 2 ①单击"两栏"。 ②输入栏的宽度。 ③输入栏的间距。 ④单击勾选"分隔线",如不勾选表示不加分隔线。 ⑤单击"应用于"下拉列表框,选择"整篇文档" ⑥单击"确定"按钮(在图 9.1.21 中),结果见图 9.1.22。根据以上方法,还能设置三栏、偏左、偏右的分栏格式。

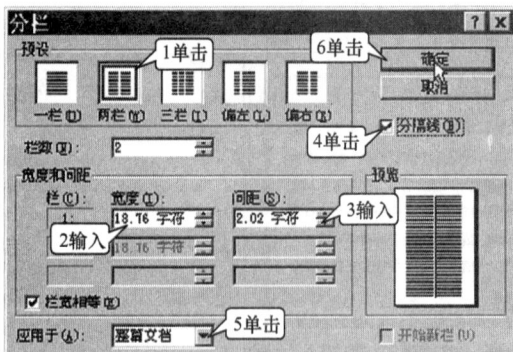

图 9.1.21

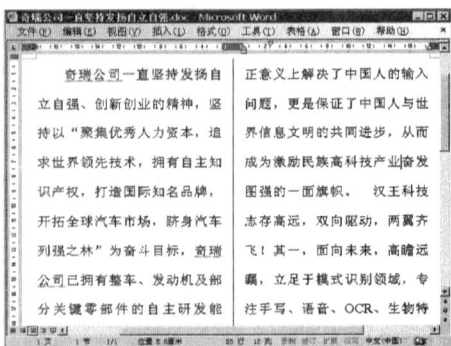

图 9.1.22

9.2 美化页面和段落

9.2.1 模板的应用

为了方便用户的使用,Word 提供了多种文体的模板。比如报告、传真、通知、申请等。利用这些模板我们就省去了写作某一种文体时,要对格式进行的排版,以及掌握各种文体的写作格式和方法。利用某种文体的模板,我们只要像填空一样填上相应的实际内容,就可以形成一个比较标准的该文体的文档。Word 还提供了从网上在线下载模板的功能,以便用户进一步补充模板库。

1.利用模板快速生成应用文档

步骤 1 ①单击"文件\新建"。 ②单击"本机上的模板"(在图 9.2.1 中),出现图 9.2.2。

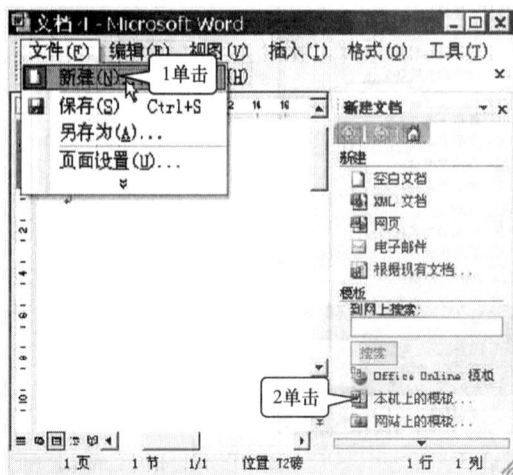

图 9.2.1

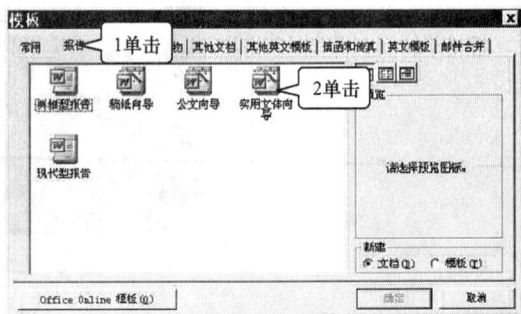

图 9.2.2

步骤 2 ①单击"报告"选项卡。 ②单击"实用文体向导"(在图 9.2.2 中),出现图 9.2.3。

步骤3 单击"下一步"按钮(在图9.2.3中),出现图9.2.4。

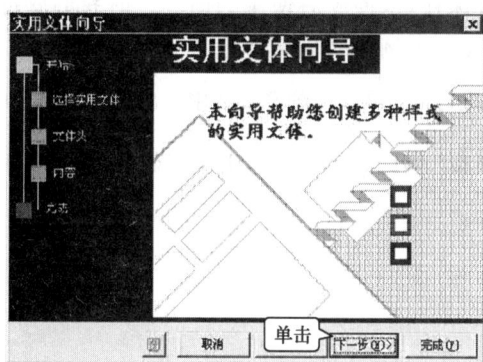

图9.2.3

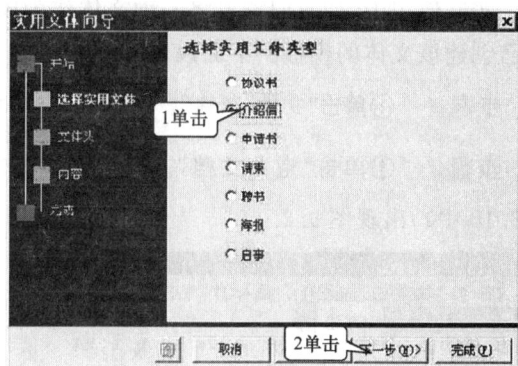

图9.2.4

步骤4 ①单击"介绍信"。 ②单击"下一步"按钮(在图9.2.4中),出现图9.2.5。

步骤5 ①输入收信单位名称。 ②输入发信单位名称。 ③输入日期。 ④单击"下一步"按钮(在图9.2.5中),出现图9.2.6。

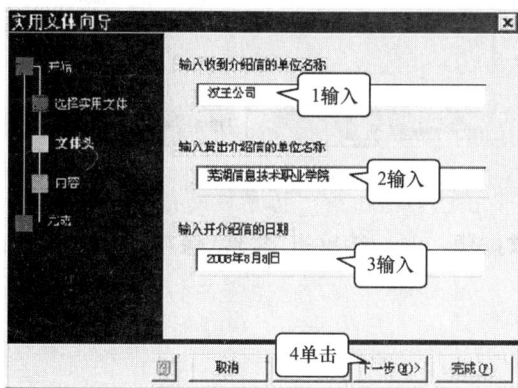

图9.2.5

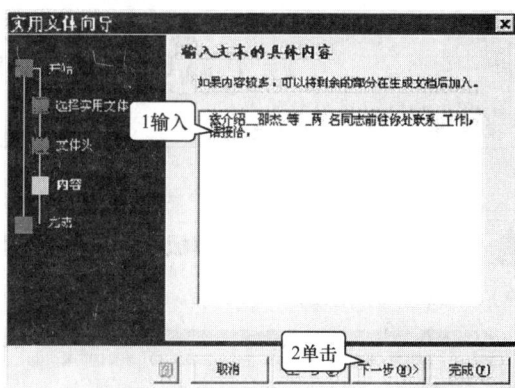

图9.2.6

步骤6 ①输入使用介绍信人的姓名和事宜。 ②单击"下一步"按钮(在图9.2.6中),出现图9.2.7。

步骤7 单击"完成"按钮(在图9.2.7中),出现图9.2.8。

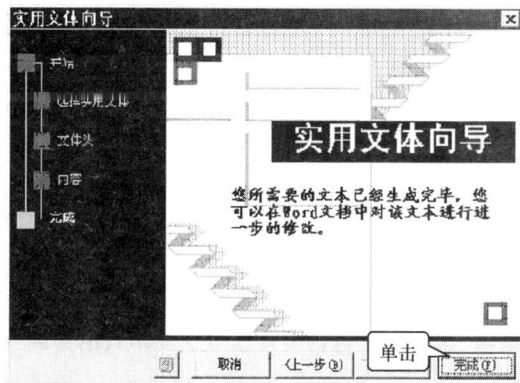

图9.2.7

图9.2.8

2.创建模板

实际使用中,如我们需要将一种文体作为模板保存,以便今后使用的话。这时我们就可以自己创建该文体的模板。下面以创建一个请假条模板为例说明创建模板的步骤。

步骤1 ①单击"文件\新建"。 ②单击"本机上的模板"(在图9.2.9中),出现图9.2.10。

步骤2 ①单击"空白文档"。 ②单击"模板"单选钮。 ③单击"确定"按钮(在图9.2.10中),出现图9.2.11。

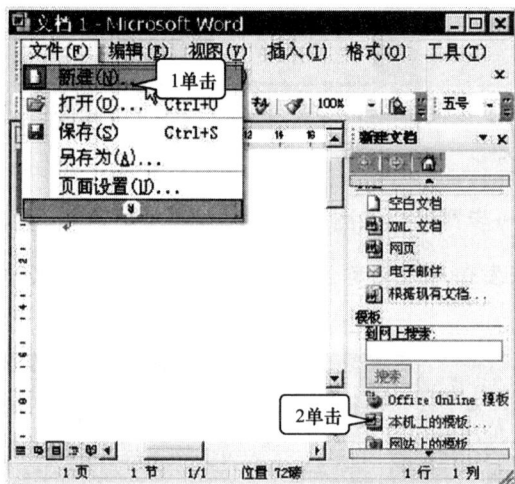

图9.2.9

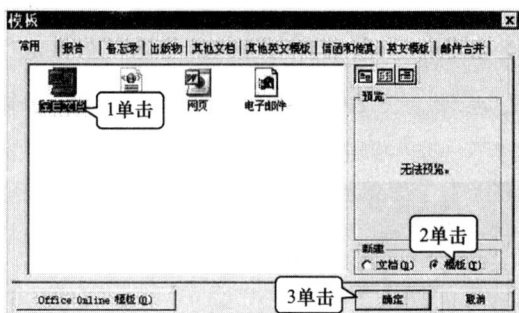

图9.2.10

步骤3 ①输入请假条模板的内容,并按要求排版。 ②单击"文件\保存"(在图9.2.11中),出现图9.2.12。

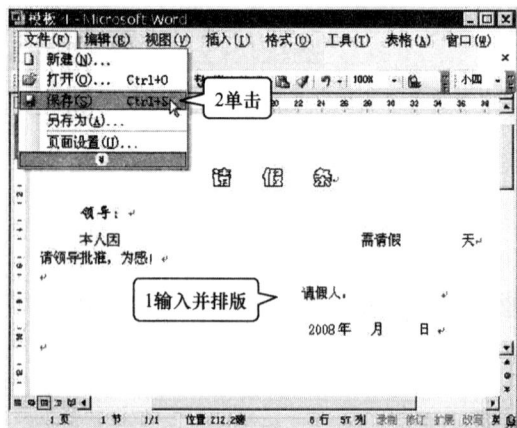

图9.2.11

图9.2.12

步骤4 ①输入模板名"请假条"。 ②单击"保存"按钮(在图9.2.12中)。

3.模板的修改

步骤1 ①单击"文件\新建"。 ②单击"本机上的模板"(在图9.2.9中),出现图9.2.13。

步骤2 ①单击"请假条"。 ②单击"确定"按钮(在图9.2.13中),出现图9.2.14。

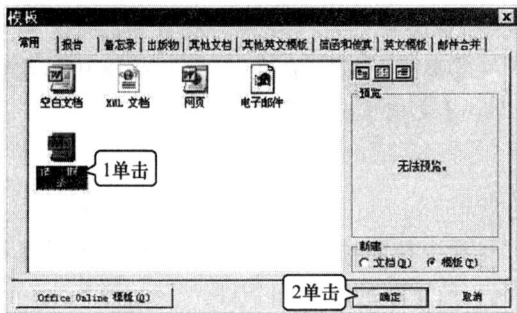

图 9.2.13

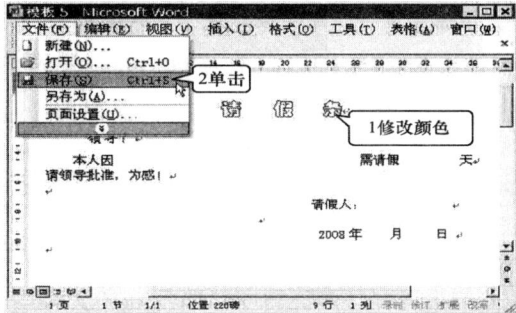

图 9.2.14

步骤3 ①将"请假条"设为蓝色。 ②单击"文件\保存"（在图 9.2.14 中），出现图 9.2.15。

步骤4 ①输入模板名"请假条"。 ②单击"保存"按钮（在图 9.2.15 中），出现图 9.2.16。

图 9.2.15

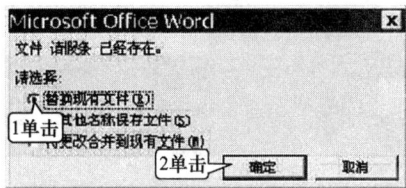

图 9.2.16

步骤5 ①单击选择"替换现有文件"。 ②单击"确定"按钮（在图 9.2.16 中）。

4. 模板的使用

步骤1 ①单击"文件\新建"。 ②单击"本机上的模板"（参见图 9.2.9），出现图 9.2.13。

步骤2 ①单击"请假条"。 ②单击"确定"按钮（参见图 9.2.13），出现图 9.2.17。

步骤3 ①输入请假条的具体内容。 ②单击"文件\另存为"（在图 9.2.17 中），出现图 9.2.18。

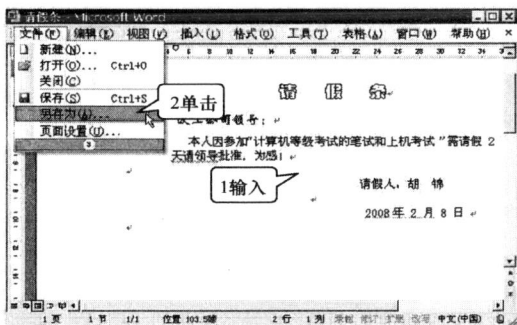

图 9.2.17

图 9.2.18

步骤 ①单击"保存位置"下拉列表框,选择保存路径。 ②输入文件名。 ③单击"保存类型"下拉列表框,选择"Word 文档"。 ④单击"保存"按钮(在图 9.2.18 中),这样刚才通过模板制作的请假条,就被保存为普通的 Word 文档了。

9.2.2 给段落加上项目符号与编号

在文档中,为了使相关的内容醒目并且有序,经常要使用项目符号和编号,项目符号是添加在段落前的强调效果的点或其他符号,用于强调一些重要的观点和条目。

1.加项目符号

步骤1 ①选定(选定所要添加项目符号的段落)。 ②单击"格式\项目符号和编号"(在图 9.2.19 中),出现图 9.2.20。

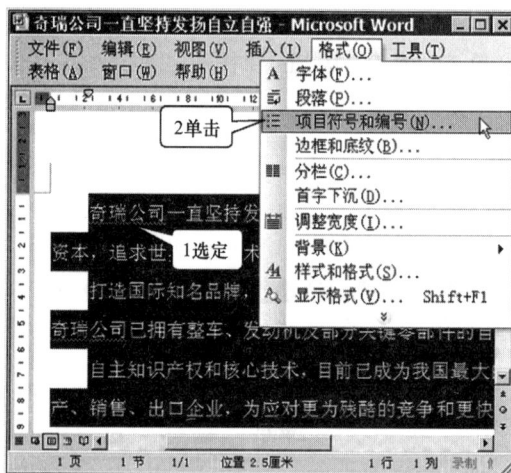

图 9.2.19

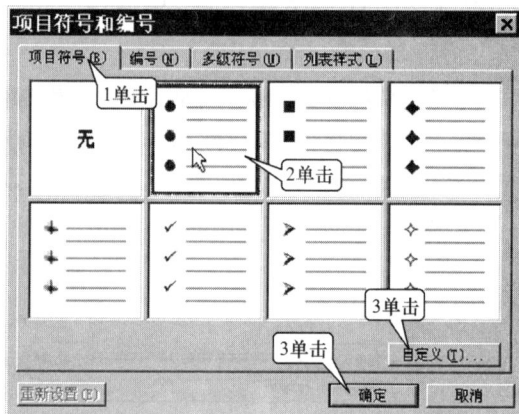

图 9.2.20

步骤2 ①单击"项目符号"选项卡。 ②单击"实心圆"选项。 ③单击"确定"按钮(在图 9.2.20 中),结果见图 9.2.21。

2.加编号

步骤1 ①选定(选定所要添加项目编号的段落)。 ②单击"格式\项目符号和编号"(参见图 9.2.19),出现图 9.2.22。

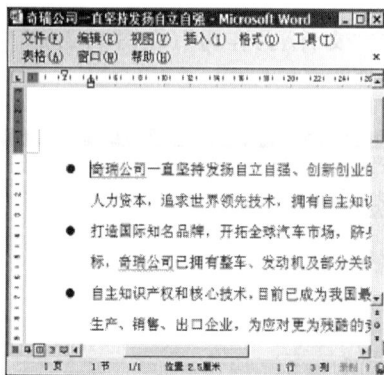

图 9.2.21

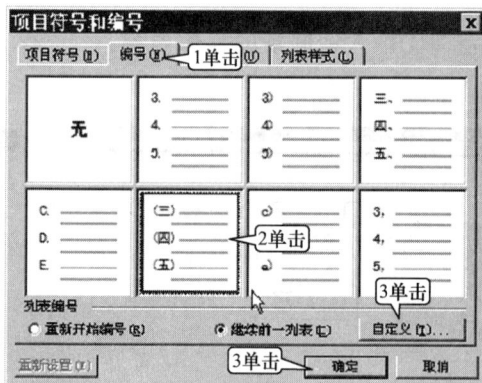

图 9.2.22

步骤2 ①单击"编号"选项卡。　②单击"（三）（四）（五）"选项。　③单击"确定"按钮(在图 9.2.22 中)，结果见图 9.2.23。

3.自定义项目符号

步骤1 ①选定(选定所要添加项目符号的段落)。　②单击"格式\项目符号和编号"(参见图 9.2.19)，出现图 9.2.20。

步骤2 ①单击"项目符号"选项卡。　②单击"实心圆"选项。　③单击"自定义"按钮(参见图 9.2.20)，出现图 9.2.24。

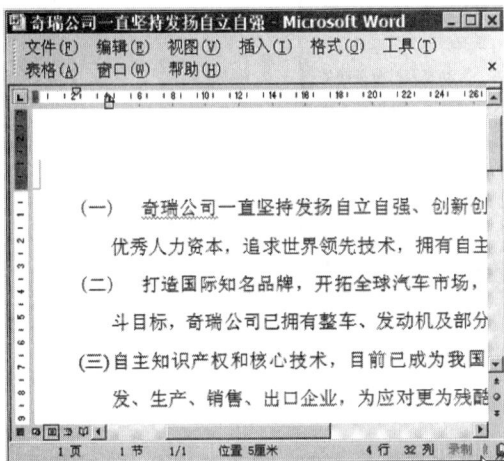

图 9.2.23

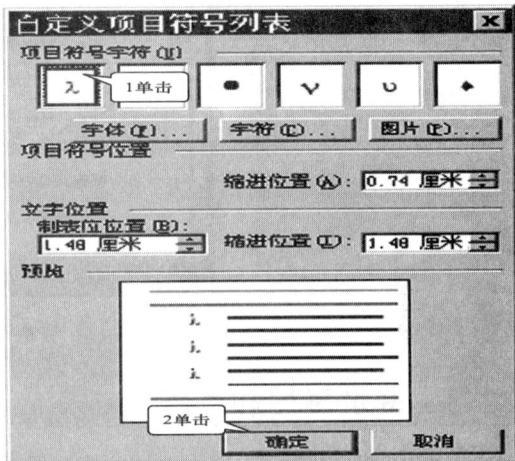

图 9.2.24

步骤3 ①单击所要定义的项目符号"λ"。　②单击"确定"按钮(在图 9.2.24 中)，结果见图 9.2.25。

4.自定义编号

步骤1 ①选定(选定所要添加项目编号的段落)。　②单击"格式\项目符号和编号"(参见图 9.2.19)，出现图 9.2.22。

步骤2 ①单击"编号"选项卡。　②单击"（三）（四）（五）"选项。　③单击"自定义"按钮(参见图 9.2.22)，出现图 9.2.26。

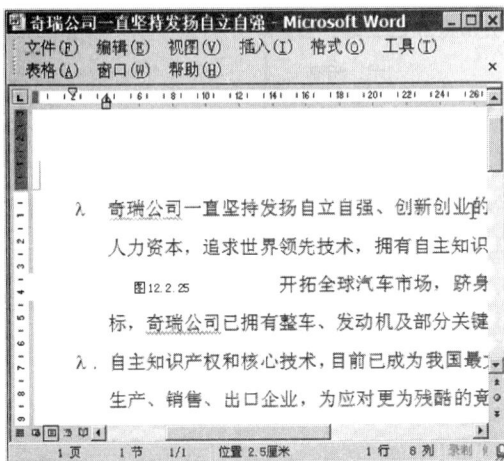

图 9.2.25

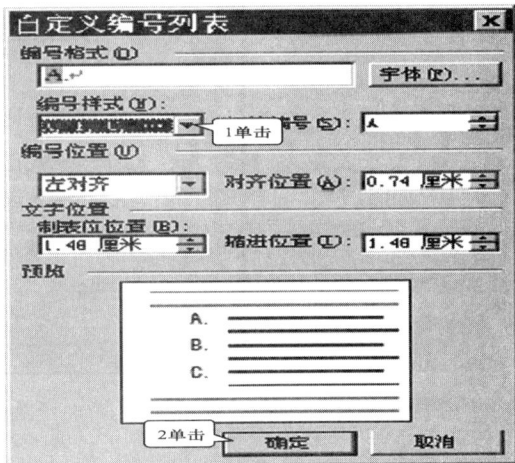

图 9.2.26

步骤3 ①单击"编号样式"下拉列表框,选择"A,B,C…"(其余为默认值)。 ②单击"确定"按钮(在图9.2.26中),结果见图9.2.27。

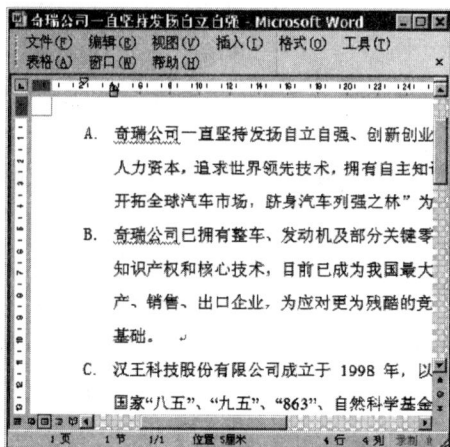

图 9.2.27

9.2.3 设定页眉和页脚

页眉和页脚通常用于显示文档的附加信息,如建立文档的日期、作者的姓名、单位名称、章节名称等。要在文档中加页眉和页脚,文档需要切换到页面视图方式(单击"视图\页面"即可)。

1.页眉的设定

步骤1 单击"视图\页眉和页脚"(在图9.2.28中),出现图9.2.29。

步骤2 ①输入文字"奇瑞公司报告"。 ②在框外双击(在图 9.2.29 中),出现图9.2.30。

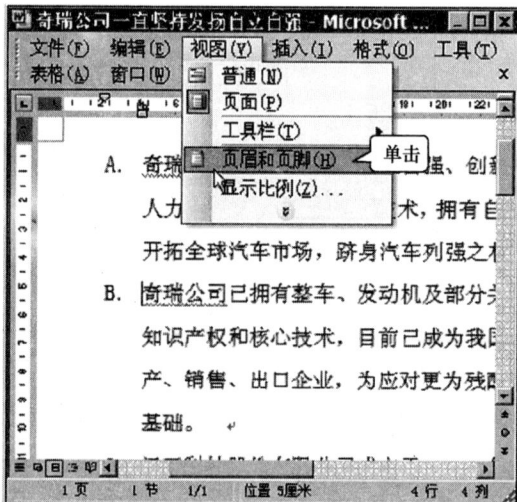

图 9.2.28

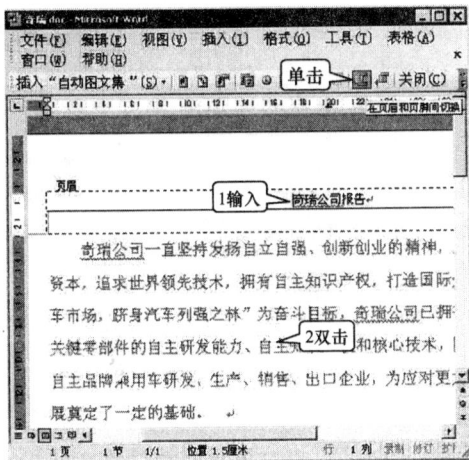

图 9.2.29

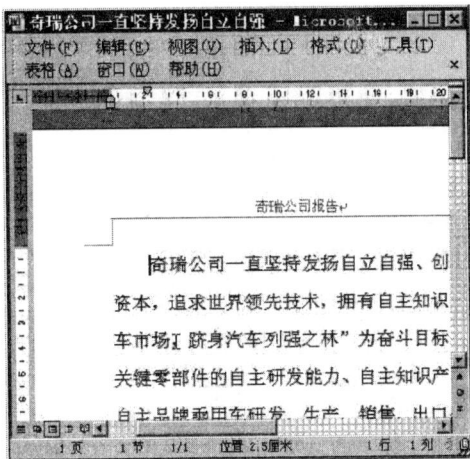

图 9.2.30

2.页脚的设定

🐟 步骤 1　在"页眉和页脚"工具栏上,单击"在页眉和页脚间切换"按钮(参见图 9.2.29),出现图 9.2.31。

🐟 步骤 2　①输入文字如"2007 年 12 月 10 日"。　②在框外双击,结果见图 9.2.32。

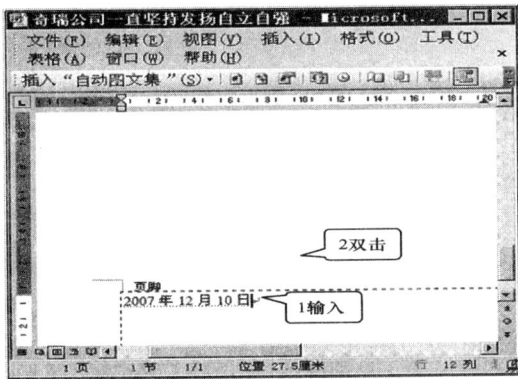

图 9.2.31

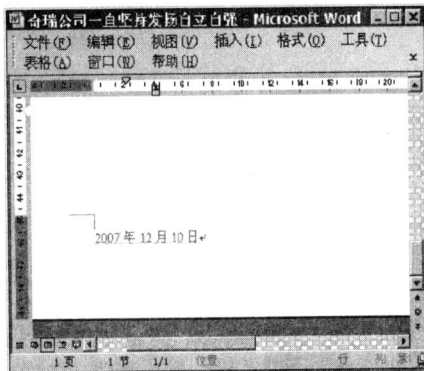

图 9.2.32

9.2.4　给文章加入水印

水印是一种特殊的背景,是指在页面上的一种透明的花纹,它可以是一幅画、一个图表,或一种艺术字体。当用户在页面上创建水印后,它在页面上是以灰色显示的,成为正文的背景。

🐟 步骤 1　单击"格式\背景\水印"(在图 9.2.33 中),出现图 9.2.34。

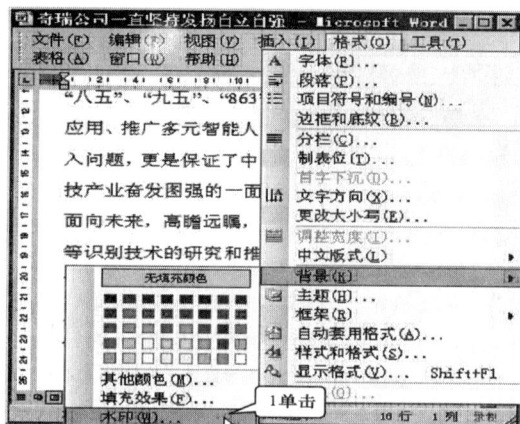

图 9.2.33

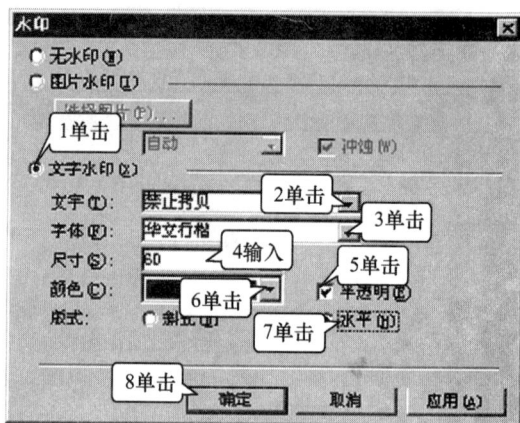

图 9.2.34

步骤 2 ①单击"文字水印"单选钮。 ②单击"文字"下拉列表框,选择"禁止拷贝",即让水印为"禁止拷贝"四个字。 ③单击"字体"下拉列表框,选择"华文行楷"。 ④输入"60"。 ⑤单击勾选"半透明"复选框。 ⑥单击"颜色"下拉列表框,选择"黑色"。⑦单击"水平"单选钮。 ⑧单击"确定"按钮(在图 9.2.34 中),结果见图 9.2.35。

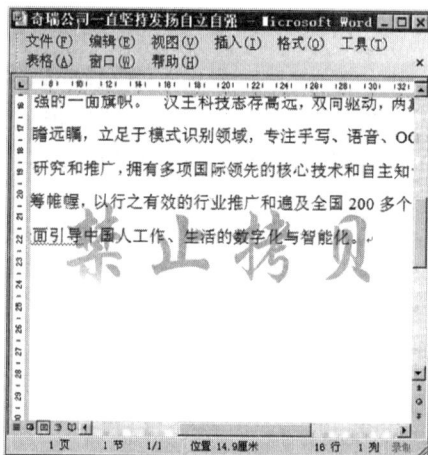

图 9.2.35

9.2.5 给文档加入背景画面

1.加入纹理背景

给文档添加丰富多彩的背景,可以使文档更加生动和美观。其方法是:

步骤 1 单击"格式\背景\填充效果"(在图 9.2.36 中),出现图 9.2.37。

步骤 2 ①单击"纹理"选项卡。 ②单击所要选择的背景。 ③单击"确定"按钮(在图 9.2.37 中),结果见图 9.2.38。

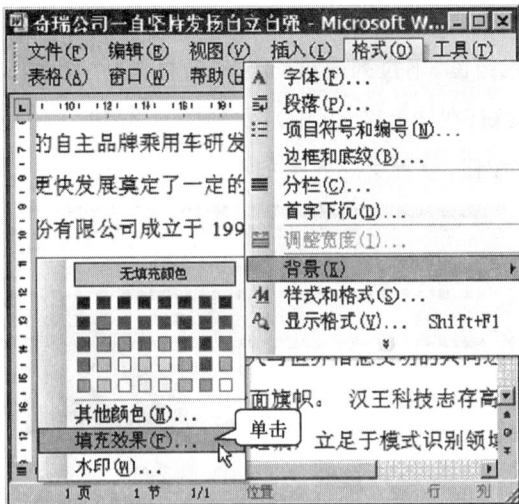

图 9.2.36

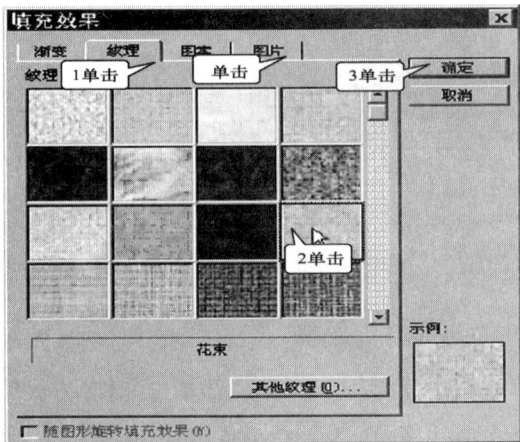

图 9.2.37

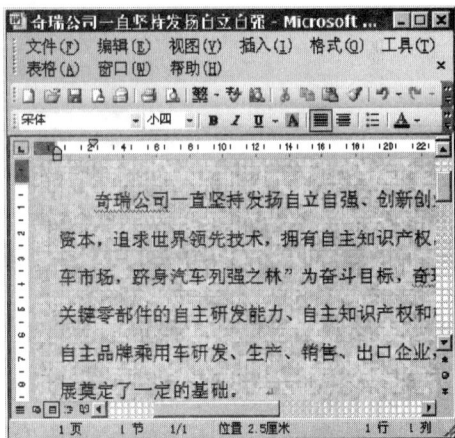

图 9.2.38

2. 加入图片背景

步骤 1　单击"格式\背景\填充效果"(参见图 9.2.36),出现图 9.2.37。

步骤 2　单击"图片"选项卡(参见图 9.2.37),出现图 9.2.39。

步骤 3　单击"选择图片"按钮(在图 9.2.39 中),出现图 9.2.40。

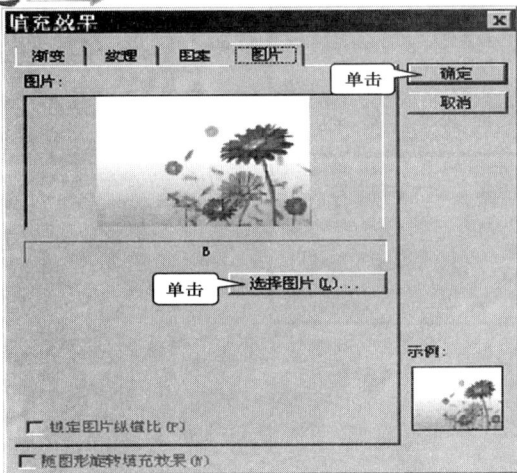

图 9.2.39

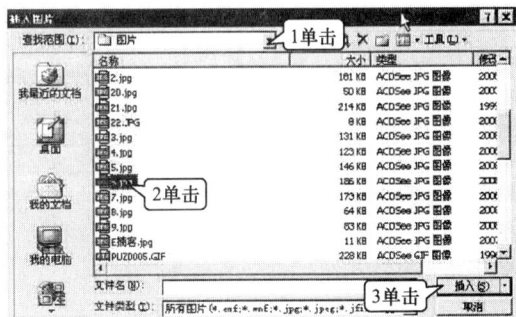

图 9.2.40

步骤 4 ①单击"查找范围"下拉列表框,选择"教材素材\图片"。 ②单击"06.jpg"文件。 ③单击"插入"按钮(在图9.2.40中),回到图9.2.39。

步骤 5 单击"确定"按钮,设置后的效果如图9.2.41所示。

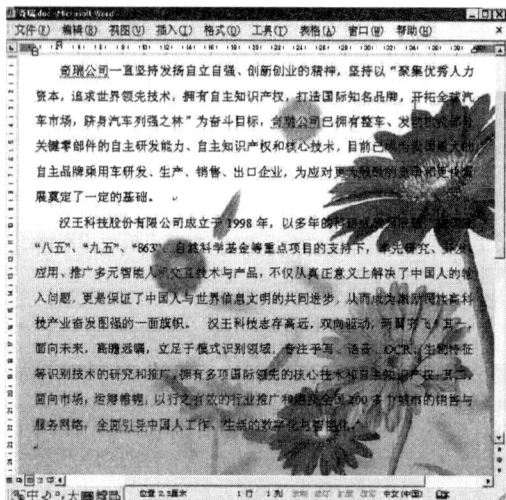

图 9.2.41

9.2.6 给文档加页码

步骤 1 单击"插入\页码"(在图9.2.42中),出现图9.2.43。

步骤 2 ①单击"位置"下拉列表框,选择"页面底端(页脚)"。 ②单击"对齐方式"下拉列表框,选择"居中"。 ③单击"确定"按钮(在图9.2.43中),结果见图9.2.44。

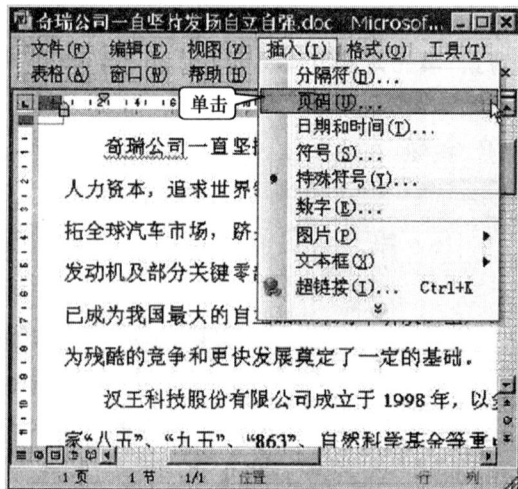

图 9.2.42

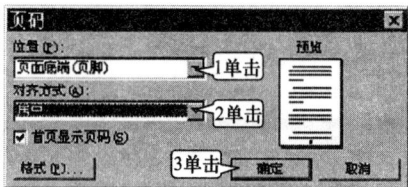

图 9.2.43

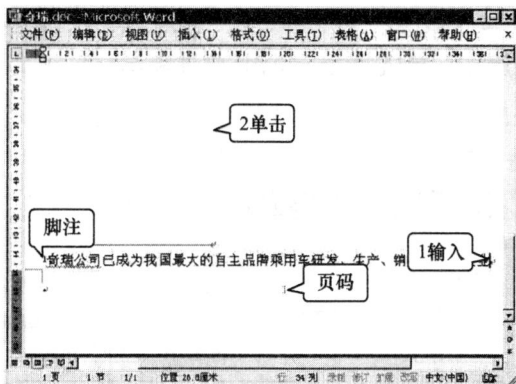

图 9.2.44

9.2.7 给文档插入脚注和尾注

科学研究报告和论文中,需要对文章中的某些词提供解释或对某些引用加以说明。这些解释和说明就叫做脚注,它通常是放在页面底部的。而尾注则是对文章的参考文献加以说明的,所以通常是放在文章的结尾,即它是在文章结束以后所加的一段说明文字。插入脚注和尾注的方法如下:

1. 插入脚注

步骤 1 ①选定(选定要解释的文字)。 ②单击"插入\引用\脚注和尾注"(在图 9.2.45 中),出现图 9.2.46。

步骤 2 ①单击"脚注"单选钮。 ②单击"脚注"下拉列表框,选择"页面底端"。
③单击"插入"按钮(在图 9.2.46 中),其余为默认格式,结果参见图 9.2.44。

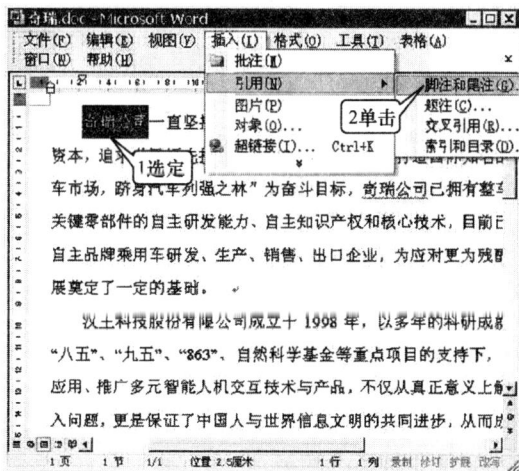

图 9.2.45

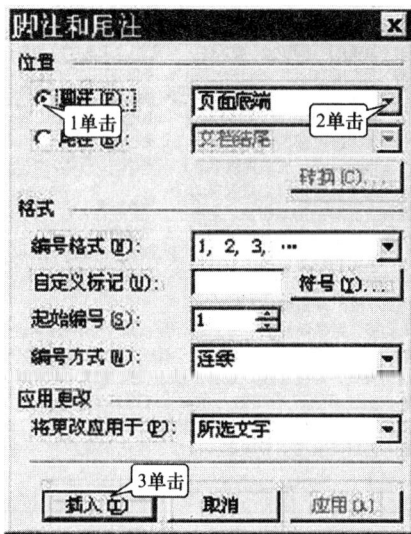

图 9.2.46

步骤 3 ①在页面下方输入所要注解的文字。 ②在空白处单击(在图 9.2.44 中)。

2. 插入尾注

步骤1　单击"插入\引用\脚注和尾注"（参见图 9.2.45），出现图 9.2.47。

步骤2　①单击"尾注"单选钮。　　②单击"尾注"下拉列表框，选择"文档结尾"。

③单击"插入"按钮（在图 9.2.47 中），其余为默认格式，出现图 9.2.48。

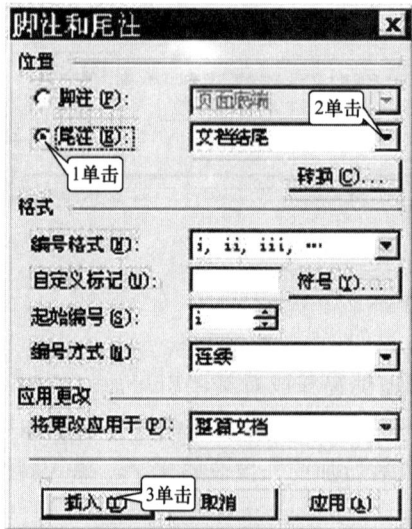

图 9.2.47

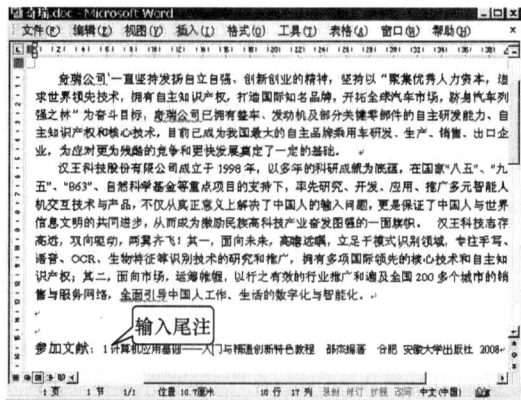

图 9.2.48

步骤3　输入所要注解的文字（在图 9.2.48 中）。

9.2.8　设定段间距

步骤1　单击"格式\段落"（在图 9.2.49 中），出现图 9.2.50。

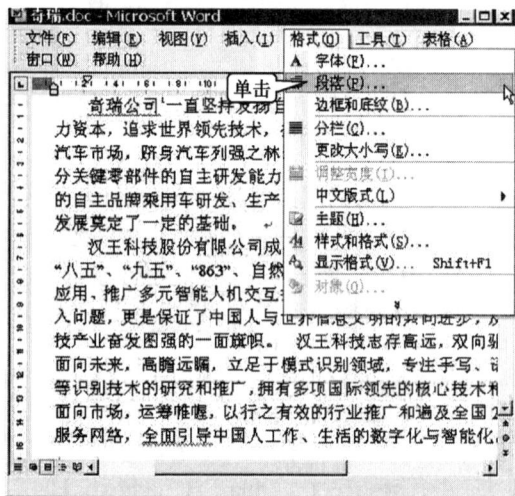

图 9.2.49

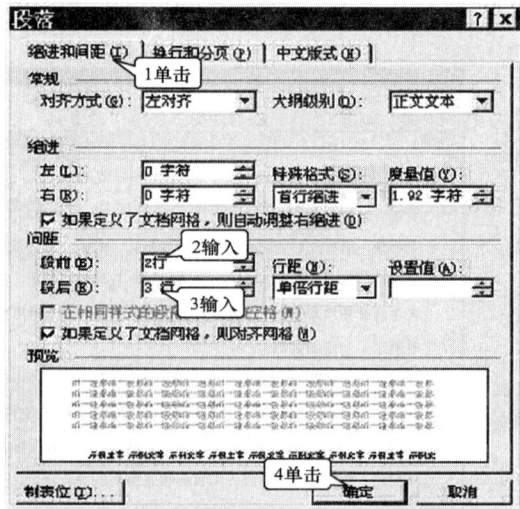

图 9.2.50

步骤2　①单击"缩进和间距"选项卡。　　②输入"2"。　　③输入"3"。　　④单击

"确定"按钮（在图 9.2.50 中），则插入点所在的段落与前一段落之间的段间距就被设为 2 行，

而与后一段落之间的段间距就被设为 3 行。

9.3　表格的编辑与修改

对于一个做好的表格，我们可以对它进行编辑和修改。例如在其中插入单元格、插入行和插入列。下面就介绍插入的方法（本节操作的素材为：教材素材\Word 素材\汉王表格）：

9.3.1　在表格中插入单元格

步骤 1　①选定（选定需要在其周围插入单元格的那个单元格）。　②单击"表格\插入\单元格"（在图 9.3.1 中），出现图 9.3.2。

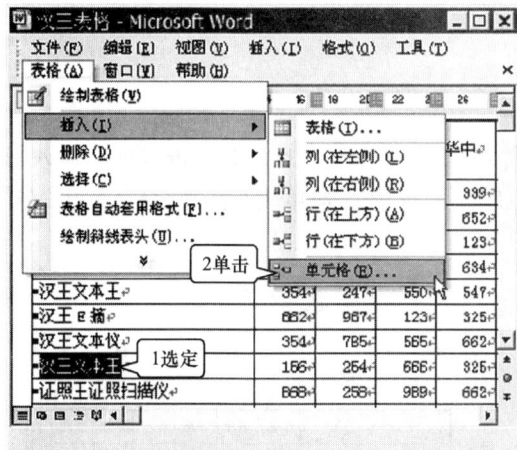

图 9.3.1

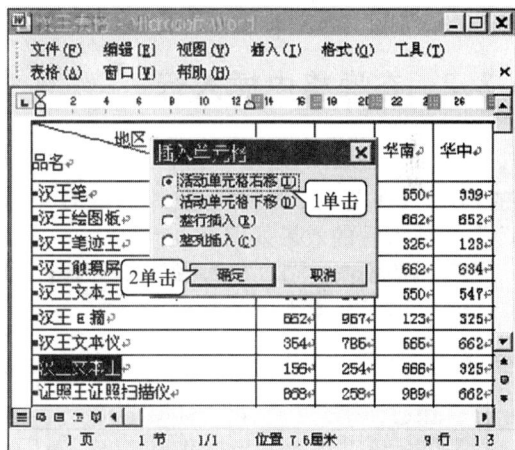

图 9.3.2

步骤 2　①单击选择"活动单元格右移"，以便在选中单元格左侧插入单元格。　②单击"确定"按钮（在图 9.3.2 中），插入后的效果见图 9.3.3。按照以上方法，若选中"活动单元格下移"，则是在选中单元格上方插入单元格，插入后的效果见图 9.3.4。若选中"整行插入"，则是在选中的单元格上方插入一整行，插入后的效果见图 9.3.5。若选中"整列插入"，则是在选中的单元格左侧插入一整列，插入后的效果见图 9.3.6。

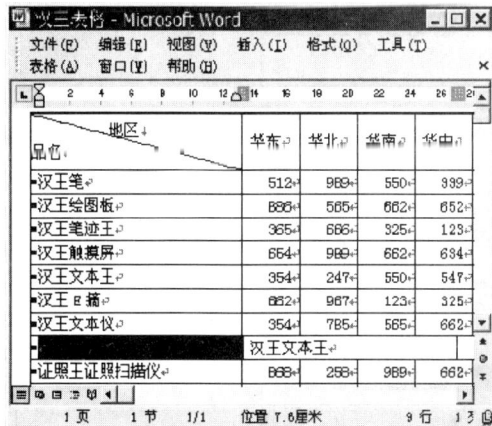

图 9.3.3

图 9.3.4

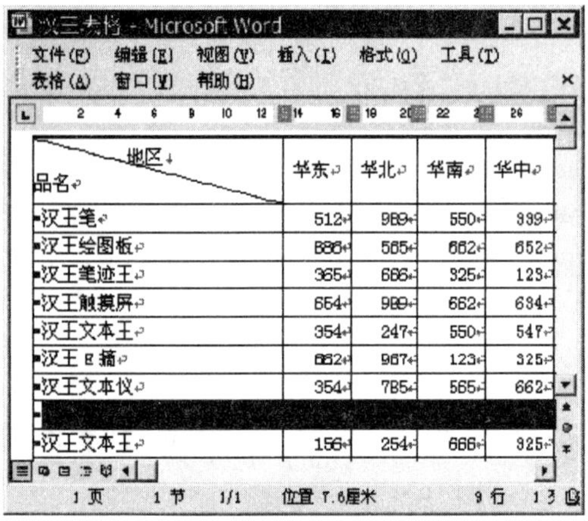

图 9.3.5

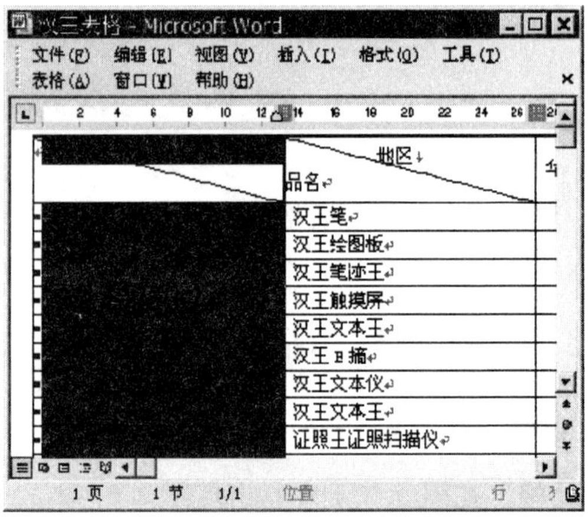

图 9.3.6

9.3.2 在表格中插入行

步骤 ①选定(选定需要在其上方或下方插入行的某一行)。 ②单击"表格\插入\行（在上方)"(在图 9.3.7 中),插入后的效果如图 9.3.8 所示。若单击"表格\插入\行（在下方)",则插入后的效果如图 9.3.9 所示。

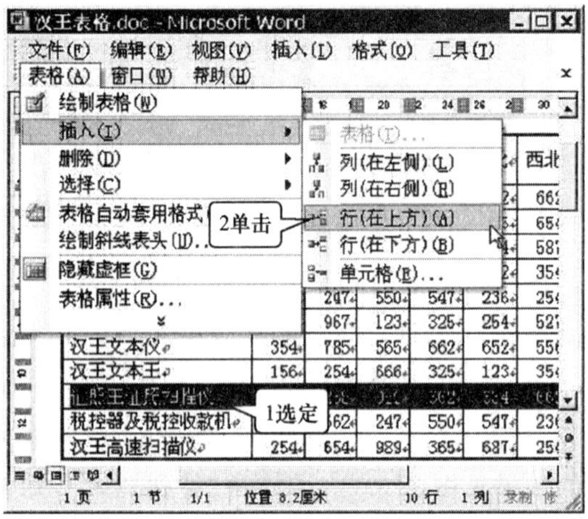

图 9.3.7

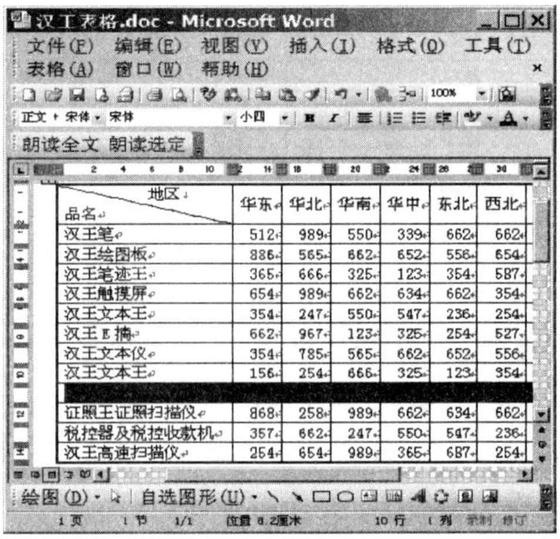

图 9.3.8

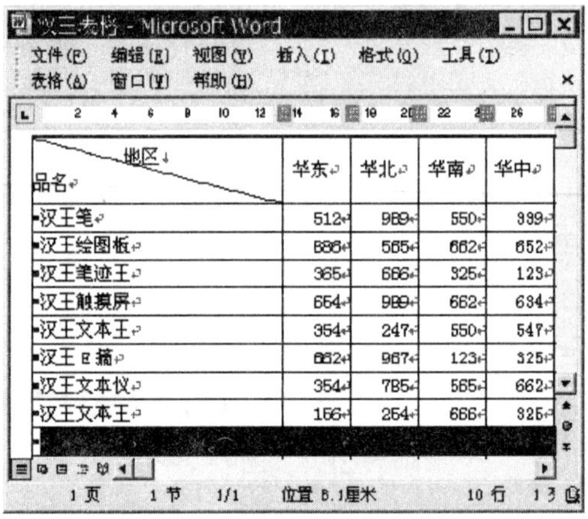

图 9.3.9

9.3.3　在表格中插入列

步骤　①选定（选定需要在其左侧或右侧插入列的某一列）。　②单击"**表格\插入\列（在左侧）**"（在图 9.3.10 中），插入后的效果如图 9.3.11 所示。若单击"**表格\插入\列（在右侧）**"，则插入后的效果如图 9.3.12 所示。

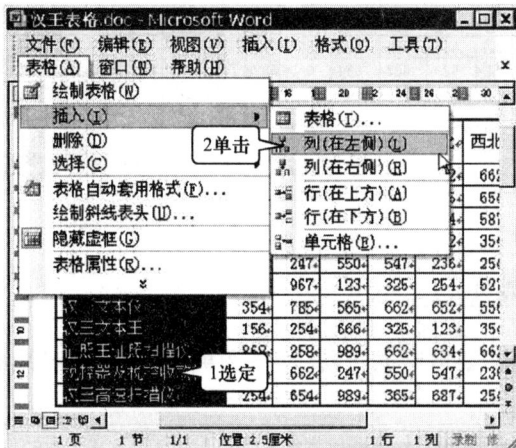

图 9.3.10

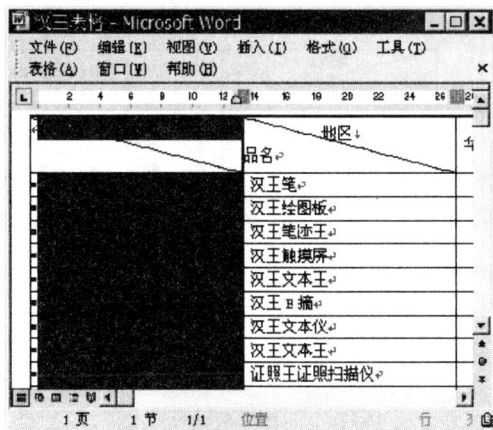

图 9.3.11

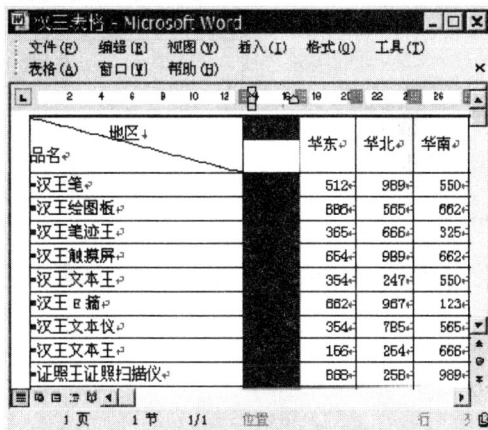

图 9.3.12

9.3.4　在表格中删除列

表格创建之后，可能有些列、行或单元格是多余的，需要把它们删除掉，这时要做删除操作。

删除列的操作如下：

步骤　①选定（选定需要删除的列）。　②单击"**表格\删除\列**"（在图 9.3.13 中），删除后的效果如图 9.3.14 所示。

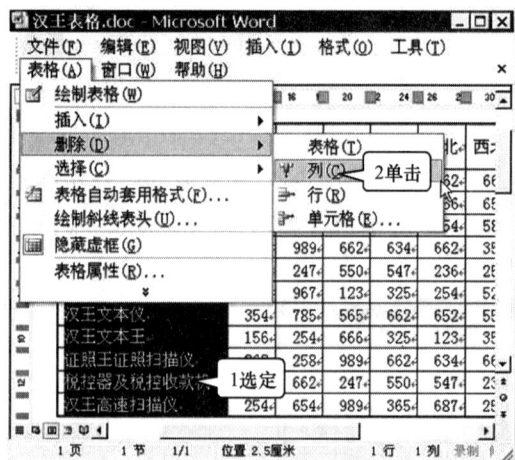

图 9.3.13

图 9.3.14

9.3.5 在表格中删除行

步骤 ①选定(选定需要删除的行)。②单击"表格\删除\行"(在图 9.3.15 中),删除后的效果如图 9.3.16 所示。

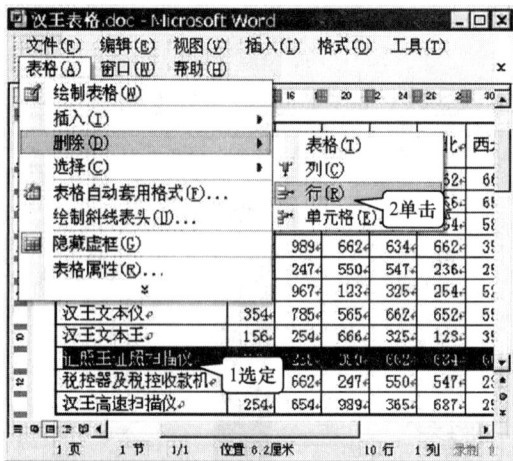

图 9.3.15

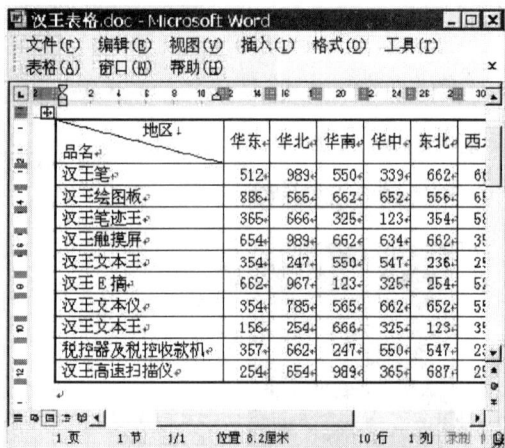

图 9.3.16

9.3.6 在表格中删除单元格

步骤 1 ①选定(选定需要删除的单元格)。②单击"表格\删除\单元格"(在图 9.3.17 中),出现图 9.3.18。

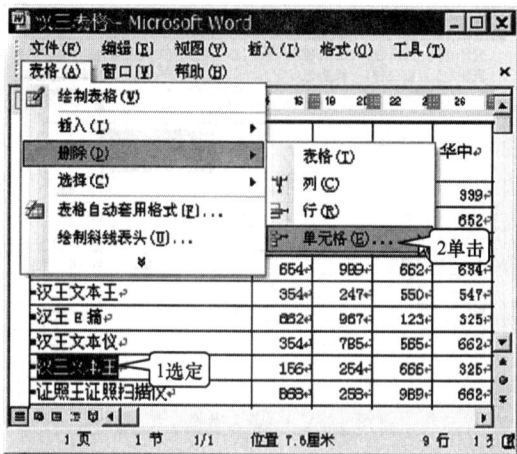

图 9.3.17

图 9.3.18

步骤　①单击选择"右侧单元格左移"（即在删除单元格后,其右侧该行所有单元格左移）。　②单击"确定"按钮（在图 9.3.18 中）,删除后的效果如图 9.3.19 所示。按照以上方法,若选中"下方单元格上移",则是在删除单元格之后,其下方该列所有单元格上移,删除后的效果如图 9.3.20 所示。若选中"删除整行",则是将选定的单元格所在行全部删除;若选中"删除整列",则是将选定的单元格所在列全部删除。

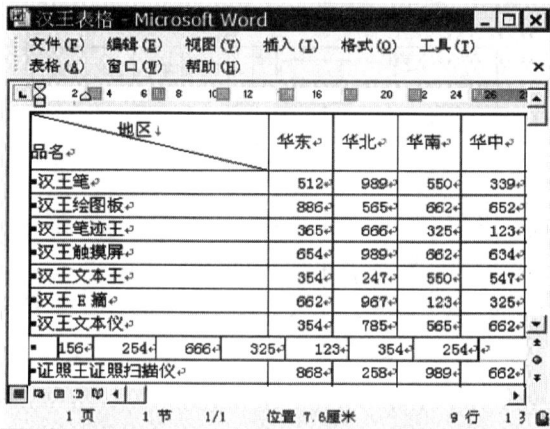

图 9.3.19

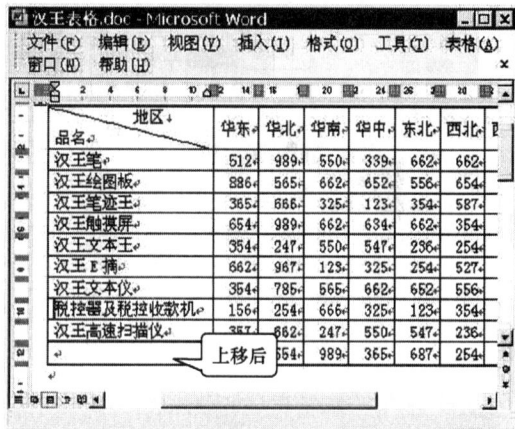

图 9.3.20

9.3.7　合并单元格

合并单元格是把选定的多个单元格合并为一个单元格,合并单元格的操作如下:

步骤　①选定（选定需合并的几个单元格）。　②单击"表格\合并单元格"（在图 9.3.21 中）,合并后的效果如图 9.3.22 所示。

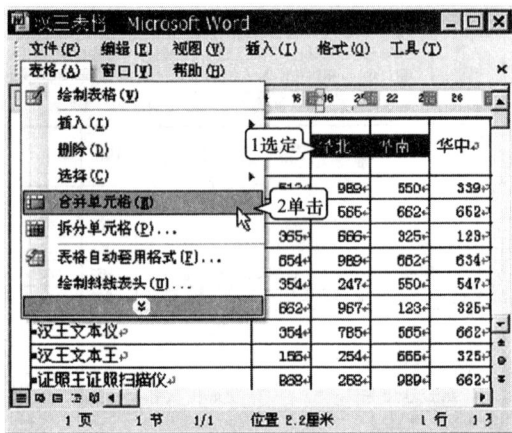
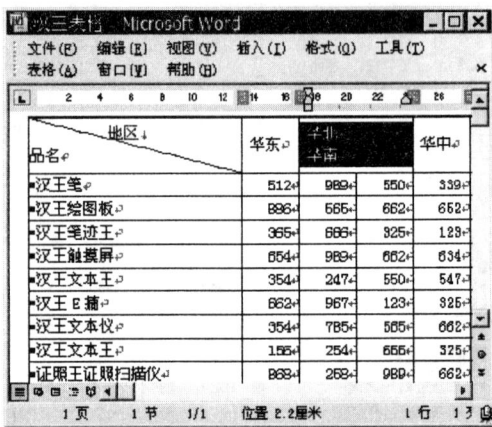

图 9.3.21　　　　　　　　　　　　　　图 9.3.22

拆分单元格是把一个单元格分为多个单元格,拆分单元格的操作如下:

步骤　①选定(选定需拆分的单元格)。　②单击"表格\拆分单元格",出现"拆分单元格"对话框。　③输入要拆分的列数。　④输入要拆分的行数。　⑤单击"确定"按钮(在图 9.3.23 中),拆分后的效果如图 9.3.24 所示。

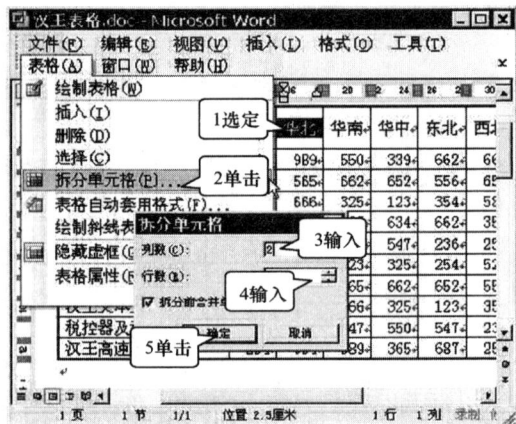
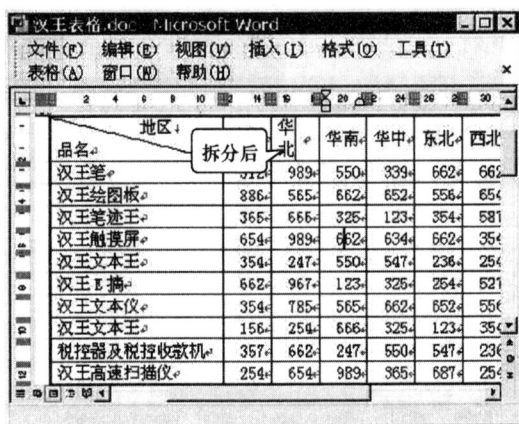

图 9.3.23　　　　　　　　　　　　　　图 9.3.24

9.4　美化表格

9.4.1　美化表格的线条和底纹

对于一个做好的表格,我们可以对它进行美化。例如给表格加彩色底纹、彩色表格线、斜线等,下面就介绍进行这些设置的方法(本节操作的素材为:教材素材\Word 素材\汉王表格):

步骤1　打开教材素材\Word 素材\汉王表格。

步骤2　①单击表格选定柄。　②单击"表格\表格属性"(在图 9.4.1 中),出现图 9.4.2。

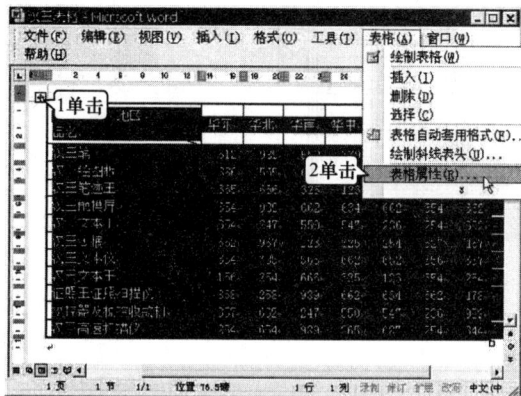
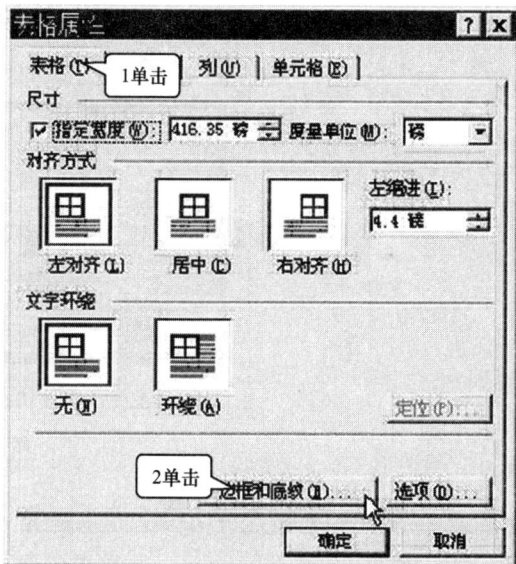

图 9.4.1　　　　　　　　　　　　　　　图 9.4.2

步骤 3 ①单击"表格"选项卡。　②单击"边框和底纹"按钮（在图 9.4.2 中），出现图 9.4.3。

步骤 4 ①拖动滚动条，找到所要的线型。　②单击选择一种线型。　③单击"颜色"下拉列表框，选择表格线颜色。　④单击"宽度"下拉列表框，选择线宽。　⑤单击"方框"按钮，以设定表格线的外框。　⑥单击"网格"按钮，以设定表格的内部线条。　⑦单击"底纹"选项卡（在图 9.4.3 中），出现图 9.4.4。

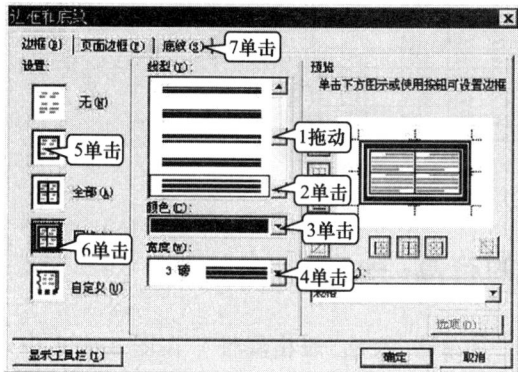
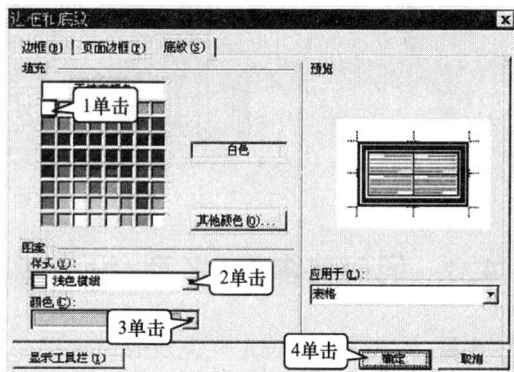

图 9.4.3　　　　　　　　　　　　　　　图 9.4.4

步骤 5 ①单击"白色"。　②单击"样式"下拉列表框，选择"浅色横线"。　③单击"颜色"下拉列表框，选择"绿色"。　④单击"确定"按钮（在图 9.4.4 中），结果见图 9.4.5。

图 9.4.5

9.4.2 改变行高和列宽

🐦 **步骤** ①拖动垂直标尺上的"调整表格行"按钮,可以随意调整行高。 ②拖动水平标尺上的"调整表格列"按钮(在图 9.4.6 中),可以随意调整列宽。

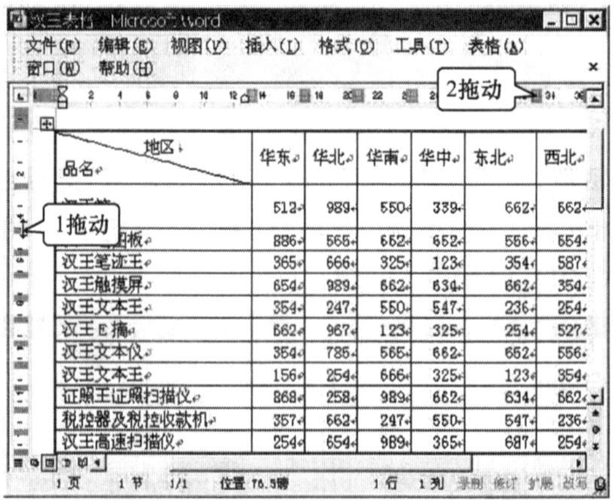

图 9.4.6

9.4.3 同时将多行(多列)设为相同的行高(列宽)

🐦 **步骤** ①选定(选定要设定的行或列)。 ②单击"表格\表格属性"(在图 9.4.7 中),出现图 9.4.8。

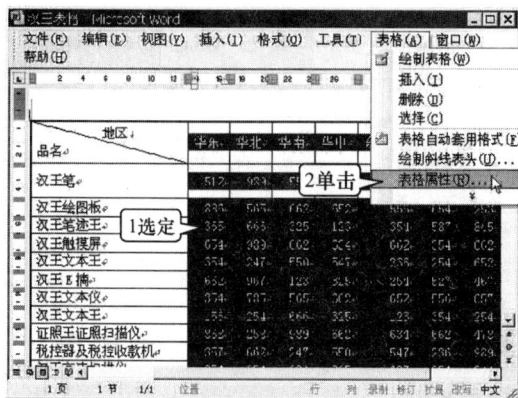

图 9.4.7

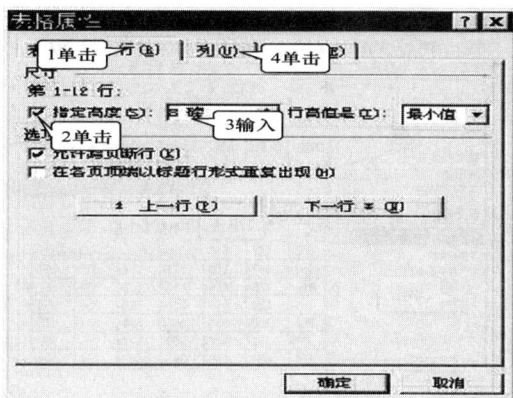

图 9.4.8

步骤2　①单击"行"选项卡。　②单击勾选"指定高度"。　③输入"8"(行高)。④单击"列"选项卡(在图 9.4.8 中),出现图 9.4.9。

步骤3　①单击勾选"指定宽度"。　②输入"28"(列宽)。　③单击"确定"按钮(在图 9.4.9 中),结果见图 9.4.10。

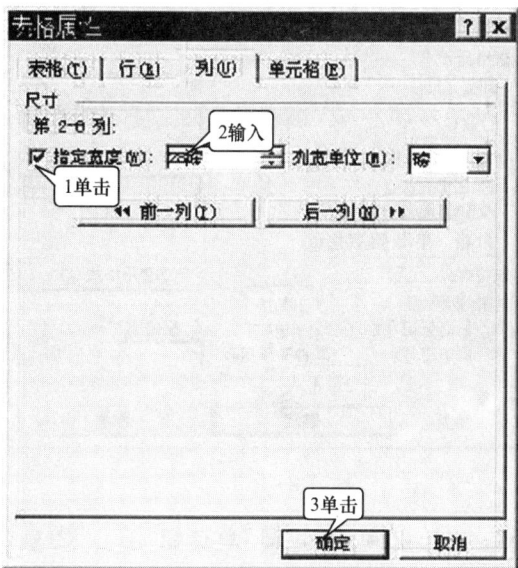

图 9.4.9

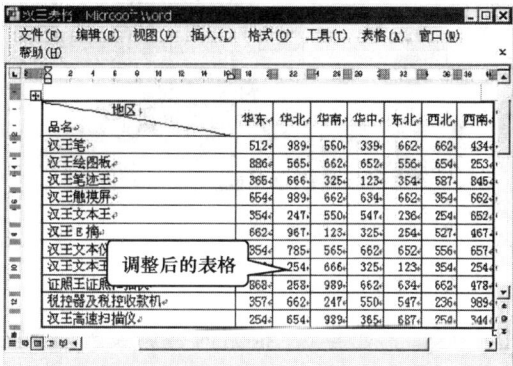

图 9.4.10

9.4.4　文本与表格之间的转换

1. 将表格转换为文本

步骤1　打开教材素材\Word 素材\汉王表格,并单击表格的某个单元格。

步骤2　①单击"表格\转换\表格转换成文本"。　②单击"逗号"单选钮。　③单击"确定"按钮(在图 9.4.11 中),则插入点所在的表格就被转换成文本了,见图 9.4.12。转化后的文本每个单元格内容之间是以逗号为分隔符的。

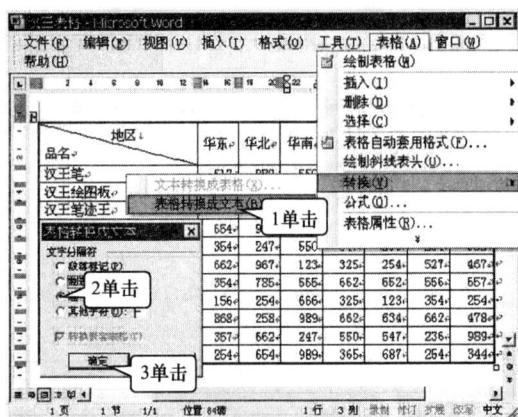

图 9.4.11

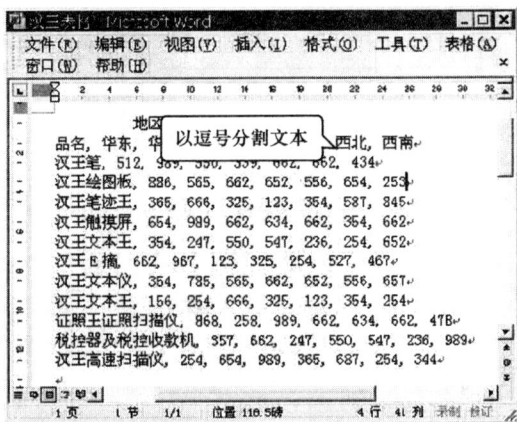

图 9.4.12

2.将文本转换为表格

步骤1 ①**选定**（选定图 9.4.12 中需要转换为表格的文本，注意被选定的文本之间必须用逗号、空格或者是制表符分隔）。 ②**单击"表格\转换\文本转换成表格"**（在图 9.4.13 中），出现图 9.4.14。

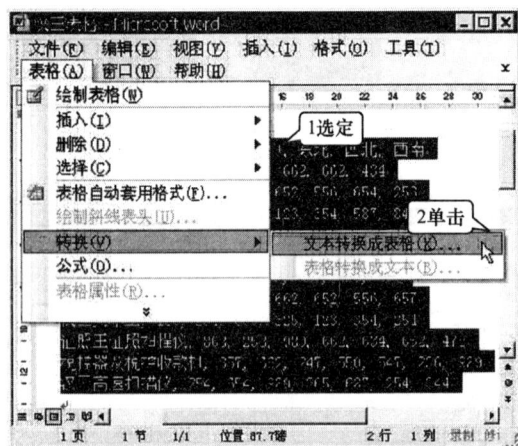

图 9.4.13

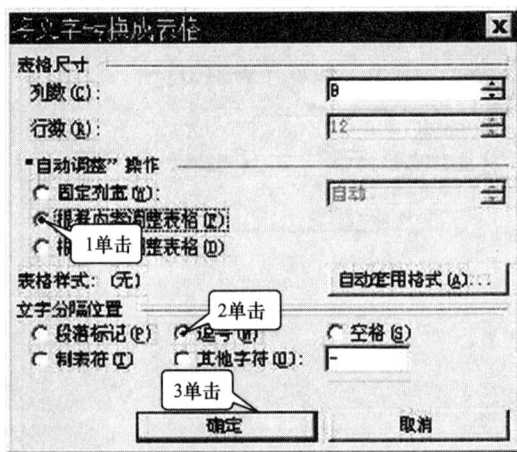

图 9.4.14

步骤2 ①**单击"根据内容调整表格"单选钮**。 ②**单击"逗号"单选钮**。 ③**单击"确定"按钮**（在图 9.4.14 中），结果见图 9.4.15。

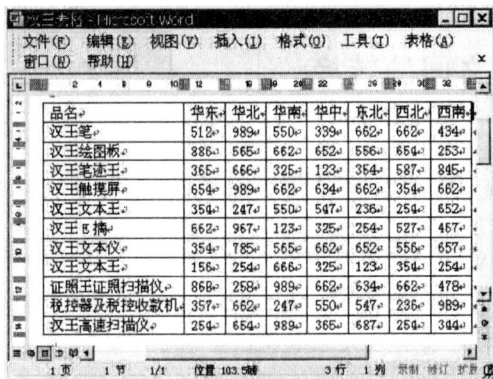

品名	华东	华北	华南	华中	东北	西北	西南
汉王笔	512	989	550	339	662	662	434
汉王绘图板	886	565	662	652	556	654	253
汉王笔迹王	365	666	325	123	354	587	845
汉王触摸屏	654	989	662	634	662	354	662
汉王文本王	354	247	550	547	236	254	652
汉王E摘	662	967	123	325	254	527	457
汉王文本仪	354	785	555	662	652	556	657
汉王文本王	156	254	666	325	123	354	254
证照王证照扫描仪	868	258	989	662	634	662	478
税控器及税控收款机	357	662	247	550	547	236	989
汉王高速扫描仪	254	654	989	365	687	254	344

图 9.4.15

9.4.5　在文档中插入 Excel 电子表格

Excel 表格功能强大、制作方便,而 Word 中的表格功能比较薄弱,所以要想制作功能较强的表格的话,我们可以借助 Excel。方法是先在 Excel 中制作好功能较强的表格,然后将这个表格插入到 Word 中,这样插入进来的表格就具有 Excel 表格的强大功能了。插入 Excel 表格的方法是:

步骤 1　①单击"插入\对象"。　　　②单击"Microsoft Excel 工作表"。　　　③单击"确定"**按钮**(在图 9.4.16 中),出现图 9.4.17,则 Word 中就插入了一个空的表格。这个表格实际上是一个 Excel 表格,也就是说它是在 Word 中虚拟出的 Excel 表格,其功能同 Excel 中一样。

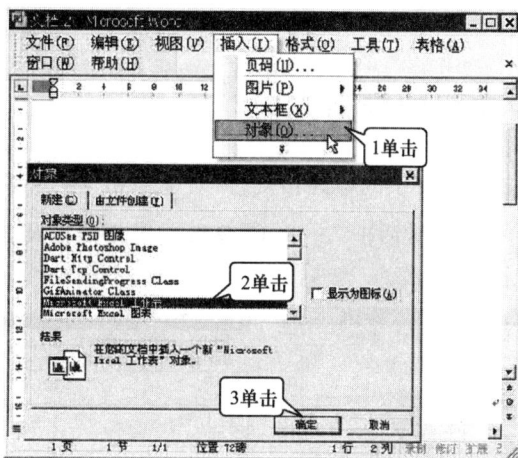

图 9.4.16

步骤 2　打开教材素材\ Excel 素材\汉王 1。

步骤 3　①选定表格。　　　②单击"编辑\复制"(在图 9.4.18 中)。

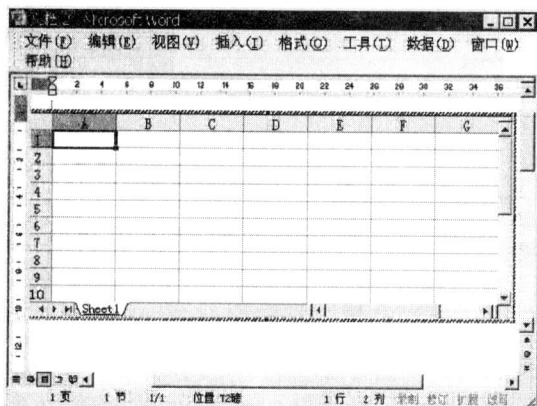

图 9.4.17

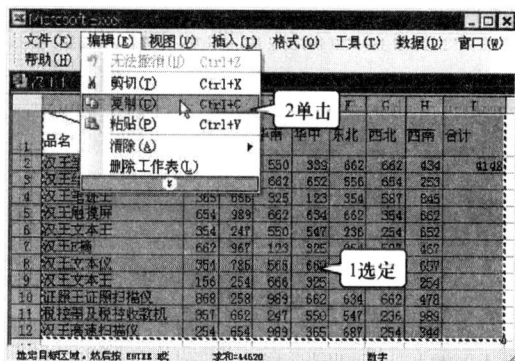

图 9.4.18

步骤 4　①单击 A1 单元格。　　　②单击"编辑\粘贴"。　　　③在表格外单击(在图 9.4.19 中),结果见图 9.4.20,这就是插入进来的 Excel 表格,它具有 Excel 表格的特性。

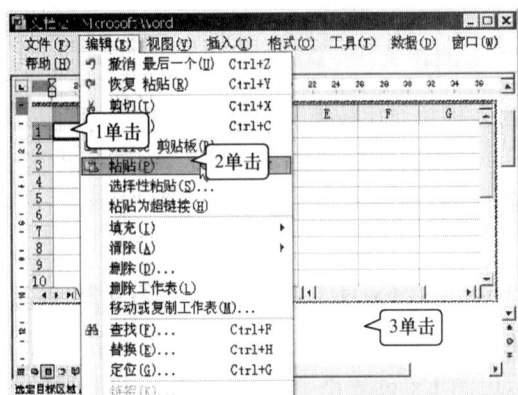

图 9.4.19

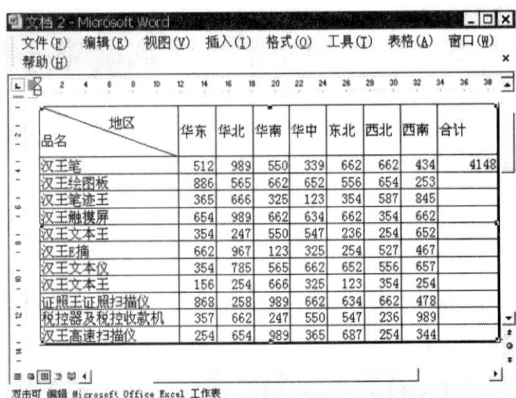

图 9.4.20

9.4.6 改变表格中文字的排列方向

步骤 ①选定（选定要重排文字的单元格）。 ②单击"格式\文字方向"，出现图 9.4.21 所示的"文字方向－表格单元格"对话框。 ③单击竖排文字按钮。 ④单击"确定"按钮（在图 9.4.21 中），结果见图 9.4.22。

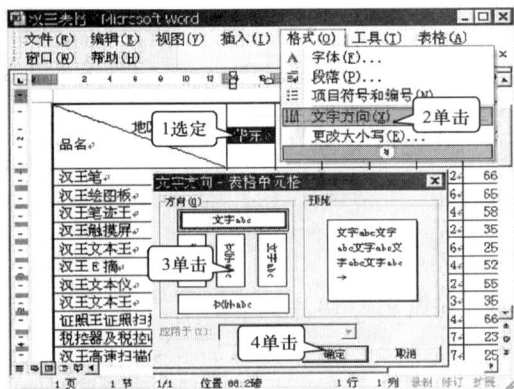

图 9.4.21

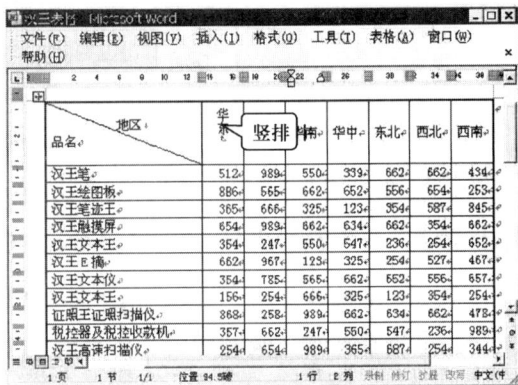

图 9.4.22

9.4.7 让文字环绕表格与移动表格

步骤 1 打开教材素材\Word 素材\汉王表格。

步骤 2 ①将表格中的文字设为小五号。 ②缩小表格的行高和列宽（在图 9.4.23 中）。

步骤 3 单击"插入\文件"（在图 9.4.24 中），以便从硬盘上插入一篇文章，出现图9.4.25。

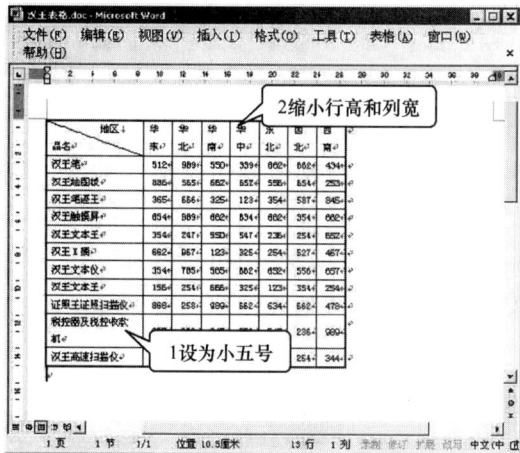

图 9.4.23

图 9.4.24

步骤 4 ①单击选择教材素材\Word 素材。 ②单击"奇瑞"。 ③单击"插入"按钮（在图 9.4.25 中），出现图 9.4.26。

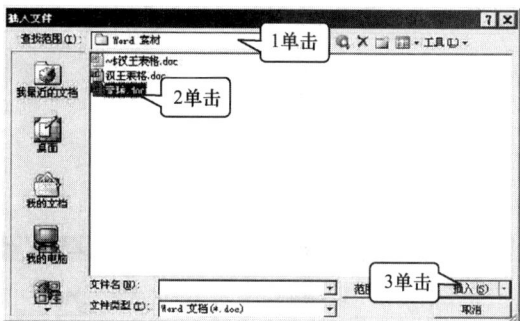

图 9.4.25

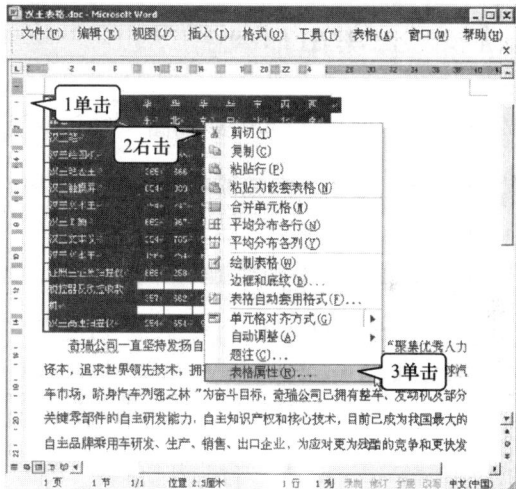

图 9.4.26

步骤 5 ①单击表格选定柄，选中整个表格。 ②右击选中的表格。 ③单击"表格属性"（在图 9.4.26 中），出现图 9.4.27。

步骤 6 ①单击"表格"选项卡。 ②单击"环绕"。 ③单击"确定"按钮（在图 9.4.27 中），结果见图 9.4.28。

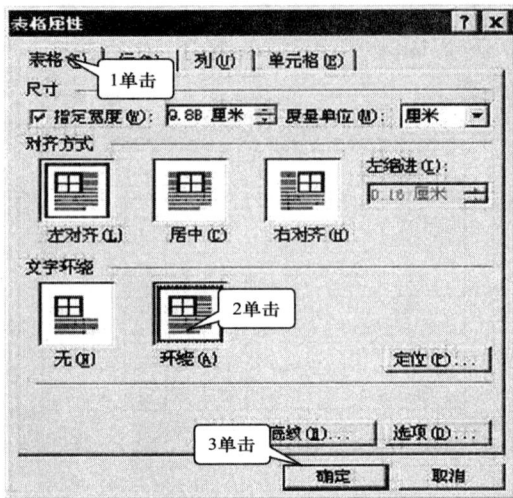

图 9.4.27

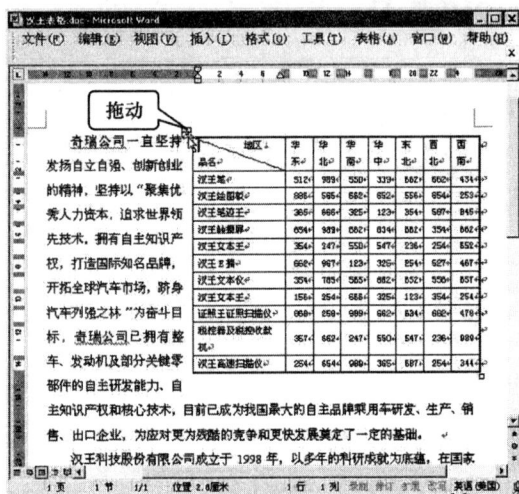

图 9.4.28

步骤 7　拖动表格选定柄，将表格移到图 9.4.28 所示的位置。

9.4.8　在表中加斜线

步骤 1　制作一个表格，如图 9.4.29 所示。

步骤 2　①单击选中要加斜线的单元格。　②单击"表格\绘制斜线表头"（在图 9.4.29 中），出现图 9.4.30。

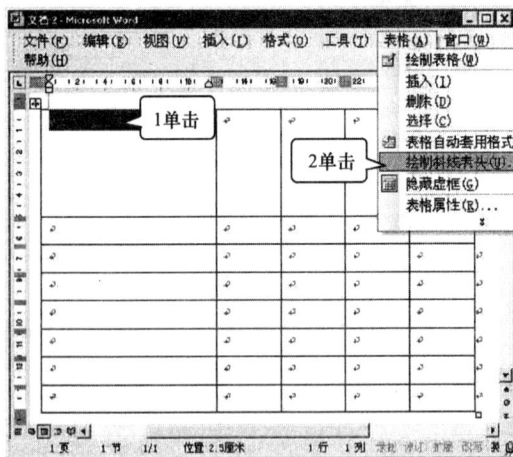

图 9.4.29

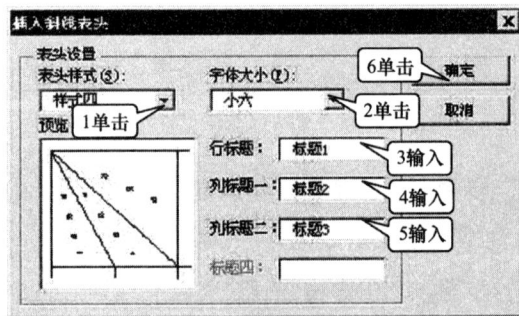

图 9.4.30

步骤 3　①单击"表头样式"下拉列表框，选择"样式四"。　②单击"字体大小"下拉列表框，选择"小六"。　③输入"标题 1"。　④输入"标题 2"。　⑤输入"标题 3"。　⑥单击"确定"按钮（在图 9.4.30 中），结果见图 9.4.31。

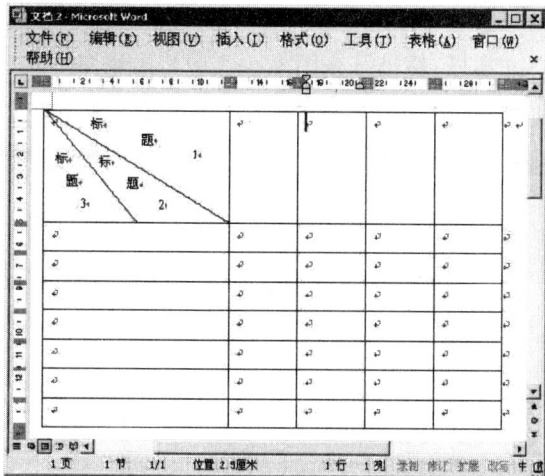

图 9.4.31

9.4.9　在表格中使用计算公式

步骤 1　打开教材素材\Word 素材\汉王表格。

步骤 2　①在表格最后插入一行。　②输入"合计"。　③选定单元格（选定要输入公式的单元格）。　④单击"表格\公式"，出现"公式"对话框。其默认的是将选定单元格上方的所有数据求和。　⑤单击"确定"按钮（在图 9.4.32 中），得到求和数据，见图 9.4.33。

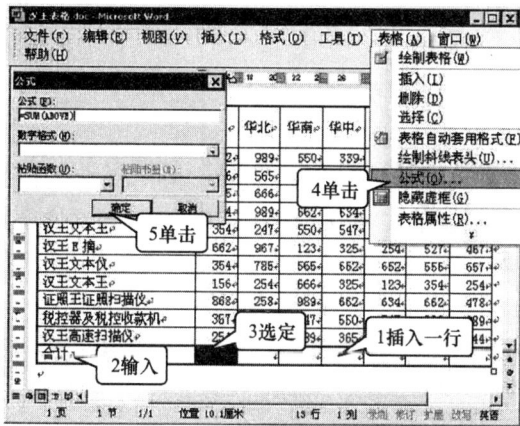

图 9.4.32

图 9.4.33

9.5　在文档中插入文本框与艺术字

9.5.1　插入文本框

当我们需要在图片上插入文字说明时，不能使用常规输入文本方法输入文字。这时，文本框就能够起到作用。

1. 插入文本框

步骤1 单击"插入\文本框\横排"（在图9.5.1中），出现图9.5.2。如果我们需要插入竖排文字的文本框，则可以单击"插入\文本框\竖排"（参见图9.5.1）。

图9.5.1

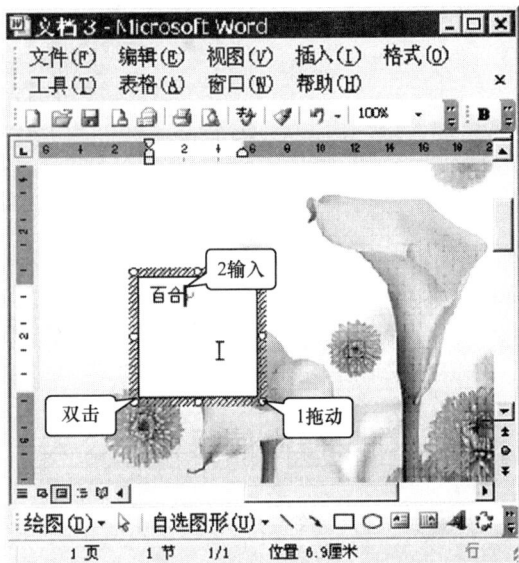

图9.5.2

步骤2 ①在所要插入文字的图片上拖动出一个矩形框。 ②输入文字（在图9.5.2中）。

2. 文本框的设置

步骤1 双击文本框（参见图9.5.2），出现图9.5.3。

步骤2 ①单击"颜色与线条"选项卡。 ②单击"颜色"下拉列表框，选择文本框的填充色。 ③拖动"透明度"游标，设置透明度。 ④单击"颜色"下拉列表框，选择文本框线条颜色。 ⑤单击"虚实"下拉列表框，选择文本框线条类型。 ⑥单击"线型"下拉列表框，选择文本框的线型。 ⑦单击"大小"选项卡（在图9.5.3中），出现图9.5.4。

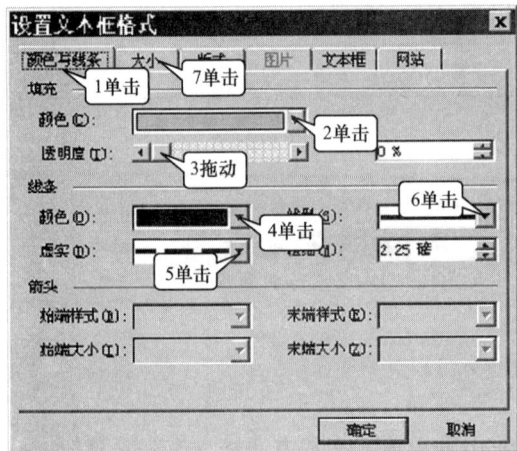

图9.5.3

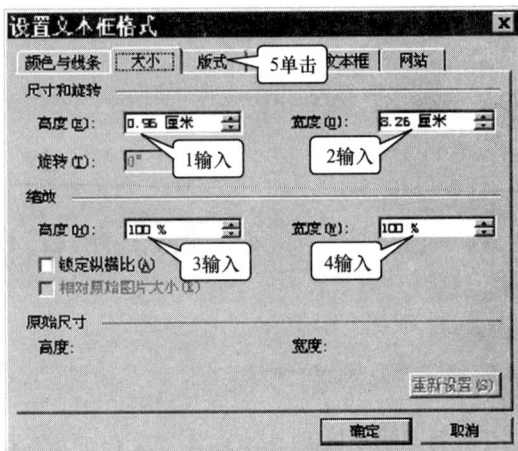

图9.5.4

步骤 3 ①输入文本框的高度。 ②输入文本框的宽度。 ③输入高度比例 "100％"。 ④输入宽度比例"100％"，这样就设定了文本框的宽高比。 ⑤单击"版式" 选项卡(在图 9.5.4 中)，出现图 9.5.5。

步骤 4 ①单击"浮于文字上方"，这样可以设定版式，让文本框处于文字的上面。 ②单击"确定"按钮(在图 9.5.5 中)，结果见图 9.5.6。同样，按照上述步骤，我们也可以设置四周型或其他类型的版式。

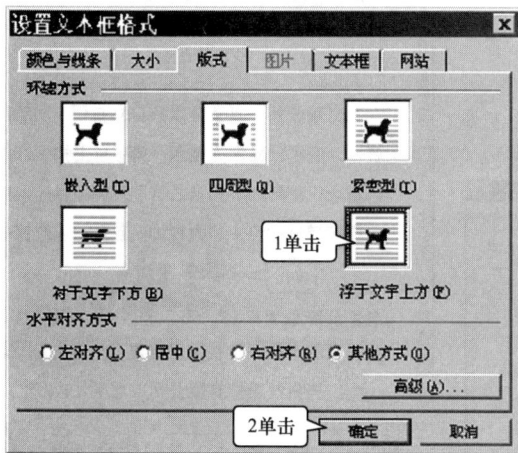

图 9.5.5

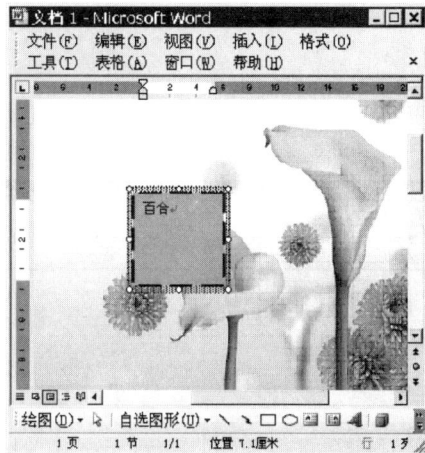

图 9.5.6

9.5.2 插入艺术字

我们经常会在一些海报或者宣传画上，看到各种各样、形状各异、具有立体感的文字，这些漂亮的文字就是艺术字。在 Word 文档里也可以插入这样的艺术字。插入艺术字的方法如下：

1. 插入艺术字

步骤 1 ①单击定位插入点(在需要插入艺术字的位置单击)。 ②单击"插入\图片\艺术字"(在图 9.5.7 中)，出现图 9.5.8。

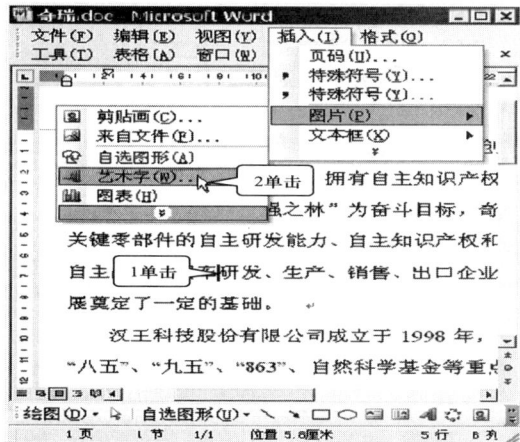

图 9.5.7

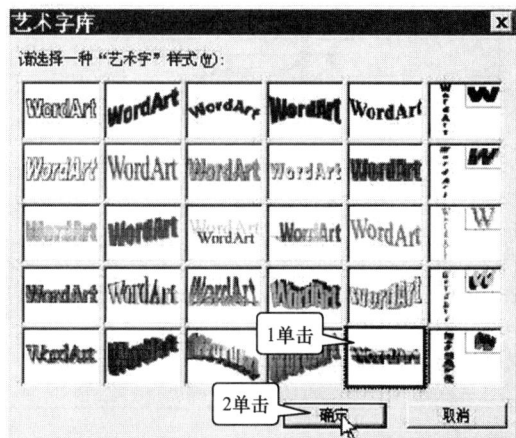

图 9.5.8

步骤 ①单击选择任意一种艺术字的样式。　②单击"确定"按钮(在图9.5.8中)，出现图9.5.9。

步骤 ①输入文字"奇瑞qq"。　②单击"确定"按钮(在图9.5.9中)，设置完毕的效果如图9.5.10所示。

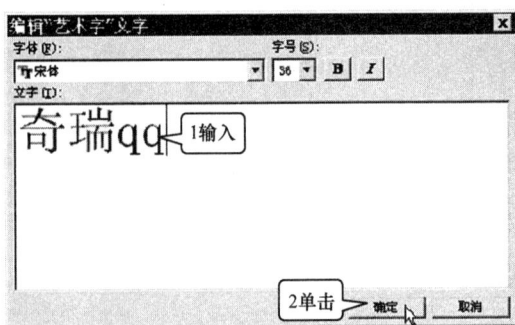

图9.5.9

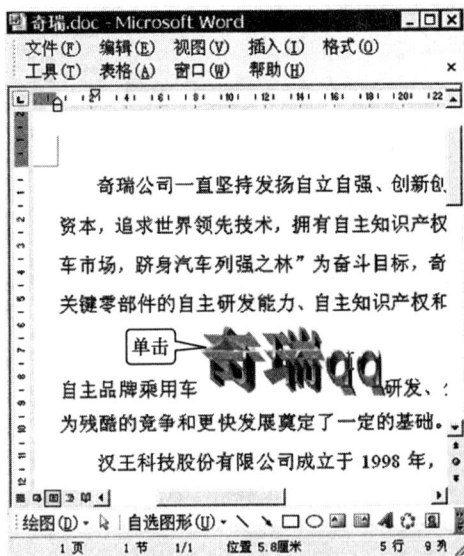

图9.5.10

2.艺术字的设置

步骤 单击艺术字(在图9.5.10中)，出现图9.5.11。

步骤 单击"设置艺术字格式"按钮(在图9.5.11中)，出现图9.5.12。

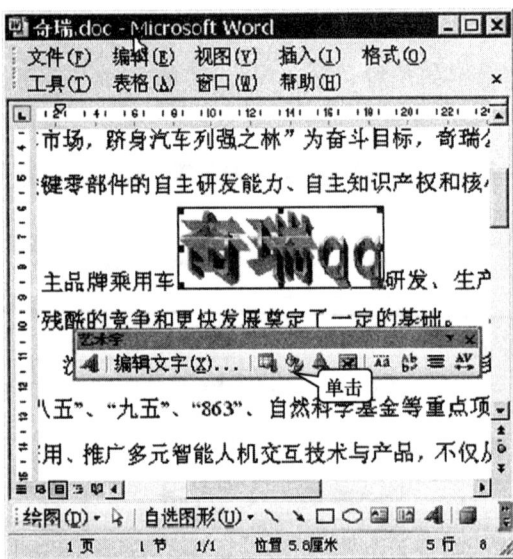

图9.5.11

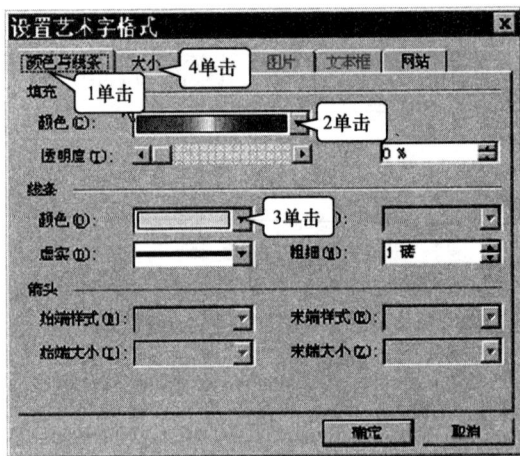

图9.5.12

步骤 3　①单击"颜色与线条"选项卡。　②单击"颜色"下拉列表框,设定艺术字的填充色。　③单击"颜色"下拉列表框,选择艺术字的线条颜色。　④单击"大小"选项卡(在图 9.5.12 中),出现图 9.5.13。

步骤 4　①输入艺术字的高度。　②输入艺术字的宽度。　③输入艺术字的旋转角度。　④单击"版式"选项卡(在图 9.5.13 中),出现图 9.5.14。艺术字的高度、宽度和旋转还可以通过单击选中艺术字,然后再拖动艺术字的各个控制点来调整。

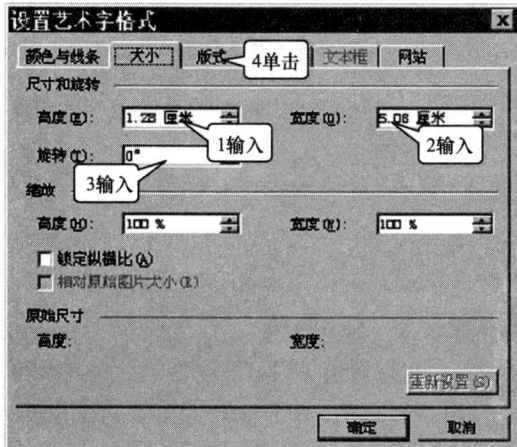

图 9.5.13

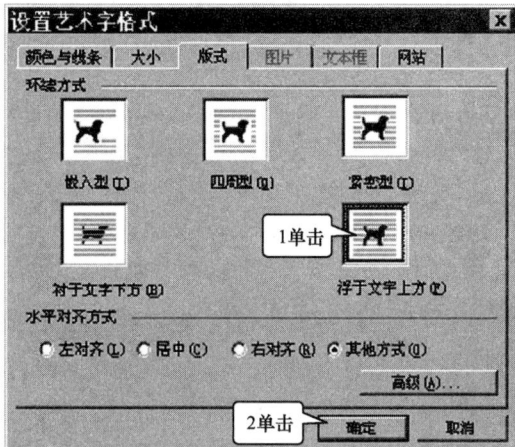

图 9.5.14

步骤 5　①单击"浮于文字上方"。　②单击"确定"按钮(在图 9.5.14 中),出现图 9.5.15。这样就可以让艺术字处于文字的上面。同样,按照上述步骤,我们也可以设置四周型或其他类型的版式。四周型版式:文字环绕在艺术字的周围;紧密型版式:文字环绕在艺术字的周围,而与艺术字之间的距离更小。

步骤 6　①单击"艺术字字符间距"按钮。　②单击"常规"(在图 9.5.15 中)。艺术字的常规字符间距就是图 9.5.15 的效果。同样,我们也可以通过单击"紧密"或"稀疏"设置紧密或稀疏等效果。

步骤 7　①单击绘图工具栏上的"三维效果"按钮。　②单击一种三维样式(在图 9.5.16 中),结果见图 9.5.17。

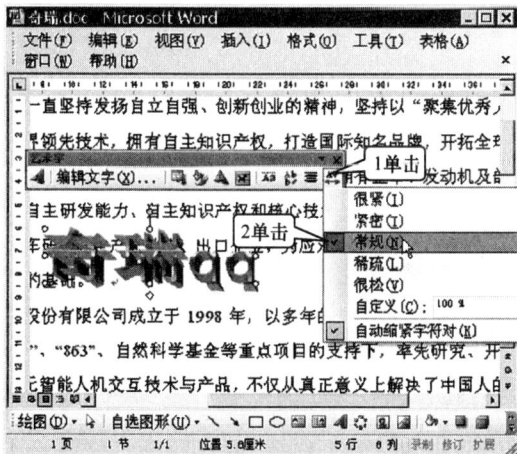

图 9.5.15

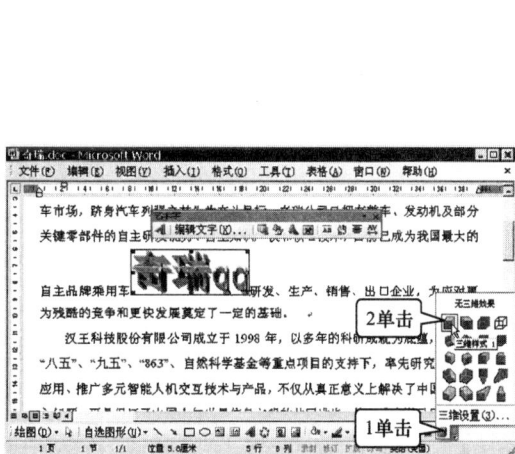

图 9.5.16

步骤 ⑧ ①单击绘图工具栏上的"阴影样式"按钮。 ②单击一种阴影样式（在图 9.5.17 中），结果见图 9.5.18。

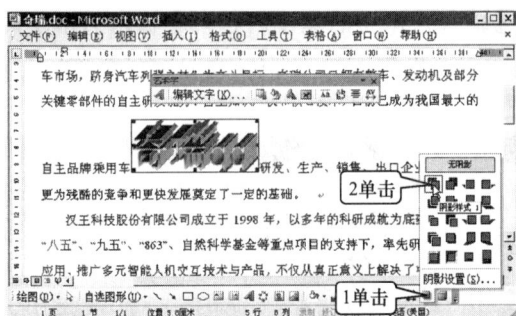

图 9.5.17

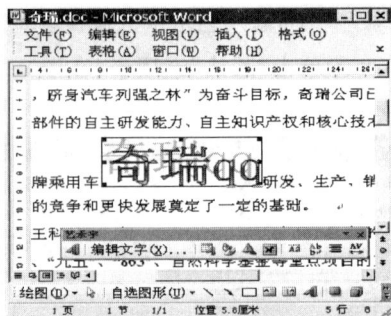

图 9.5.18

9.5.3 图片与文本框的组合与分解

有时候我们需要用文本框对图片进行说明，当我们拖动图片时，文本框并不随着图片一起挪动。我们可以将图片与文本框组合起来，这样方便一起挪动。当我们觉得组合得不满意时，也可以将组合取消。

1.图片与文本框的组合

步骤 ① 单击"视图\工具栏\绘图"，打开绘图工具栏。

步骤 ② 单击"视图\工具栏\图片"，打开图片工具栏。

步骤 ③ 插入图片。

步骤 ④ ①单击图片，会出现如图 9.5.19 所示的图片工具栏。 ②单击"文字环绕"按钮。 ③单击"浮于文字上方"（在图 9.5.19 中），出现图 9.5.20。

图 9.5.19

步骤 5 ①单击绘图工具栏上的"自选图形"。　②单击"标注\圆角矩形标注"(在图 9.5.20 中),出现图 9.5.21。

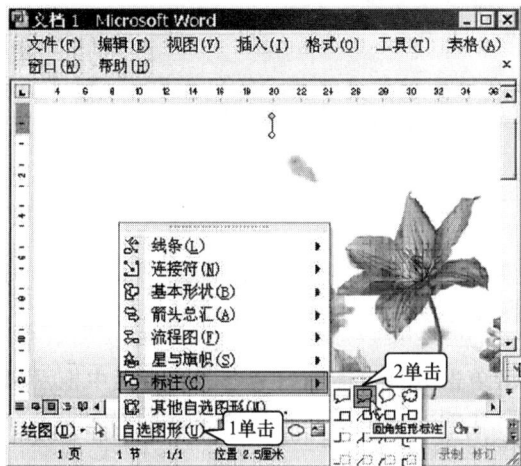

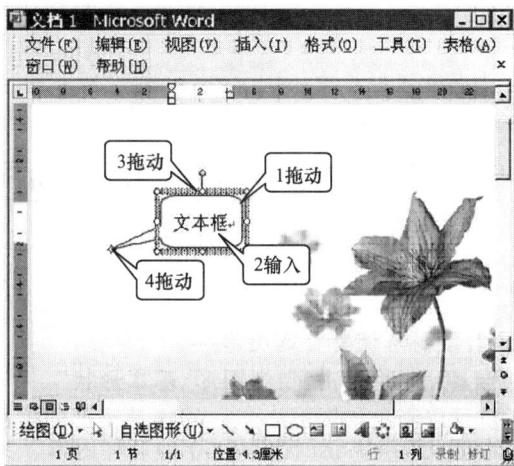

图 9.5.20　　　　　　　　　　　　　　　图 9.5.21

步骤 6 ①在图片上拖动出一个文本框。　②在文本框内输入文字。　③拖动文本框的控制点,以改变其大小。　④拖动文本框箭头前的黄色控制点(在图 9.5.21 中),可以改变箭头的指向。

步骤 7 ①单击图片。　②按住 Ctrl 或 Shift 键,单击文本框。如果有多个文本框的话,可以按住 Ctrl 或 Shift 键,再单击每个文本框,以选定它们。　③右击图片。　④单击"组合\组合"(在图 9.5.22 中),就可以将选中的图片组合为一个整体。

2.图片与文本框的分解

步骤 ①右击已组合的图片。　②单击"组合\取消组合"(在图 9.5.23 中),这样我们就把已经组合好的图片与文本框分解开来了。

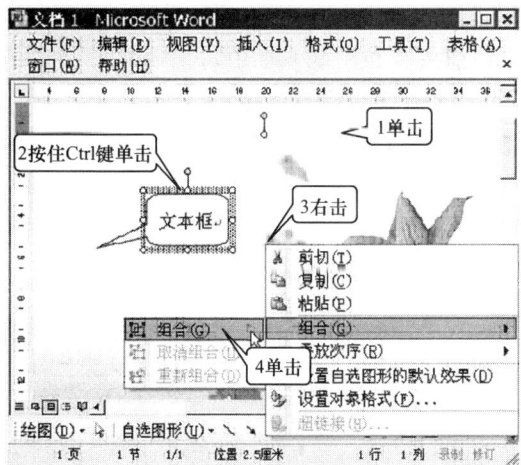

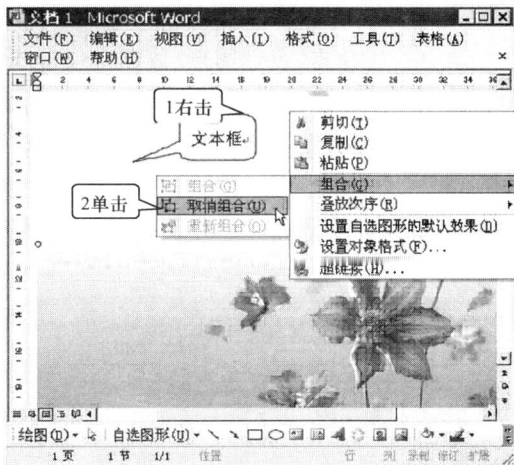

图 9.5.22　　　　　　　　　　　　　　　图 9.5.23

9.6　使用绘图工具绘图

　　Word 还提供了绘图工具,它可以帮助我们在文档中绘制各图形、线条、流程图、标注、箭头等。在这里你可以随心所欲地绘制自己喜欢的图形,以丰富文档的表现形式。

9.6.1　利用 Word 提供的图库绘图

　　1.打开图形工具栏

　　步骤　单击"视图\工具栏\绘图"(在图 9.6.1 中),则屏幕下方就会出现绘图工具栏,见图 9.6.1。如果再次单击"视图\工具栏\绘图",则可以关闭绘图工具栏。

　　2.绘制与调整自选图形

　　步骤　①单击"自选图形\基本形状"。　②单击"笑脸"图形。　③在文档中拖动鼠标,就可以画出该图形。　④拖动图形的控制点(在图 9.6.2 中),可以调整图形的大小。在"基本形状"中 Word 提供了 30 种各种图形。其绘制方法同"笑脸"一样,读者可以自己再绘出几个其他图形,以熟悉该工具的用法。

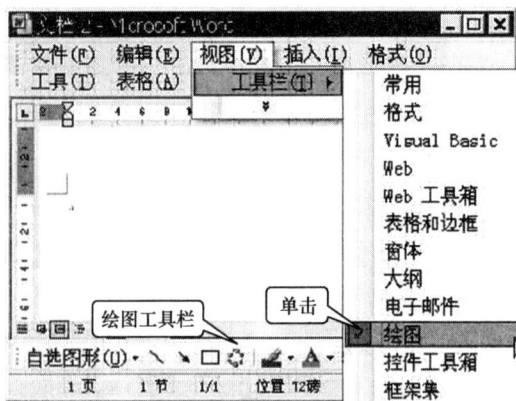

图 9.6.1

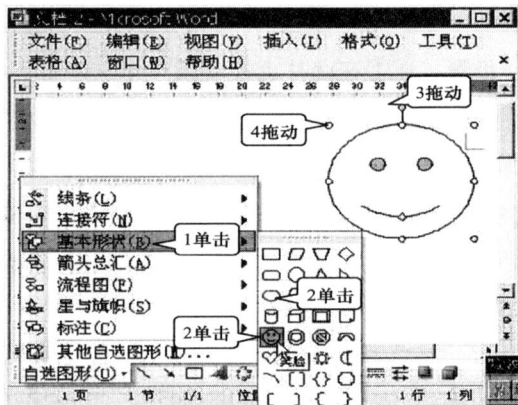

图 9.6.2

　　3.绘制与调整箭头

　　步骤1　①单击"自选图形\线条"。　②单击"箭头"(在图 9.6.3 中)。

　　步骤2　①拖动滚动条,找到文档的空白处。　②拖动鼠标画出箭头(在图 9.6.4 中)。

图 9.6.3

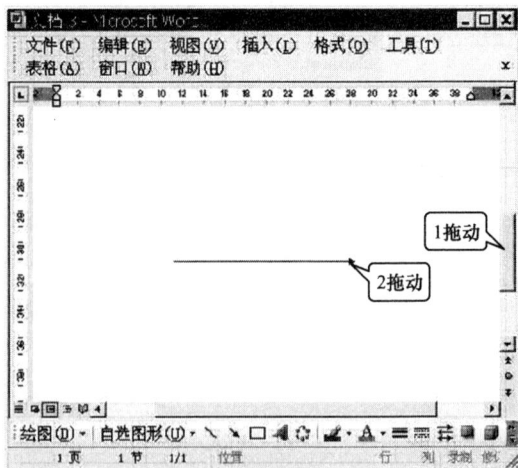

图 9.6.4

步骤 ①单击箭头。　②拖动箭头图形的控制点（在图 9.6.5 中），可以调整图形的大小。

4.绘制与调整曲线

步骤 ①单击"自选图形\线条"。　②单击"曲线"（参见图 9.6.3）。

步骤 ①拖动滚动条，找到文档的空白处。　②单击鼠标。　③单击鼠标。　④单击鼠标。　⑤双击鼠标（在图 9.6.6 中）。

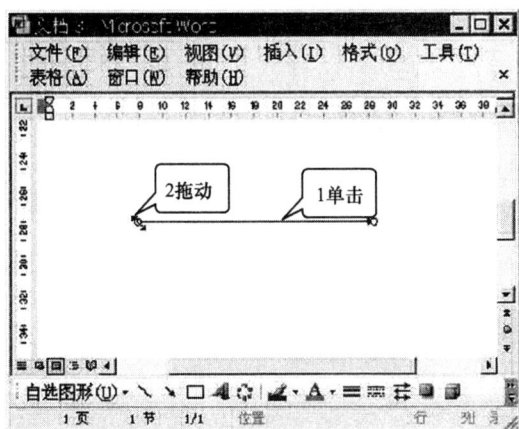
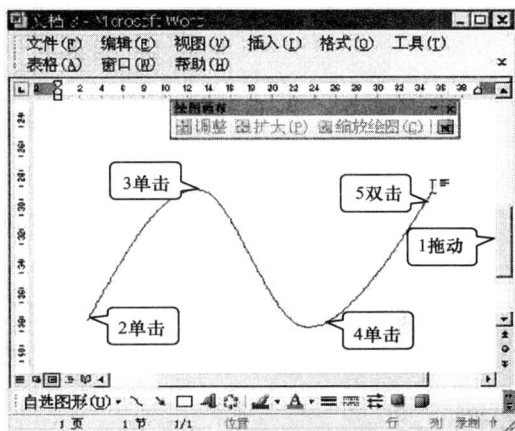

图 9.6.5　　　　　　　　　图 9.6.6

步骤 ①单击曲线。　②拖动图形的控制点，可以调整图形的大小。　③拖动曲线上的绿色控制点（在图 9.6.7 中），可以旋转曲线。

5.绘制与调整圆、椭圆

步骤 ①单击"自选图形\基本形状"。　②单击"椭圆"图形（参见图 9.6.2）。

步骤 ①拖动滚动条，找到文档的空白处。　②拖动鼠标画出椭圆。　③按住 Shift 键拖动鼠标，可以画出圆。　④拖动图形的控制点，可以调整图形的大小。　⑤拖动图形上的绿色控制点（在图 9.6.8 中），可以旋转图形。

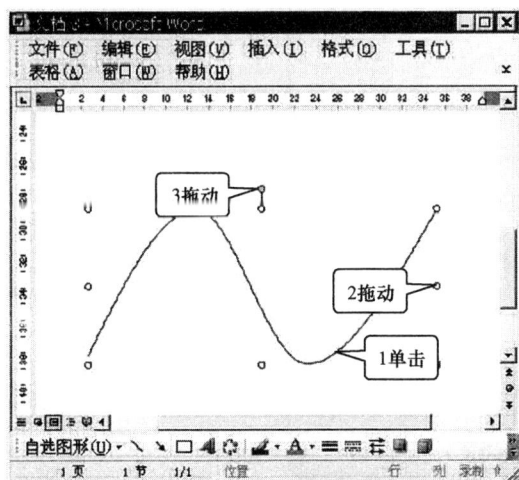
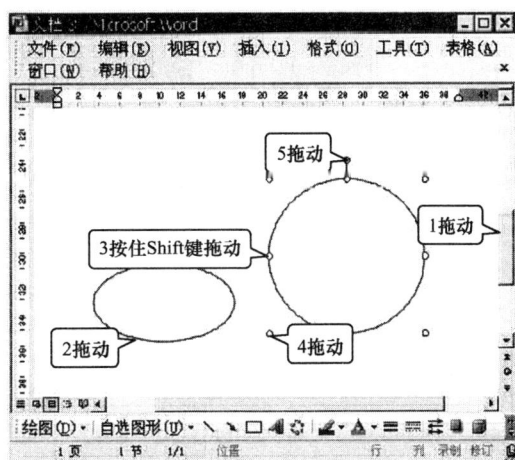

图 9.6.7　　　　　　　　　图 9.6.8

6.绘制与调整空心箭头

步骤 ①单击"自选图形\箭头总汇"。 ②单击"丁字箭头"图形。 ③拖动滚动条,找到文档的空白处。 ④拖动鼠标画出丁字箭头。 ⑤单击丁字箭头。 ⑥拖动**丁字箭头的控制点**,可以调整图形的大小。 ⑦拖动丁字箭头上的绿色控制点(在图 9.6.9中),可以旋转曲线。在图 9.6.9箭头总汇中的其他箭头的画法是一样的。星与旗帜、流程图、标注中各种图形的画法也同样如此。

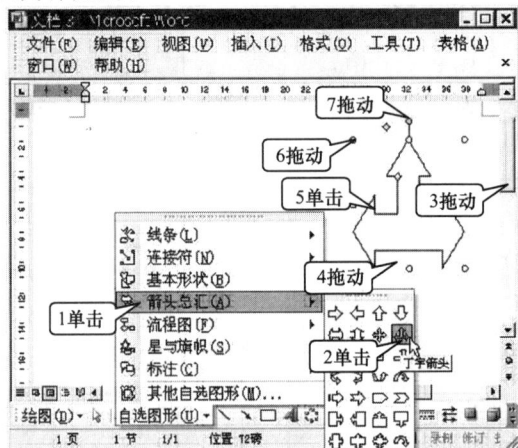

图 9.6.9

9.6.2 使用工具绘图

1.绘制直线、矩形

步骤 ①单击"直线"工具。 ②拖动滚动条,找到文档的空白处。 ③**拖动鼠标**,即可画出直线。 ④单击"矩形"工具。 ⑤拖动鼠标(在图 9.6.10 中),即可画出矩形。如按住 Shift 键拖动鼠标,就可以画出正方形。

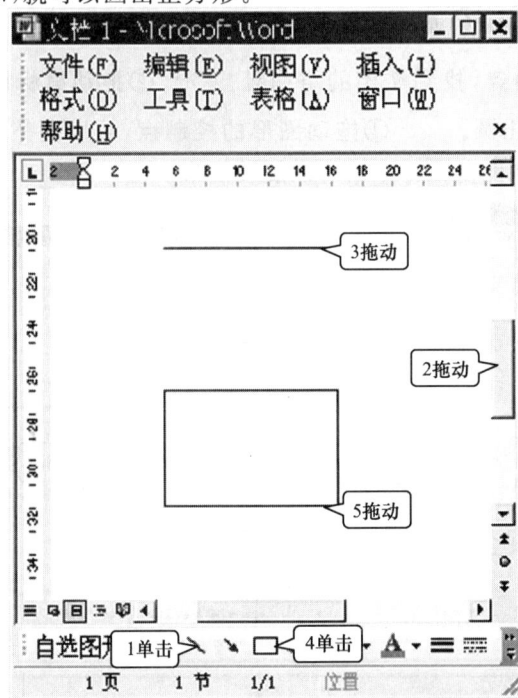

图 9.6.10

2.绘制圆、椭圆

🐦 **步骤**　①单击"椭圆"工具。　　②拖动滚动条,找到文档的空白处。　　③拖动鼠标,即可画出椭圆。　　④**按住 Shift 键拖动鼠标**(在图 9.6.11 中),就可以画出圆。

3.设置图形的颜色

🐦 **步骤**　①单击选中图形。　　②单击"线条颜色"按钮。　　③单击"绿色"(在图 9.6.12 中),就可将图形改为绿色。

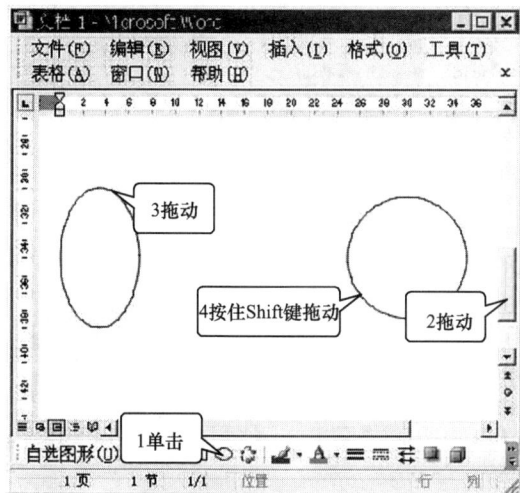

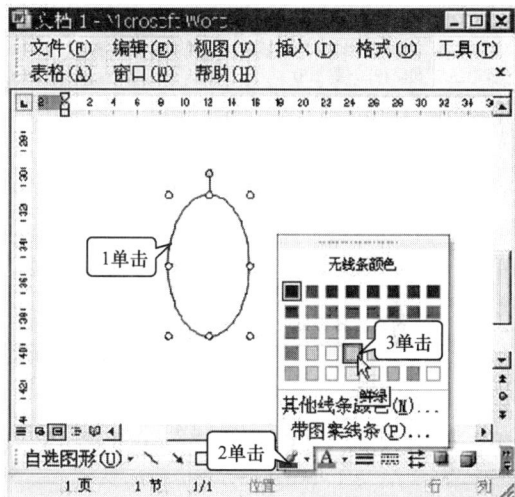

图 9.6.11

图 9.6.12

4.设置图形的线型

🐦 **步骤**　①单击选中图形。　　②单击"线型"按钮。　　③单击选择一种线型(在图 9.6.13中),则选中图形的线型就被设置成新的线型了。

5.设置图形的阴影

🐦 **步骤**　①单击选中图形。　　②单击"阴影样式"按钮。　　③单击选择一种阴影样式(在图 9.6.14 中),则选中的图形就被加上了阴影。

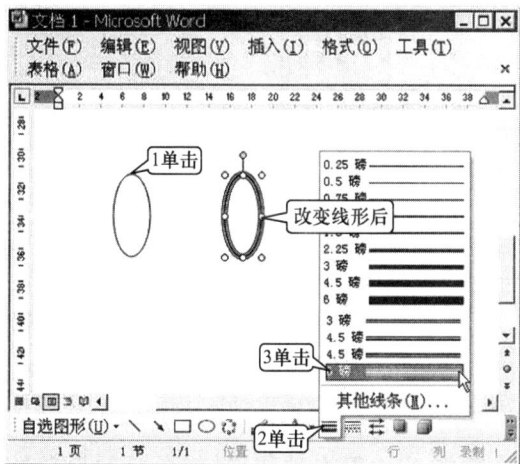

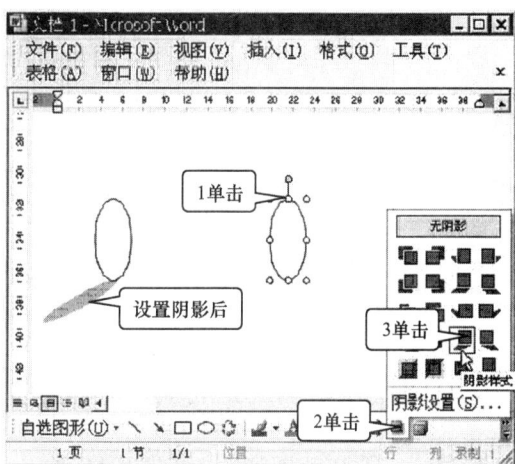

图 9.6.13

图 9.6.14

6.设置图形的三维效果

步骤 ①单击选中图形。 ②单击"三维效果样式"按钮。 ③单击选择一种三维效果,则选中的图形就被加上了三维效果(在图9.6.15中)。

7.设置图形三维效果颜色

步骤1 ①单击选中图形。 ②单击"三维效果样式"按钮。 ③单击"三维设置"(在图9.6.16中),出现图9.6.17所示的三维设置工具栏。

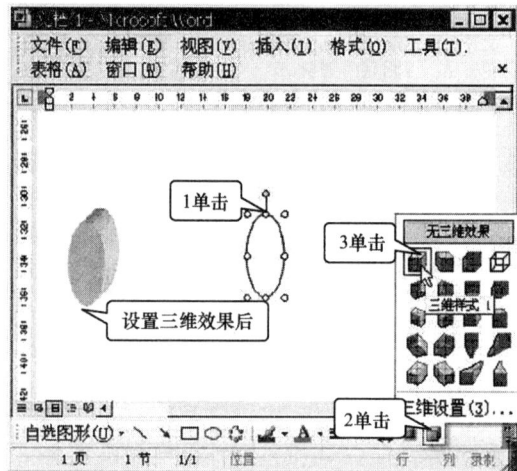

图 9.6.15

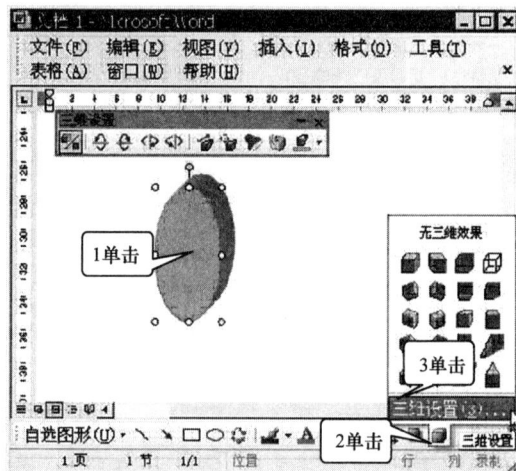

图 9.6.16

步骤2 ①单击三维设置工具栏上的"三维颜色"按钮。 ②单击"红色"(在图9.6.17中),结果见图9.6.17。

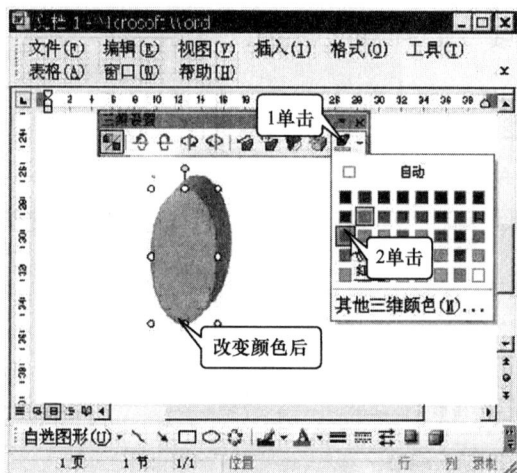

图 9.6.17

9.6.3 图形的复制、移动和删除

步骤 ①拖动图形,就可将其移动。 ②按住 Ctrl 键拖动图形,就可复制该图形。
③单击图形,再按 Delete 键(在图9.6.18中),就能将该图删除。

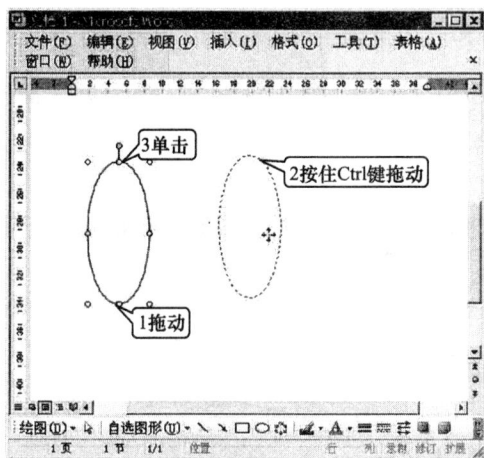

图 9.6.18

9.6.4　改变图形的叠放层次

如果将两个以上的图形叠放在一起的话，就可以构成新图形。当我们改变各个图形的叠放层次（次序）时，合成的图形就会发生变化。改变叠放层次（次序）的方法如下：

步骤 1　**画出两个重叠的椭圆**（在图 9.6.19 中）。

步骤 2　①**右击要改变层次的图形。**　②**单击"叠放次序＼置于底层"**（在图 9.6.19 中），则上层的图形就被叠放到后面去了，结果见图 9.6.19。如果单击"叠放次序＼置于顶层"的话，则是把后面的图形放到前面来。如果是多个图形叠放在一起的话，则每个图形都有自己所处的层次，当我们右击图形，再单击"叠放次序＼上移一层"时，就可以将图形层次提前一层。而当我们单击"叠放次序＼下移一层"时，就可以将图形层次后移一层。

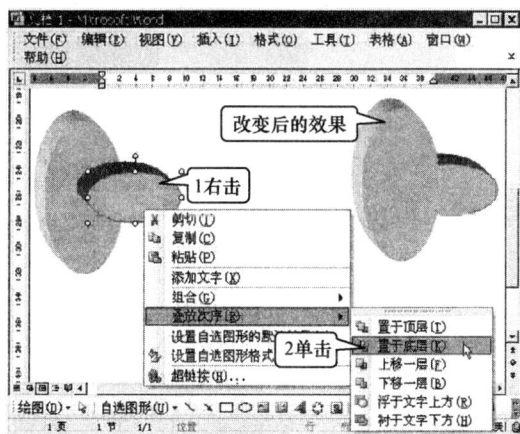

图 9.6.19

9.6.5　将多个图形组合成一个图形

如果有多个不同图形的话，我们可以将其组合成一个完整的图形，这样我们就可以将组合在一起的图形进行整体的移动、复制和删除。组合的方法如下：

步骤1 画出一个矩形和一个椭圆(在图 9.6.20 中)。

步骤2 ①单击选中矩形。 ②按住 Shift 键,单击选中椭圆。 ③右击选中的图形。 ④单击"组合\组合"(在图 9.6.20 中),刚才选定的两个图形就被组合成了一个整体图形。

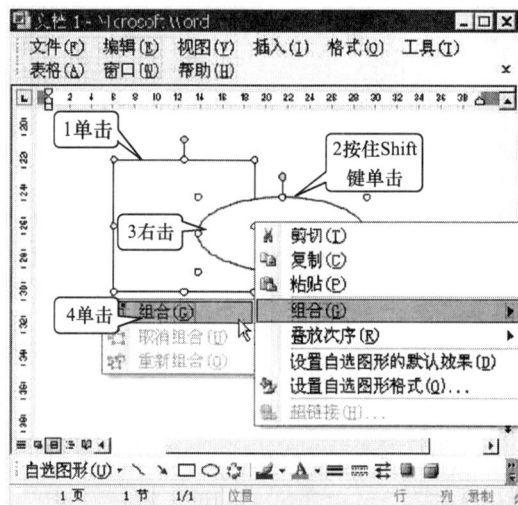

图 9.6.20

9.6.6 将组合的图形分解

如果要想把组合好的图形重新组合,或者是对它进行修改的话,则必须首先将其组合取消,然后再进行新的组合。其方法如下:

步骤 ①右击组合图形。 ②单击"组合\取消组合"(在图 9.6.21 中)。

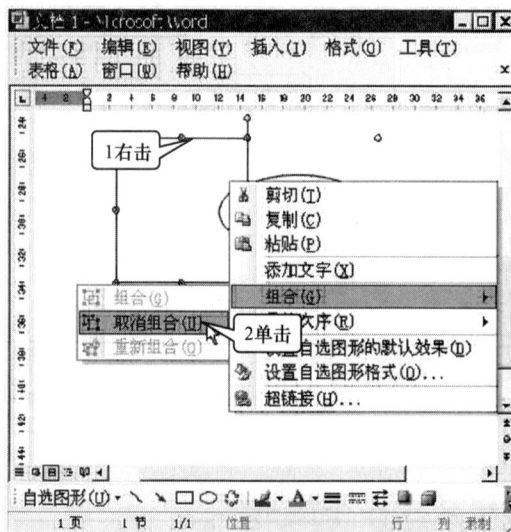

图 9.6.21

9.7 在文档中输入和编辑公式

Word 提供了一个专门的公式编辑器,用来输入数学公式。这个公式编辑器在安装 Office 时是默认不安装的。如果我们在下面的操作中找不到公式编辑器 Microsoft 公式 3.0 的话,就必须将公式编辑器安装上后,才能输入和编辑公式。

9.7.1 输入公式

步骤 1 ①在要插入公式的地方单击。 ②单击"插入\对象"。 ③拖动滚动条,找到"Microsoft 公式 3.0"。 ④单击"Microsoft 公式 3.0" ⑤单击"确定"按钮(在图 9.7.1 中),出现图 9.7.2 所示的"公式"工具栏。

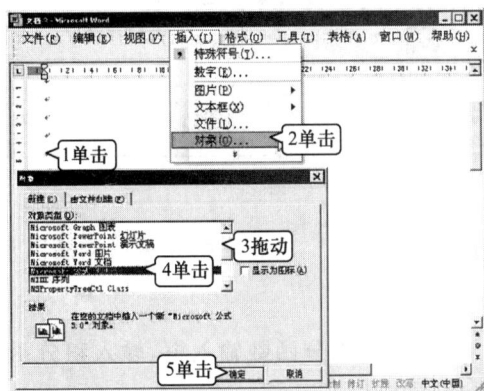

图 9.7.1

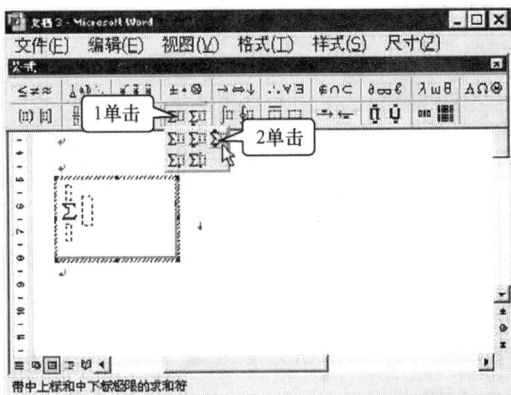

图 9.7.2

步骤 2 ①单击"求和模板"。 ②单击选择一种求和公式(在图 9.7.2 中),出现图 9.7.3 所示的求和公式。

步骤 3 单击"尺寸\定义"(在图 9.7.3 中),出现图 9.7.4 所示的对话框。用该对话框设置公式框的大小,这样就便于编辑公式。

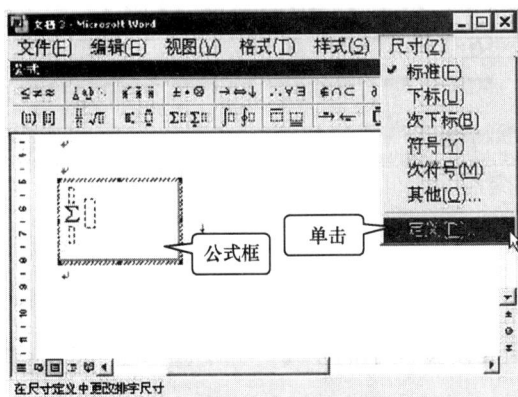

图 9.7.3

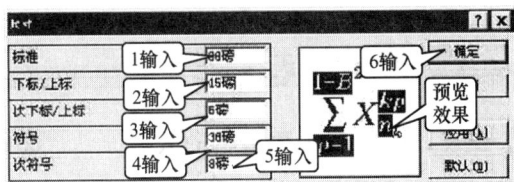

图 9.7.4

步骤 4 ①输入"38"。　②输入"15"。　③输入"6"。　④输入"38"。　⑤输入"8"。　⑥单击"确定"按钮（在图 9.7.4 中），结果见图 9.7.5。在图 9.7.4"尺寸"对话框右侧框内，还可以预览到设置后每一项的效果。

步骤 5 ①单击求和公式下方的虚线框，输入"N＝1"。　②单击求和公式上方的虚线框，输入"20"。　③单击求和公式内变量输入框，输入"Aₙ＋Bₙ＋"（在图 9.7.5 中），结果见图 9.7.6。

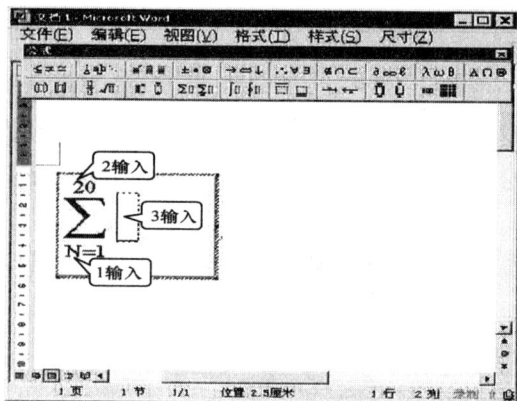

图 9.7.5

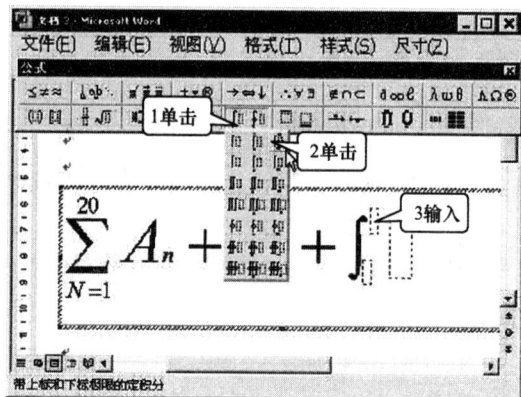

图 9.7.6

步骤 6 ①单击积分模板。　②单击定积分公式按钮。　③单击积分上限输入框，输入"8"（在图 9.7.6 中），出现图 9.7.7。

步骤 7 ①单击积分下限输入框，输入"1"。　②单击积分函数输入框，输入积分函数"xdx"（在图 9.7.7 中），结果见图 9.7.8。

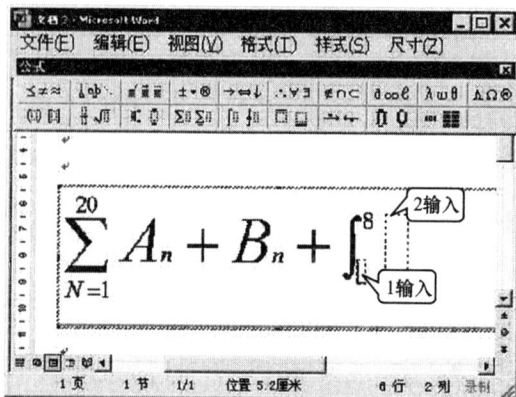

图 9.7.7

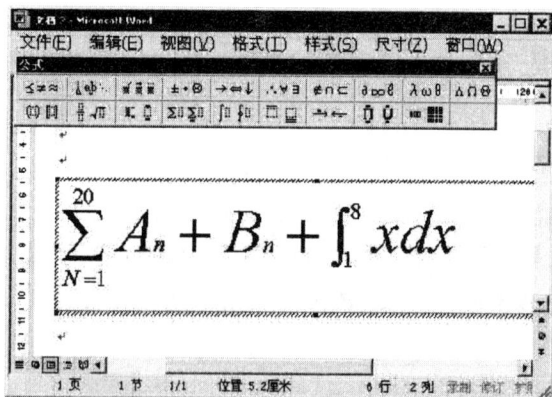

图 9.7.8

9.7.2 编辑公式

步骤 1 ①双击要编辑的公式。　②选定要设置大小的字母。　③单击"尺寸\其他"（在图 9.7.9 中），出现图 9.7.10 所示的"其他尺寸"对话框。

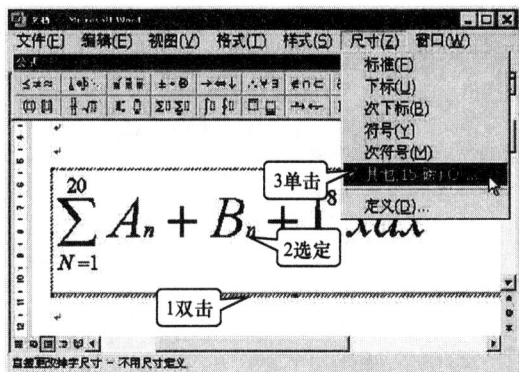

图 9.7.9

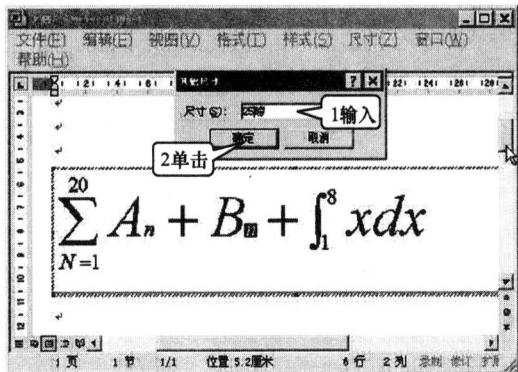

图 9.7.10

步骤2 ①输入"**25**"。 ②单击"确定"按钮（在图 9.7.10 中），则选中的"n"就被改变了大小，见图 9.7.11。修改公式里面的其他各项的方法一样如此。

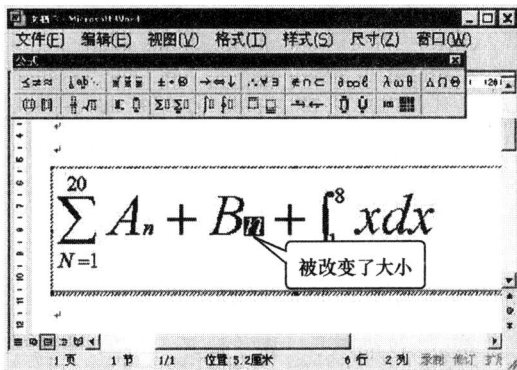

图 9.7.11

9.8 实用功能介绍

9.8.1 工具栏的打开与关闭

Word 提供的工具栏是可以根据需要调出或者关闭的，Word 提供工具栏的目的是便于操作，但是如果工具栏太多的话，也会影响我们选择工具。所以只有需要使用的工具栏，我们才把它放在窗口中，而不需要的工具栏，就可以把它关闭。打开和关闭工具栏的方法如下：

步骤1 单击"**视图\工具栏\常用**"（在图 9.8.1 中），出现图 9.8.2。注意图 9.8.1 中"常用"前面没有被勾选，表示该工具栏是被关闭的。单击以后就可以打开"常用"工具栏。同样格式、绘图、大纲、图片等其他工具的打开方法完全一样。

步骤2 单击"**视图\工具栏\常用**"（在图 9.8.2 中），注意图 9.8.2 中"常用"前面已被勾选，表示该工具栏已经被打开。这时单击"常用"的话就会关闭"常用"工具栏。

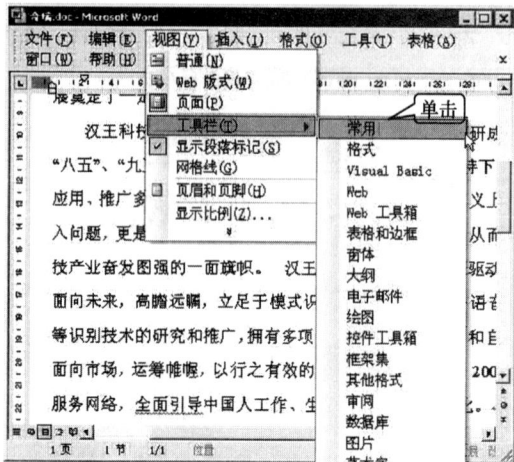

图 9.8.1

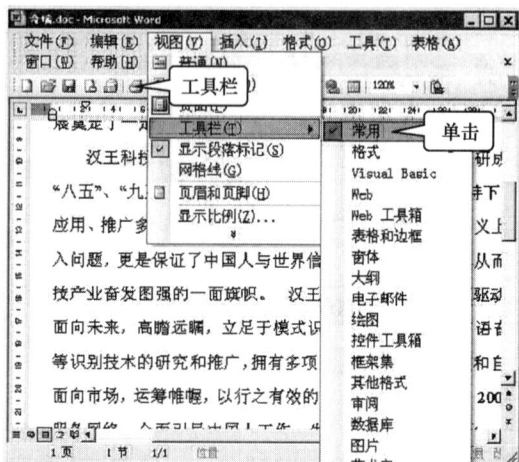

图 9.8.2

9.8.2 在文档中插入另一个文件的全部内容

当我们的文章中需要引用其他 Word 文件中的全部内容的话，我们就可以将其他 Word 文件的内容全部插入到我们正在编辑的文档当中。也就是说直接从硬盘上将文件的全部内容插入到我们所编辑的文档中，而不需要先打开文件，再作复制。这样相对比较方便一点。其操作如下：

步骤 1 单击"插入\文件"（在图 9.8.3 中），出现图 9.8.4。

步骤 2 ①单击"查找范围"下拉列表框，选择教材素材\Word 素材。 ②单击"汉王表格"。 ③单击"插入"按钮（在图 9.8.4 中），结果见图 9.8.5。这样就在文档中插入了"汉王表格"这个文件的全部内容了。

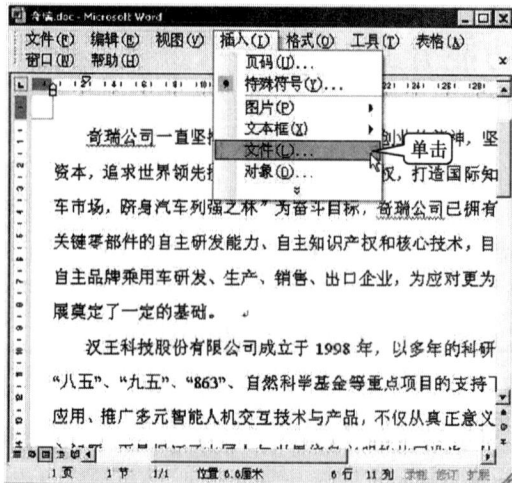

图 9.8.3

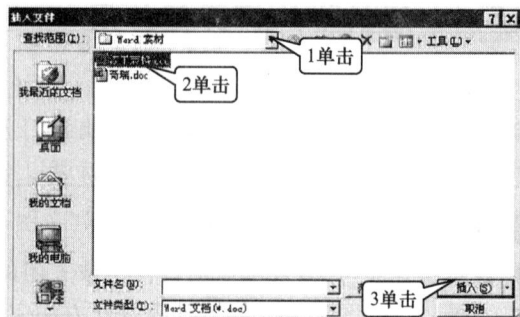

图 9.8.4

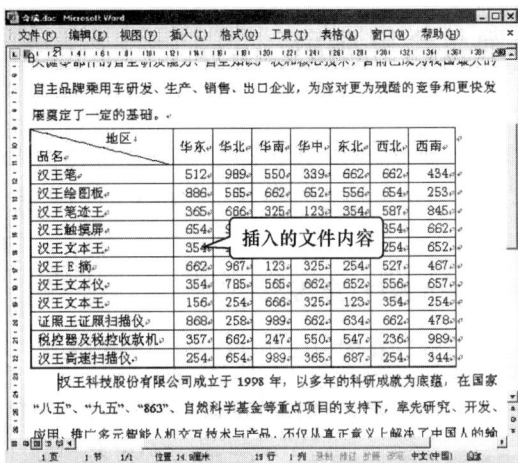

图 9.8.5

9.8.3　定时自动保存文档

当我们在输入文字时,输入的文字实际上并没有保存到硬盘上,而是在内存中。如果这时突然停电,我们输入的文字将全部丢失。所以比较安全的做法是:在我们输入一小段文字后,对文档进行一次保存操作。这样即使停电,我们所丢失的内容也只是在两次保存之间所输入的那部分文字。而这样做相对比较麻烦,因此我们希望由计算机来帮我们自动隔一段时间作一次这种保存。Word 就提供了这种功能,即定时自动保存文档的功能,只要进行如下的设置就可以实现这个功能。

步骤 1　单击"工具\选项"(在图 9.8.6 中),出现图 9.8.7。

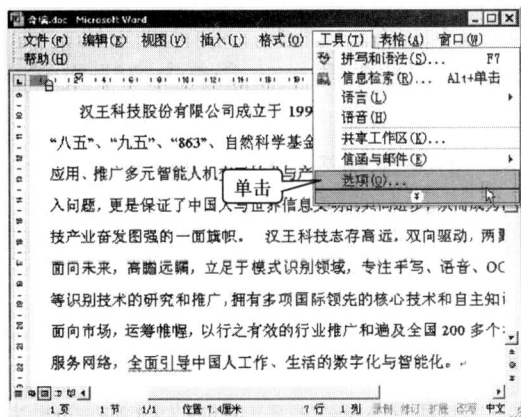

图 9.8.6

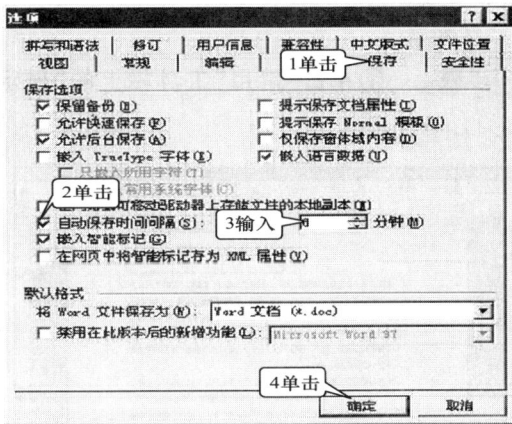

图 9.8.7

步骤 2　①单击"保存"选项卡。　②单击"自动保存时间间隔"复选框。　③输入"8",表示自动保存时间间隔为 8 分钟。　④单击"确定"按钮(在图 9.8.7 中)。这样在我们输入文档时,Word 就会每 8 分钟自动保存一次。但最好是设为 1 分钟自动保存一次。

9.8.4 调整显示比例与全屏显示

1. 调整显示比例

当屏幕上显示的文字比较小的话，我们可以通过调整显示比例来放大文字。同样当屏幕上显示的文字比较大的话，我们也可以通过调整显示比例来缩小文字。其操作如下：

方法一：

步骤 1 打开教材素材\Word 素材\奇瑞。

步骤 2 单击"视图\显示比例"（在图 9.8.8 中），出现图 9.8.9。

步骤 3 ①输入"75％"。　②单击"确定"按钮（在图 9.8.9 中），结果见图 9.8.10。

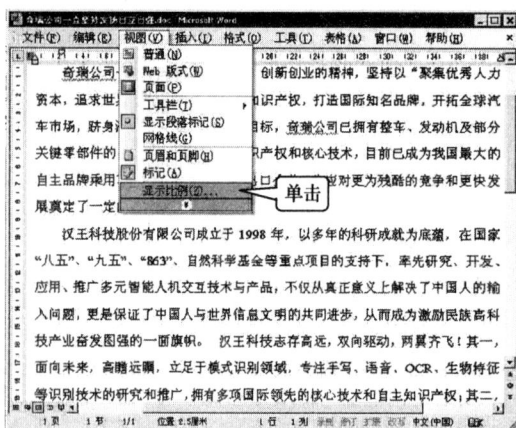

图 9.8.8

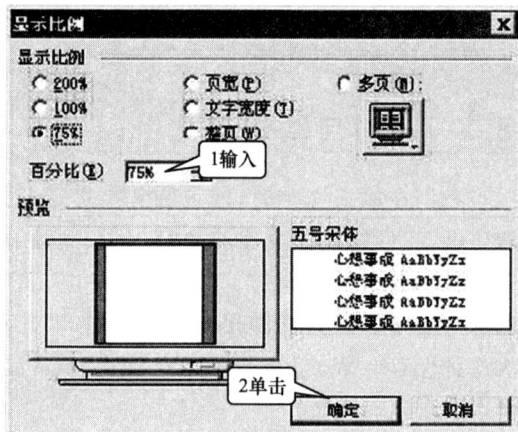

图 9.8.9

方法二：

步骤 ①单击"常用"工具栏上的"显示比例"下拉列表框。　②单击"75％"（在图 9.8.11 中）。

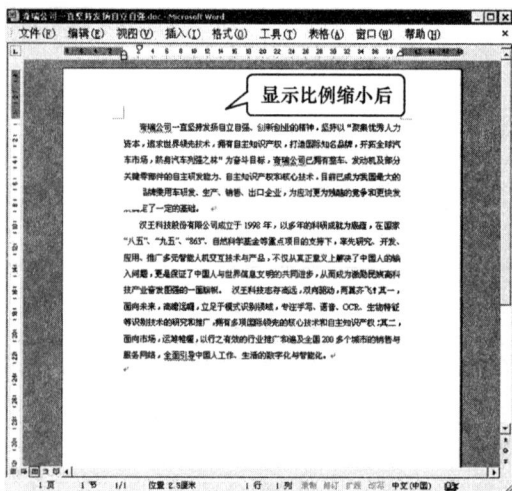

图 9.8.10

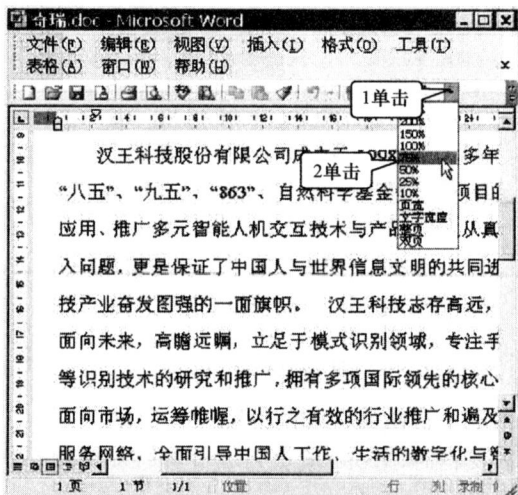

图 9.8.11

2. 全屏显示文档

在某些场合下需要将窗口的菜单栏、标题栏、边框等对象隐藏起来，而只显示文档中的文字。比如：在进行演讲或展示时，就需要只显示文字，隐藏菜单、标题栏等其他对象。这就需要用到全屏显示功能。设置全屏显示的方法如下：

步骤 1　单击"视图\全屏显示"（在图 9.8.12 中），结果见图 9.8.13。

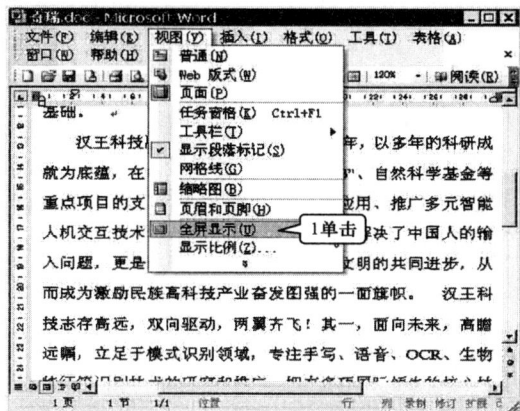

图 9.8.12

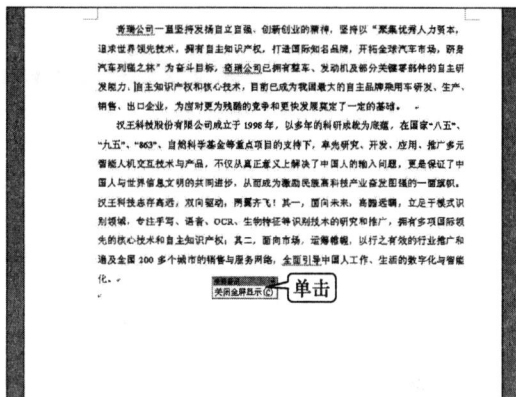

图 9.8.13

步骤 2　单击"关闭全屏显示"按钮（在图 9.8.13 中），就可以回到正常显示状态。

9.8.5　自定义工具栏

在进行某项操作时，使用工具栏，往往比使用菜单要方便一些。特别是对于要多次重复使用的命令而言，使用工具栏就更为方便。但是由于屏幕大小的限制，我们不可能将所有的命令都做成命令按钮放在工具栏上。通常我们是将自己经常使用的命令作为命令按钮放在工具栏上。对自己不常用的命令按钮，可以将其隐藏起来或将其重新显示在工具栏上。按照自己的要求来设置工具栏上的命令按钮就叫做自定义工具栏，其方法如下：

1. 添加命令按钮

步骤 1　单击"工具\自定义"（在图 9.8.14 中），出现图 9.8.15。

步骤 2　①单击"命令"选项卡。　②单击"格式"。　③拖动滚动条找到"左对齐"按钮。　④拖动"左对齐"按钮到工具栏上。　⑤单击"关闭"按钮（在图 9.8.15 中）。

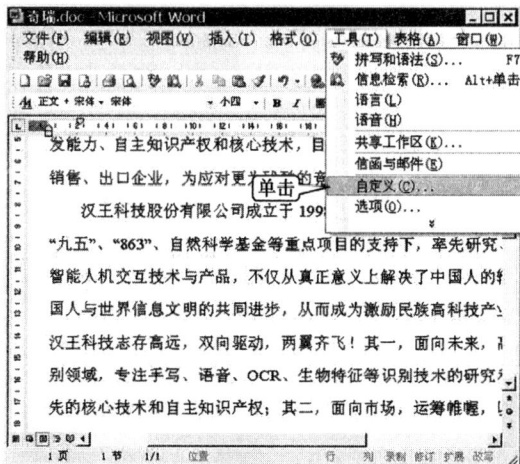

图 9.8.14

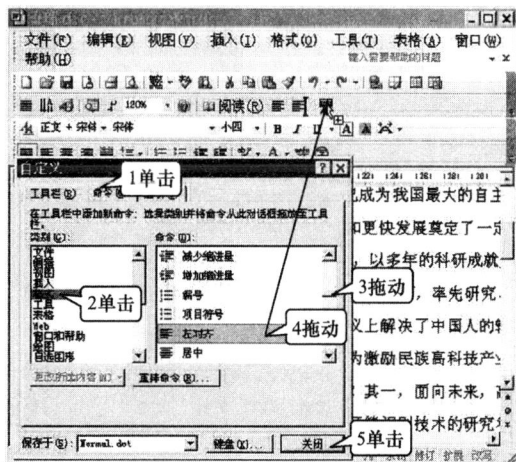

图 9.8.15

2.隐藏或显示命令按钮

步骤 ①单击"工具栏选项"按钮。 ②单击"添加或删除按钮\常用"。 ③单击"打印",则打印按钮就会被显示出。注意打印命令前没有被勾选,表示该命令按钮是隐藏的,单击它时就被显示在工具栏上了。 ④单击"格式刷"(在图9.8.16中),则格式刷命令按钮被隐藏。注意格式刷命令前已被勾选,它表示该命令按钮已经被显示,单击它就会在工具栏上隐藏该命令按钮。

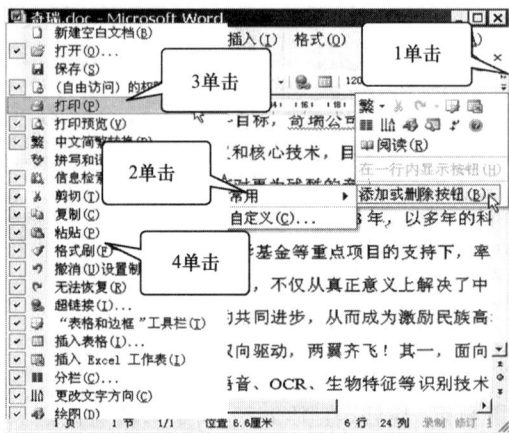

图 9.8.16

9.8.6 工具栏的显示、隐藏与移动

步骤1 ①单击"视图\工具栏\绘图",则绘图工具栏就会被显示出来。注意"绘图"命令前没有被勾选,表示该工具栏是隐藏的,单击它时工具栏就会被显示出来。 ②单击"视图\工具栏\格式"(在图9.8.17中),则格式工具栏被隐藏。注意"格式"命令前已被勾选,表示该工具栏已经被显示,单击它时工具栏就会被隐藏。

步骤2 ①在水平方向拖动工具栏的控制柄，就可以在水平方向展开或收缩工具栏的大小。 ②在垂直方向拖动工具栏的控制柄(在图9.8.18中),就可以将工具栏在垂直方向移动位置。

图 9.8.17

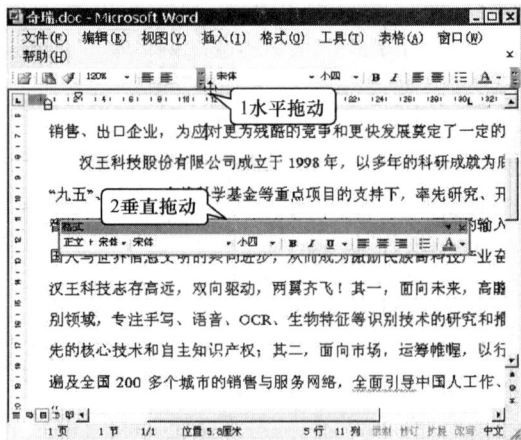

图 9.8.18

9.8.7　创建书籍的目录

步骤 1　新建一个空白文档。

步骤 2　①单击制表符按钮，直到出现"左对齐"制表符为止。　②将鼠标指向图 **9.8.19** 所示的标尺位置"**2**"处单击。　③单击制表符按钮，直到出现"右对齐"制表符为止。　④再将鼠标指向图 **9.8.19** 所示位置 **38** 处单击（在图 9.8.19 中）。这样就在标尺上的左边 2 和右边 38 处分别设置了左对齐和右对齐制表符。

步骤 3　①在左边第一个制表符位置单击。　②输入文字，然后按 **Tab** 键，以跳到下一个制表位。　③输入页码，然后按回车键（在图 9.8.20 中），以跳到下一行的第一个制表位，开始第二行的输入。后面的操作同第一行输入时完全一样，输入完后的结果见图 9.8.20。

图 9.8.19

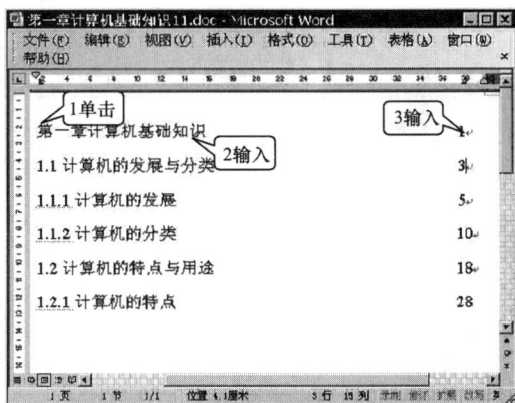

图 9.8.20

步骤 4　①选定上面输入的文字。　②单击"格式\制表位"（在图 9.8.21 中），出现图 9.8.22。

步骤 5　①输入"**2**"。　②单击"左对齐"单选钮。　③单击"无"单选钮。　④单击"设置"按钮，这样就设置了在第 2 个字符处的制表位为左对齐，并且该制表位字符前面没有前导符（在图 9.8.22 中）。

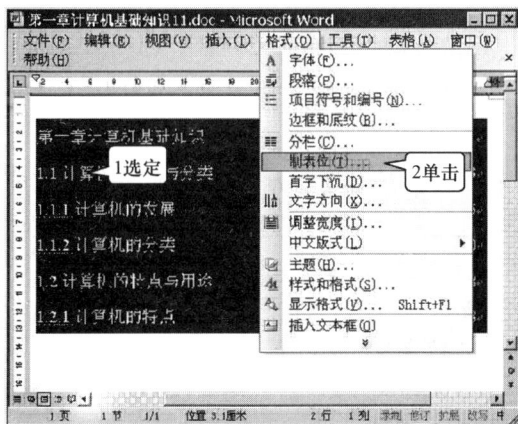

图 9.8.21

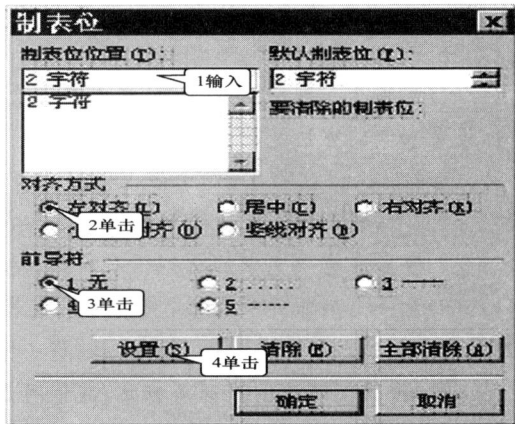

图 9.8.22

步骤 6　①输入"38"。　②单击"右对齐"单选钮。　③单击"5⋯⋯"单选钮。

④单击"确定"按钮(在图9.8.23中),这样就设置了在第38个字符处的制表位为右对齐,并且该制表位字符前面有前导符"⋯⋯",结果见图9.8.24。

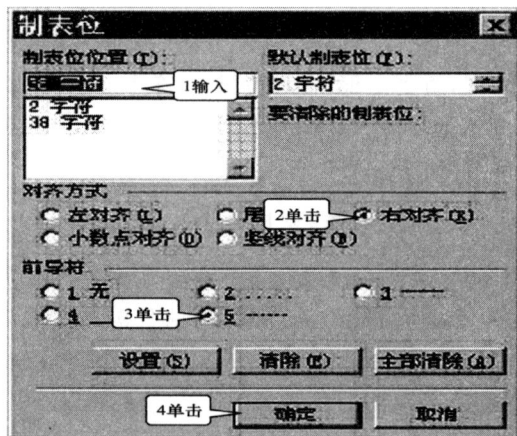

图9.8.23

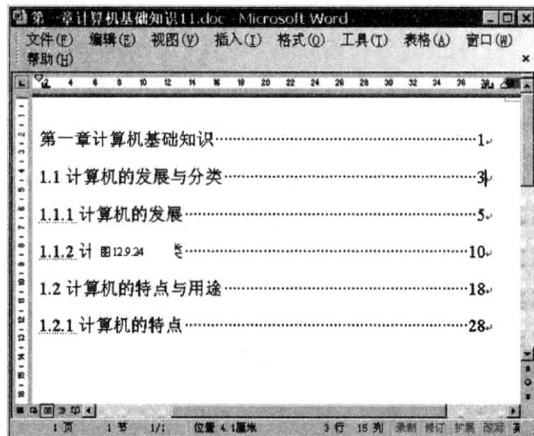

图9.8.24

习 题 9

1.填空题

(1)为增加文字的美感,可设置文字的_____效果。

(2)设定特大号的字的方法是在_____栏中输入字号对应的_____。

(3)为了查找文字信息的方便,我们可以采取快速定位的方法来迅速地找到所要查看的_____或_____中的文字内容。

(4)边框和底纹可以用来美化文档,同时也可以起到使文字突出和醒目的作用,增加读者对文档不同部分的兴趣和注意程度。我们可以为表格、_____、图片等设置边框和底纹。

(5)样式是一种预先设置好的一组格式参数的集合。我们把_____的格式、_____的格式参数事先设置好,并给这些参数的集合起一个名称,这个名称就是样式名。

(6)Word提供了多种文体的模板,比如报告、传真、通知、申请等。利用_____我们就省去了写作某一种文体时,要对其进行的_____工作,以及掌握各种文体所必需的写作格式和方法。

(7)水印是一种特殊的背景,当用户在页面上创建水印后,它在页面上是以_____显示的,设置水印的方法是单击_____。

(8)在Word文档中,对于一个做好的表格,我们可以对它进行美化,如设置表格的边框线和_____、改变行_____和列_____、同时将_____行(_____列)设为相同的行高(列宽)、改变表格中文字的排列_____、在表中加斜线等。

(9)对一个制作好的表格,我们可以在表格中插入_____和_____,删除行和列。还可将多个_____合并为一个单元格,将一个单元格拆分为_____单元格。

(10)为了使文档的内容多样化,我们可以在文档中加入_____、图片、_____素材,从而使文档变成一个多媒体的文档。

(11)用文本框对图片进行标注后，当我们拖动图片时，_____并不随图片一起挪动。如将_____与_____组合起来，图片和文本框就可以一起挪动了。

(12)绘图工具，可以帮助我们在文档中绘制各图形、_____、流程图、_____、箭头等。

(13)Word 提供了一个专门的_____编辑器，用来输入数学公式。

(14)Word 提供的工具栏是可以根据需要_____或者关闭的。

(15)在需要转换为表格的文本中，被选定的文本之间必须用_____、空格或者是制表符分隔。

(16)当我们需要在图片上插入文字说明时，不能使用常规输入文本方法输入文字，而是要用插入_____的方法来实现。

(17)将图片与文本框组合起来的操作是：①单击图片。②按住_____或_____键，单击文本框。③右击图片。④单击_____，就可将选中的文本框、图片组合为一个整体。当我们觉得组合得不满意时，也可以将_____取消。

2. 操作题

(1)利用教材素材\Word 素材\Word 习题素材下的素材制作一个具有水印、艺术字、声音、视频的多媒体文档。

奇瑞五娃系列亮相北京车展　为奥运助威

北京车展开幕即将拉开，各大厂商也不断忙里忙外，其中奇瑞汽车更是"全家动员"。在全中国的奥运年里，奇瑞将以庞大的参展群体为北京奥运献上一份大礼——奇瑞"多彩五娃（Faira）"。包含了多种车型的奇瑞五娃系列，以迎合奥运的吉祥物五福娃为蓝本，开拓出小车族中的"多彩五娃"车系，将为北京车展增添无数亮点。

品名 ＼ 地区	华东	华北	华南	华中	东北	西北	西南
奇瑞 A3	357	662	247	550	547	236	989
奇瑞东方之子	254	654	989	365	687	254	344
奇瑞 V5	652	556	652	123	339	512	556
奇瑞 开瑞	123	666	123	339	556	254	254
奇瑞风云	666	254	652	512	666	339	512
合计	2052	2792	2663	1889	2795	1595	2655

◆Faira BB 是奇瑞五娃中的小弟弟，不但车身尺寸最小，而且它也将是一款三门两座的"二人汽车"。其动感可爱的造型，小巧玲珑的体态正符合五娃所要表达的思想，大灯大嘴的形象一如家族前辈弟兄。据悉，Faira BB 将会使用奇瑞自主研发的 1.1L 472 型发动机，并很好地满足高档、舒适、省油、安全等一应俱全的享受。

◆Faira JJ 是一款缩水的小型 SUV。简约大方的设计造就了 Faira JJ 的豪华 SUV 气派，流畅的线条，动态的造型很好地诠释了小 SUV 的精华。该车型不但拥有华美的外表，内饰以及配置更带有足够的现代高科技技术，是都市年轻人追求时尚前卫的不二之选。

◆Faira HH 将是一款紧凑的经济性三厢小车,其定位类似于 QQ6(图库 论坛)。除了拥有五娃系列独特的卡通可爱气质外,Faira HH 在前脸的设计更是大胆地创新,将前格栅缩小到了只能安放一个徽标,而宽阔的下进气口又形成了强烈的反差,晶莹剔透的大灯更光彩照人,整个造型给人的印象深刻。Faira HH 将可能会配备奇瑞的 ACTECO1.3L 发动机,为这款小车带来足够的推力。

(2)制作下面的表格。

20 全国英语四、六级考试报名汇总表

主管单位盖章_____ 级别_____ 日期 20___年___月___日

序号	姓名	身份证号	性别	年龄	所属系部	联系电话

注:此表由各系主管教学的负责人签字上报。

(3)制作下面的表格。

电器服务中心

服务人员填写	品牌	产品名称	型号	故障现象		
	响应时间	处理时间	完毕时间			
				用户姓名	联系电话	QQ号
	配件名称型号					
			家庭住址			
			收费合计		元	
用户填写						
用户意见		非常满意( )满意( )不满意( )非常不满意( )				
用户确认签字		备注				

(4)制作下面的请假条。

请 假 条

尊敬的＿＿＿＿老师：

　　我是＿＿＿＿级＿＿＿＿班学生＿＿＿＿＿＿，因＿＿＿＿＿＿＿＿＿＿＿

＿＿＿＿＿＿＿＿，特向您请假＿＿＿＿＿（多久），请假时间为＿＿＿＿年＿＿＿＿月＿＿＿＿日

＿＿＿＿至＿＿＿＿。离校期间一切安全责任由我（学生本人）自负，请您准假！

教师意见：

　　　　　　　　　　　　　　　　　　　　　请假人：＿＿＿＿＿＿

　　　　　　　　　　　　　　　　　　　　＿＿＿＿年＿＿月＿＿日

————————————沿—此—线—剪—(撕)—开————————————

(5)制作下面的贺卡。

第10章 电子表格制作软件 Excel 进阶

10.1 单元格设置

数字、日期、时间,在工作表的内部都以纯数字储存。当要显示在单元格内时,就会根据该单元格所规定的格式显示。若单元格没有设定过格式,则该单元格使用通用格式,此格式将数值以最大的精确度显示出来。当数值很大时,用科学记数法表示,例如:1.23E+12(相当于1.23×10^{12})。单元格的宽度如果太小,无法以所规定的格式将数字显示出来时,单元格会用♯号填满,如果将单元格的宽度加宽,就可使数字显示出来。

10.1.1 数据格式的设置

默认情况下,在键入数值时,Excel 查看该数值,并将该单元格适当地格式化即设定为输入数据对应的格式。例如:当键入 $3000 时,Excel 会格式化成 $3,000(货币格式),当键入 1/4 时,Excel 会显示 1 月 4 日(日期格式),当键入 45%时,Excel 会认为是 0.45,并显示 45%(百分比格式)。但 Excel 认为适当的格式不一定是正确的格式。例如:单元格键入日期后,该单元格就被设定为日期格式,若以后再用该单元格存入数字的话,Excel 会将数字认定为日期,并以日期格式显示,这样就会产生错误。这时我们就需要利用"格式"菜单重新设置单元格的数字显示方式,使单元格中的内容能正确显示。

Excel 中将数字的格式分类为 12 种,分别为常规、数值、货币、会计专用、日期、时间、百分比、分数、科学记数、文本、特殊和自定义。这样分类的目的是为了适应不同情况下对数字阅读的方便。比如财务上对数字的写法就和我们日常生活中的写法不一样,因此财务数据显示有其特殊性,所以我们就需要将单元格设置为货币或者是会计专用格式类型。当我们在设定了这样类型的单元格中输入数据时,它的显示方式就完全符合财务上的要求。我们可以根据不同的需要来设置单元格的数字格式,下面就介绍设置的方法(以教材素材\Excel 素材\汉王为例进行操作):

1.设置"数值"格式

设置"数值"格式的操作步骤如下:

✍ 步骤 1 ①选定单元格(选定所要设置的单元格区域即 D 列)。 ②单击"格式\单元格"(在图 10.1.1 中),出现图 10.1.2 所示的对话框。

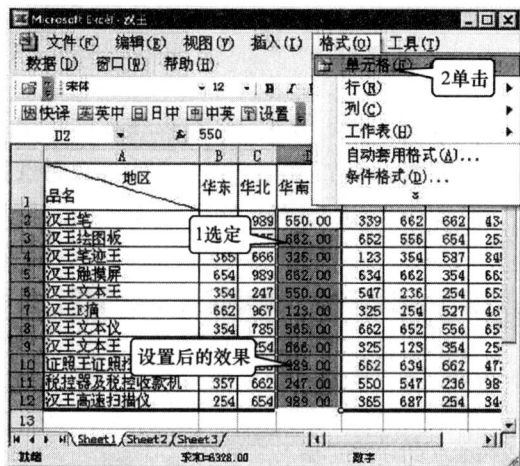

图 10.1.1

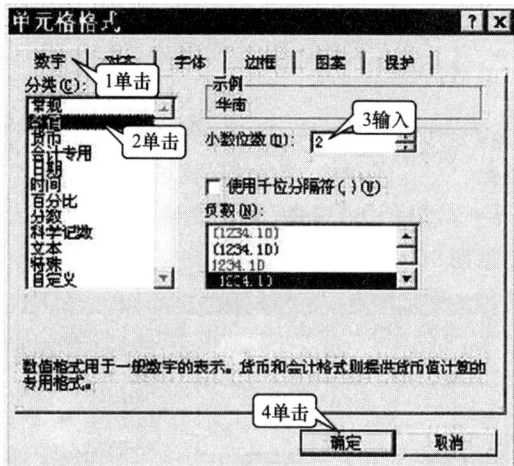

图 10.1.2

步骤 2　①单击"数字"选项卡。　　②单击"数值"。　　③输入"**2**",以设定显示的小数位数。　　④单击"确定"按钮(在图 10.1.2 中),效果见图 10.1.1。从图中可以看出 D 列所有的数字都变为以保留两位小数的形式显示了。

2.设置"常规"格式

Excel 中单元格的数字格式默认为"常规",其格式特点是:文本左对齐,数字右对齐(参见图 10.1.3)。如果单元格数字的显示格式不是常规格式的话,我们也可以把它重新设置为常规格式,其方法如下:

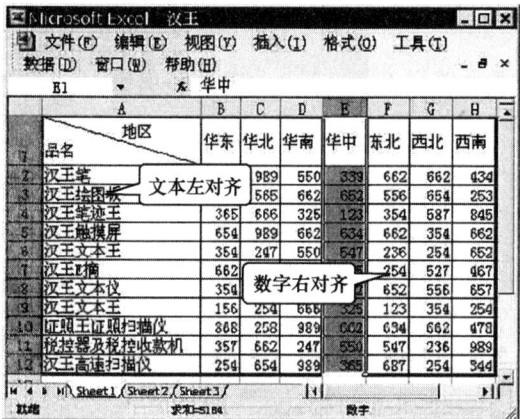

图 10.1.3

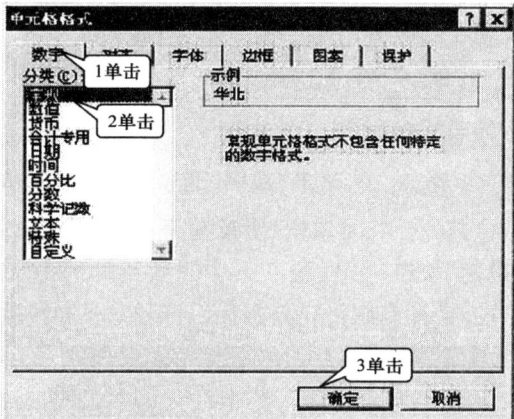

图 10.1.4

步骤 1　①选定单元格。　　②单击"格式\单元格"(参见图 10.1.1),出现图 10.1.4 所示的对话框。

步骤 2　①单击"数字"选项卡。　　②单击"常规"。　　③单击"确定"按钮(在图 10.1.4 中),常规格式显示的结果见图 10.1.3。

3.设置"货币"格式

在财务报表中有时需要把数字设置为货币格式,以符合行业要求。设置货币格式的操作步骤如下:

步骤 1 ①选定单元格。　　②单击"格式\单元格"（在图 10.1.5 中），出现图 10.1.6 所示的对话框。

步骤 2 ①单击"数字"选项卡。　　②单击"货币"。　　③输入"2"，以设定显示的小数位数。　　④单击"货币符号（国家/地区）"下拉列表框，选择货币符号"￥"。　　⑤单击选择"￥－1,234.10"形式，设定数字显示的形式。　　⑥单击"确定"按钮（在图 10.1.6 中），效果参见图 10.1.5。

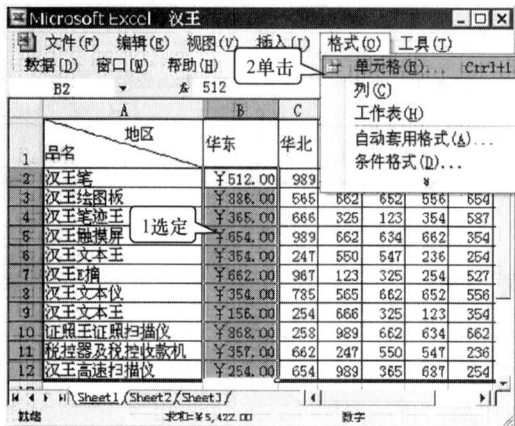

图 10.1.5

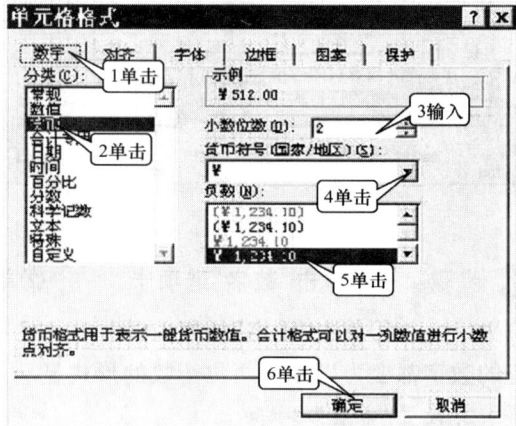

图 10.1.6

4. 设置"会计专用"格式

"会计专用"格式可以对一列的数值进行货币符号和小数点的对齐，这样便于阅读数据。在操作之前请把 C2 单元格中的数字改为"1989"，设置"会计专用"的操作步骤如下：

步骤 1 ①选定单元格。　　②单击"格式\单元格"（在图 10.1.7 中），出现图 10.1.8 所示的对话框。

步骤 2 ①单击"数字"选项卡。　　②单击"会计专用"。　　③输入"2"，以设定显示小数位数。　　④单击"货币符号（国家/地区）"下拉列表框，选择货币符号"￥"。　　⑤单击"确定"按钮（在图 10.1.8 中），效果见图 10.1.7。可以看出会计专用格式和货币格式是有区别的，会计专用格式具有货币符号对齐和小数点对齐的特性。

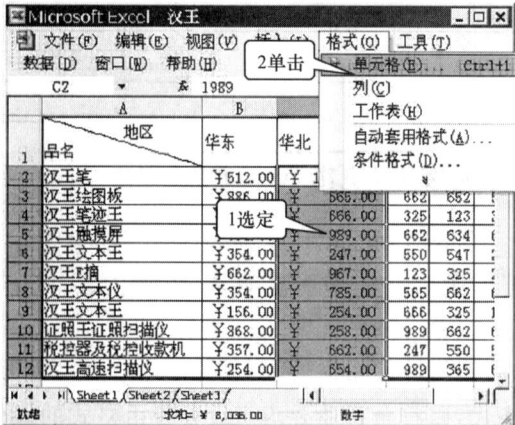

图 10.1.7

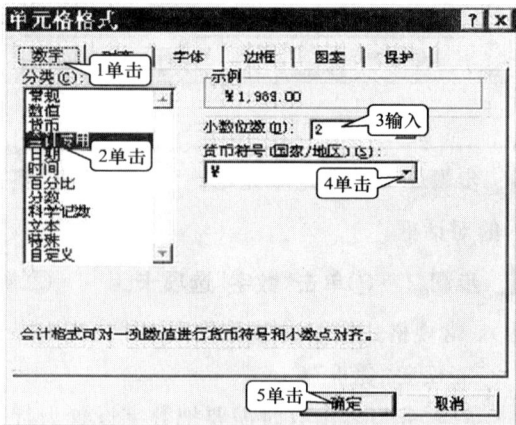

图 10.1.8

5.设置"日期"格式

在图 10.1.9 单元格格式对话框中,如果将单元格设置为"日期"格式的话,那么输入到单元格中的数据将被视为日期,同时 Excel 将输入的数值自动转换为相应的日期值。其转换规则是以 1900-0-0 为起点来转换的,输入的数值将和 1900-0-0 相加而得出日期。例如在单元格中输入数值"1"。则单元格中就显示对应的日期值"1900-1-1",它是 1900-0-0 加 1 天得出的。又如在单元格中输入数值"512",单元格中就显示对应的日期值,即对应 "1900-0-0"之后 512 天所对应的日期,即"1901-5-26"。设置"日期"格式的操作步骤如下:

步骤 1　①选定单元格(选定图 10.1.10 中的 A9 单元格)。　②单击"格式\单元格"(参见图 10.1.7),出现图 10.1.9 所示的对话框。

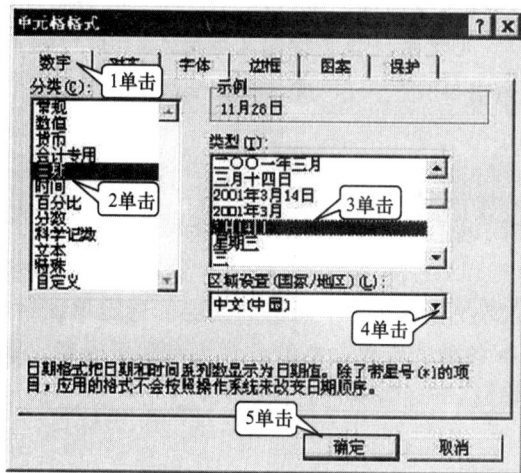

图 10.1.9

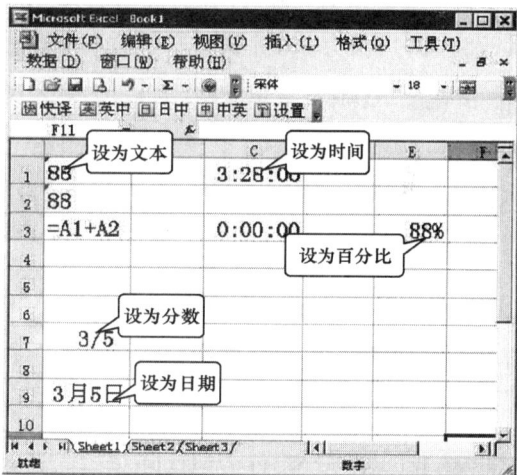

图 10.1.10

步骤 2　①单击"数字"选项卡。　②单击"日期"。　③单击选择"3 月 14 日"(在"类型"框中有多种日期的表示方式,你可以根据需要选择你喜欢的日期表示方式,这里选择"3 月 14 日"这种方式)。　④单击选择"中文(中国)"。　⑤单击"确定"按钮(在图 10.1.9 中)。

步骤 3　在 A9 中输入"3/5"。

步骤 4　按回车键,则 A9 就显示为"3 月 5 日"(见图 10.1.10)。

读者可以试着在 A9 中输入"8",即可看到显示的是"1 月 8 日"。如果在图 10.1.9 所示的对话框中选择了"2001 年 3 月 14 日"这种方式的话,则在 A9 中输入"8"时显示的就是"1900-1-8"。

6.设置"文本"格式

设置文本格式的方法同前面的操作一样,所不同的就是在图 10.1.9 中的"分类"框中要选择"文本",如果将单元格设置为"文本"格式的话,单元格中输入的所有字符都被视为文本。例如我们在图 10.1.10 中的 A1、A2 单元格输入了"88",但是由于这两个单元格被设置为文本格式,所以这两个 88 就被视为文本,它们是不能作为数据进行运算的。虽然我们在 A3 单元格设置了一个数学公式"=A1+A2",但这时我们就会发现这个公式无法进行运算,其原因就是 A1、A2 单元格被设为了文本格式。

7.设置"时间"格式

如果将单元格设置为"时间"格式的话,单元格中输入的所有数字都被视为时间,并显示为时间。设置时间格式的操作如下:

步骤1 ①选定单元格。 ②单击"格式\单元格",出现"单元格格式"对话框。

步骤2 ①单击"数字"选项卡。 ②单击"时间"。 ③单击选择"13:30:55"(在"类型"框中有多种时间的表示方式,你可以根据需要选择你喜欢的时间表示方式,这里选择"13:30:55"这种方式)。 ④单击"确定"按钮。

10.1.2 将数字作为文本输入

在 Excel 中输入邮政编码、数字编号、学号时,若编号前面有 0,如 07001,Excel 会自动将其改为 7001(因为 Excel 认为开始的 0 没有意义)。此时需将数字作为文本输入,其操作如下:

步骤 ①双击某单元格。 ②输入英文单引号"′"。 ③输入编号"07001"。

10.2 单元格的选定

在 Excel 中在对数据进行编辑、处理前,首先要做的就是对单元格的选定。选定单元格的方法有多种,每一种方法都有其适应的场合。掌握各种选定单元格的方法将有利于提高效率,更好地灵活应用 Excel(下面以教材素材\Excel 素材\奇瑞为例进行操作)。

10.2.1 选定工作表中所有单元格

步骤 单击行号和列号的交汇处,见图 10.2.1。

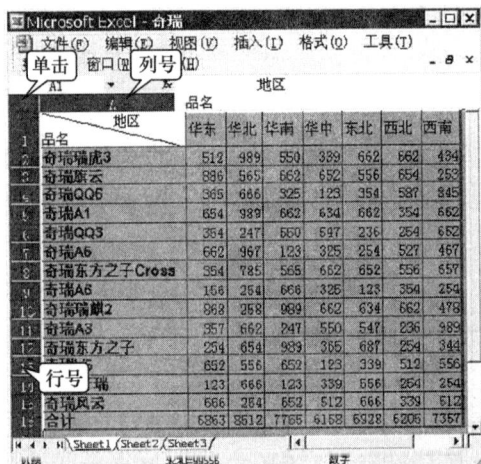

图 10.2.1

10.2.2 选定不相邻的单元格或单元格区域

利用鼠标拖动可以选定相邻单元格区域。若要选定不相邻的单元格或单元格区域,则操作方法如下：

🦫 **步骤**　①拖动选定 **B2：B8** 单元格区域。　②按住 **Ctrl** 键的同时拖动鼠标，以选定 D10：D13 单元格区域。　③按住 **Ctrl** 键同时拖动鼠标，以选定 **E7：F8** 单元格区域（在图 10.2.2 中）。

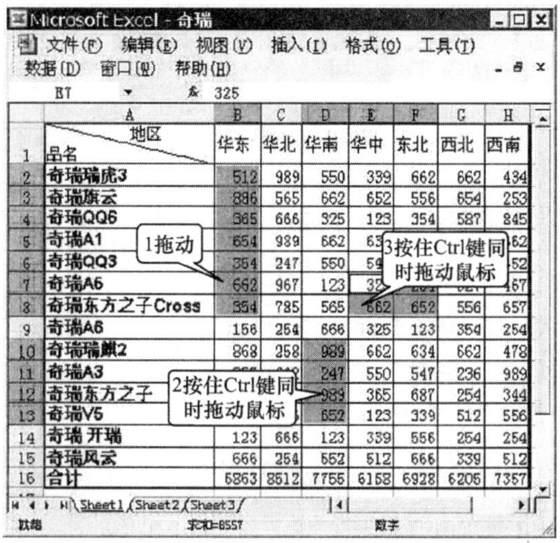

图 10.2.2

10.2.3　选定整行、整列

Excel 的工作表中一行上面共有 256 个单元格，一列上面共有 65536 个单元格。选定整行、整列的操作如下：

🦫 **步骤**　①单击行号。　②单击列号（在图 10.2.3 中）。

10.2.4　选定相邻的行或列

🦫 **步骤**　①单击第一个行号（或列号）。　②按住 **Shift** 键同时单击所选区域的最后一行的行号（或最后一列的列号）（在图 10.2.4 中）。

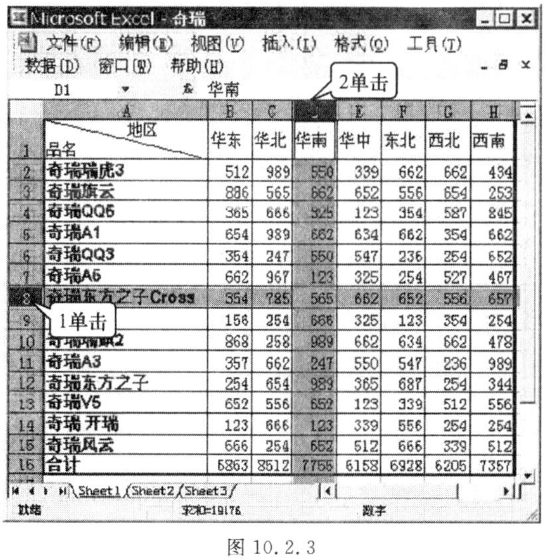

图 10.2.3

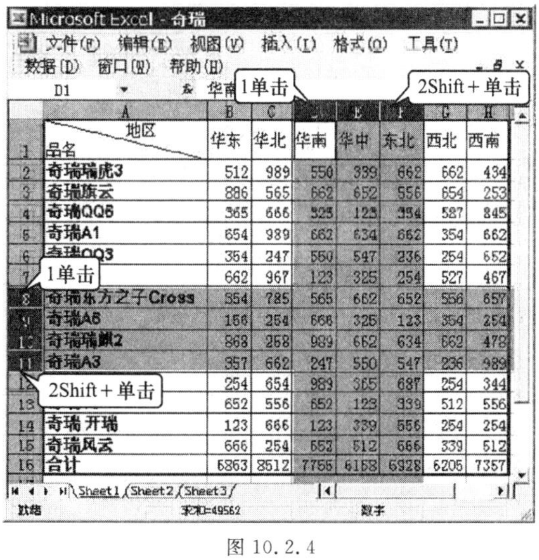

图 10.2.4

10.2.5　选定不相邻的行或列

步骤　①单击第一个行号 **8**（或列号 **C**）。　②按住 **Ctrl** 键，同时单击第二个行号 **10**（或列号 **E**）。　③按住 **Ctrl** 键，同时单击第三个行号 **12**（或列号 **G**）（在图 10.2.5 中）。

图 10.2.5

10.2.6　增添选定区域中的单元格

步骤　①拖动选定一块区域。　②按 **Ctrl** 键，同时单击 **F11**、**E10**、**E12** 单元格（在图 10.2.6 中）。这样就可以在选定的单元格区域之外，又将 F11、E10、E12 这些单元格增加到选定的区域中了。

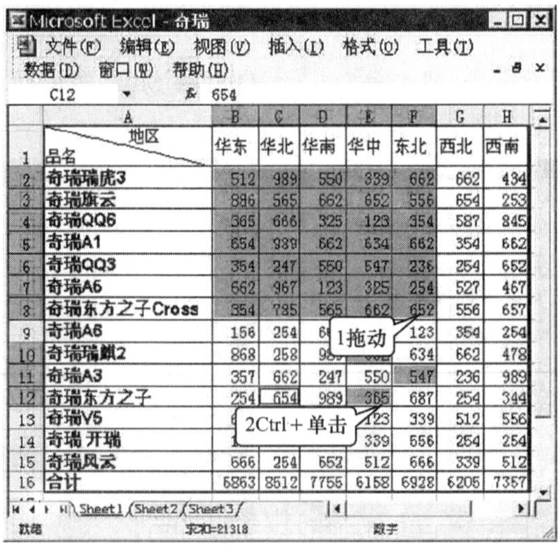

图 10.2.6

10.2.7　选定较大区域的单元格

当需要选取的区域较大时,比如选取 A1：T150,即第 1 行第 1 列到第 150 行第 T 列这个较大的区域。若用鼠标拖动的方法显然不方便。快速而实用的方法是:

步骤 1　单击要选定区域左上角的单元格 A1。

步骤 2　拖动水平滚动条和垂直滚动条,使鼠标指向所选区域右下角单元格 T150 的位置。

步骤 3　按 Shift 键,再单击 T150 单元格。

10.3　单元格和工作表的各种操作

10.3.1　单元格批注

1. 给单元格加批注

默认情况下,Excel 中的单元格是不加批注标记的。但我们可以根据实际的需要来给单元格设置批注,以便对单元格的内容附加说明。设置批注的操作步骤如下(下面以教材素材\Excel 素材\奇瑞为例进行操作):

步骤 1　单击选定 **B16 单元格**(在图 10.3.1 中)。

步骤 2　单击"插入\批注"(在图 10.3.2 中),出现图 10.3.3 所示的默认批注格式。

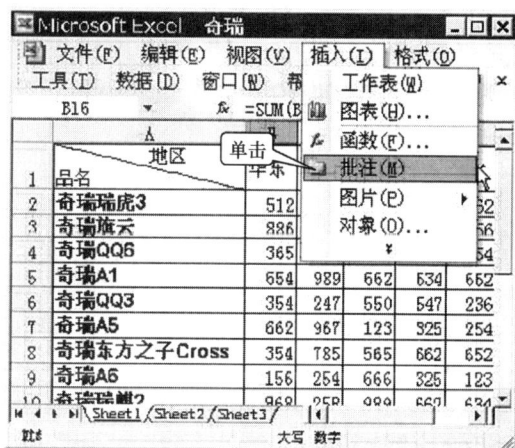

图 10.3.1　　　　　　　　　　　　　　　　图 10.3.2

步骤 3　①输入新批注"华东地区销售数量合计"。　②在批注框外单击鼠标(在图 10.3.4 中)。加上批注的单元格会在右上角显示一个红三角,当我们用鼠标指到该单元格时批注的内容就会显示出来,见图 10.3.5。

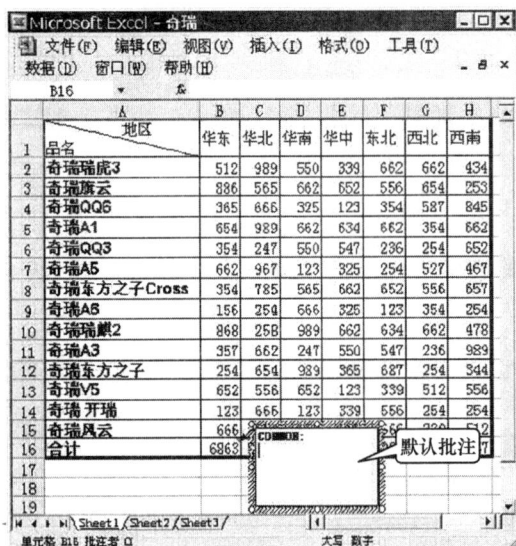

图 10.3.3

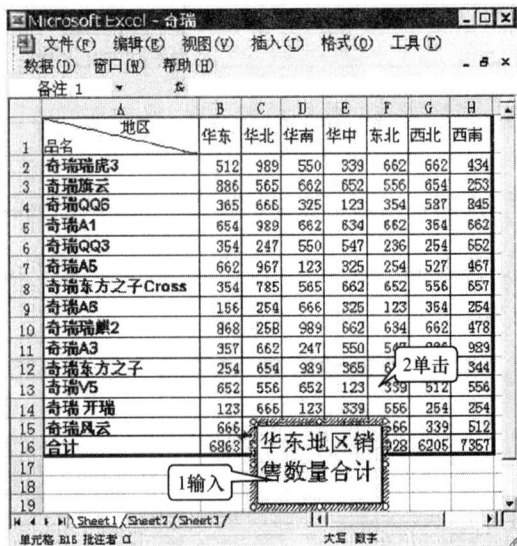

图 10.3.4

2. 修改批注

步骤 1　①右击有批注的单元格。　②单击"编辑批注"（在图 10.3.6 中），出现图 10.3.4。

步骤 2　①输入新批注。　②在批注框外单击鼠标（参见图 10.3.4）。

3. 显示批注

批注刚被加上时是不显示的，我们可以让它显示，其方法是：

步骤　①右击有批注的单元格。　②单击"显示/隐藏批注"（参见图 10.3.6），则批注将始终显示在表格中。

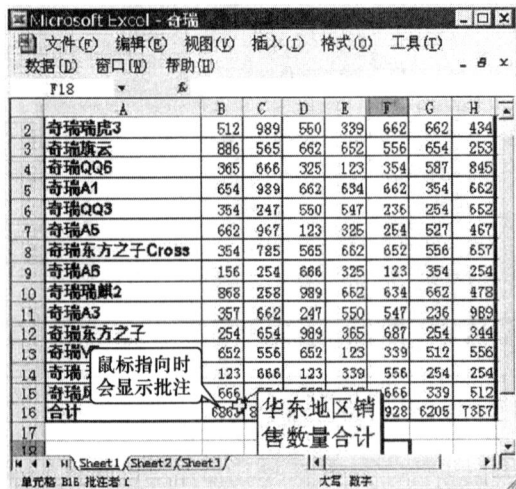

图 10.3.5

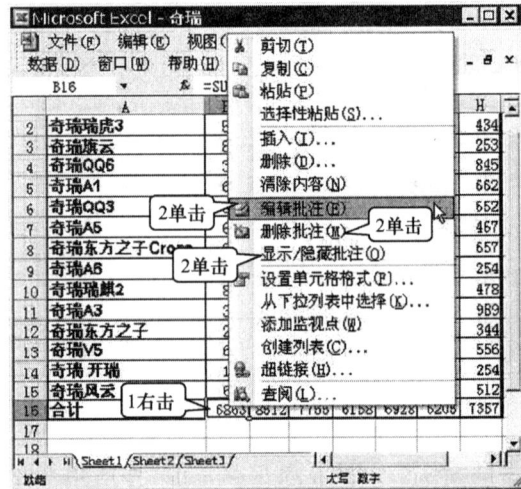

图 10.3.6

4. 隐藏批注

步骤　①右击已显示批注的单元格。　②单击"显示/隐藏批注"，批注将被隐藏（参见

图 10.3.6)。

　　5. 删除批注

步骤　　①右击有批注的单元格。　　②单击"删除批注"(参见图 10.3.6),批注将被删除。

10.3.2　表格内容的隐藏

　　1. 隐藏表格内容

　　有时我们演示表格时不想让数据全部显示给他人,这就需要隐藏表格的相关行或列的内容。隐藏表格内容的操作步骤如下:

步骤　　①选定要隐藏的单元格 F、G、H 列。　　②单击"格式\列\隐藏"(在图 10.3.7 中),效果见图 10.3.8。

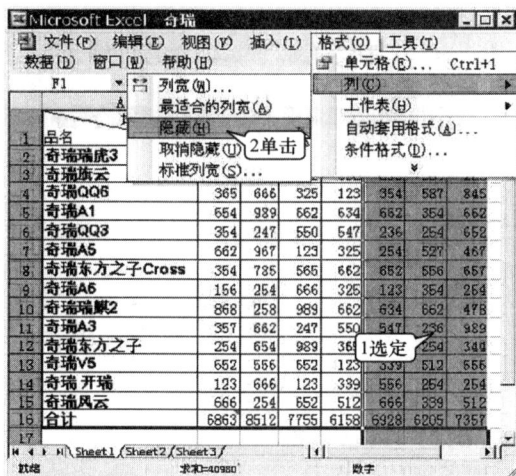
图 10.3.7

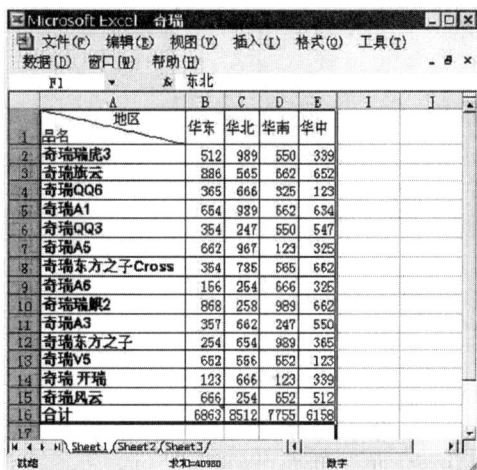
图 10.3.8

　　2. 取消隐藏

步骤　　单击"格式\列\取消隐藏"(在图 10.3.9 中),结果见图 13.3.10。

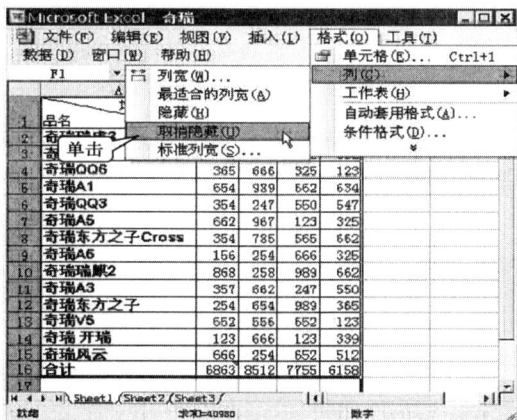
图 10.3.9

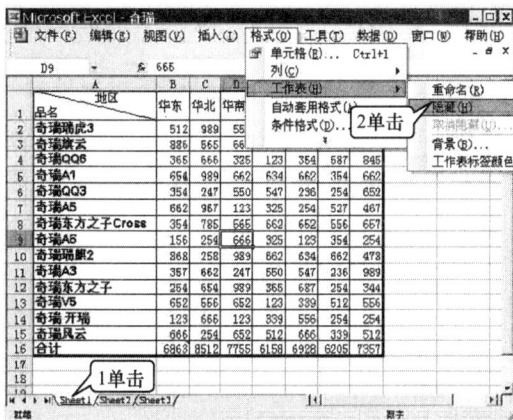
图 10.3.10

10.3.3 工作表的隐藏

1. 隐藏工作表

步骤 ①单击选定 Sheet1 工作表。　②单击"格式\工作表\隐藏"（在图 10.3.10 中），效果见图 10.3.11。

2. 显示隐藏的工作表

步骤 1 ①单击"格式\工作表\取消隐藏"（在图 10.3.11 中），出现图 10.3.12。

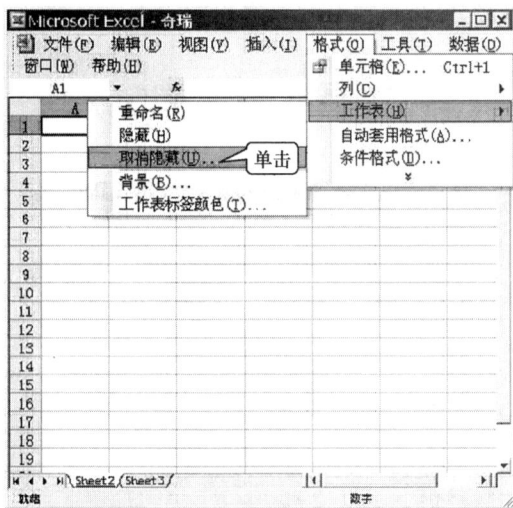

图 10.3.11

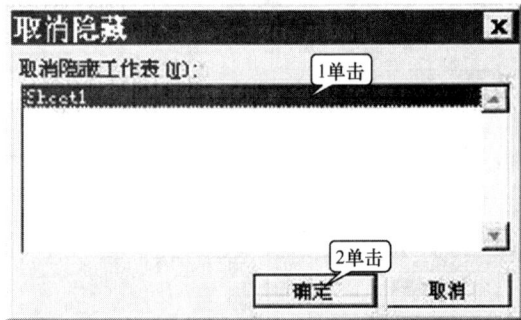

图 10.3.12

步骤 2 ①单击 Sheet1 工作表。　②单击"确定"按钮（在图 10.3.12 中）。

10.3.4 给工作表加背景画面

为了美化 Excel 的表格，可以为工作表添加背景图案。操作步骤如下：

步骤 1 ①单击选定工作表。　②单击"格式\工作表\背景"（在图 10.3.13 中），出现图 10.3.14 所示的对话框。

步骤 2 ①单击"查找范围"下拉列表框，找到教材素材\图片。　②单击"18"。

③单击"插入"按钮（在图 10.3.14 中），结果在图 10.3.15 的表格中就加入了背景图片。如果觉得背景图片不满意的话，可以按下面的操作删除背景图片。

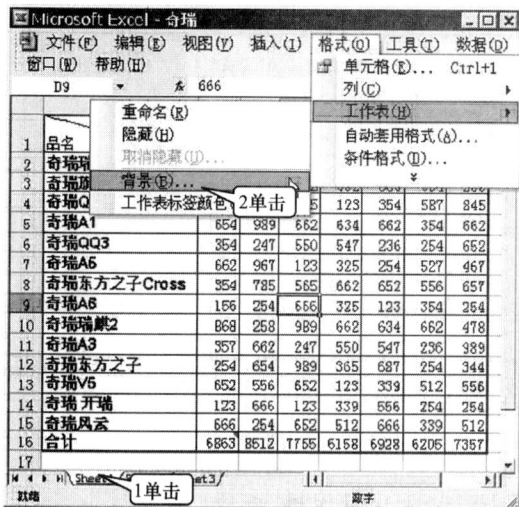

图 10.3.13

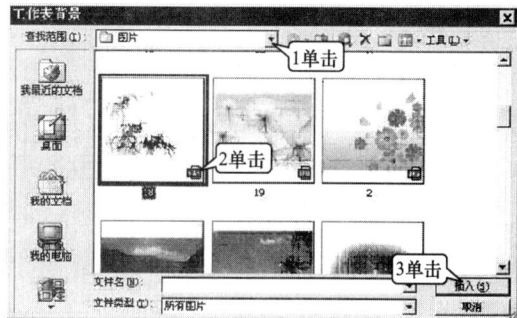

图 10.3.14

步骤 3 ①单击选定工作表。　②单击"格式\工作表\删除背景"（在图 10.3.16 中），则背景就被删除。

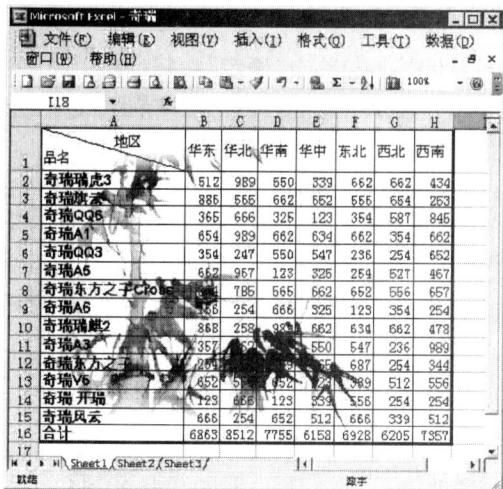

图 10.3.15

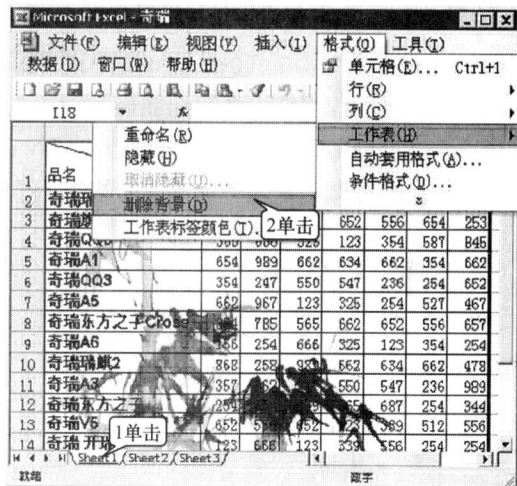

图 10.3.16

10.3.5　数据的有效性

在使用 Excel 过程中，经常需要录入大量数据。利用 Excel 的数据有效性功能，可以限制输入数据的大小或者范围，提高数据输入速度和准确性，防止出错。操作步骤如下：

步骤 1 ①选定 **B2：B15** 单元格区域，并删除里面的数据。　②单击"数据\有效性"（在图 10.3.17 中），出现图 10.3.18 所示的对话框。

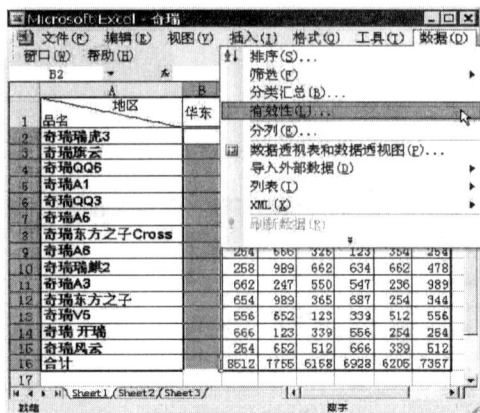
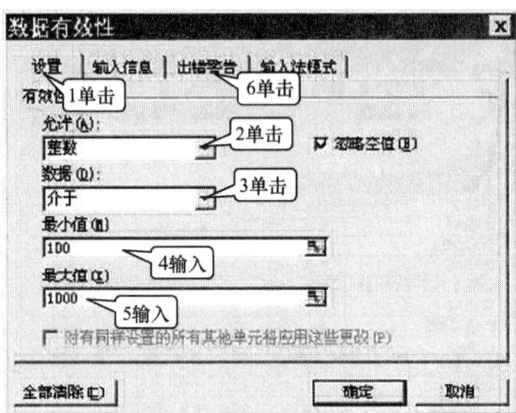

图 10.3.17　　　　　　　　　　　　　　　　图 10.3.18

🐦 **步骤** ①单击"设置"选项卡。　②单击"允许"下拉列表框,选择"整数"。　③单击"数据"下拉列表框,选择"介于"。　④输入最小值"100"。　⑤输入最大值"1000"。这样就设置了选定单元格所允许输入的数据在 100～1000。　⑥单击"出错警告"选项卡(在图 10.3.18 中),出现图 10.3.19。

🐦 **步骤** ①单击勾选"输入无效数据时显示出错警告"复选框。　②单击选择"警告"。③输入"数据范围"。　④输入"请输入数据(100～1000)"。⑤单击"确定"按钮(在图 10.3.19 中)。通过这样设置以后,当我们在经过设置的单元格中输入的数据超过规定值时,就会出现警告提示,见图 10.3.20。这样就便于我们纠正错误,重新输入正确的数据。

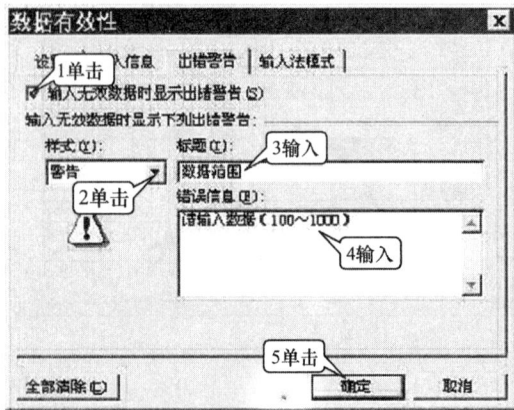
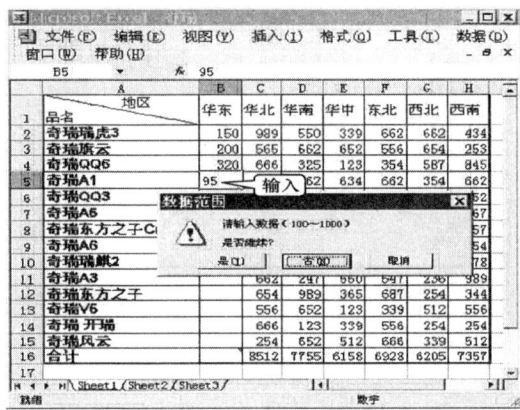

图 10.3.19　　　　　　　　　　　　　　　　图 10.3.20

10.3.6　在多个单元格填充同样的内容

🐦 **步骤** ①选定 A1、B2、C3、D4、E5 单元格。　②在 E5 输入数据"888"(在图 10.3.21 中)。

🐦 **步骤** 按 Ctrl＋回车键,结果见图 10.3.22。

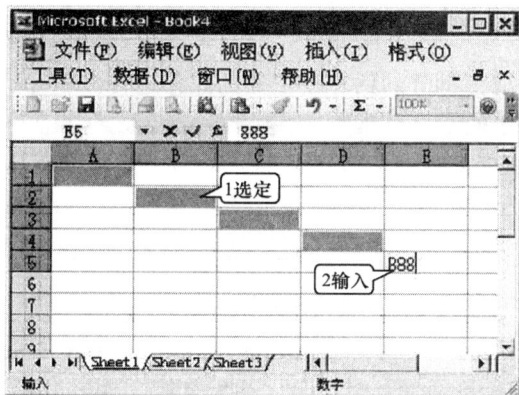

图 10.3.21

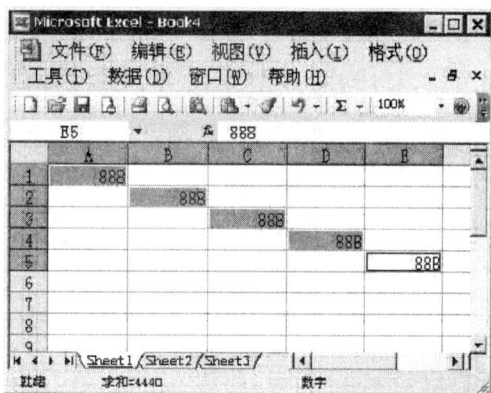

图 10.3.22

10.3.7　用底纹图案美化单元格背景

为了美化 Excel 的单元格，或特别显示某些单元格中的数据。我们可以为其添加背景底纹图案。操作步骤如下：

步骤 1　①选定 A1 单元格。　②单击"格式\单元格"（在图 10.3.23 中），出现图 10.3.24 所示的对话框。

步骤 2　①单击"图案"选项卡。　②单击图案框右侧的三角。　③单击选择一种图案样式。　④单击选择一种颜色。　⑤单击"确定"按钮（在图 10.3.24 中），效果见图 10.3.23。

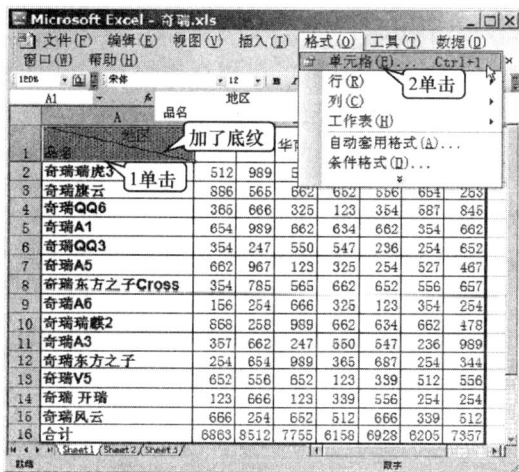

图 10.3.23

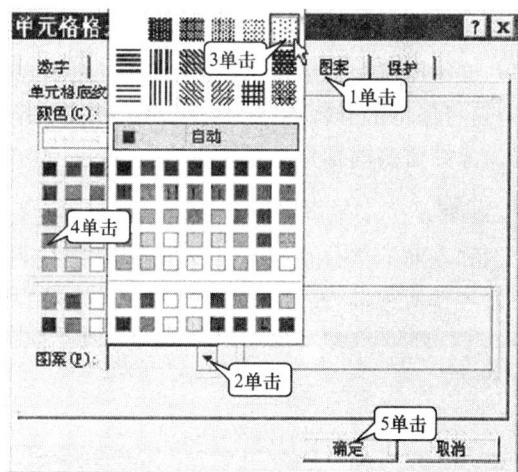

图 10.3.24

10.3.8　拆分窗口

拆分窗口一般是为了编辑或查看列数或者行数特别多的表格。可以在不隐藏行或列的情况下将相隔很远的行或列移动到相近的地方，以便更准确地输入、比对数据。另外还可以固定表头使得查看后面数据时，表头始终显示在屏幕上，这样就可以看出每列数据所对应的栏目了。拆分后每一个窗口都是一个独立的部分。操作步骤如下：

步骤 1 ①单击选定 A8 单元格,表示要从 A8 所在的行拆分。 ②单击"窗口\拆分" (在图 10.3.25 中),效果见图 10.3.26。如果要取消拆分的话可按下面的操作进行。

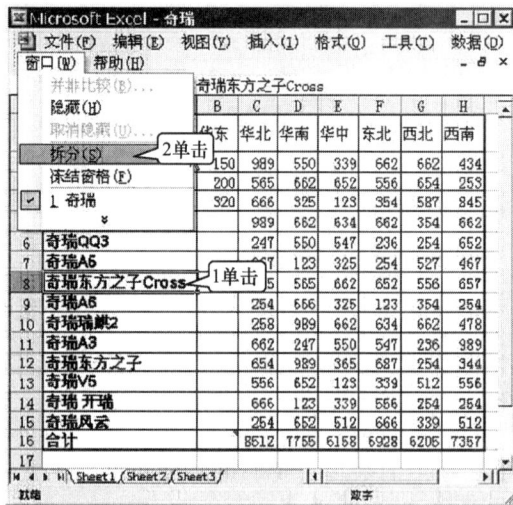

图 10.3.25

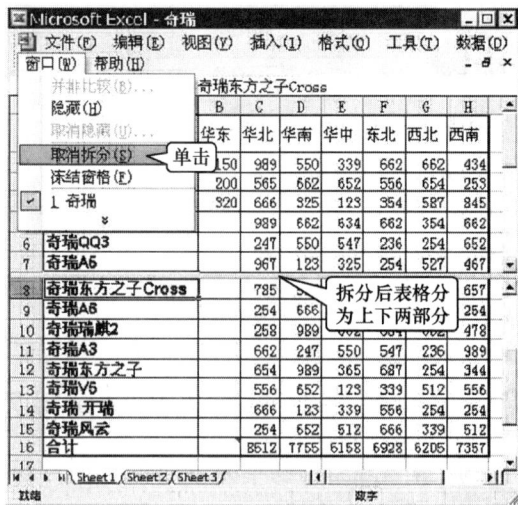

图 10.3.26

步骤 2 单击"窗口\取消拆分"(在图 10.3.26 中)。

步骤 3 如果不选定任何单元格,直接单击"窗口\拆分"的话,则表格将被分为四部分。

10.3.9 冻结窗格

冻结窗格是冻结窗口中的某一部分,冻结后,被冻结的部分无论如何拖动滚动条都不会移动。冻结操作是冻结选定的单元格上面和左面的部分。冻结窗格可以用在表格比较大的时候,它将保持部分行列(比如表头)不随滚动条移动。这样就便于比对数据或对照表头读懂数据。冻结窗格的操作步骤如下:

步骤 1 ①单击选定 A2 单元格。 ②单击"窗口\冻结窗格"(在图 10.3.27 中),则 A2 上面和左面的部分将被冻结。窗口冻结后,当我们拖动水平或垂直滚动条时冻结的部分将不会发生任何移动,效果见图 10.3.28。如果要取消冻结窗格的话,可按照下面的操作进行。

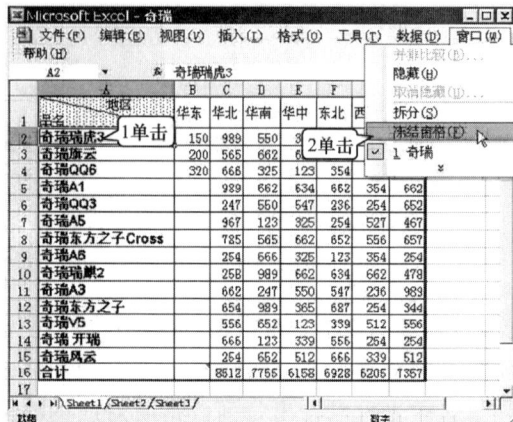

图 10.3.27

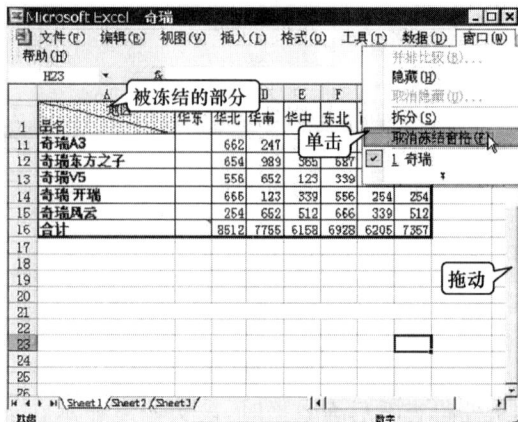

图 10.3.28

🔥 **步骤** 单击"窗口\取消冻结窗格"(在图 10.3.28 中)。

10.3.10　同时调整多列(或多行)的大小

🔥 **步骤** ①选定 B、E、G 列单元格。　②将鼠标指针移到 E 列右侧分隔线使其变为双箭头,拖动鼠标(在图 10.3.29 中),这样就可同时改变 B、E、G 列的宽度。

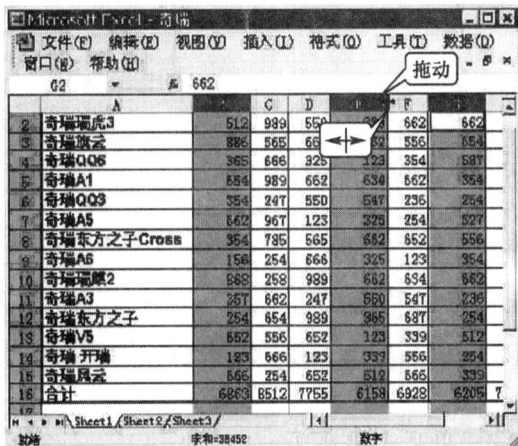

图 10.3.29

同时调整多行大小的方法同上,只不过是选定的单元格应该是行而不是列。

10.3.11　合并单元格

🔥 **步骤** ①选定 A17:H18 区域。　②单击"格式\单元格"(在图 10.3.30 中),出现图 10.3.31。

🔥 **步骤** ①单击"对齐"选项卡。　②单击勾选"合并单元格"复选框。　③单击"确定"按钮(在图 10.3.31 中),效果见图 10.3.32。

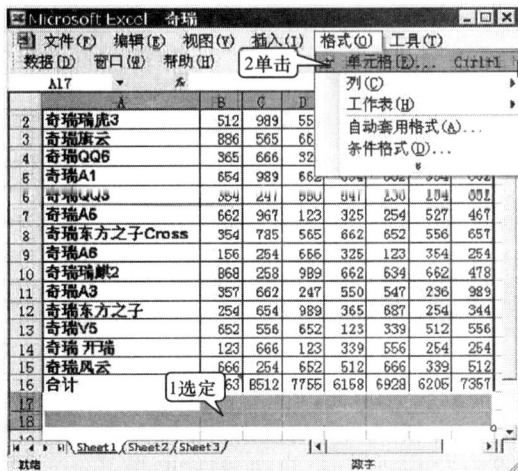

图 10.3.30

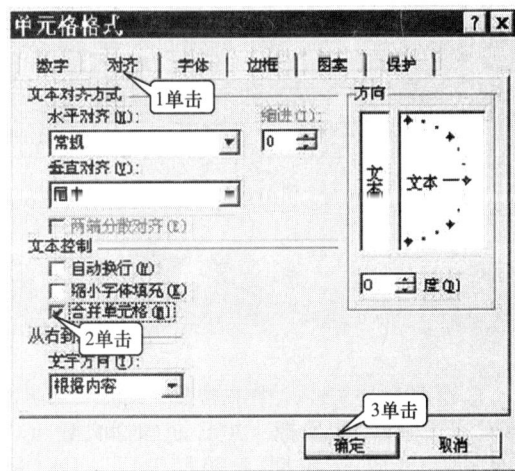

图 10.3.31

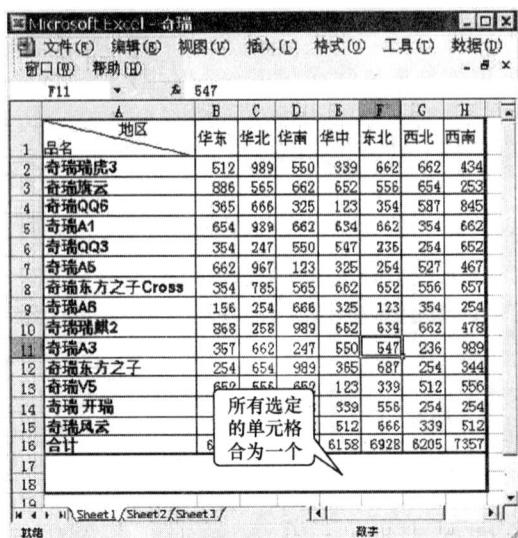

图 10.3.32

10.3.12　设定行(列)的大小使之与单元格内文字等高(宽)

步骤 ①将鼠标指针移到第 **B** 列右侧分隔线,使其变为双箭头,并双击。　　②将鼠标指针移到第 **1** 行分隔线下侧,使其变为双箭头,并双击(在图 10.3.33 中)。效果见图10.3.34。

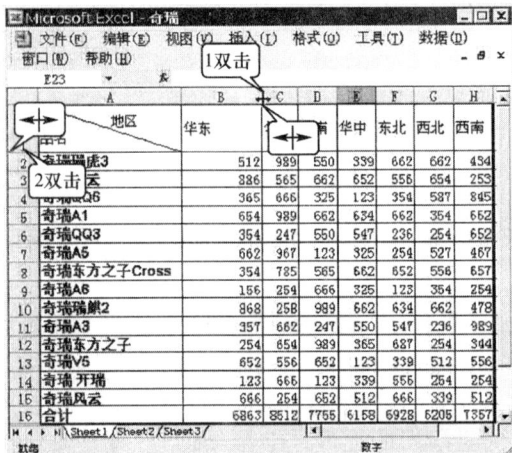

图 10.3.33

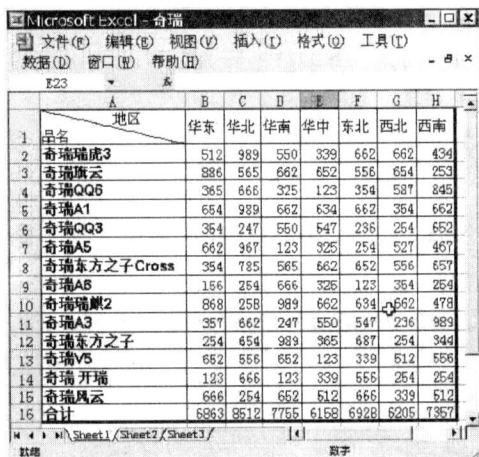

图 10.3.34

10.4　数据的自动填充

自动填充是 Excel 中非常实用的一个功能,它能够自动填充一组日期、时间、数字、文本(英文或汉字)。我们把一组日期(时间、数字、文本)称为日期(时间、数字、文本)序列。比如:日期序列(星期一、星期二、星期三、星期四、星期五、星期六、星期日);时间序列(1:00、2:00、3:00、4:00、5:00、6:00);数字序列(1、2、3、4、5、6、7、8);文本序列(汉王笔、汉王绘图板、汉王笔迹王、汉王触摸屏、汉王文本王、汉王 E 摘、汉王文本仪)。Excel 自带了一部分序列,我们可以随时使用自带的序列。同时 Excel 还允许用户根据自己的需要自定义序列来填充,且对自定义序列没有什么限制。这样就大大减少了用户填写表格数据的时间,下面我们就介绍有关利用已有的数据序列填充和自定义新序列的方法。

10.4.1　利用已有的数据序列填充

1.用数字填充

🍃**步骤 1**　①在 A1、A2 单元中分别输入 1 和 2。　②选定 A1 和 A2,并把鼠标移到 A2 右下角的填充柄➡上(在图 10.4.1 中)。

🍃**步骤 2**　拖动填充柄至 A10 单元格(在图 10.4.2 中),填充后的结果见图 10.4.2。这样一串 10 个数字的序列就填充成功了。

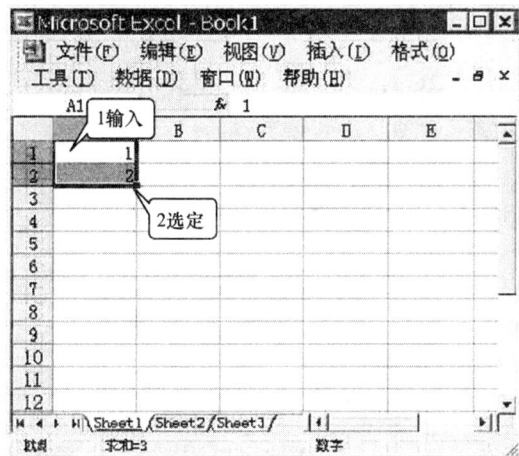

图 10.4.1

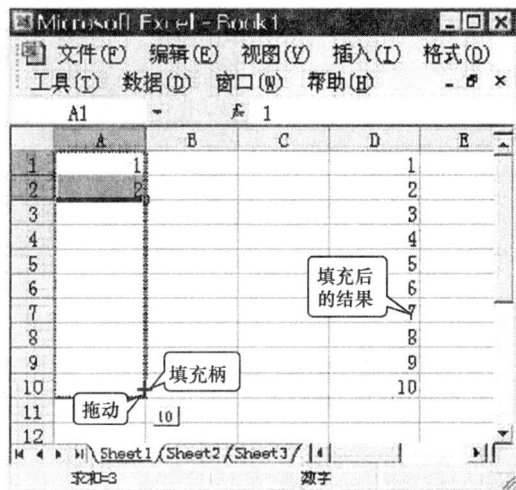

图 10.4.2

2.用文本填充

🍃**步骤 1**　①在 A1、A2 单元中分别输入甲和乙。　②选定 A1 和 A2(在图 10.4.3 中)。

🍃**步骤 2**　①将鼠标移到选中区域右下角的填充柄➡上。　②拖动填充柄至 A10 单元格(在图 10.4.4 中),填充后的结果见图 10.4.4。

图 10.4.3

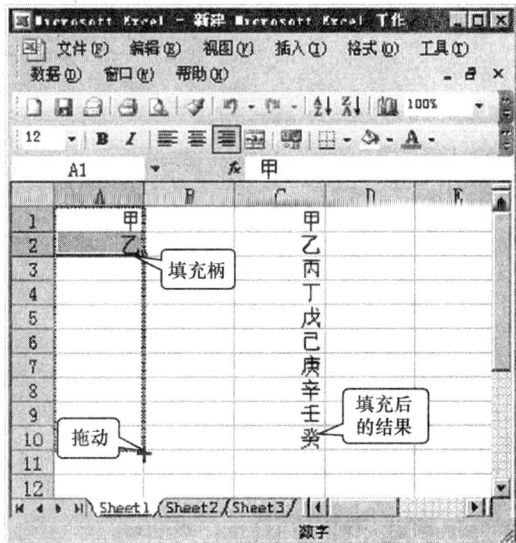

图 10.4.4

231

以上填充的是 Excel 中自带的序列，Excel 还有其他自带的序列（参见图 10.4.5），可以同样用这种方法来自动填充。

3. Excel 中自带序列的填充

步骤 ①将序列的前两项分别输入到两个单元格中。　②选定输入序列前两项的单元格。　③拖动填充柄，直到所有项都出现在单元格中。同样星期一，星期二，…，星期日；一月，二月，…，十二月等都可以用这种方法来自动填充。

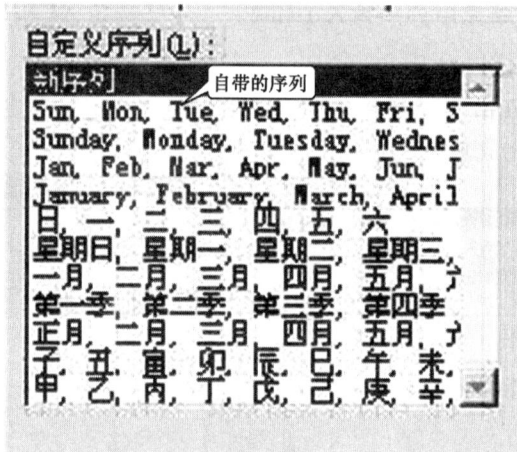

图 10.4.5

10.4.2　自己定义序列

如果我们经常需要在 Excel 中输入同样的一系列名称信息（如产品名称、学生姓名），那么我们就可以将它们定义成内置序列，然后用自动填充功能输入，这样就可以省时省力，提高工作效率。

1. 自定义文本序列

步骤 1　单击"工具\选项"（在图 10.4.6 中），出现图 10.4.7。

步骤 2　①单击"自定义序列"选项卡。　②输入文本序列"汉王笔"……"汉王高速扫描仪"。　③单击"添加"按钮。　④单击"确定"按钮（在图 10.4.7 中）。

图 10.4.6

2.自定义文本序列的填充

步骤 ①在 **A1、A2** 单元中分别输入"汉王笔"和"汉王绘图板"。　　②选定 **A1** 和 **A2**（在图 10.4.8 中）。　　③拖动填充柄至 **A10** 单元格,填充后的结果见图 10.4.8。

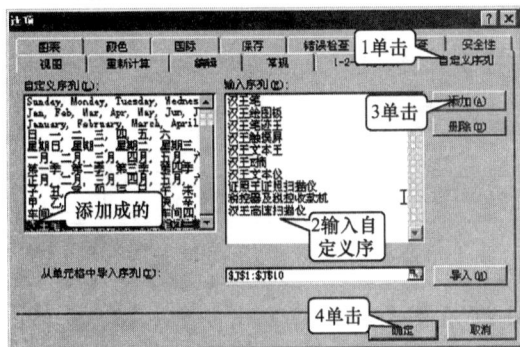

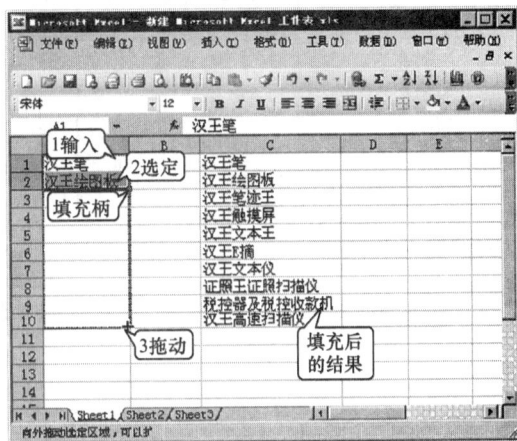

图 10.4.7　　　　　　　　　　　　　　　　图 10.4.8

小技巧:如果我们在自定义好序列之后,觉得每次输入前两项文本太过复杂的话,可以用个小技巧来解决这个问题,即可以在自定义系列时,在要定义的序列前面人为地加入两项 A 和 B(这两项实际上是多余的),那么在输入时只需要输入 A 和 B,然后进行拖动,这样包括 A、B 在内的所有项就都被填充进单元格了,最后把多余的 A 和 B 删除即可。

3.自定义数字序列

自定义数字序列的方法和自定义文本序列是一样的,在这就不多做介绍了。自定义数字序列可以用在填充身份证或者是学号上。

10.5　公式函数使用进阶

公式中可以包括数字、运算符号和一些 Excel 自带的函数等。其中 Excel 中提供有各种用于计算的函数,可以直接拿来使用,比如说 SUM 函数(求和)、AVERAGE 函数(求平均数)、MAX 函数(求最大值)等,这些函数的使用在基础篇中已经介绍过。下面我们再介绍一些其他函数的使用方法。

10.5.1　在函数中引用不连续区域

在进行函数运算的时候,我们除了可以选择用连续的单元格区域来求函数的值外,也可以在函数中引用不连续的单元格区域,即选择不连续的单元格区域作为函数的参数。下面我们用汉王销售情况表作例子,在 A15 单元格中求出汉王笔、汉王笔迹王、汉王文本王的销售总量。

步骤 1　打开教材素材\Excel 素材\汉王。

步骤 2　①单击选中 **A15** 单元格。　　②单击"插入\函数"(在图 10.5.1 中),出现

图10.5.2。

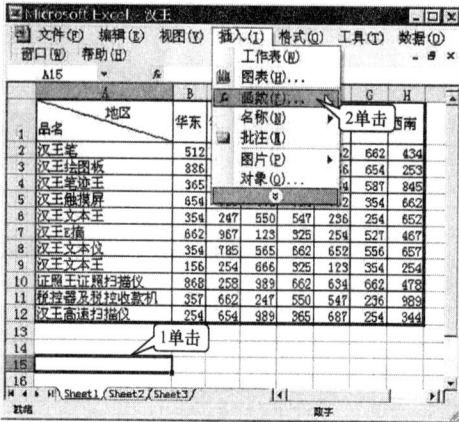

图 10.5.1

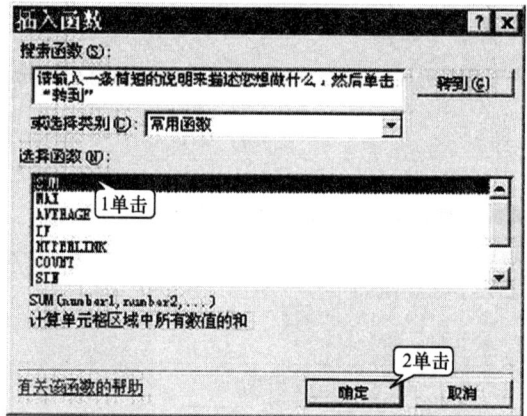

图 10.5.2

步骤 3 ①单击"SUM"。 ②单击"确定"按钮（在图 10.5.2 中），出现图 10.5.3。

步骤 4 单击折叠按钮 （在图 10.5.3 中），出现图 10.5.4。

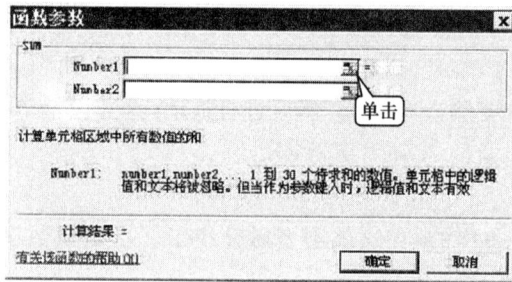

图 10.5.3

图 10.5.4

步骤 5 ①在单元格 **B2** 至 **H2** 上拖动，以选定 B2 至 H2。 ②单击折叠按钮 （在图 10.5.4 中），出现图 10.5.5。

步骤 6 单击折叠按钮 （在图 10.5.5 中），出现图 10.5.6。

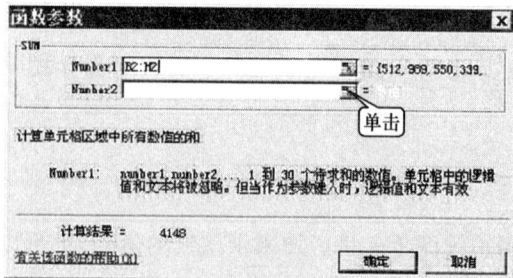

图 10.5.5

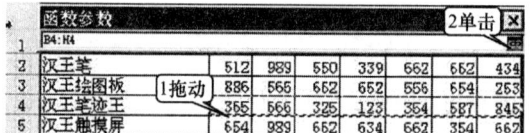

图 10.5.6

步骤 7 ①在单元格 **B4** 至 **H4** 上拖动，以选定 B4 至 H4。 ②单击折叠按钮 （在图 10.5.6 中），出现图 10.5.7。

步骤 8 单击折叠按钮 （在图 10.5.7 中），出现图 10.5.8。

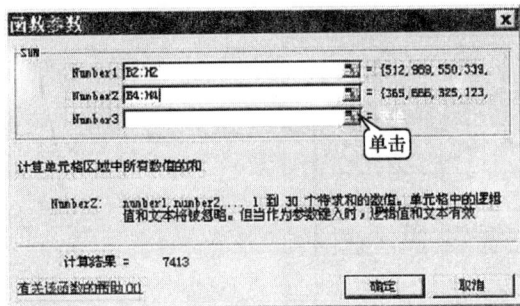

图 10.5.7

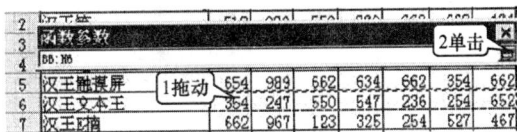

图 10.5.8

步骤 9　①在单元格 **B6 至 H6** 上拖动,以选定 B6 至 H6。　②单击折叠按钮 (在图 10.5.8 中),出现图 10.5.9。

步骤 10　单击"确定"按钮(在图 10.5.9 中),这样编辑栏内就出现了上面选定的三个不连续区域的求和公式,同时 A15 中出现了求和的结果,见图 10.5.10。

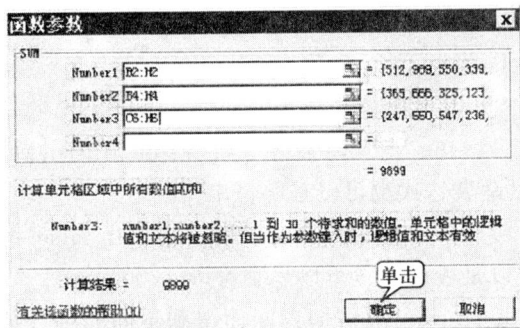

图 10.5.9

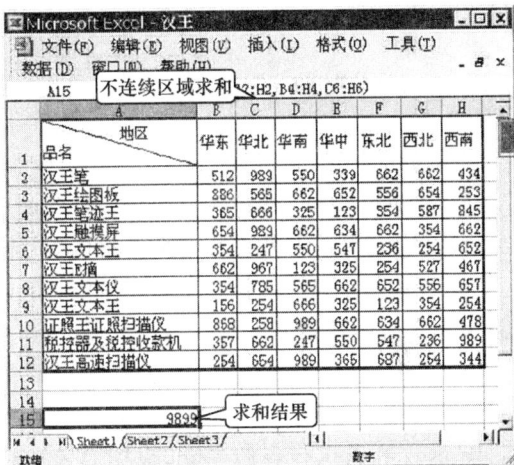

图 10.5.10

10.5.2　不同工作表间的引用

公式中不仅可以引用同一工作表中的单元格,还可以引用同一工作簿中不同工作表的单元格,这叫"三维引用"。引用的格式为"工作表名! 单元格引用区域"。例如我们要计算图 10.5.11 表中 1～3 月华东的销售总量,其方法是:

步骤 1　打开教材素材\Excel 素材\奇瑞 1。

步骤 2　①单击选定 **A18** 单元格。　②在编辑栏中输入" ＝ 一月! **B16** ＋ 二月! **B16** ＋ 三月! **B16**"(在图 10.5.11 中),表示分别将表工作表"一月"、"二月"、"三月"中的 B16 单元格中的内容取出求和。　③单击回车键,结果见图 10.5.11。

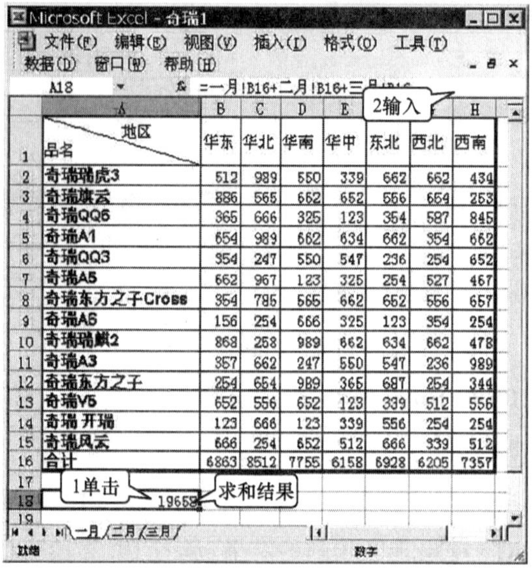

图 10.5.11

10.5.3 IF 函数的使用

IF 函数的语法为：

IF（logical_test，value_if_true，value_if_false）

logical_test：是用来进行判断的条件式（表达式），其判断的结果为 true 或 false。

value_if_true：若条件式（表达式 logical_test）为 true"真"，则会将该项（value_if_true）的运算结果作为函数最终的结果，value_if_true 可以是表达式也可以是字符串。

value_if_false：若条件式（表达式 logical_test）为 false"假"，则会将该项（value_if_false）的运算结果作为函数最终的结果。value_if_false 可以是表达式也可以是字符串。

IF 函数可以执行真假判断，根据对表达式 logical_test 真假的判断而得到不同的函数结果值。若测试的结果为 true，则会将第二项（value_if_true）作为函数的结果。若测试的结果为 false，则会将第三项（value_if_false）作为函数的结果。

下面举例说明 IF 函数的用法。在图 10.5.12 中的 A1、B1、A2、B2 里分别输入 100、100、50、100。在 C1 中输入一个 IF 函数。让这个函数根据 A1 单元格中的数据值来确定 C1 单元格的内容。当 A1 的值等于 100 时，把 A1、B1 的和作为 C1 单元格的数据。当 A1 的值不等于 100 时，则在 C1 单元格中显示"A1 的数值不等于 100"。具体步骤如下：

步骤 1 ①在单元格 **A1、B1、A2、B2** 里分别输入 **100、100、50、100。** ②单击要输入函数的单元格 **C1。** ③单击"插入\函数"（在图 10.5.12 中），出现图 10.5.13。

步骤 2 ①单击"**IF**"。 ②单击"确定"按钮（在图 10.5.13 中），出现图 10.5.14。

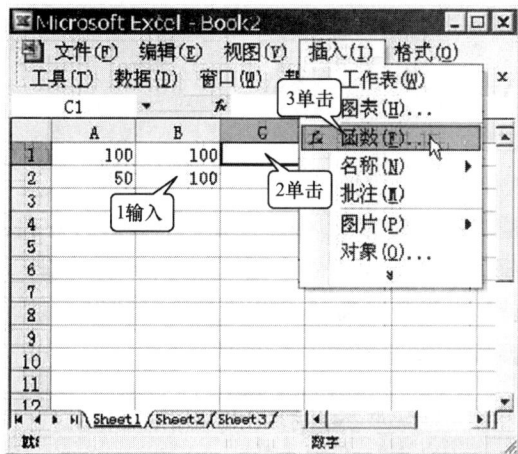

图 10.5.12

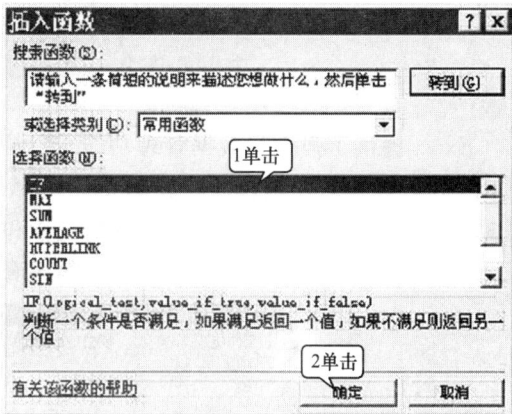

图 10.5.13

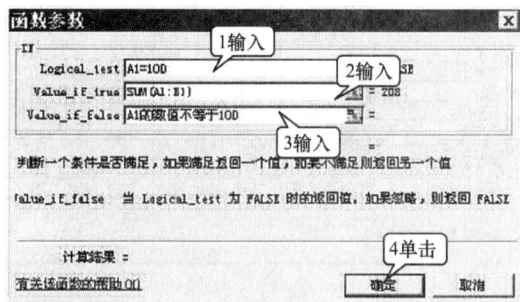

图 10.5.14

步骤 ①输入"A1＝100"。 ②输入"SUM（A1：B1）"。 ③输入"A1 的数值不等于 100"。 ④单击"确定"按钮（在图 10.5.14 中），结果见图 10.5.15。

步骤 在 A1 中输入 108，则 A1 中的数值就被改为了 108。同时 C1 中的数据就会变为 "A1 的数值不等于 100"（在图 10.5.16 中），结果见图 10.5.16。

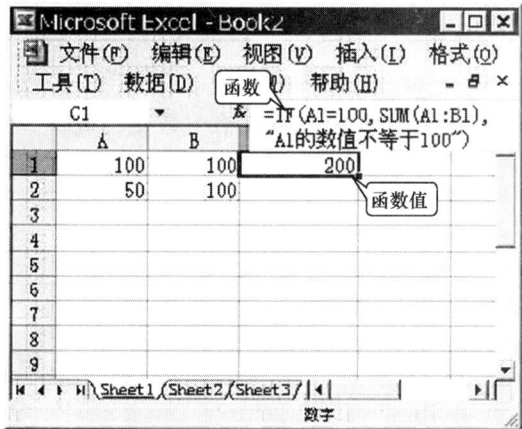

图 10.5.15

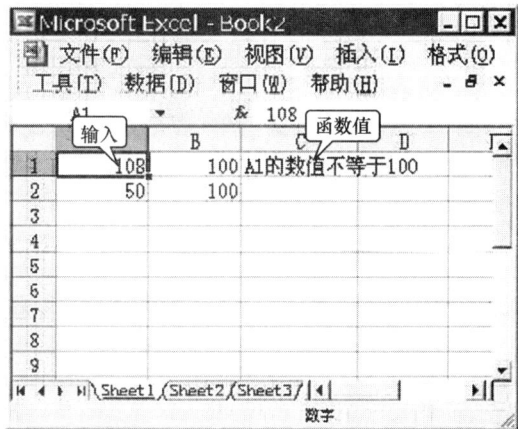

图 10.5.16

从这个例子中我们可以看出，IF 函数可以让单元格中的数据随着相关参数（相关单元格中的数据）变化而发生变化，具有根据不同条件而得出不同结果的功能。

10.6　数据处理

Excel 提供了强大的数据管理功能,可以对工作表中的数据进行排序、筛选、汇总等,还可以为工作表建立数据透视表。在 Excel 中,数据是表的全部信息。因此,对表中数据的处理就是对表的处理。其中,排序与筛选数据记录和数据的汇总等操作需要通过"数据清单"来进行,因此在操作前应先创建好"数据清单"。**数据清单就是一张数据表**,具有以下特点(见图 10.6.1):

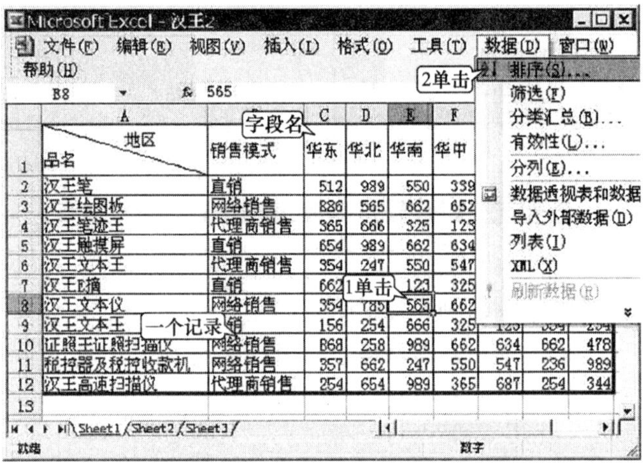

图 10.6.1

①由若干记录(行)组成;一行就是一个记录;一个记录又由若干字段(列)组成;而且每个字段又有字段名。

②字段名必须位于数据清单区域的第一行,数据记录紧接在字段名行的下面,数据清单区域内,某个记录的某个字段值可以是空白,但是不能出现空行或空列。

③数据清单与工作表的其他数据至少留出一个空白行和一个空白列。

图 10.6.1 就是一个数据清单。

10.6.1　数据的排序

对一个较大的数据清单(表格)进行数据排序,可以帮助我们看清表格中数据的规律。同时还可以帮助我们对经过排列的数据进行方便的查找,数据被排列以后相关的记录往往会排在一起,这样便于我们进行分析和观察。

1.简单排序

步骤 1　打开教材素材\Excel 素材\汉王 2。

步骤 2　①单击表格中任一单元格。　②单击"数据\排序"(在图 10.6.1 中),出现图10.6.2。

步骤 3　①单击"升序"。　②单击"主要关键字"下拉列表框。　③单击"华东",以设定所有记录将根据"华东"这个字段中的数据大小重新排列。　④单击"确定"按钮(在图10.6.2中),出现图 10.6.3。从图中可以看出图 10.6.3 是图 10.6.1 中表格重新排列的结果。

从排序的结果中我们可以看出,表格中各种产品在华东地区销售的排行情况。其中"汉王文本王"销售量最低,"汉王绘图板"销售量最高。这种排序对我们分析销售状况是很有帮助的。

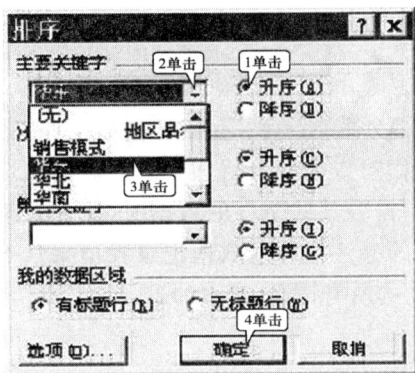

图 10.6.2

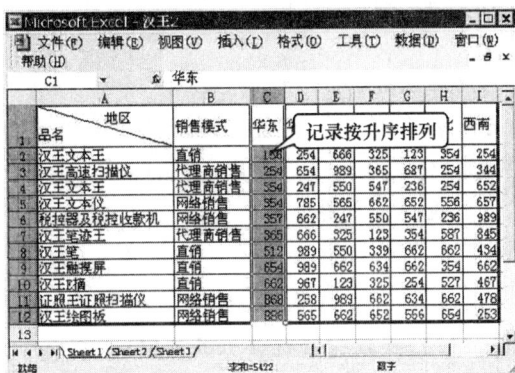

图 10.6.3

2.多条件排序

🐾 **步骤 1**　打开教材素材\Excel 素材\汉王 2。

🐾 **步骤 2**　①单击表格中任一单元格。　　②单击"数据\排序"(参见图 10.6.1),出现图 10.6.4。

🐾 **步骤 3**　①单击"升序"。　　②单击"主要关键字"下拉列表框,选择"销售模式",用以设置记录首先按销售模式字段的数据值进行排列。由于"销售模式"是文本型数据,将按照首字的拼音排序。　　③单击"升序"。　　④单击"次要关键字"下拉列表框,该项设置的目的是让"销售模式"相同的产品,再按照"次要关键字"的大小来进行排列。　　⑤单击"华东",以设定对所有"销售模式"字段相同的产品,将再根据"华东"这个字段中的数据的大小进行排列。　　⑥单击"确定"按钮(在图 10.6.4 中),出现图 10.6.5。从图中可以看出,图 10.6.5 是图 10.6.1 中表格重新排列的结果。从排序的结果中我们可以看出,表格中各种产品不同的销售模式在华东地区销售的排行情况。以直销模式为例可以看出,"汉王文本王"销售量最低,"汉王 E 摘"销售量最高。这种排序对我们分析销售模式同样是很有帮助的。

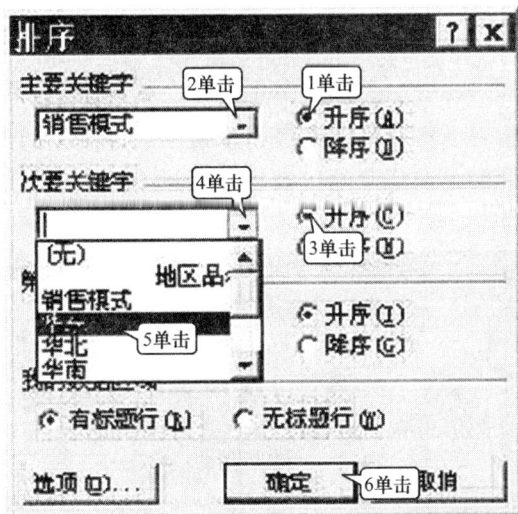

图 10.6.4

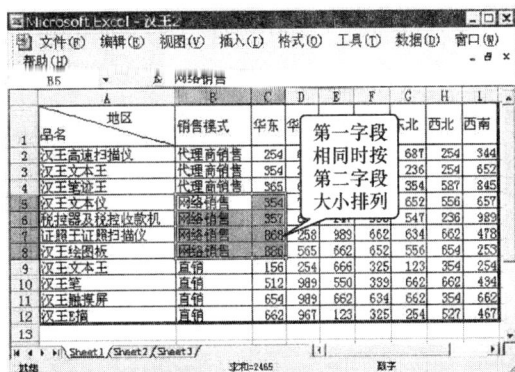

图 10.6.5

10.6.2 数据的筛选

1.自动筛选数据

在分析表格数据时,往往只想看到我们想要的那部分数据记录,希望把无关紧要的数据记录隐藏起来,使得表格重点突出,清晰明了,以利于我们对数据的分析和了解。数据筛选功能就可以满足我们这个要求。当我们要查看数据表格中符合某些条件的数据时,比如在某地区中有哪些产品的销售量是大于600的,就可使用筛选的办法把那些数据记录找出来。下面我们就用汉王2文件来筛选华南地区产品销量大于600的所有记录,步骤如下:

步骤 1 打开教材素材\Excel 素材\汉王 2。

步骤 2 ①选定"华南"这一列。 ②单击"数据\筛选\自动筛选"(在图 10.6.6 中),出现图 10.6.7,从图中可以看到,"华南"单元格中出现一个下拉菜单——筛选按钮。

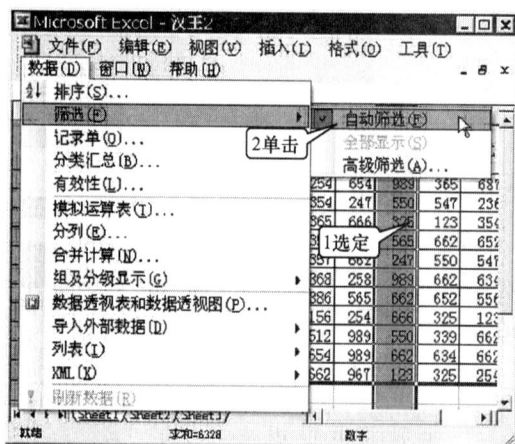

图 10.6.6

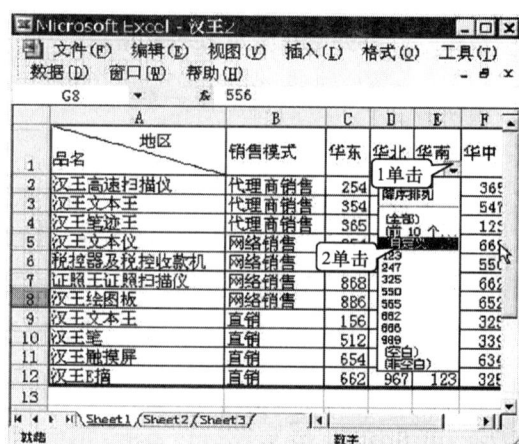

图 10.6.7

步骤 3 ①单击"华南"单元格中的下拉菜单。 ②单击选择"自定义"(在图 10.6.7中),出现图 10.6.8。

步骤 4 ①单击"华南"下拉列表框,选择"大于"。 ②输入"600"。 ③单击"确定"按钮(在图 10.6.8 中),出现图 10.6.9。经过筛选后表格中华南地区销售量不大于 600 的产品就被隐藏起来了。从筛选后的表格中我们看到的是在华南地区销售量超过 600 的产品的种类。

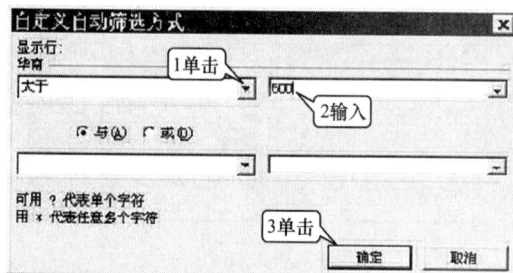

图 10.6.8

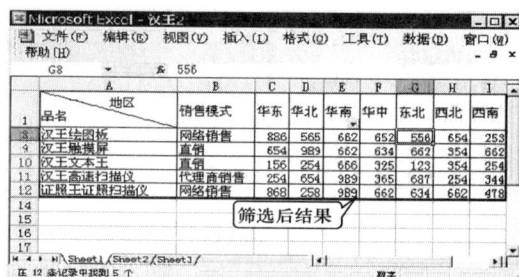

图 10.6.9

2.设置全部字段可筛选

步骤 1 单击表格的任一单元格。

步骤 2 单击"数据\筛选\自动筛选"(参见图 10.6.6),出现图 10.6.10,这样每个字段上都有筛选按钮。因此就可以按照上面的方法,对产品进行筛选了。

在图 10.6.10 中如果单击某个数字如"258"的话,则表示筛选出华北地区销售量是 258 的产品。如果单击"全部"的话,则表示要显示全部记录。我们可以在图 10.6.10 中进行组合筛选,例如在"销售模式"字段选择"直销";在"东北"字段设置为">500"。这样我们就可以筛选出在东北地区销售量大于 500 的直销产品了,见图 10.6.11。

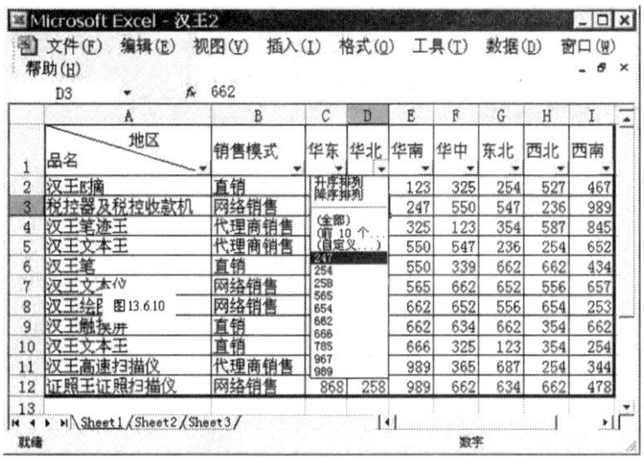

图 10.6.10

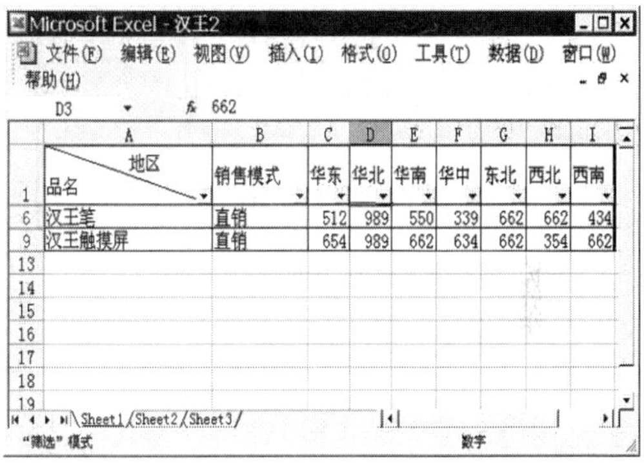

图 10.6.11

3.取消筛选

步骤 单击"数据\筛选\自动筛选"(在图 10.6.12 中)。

4.设定多个条件筛选(高级筛选)

若要查看符合多个条件的数据记录,如在某地区中有哪些产品的销售量大于 600 的,并且销售模式是网络销售的,就要使用多个条件筛选的办法把那些数据找出来。筛选后只显示出包含某一个值或符合一组条件的行,而隐藏其他行。操作步骤如下:

步骤 1 ①在 A14 和 A15 单元格中分别输入字段名"销售模式"和"网络销售"。 ②在 B14 和 B15 单元格中分别输入筛选的条件"华南"和">600"。 ③单击"数据\筛选\高级筛选"(在图 10.6.13 中),出现图 10.6.14。

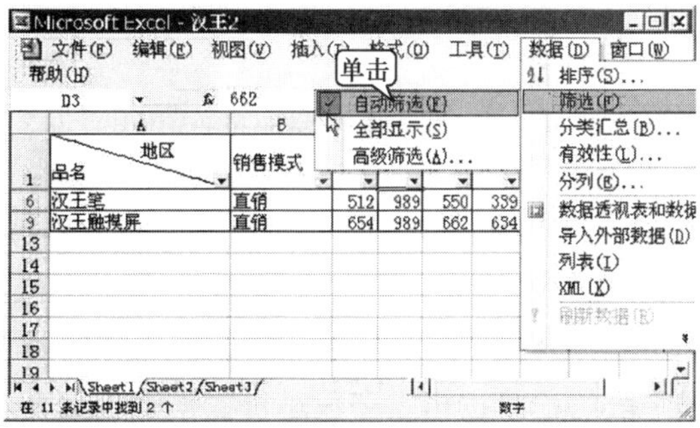

图 10.6.12

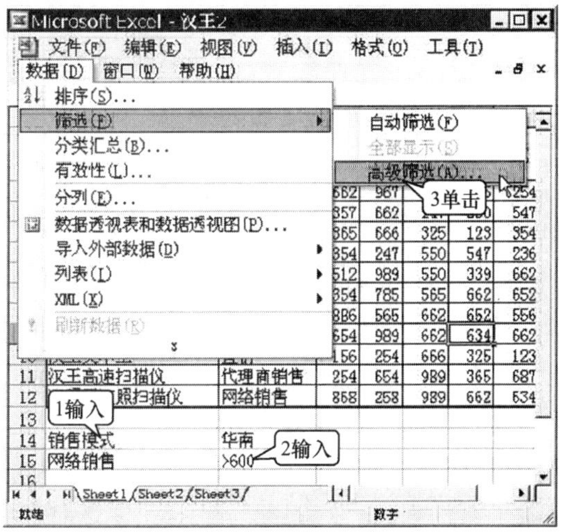

图 10.6.13

步骤2 单击折叠按钮 （在图 10.6.14 中），出现图 10.6.15。

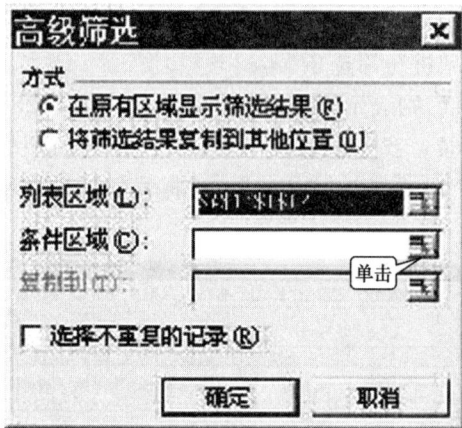

图 10.6.14

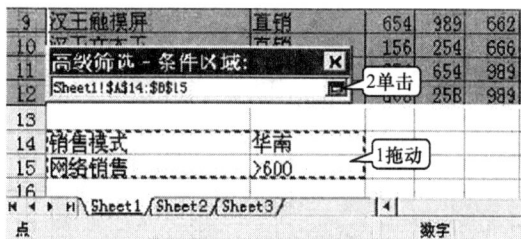

图 10.6.15

步骤3 ① 拖动选择 **A14：B15**。 ② 单击折叠按钮 （在图 10.6.15 中），出现图10.6.16。

步骤4 单击"确定"按钮（在图 10.6.16 中），结果见图 10.6.17。这样我们就筛选出了采用网络销售模式的在华南地区销售量大于 600 的产品种类。

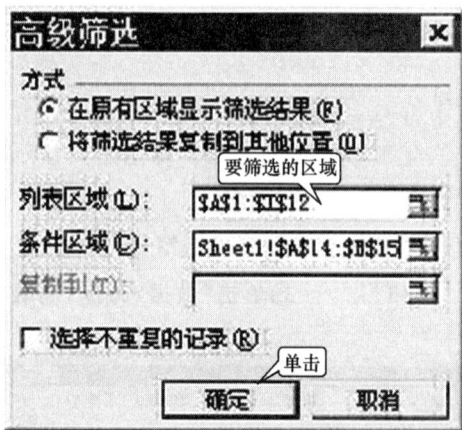

图 10.6.16

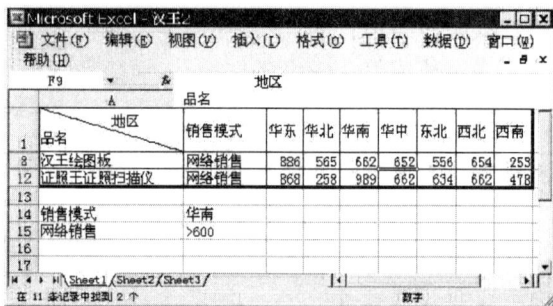

图 10.6.17

10.6.3 数据的分类汇总

Excel 可以对表格中的数据进行分类汇总，不需要公式，也不应用函数，Excel 可以自己处理汇总数据。我们可以将一个又大又复杂的表格，按照指定的字段进行分类排序，把字段相同记录整理在一起。然后通过分类汇总，对有相同字段的记录中的某些字段的数据进行求和、求平均值、求最小值、求最大值、求方差、求标准偏差、数值计数等汇总工作。从经过汇总后的表格中，我们可以得到各种所需要的信息。从上面的分析中我们可以看出：分类汇总操作实际上是做了两件事，一件是分类排序，一件是对有相同字段的记录按指定字段进行数据汇总运算。

1.分类汇总

现在我们要在图 10.6.1 中汇总出"华东、华南"地区同一销售模式下,销售产品的种类和销售总量,步骤如下:

步骤 1　打开教材素材\Excel 素材\汉王 **2**,见图 10.6.18。

步骤 2　①单击表格的任一单元格。　②单击"数据\排序"(在图 10.6.18 中),出现图 10.6.19。

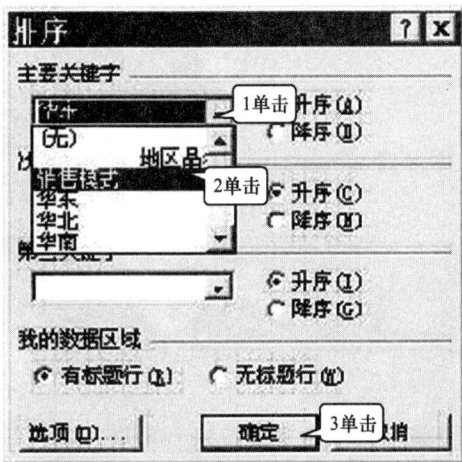

图 10.6.18　　　　　　　　　　　　图 10.6.19

步骤 3　①单击"主要关键字"下拉列表框。　②选择"销售模式",以设定所有记录将根据"销售模式"这个字段重新排列。　③单击"确定"按钮(在图 10.6.19 中),出现图10.6.20。

步骤 4　单击"数据\分类汇总"(在图 10.6.20 中),出现图 10.6.21。

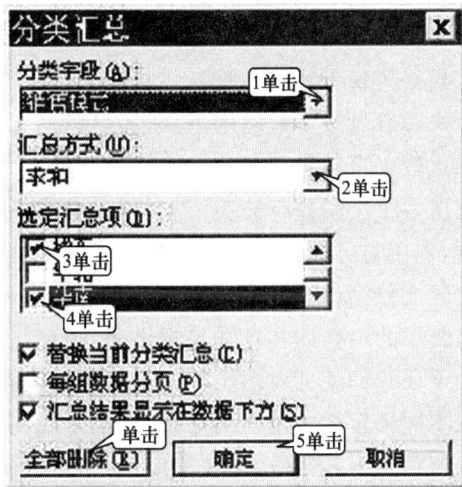

图 10.6.20　　　　　　　　　　　　图 10.6.21

步骤 5　①单击"分类字段"下拉列表框,选择"销售模式",表示按销售模式对记录进行分类汇总。　②单击"汇总方式"下拉列表框,选择"求和",表示对有相同字段的数据记录进行求和运算。　　③单击"华东"复选框,表示对华东地区的销售数量进行求和。　　④单击"华南"复选框,表示对华南地区的销售数量进行求和。上述两项设置表示的是:将华东和华南两个地区各种产品的销售量合计相加。　　⑤单击"确定"按钮(在图 10.6.21 中),结果见图 10.6.22。从图中可以看出,汇总后所有销售模式相同的产品记录被归类在一起了。同时在记录归类的下面给出了该销售模式下华东、华南两个地区所有产品销量的汇总数据。

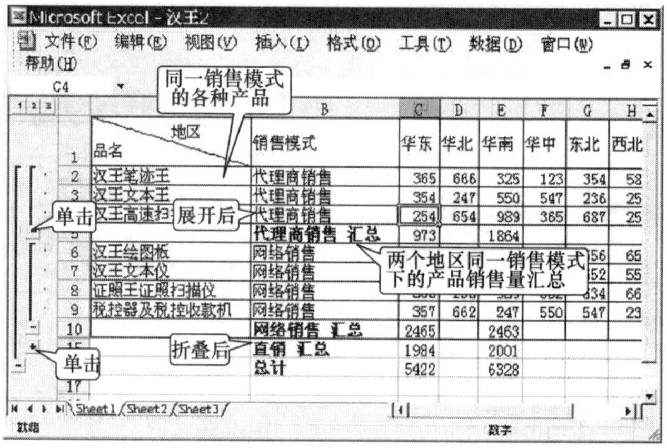

图 10.6.22

步骤 6　单击折叠按钮 **—** 可以将相同销售模式的各条记录隐藏(在图 10.6.22 中)。

步骤 7　单击展开按钮 **+** 可以将相同销售模式的各条记录显示出来(在图 10.6.22 中)。

2．取消分类汇总

步骤 1　单击"数据\分类汇总"(参见图 10.6.20),出现图 10.6.21。

步骤 2　单击"全部删除"按钮(参见图 10.6.21)。

10.6.4　用数据透视表对数据进行分析

数据透视表是一种交互式报表,主要用于快速汇总大量数据。通过用户对行和列的不同组合来查看对于源数据的汇总,还可以通过显示不同的页来筛选数据。数据透视表有快速合并和比较大量数据的功能。一般的分类汇总只能针对一个字段进行分类汇总,而数据透视表可以按多个字段进行分类汇总,并且汇总前不用预先排序。数据透视表能帮助用户分析、组织数据,利用它可以很快地从不同角度对数据进行分类汇总。但应该明确的是:不是所有工作表都有建立数据透视表的必要。只有记录数量众多、以流水账形式记录、结构复杂的工作表,为了将其中的一些内在规律显现出来,才可将工作表重新组合并添加算法,建立数据透视表。

下面我们就针对图 10.6.22 所示的表格,来制作一个数据透视表。要求是:数据透视表要根据不同销售模式用不同的页(相当于几张的表格),分别给出直销、网络销售、代理商销售三种销售模式下,各种产品在华南、华东地区的销售汇总数据。步骤如下:

步骤 1　打开教材素材\Excel 素材\汉王 2。

步骤 2　①单击表格的任一单元格。　　②单击"数据\数据透视表和数据透视图"(在图 10.6.23 中),出现图 10.6.24。

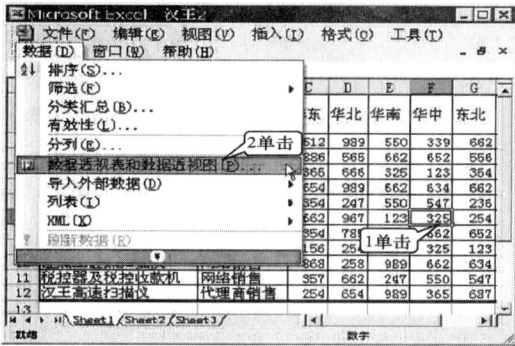

图 10.6.23

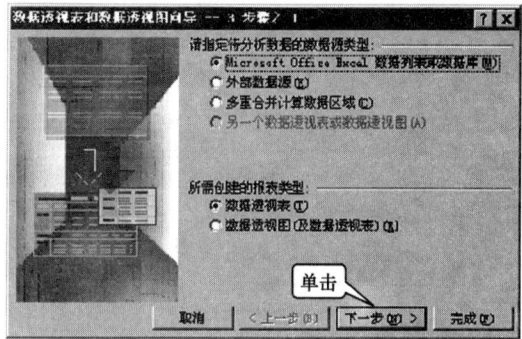

图 10.6.24

步骤 *3*　单击"下一步"按钮(在图 10.6.24 中),出现图 10.6.25。

步骤 *4*　单击"下一步"按钮(在图 10.6.25 中),出现图 10.6.26。由于前面我们已经在表格中任选了一个单元格,所以这里"选定区域"中就会默认选中整个表格的区域＄A＄1：＄I＄12。因此我们就不需要再输入选定区域了。

步骤 *5*　单击"布局"按钮(在图 10.6.26 中),出现图 10.6.27。

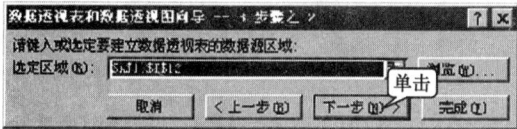

图 10.6.25

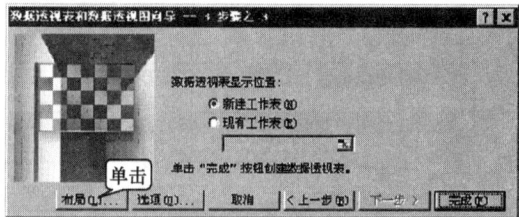

图 10.6.26

步骤 *6*　①拖动"销售模式"字段到"页"框,表示将按该字段不同的值对表格进行分页。②拖动"地区品名"字段到"行"框,表示将按照该字段的不同值进行纵向汇总。　③拖动"华东"到"数据"框,表示将把该字段的值进行汇总(求和)运算。　④拖动"华南"到"数据"框,表示将把该字段的值进行汇总(求和)运算。　⑤单击"确定"按钮(在图 10.6.27 中),回到图 10.6.26。

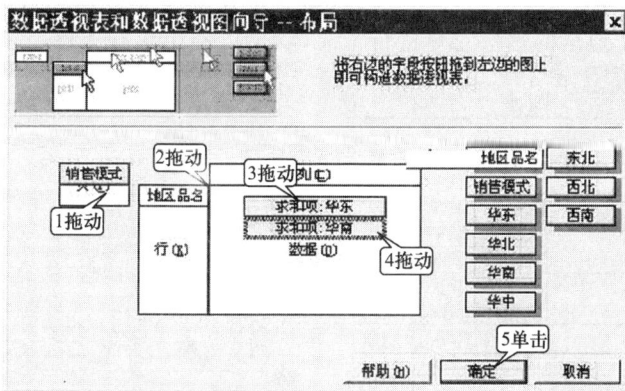

图 10.6.27

步骤 7 单击"完成"按钮(在图 10.6.26 中),结果见图 10.6.28。它显示出了各种销售模式下各种产品华东和华南地区的销售总量。

步骤 8 ①单击"销售模式"下拉列表框。 ②单击"代理商销售"。 ③单击"确定"按钮(在图 10.6.28 中),出现图 10.6.29。从图中我们可以看出该表是代理商销售模式下,销售的产品种类和这些产品在华东和华南销售的总量。最下面分别给出了华东、华南地区代理商销售模式下所有产品销售总量。

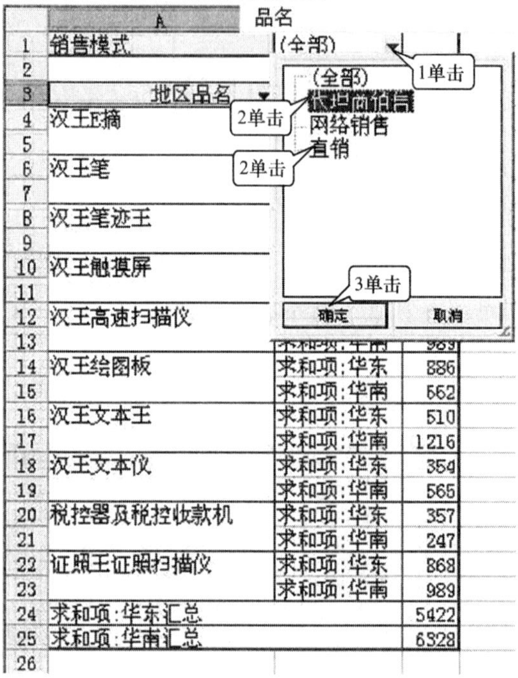

图 10.6.28

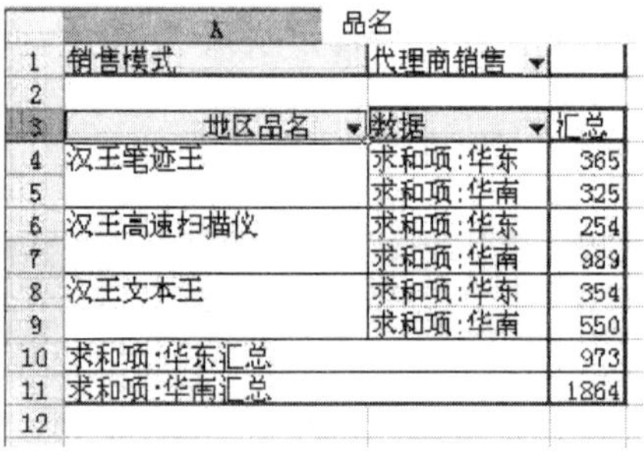

图 10.6.29

步骤 9 ①单击"销售模式"下拉列表框。 ②单击"直销"。 ③单击"确定"按钮(参见图 10.6.28),出现图 10.6.30。从图中我们可以看出该表是直销模式下,销售的产品种类和这些产品在华东和华南销售的总量。最下面分别给出了华东、华南地区直销模式下所有产品销售总量。

为了帮助读者进一步理解数据透视表的功能,下面再举一个例子加以说明:

步骤 1 打开教材素材\Excel 素材\汉王月报表,见图 10.6.31,图中的表格是一个流水账式月报表。我们来看"汉王笔"这个产品(图中特别标注的行),它在表格的多处出现。如果我们要对汉王笔在各个地区的销售总量进行汇总,就可以利用数据透视表来做。

图 10.6.30

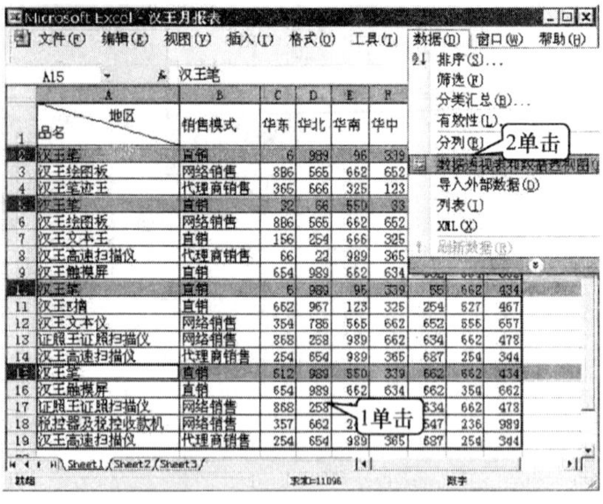

图 10.6.31

步骤 2　**①单击表格的任一单元格。　②单击“数据\数据透视表和数据透视图”**(在图 10.6.31 中),出现图 10.6.24。

步骤 3　**单击“下一步”按钮**(参见图 10.6.24),出现图 10.6.25。

步骤 4　**单击“下一步”按钮**(参见图 10.6.25),出现图 10.6.26。

步骤 5　**单击“布局”按钮**(参见图 10.6.26),出现图 10.6.27。

步骤 6　**①拖动“销售模式”字段到“页”框**,表示将按该字段不同的值对表格进行分页。**②拖动“地区品名”字段到“行”框**,表示将按照该字段的不同值进行纵向汇总(此处主要对汉王笔这个产品进行纵向汇总)。　**③拖动“华东”到“数据”框**,表示将用该字段的值进行汇总运算。　**④拖动“华南”到“数据”框**,表示将用该字段的值进行汇总运算。　**⑤单击“确定”按钮**(在图 10.6.27 中),回到图 10.6.26。

步骤 7　**单击“完成”按钮**(参见图 10.6.26),结果见图 10.6.32。它显示出了各种销售模式下,每一种产品华东销售量的汇总和华南销售量的汇总。其中包括了对图 10.6.31 中汉王笔在华东、华南地区销售的汇总数据,分别为 556、1292。最后两行是所有各种产品(共十种)华东、华南地区销售量的总和。如果想更清楚地显示汉王笔在华东、华南地区的销售数据的话,可以按照下列步骤继续进行操作。

步骤 8　**①单击“地区品名”下拉列表框。　②单击“全部显示”复选框**,以取消所有勾选项。　**③单击“汉王笔”复选框**,以勾选该项。　**④单击“确定”按钮**(在图 10.6.33 中),结果见图 10.6.34。它给出了汉王笔在华东、华南销售的汇总数据。

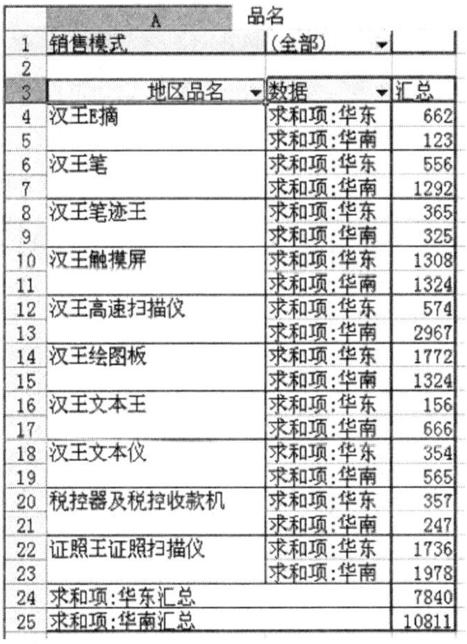

	A	品名	
1	销售模式	(全部)	
2			
3	地区品名	数据	汇总
4	汉王E摘	求和项:华东	662
5		求和项:华南	123
6	汉王笔	求和项:华东	556
7		求和项:华南	1292
8	汉王笔迹王	求和项:华东	365
9		求和项:华南	325
10	汉王触摸屏	求和项:华东	1308
11		求和项:华南	1324
12	汉王高速扫描仪	求和项:华东	574
13		求和项:华南	2967
14	汉王绘图板	求和项:华东	1772
15		求和项:华南	1324
16	汉王文本王	求和项:华东	156
17		求和项:华南	666
18	汉王文本仪	求和项:华东	354
19		求和项:华南	565
20	税控器及税控收款机	求和项:华东	357
21		求和项:华南	247
22	证照王证照扫描仪	求和项:华东	1736
23		求和项:华南	1978
24	求和项:华东汇总		7840
25	求和项:华南汇总		10811

图 10.6.32

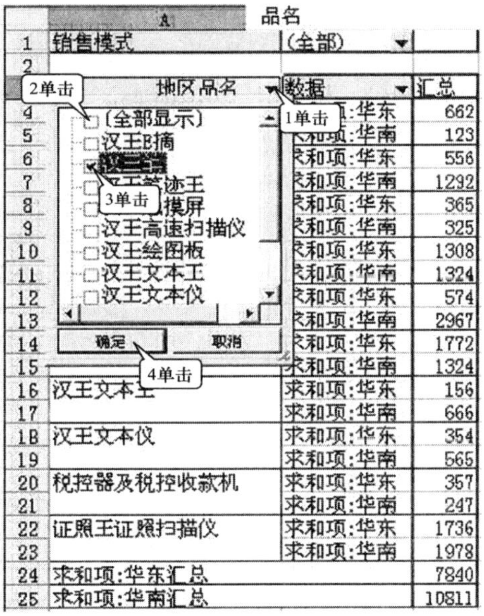

图 10.6.33

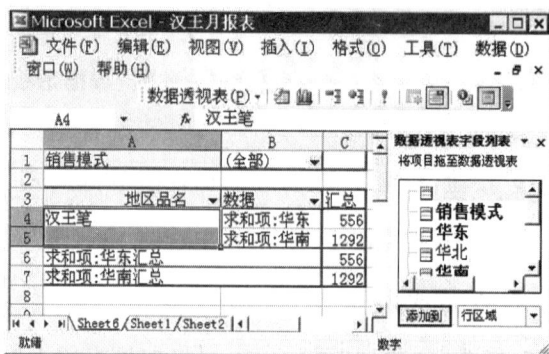

图 10.6.34

10.7 数据信息的保护

Excel 具有对重要的数据加以保护的功能,可以对单元格、工作表、工作簿实施保护。防止它们被破坏或被误删除和误修改,下面就分别介绍对单元格、工作表、工作簿保护的方法(以下操作以教材素材\Excel 素材\汉王为例)。

10.7.1 单元格和工作表的保护

1.保护单元格

步骤1 ①选定需要进行保护的单元格区域 **B2:H12**。 ②单击"格式\单元格"(在图10.7.1 中),出现图 10.7.2。

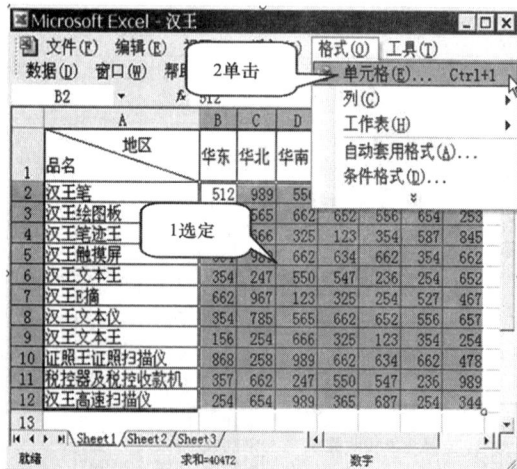

图 10.7.1

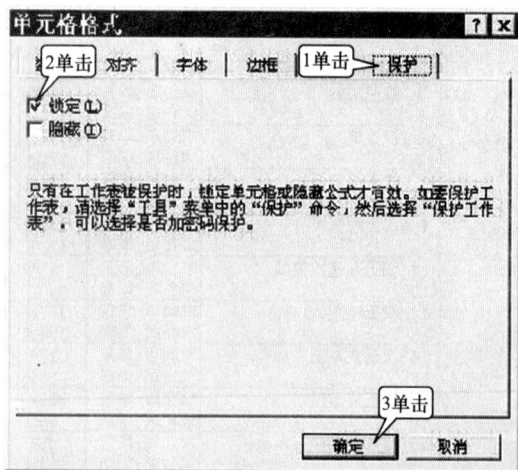

图 10.7.2

步骤2 ①单击"保护"选项卡。 ②单击"锁定"复选框。 ③单击"确定"按钮(在图 10.7.2 中)。设定单元格的锁定属性,可保护存入单元格的内容不能被改写。但是锁定只能在工作表设置了保护以后才起作用。下面就介绍保护工作表的方法。

2.保护工作表

步骤1 ①单击工作表的任一单元格。 ②单击"工具\保护\保护工作表"(在图 10.7.3 中),出现图 10.7.4。

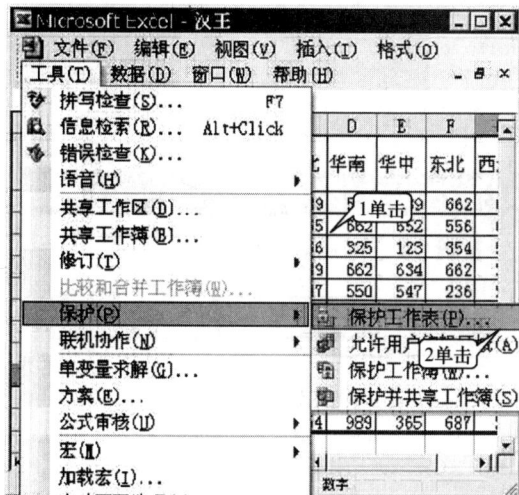

图 10.7.3

图 10.7.4

步骤2 ①单击选择"保护工作表及锁定的单元格内容"复选框。 ②输入密码。 ③单击"选定锁定单元格"复选框。 ④单击"选定未锁定的单元格"复选框。 ⑤单击 "确定"按钮(在图 10.7.4 中),出现图 10.7.5,这样设定以后被锁定的单元格和未锁定的单元格都允许选定。当然还可以勾选其他复选框,如删除列、删除行、插入列等。在设置了工作表保护以后,上面对单元格的锁定才起作用。

步骤3 ①再次输入密码。 ②单击"确定"按钮(在图 10.7.5 中)。

被保护的工作表和被锁定的单元格是不允许对其进行编辑操作的,当我们试图对它进行编辑操作时就会出现警告对话框,见图 10.7.6。

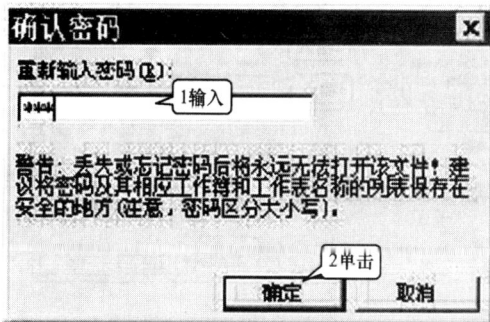

图 10.7.5

图 10.7.6

3.撤消工作表的保护

步骤1 单击"工具\保护\撤消保护工作表"(在图 10.7.7 中),出现图 10.7.8。

步骤2 ①输入密码。 ②单击"确定"按钮(在图 10.7.8 中)。

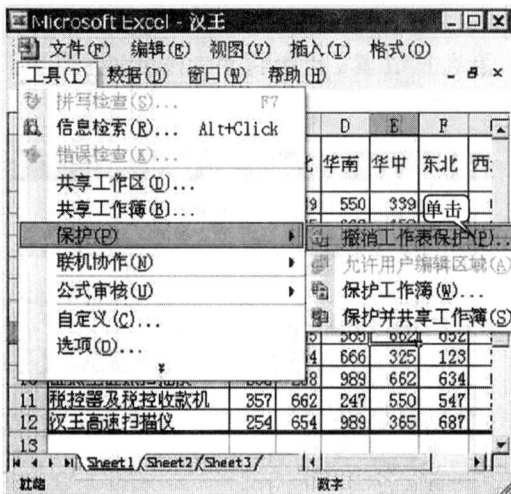

图 10.7.7

图 10.7.8

10.7.2　工作簿的保护

有时候我们需要把比较重要的工作簿保护起来,以防止未经同意的人打开工作簿,或对工作簿当中的工作表进行移动、复制、删除等操作。保护工作簿的方法是:

1.保护工作簿

步骤1　单击"工具\选项"(在图 10.7.9 中),出现图 10.7.10。

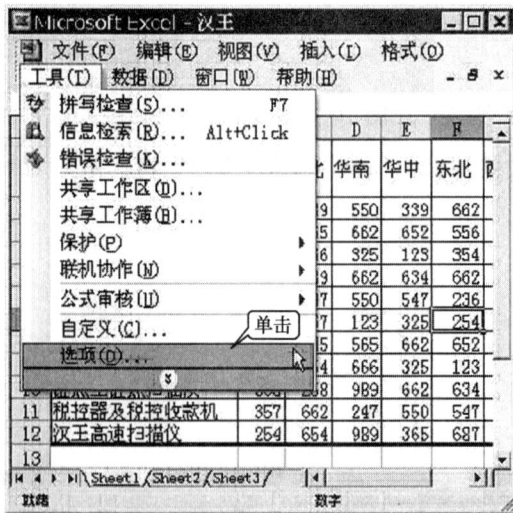

图 10.7.9

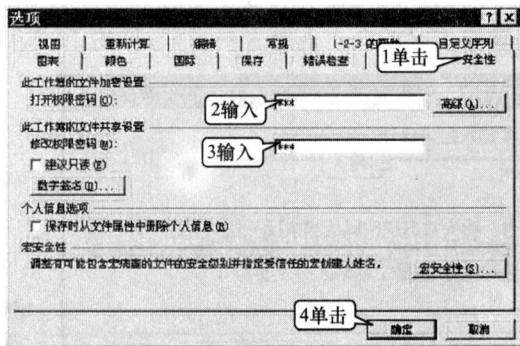

图 10.7.10

步骤2　①单击"安全性"选项卡。　②输入打开权限密码"**123**"。　③输入修改权限密码"**123**"。　④单击"确定"按钮(在图 10.7.10 中),出现图 10.7.11。

步骤3　①再次输入打开权限密码。　②单击"确定"按钮(在图 10.7.11 中),出现图 10.7.12。

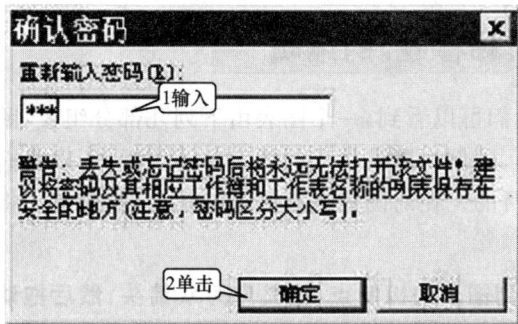

图 10.7.11

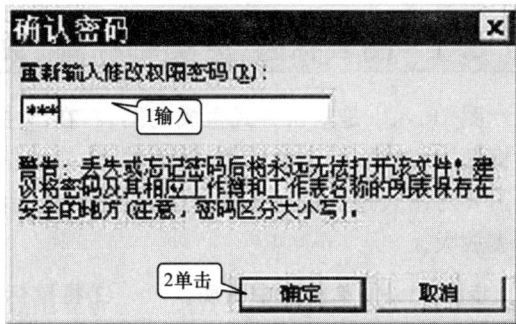

图 10.7.12

步骤 4　①再次输入修改权限密码。　②单击"确定"按钮（在图 10.7.12 中）。

步骤 5　单击"文件\保存"。注意：这个保存操作一定要做，否则工作簿就不能得到有效的保护。当打开被保护过的工作簿时，就会出现提示输入打开密码的对话框，见图 10.7.13。

步骤 6　①输入打开权限密码"123"。　②单击"确定"按钮（在图 10.7.13 中），出现图 10.7.14。

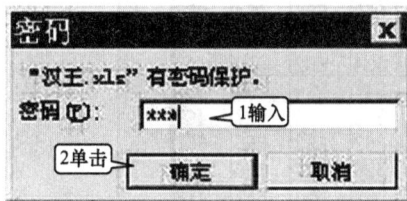

图 10.7.13

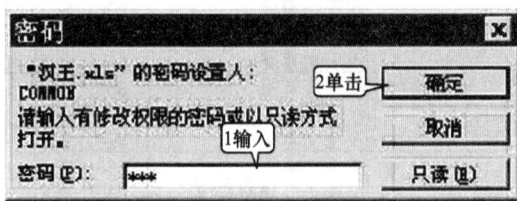

图 10.7.14

步骤 7　①输入修改权限密码"123"。　②单击"确定"按钮。从这里可以看出不知道打开权限密码的人，是无法打开工作簿的；而不知道修改权限密码的人，也无法对打开的工作簿进行修改。这样就起到了对工作簿保护的作用。

2. 取消工作簿保护

步骤 1　单击"工具\选项"（参见图 10.7.9），出现图 10.7.10。

步骤 2　①单击"安全性"选项卡。　②删除打开权限密码"123"。　③删除修改权限密码"123"。　④单击"确定"按钮（参见图 10.7.10）。

步骤 3　单击"文件\保存"。注意：这个保存操作一定要做。

10.8　图表的编辑

在第 6 章我们已经介绍过了制作图表的简单方法，即采用默认的方式生成图表。但是这样生成的图表其美观程度和适用性往往不能满足我们的要求。我们常常希望在生成的图表上对图表中的各个部分进行修改或重新设置，使其更加美观。下面就介绍对已生成的图表进行修改的方法。

10.8.1 图表标题（分类轴标题、数值轴标题）的编辑

图 10.8.1 是默认方式生成的图表,在图中我们可以看到,一个图表由下列几部分组成:图表标题、分类轴、分类轴标题、数值轴、数值轴标题、图例。默认生成的图表并不美观,所以我们还需要对图表进行进一步的修饰,以达到美观的目的。在对图表进行修饰编辑之前,应首先将图表放大。

步骤1 ①单击选中图表。 ②将鼠标移到图表的控制点,使其变为双箭头,然后拖动(在图 10.8.1 中),以便将图表放大到适当的大小,放大后的图表见图 10.8.2。

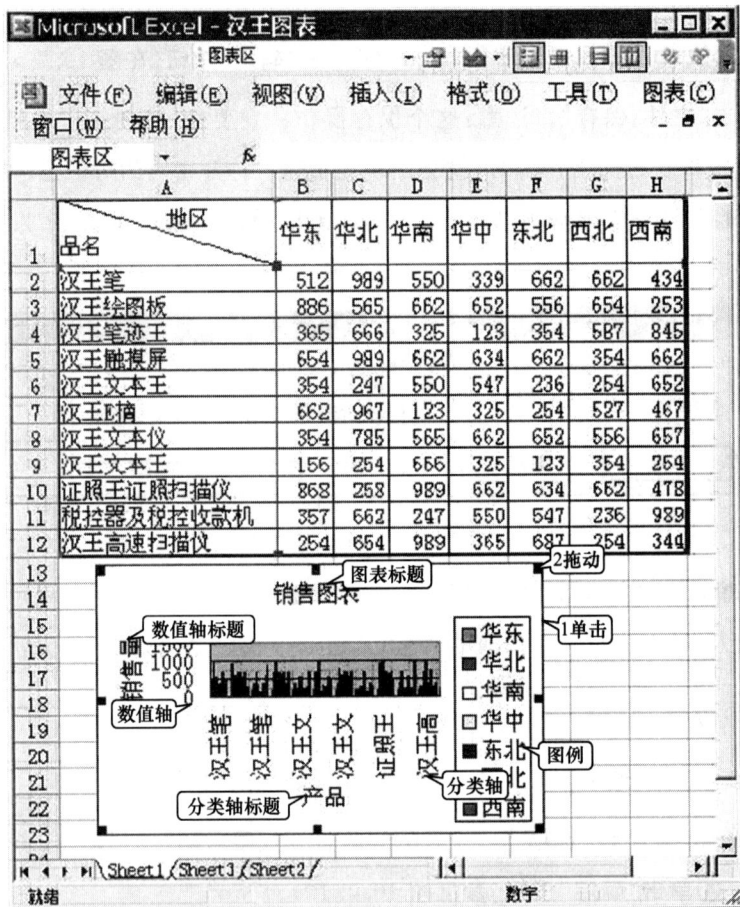

图 10.8.1

步骤2 ①单击图表标题"销售图表"(或分类轴标题"产品"、数值轴标题"销售量"),以选中图表标题。 ②拖动选中的图表标题,就可以移动它。 ③在图表标题的文字上单击,可将插入点定位在标题中,这样就可以对标题的文字进行增、删。 ④输入字符"1",这样就改变了标题名称。 ⑤右击"销售图表 1"边框。 ⑥单击"图表标题格式"(在图10.8.2 中),出现图 10.8.3。

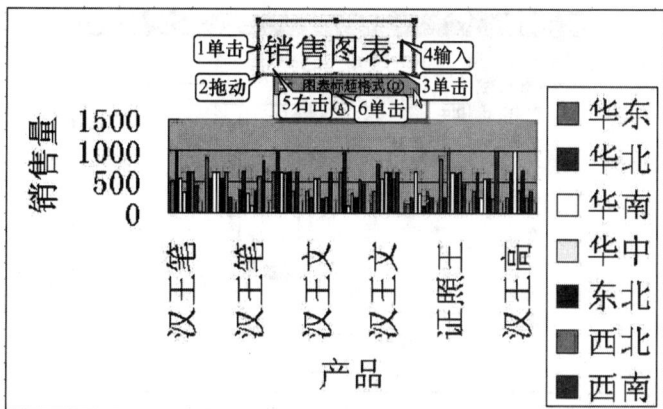

图 10.8.2

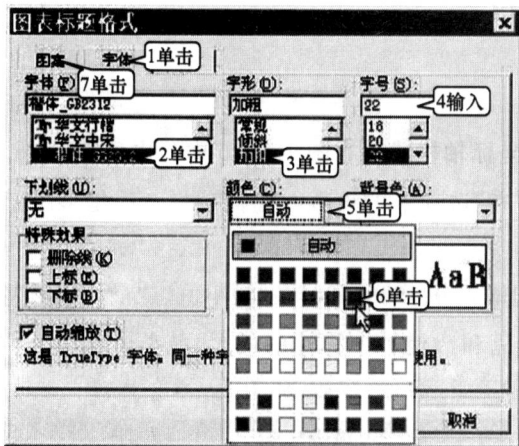

图 10.8.3

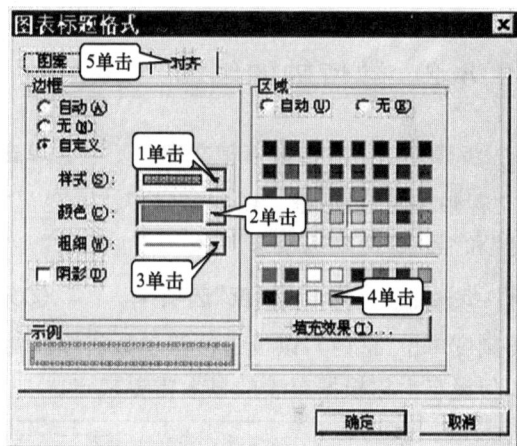

图 10.8.4

步骤3　①单击"字体"选项卡。　②单击"楷体 GB2312"。　③单击"加粗"。④输入"22"。　⑤单击"颜色"右下侧的三角。　⑥单击选择"蓝色"。　⑦单击"图案"选项卡(在图 10.8.3 中),出现图 10.8.4。

步骤4　①单击选择边框样式。　②单击选择边框线颜色。　③单击选择边框线粗细。　④单击选择背景色。　⑤单击"对齐"选项卡(在图 10.8.4 中),出现图 10.8.5。

步骤5　①单击"水平"下拉列表框,选择"居中",以设置文本水平对齐方式。　②单击"垂直"下拉列表框,选择"居中",以设置文本垂直对齐方式。　③拖动"文本"按钮,可以改变对象的文字排列方式,即水平排列和垂直排列方式。这里我们选择水平排列方式。而对图 10.8.2 中的数值轴标题"销售量"而言,因为它是垂直排列的,所以就应该重新设置为水平排列方式,这样才比较美观。　④单击"确定"按钮(在图 10.8.5 中)。通过上面设置,可以将选定对象的字体、字号、颜色、大小、边框特色,以及对齐方式加以重新设置。其他的标题设置方法也同样如此。

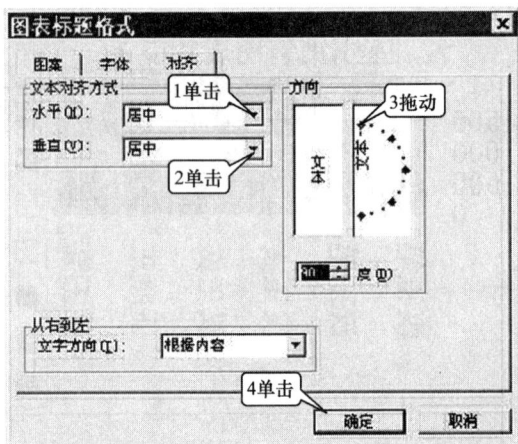

图 10.8.5

10.8.2　数值轴的编辑

步骤 1　①右击数值轴文字。　②单击"坐标轴格式"（在图 10.8.6 中），出现图 10.8.7 "坐标轴格式"对话框。图中"字体"、"图案"、"对齐"选项卡的设置与上面一样。这里多了"刻度"和"数字"两个选项卡。

步骤 2　①单击"刻度"选项卡。　②分别输入 0、1500、500（在"最小值"、"最大值"、"主要刻度单位"框内），以设定数值轴数值标注的间隔和数值轴上标注的最大、最小值这三个值，如何设定由你根据图表的显示需要来定。　③单击"确定"按钮（在图 10.8.7 中）。

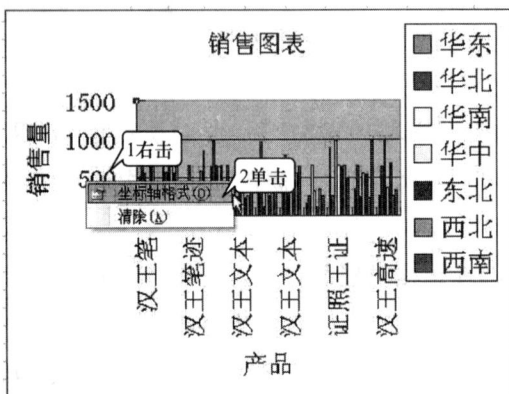

图 10.8.6

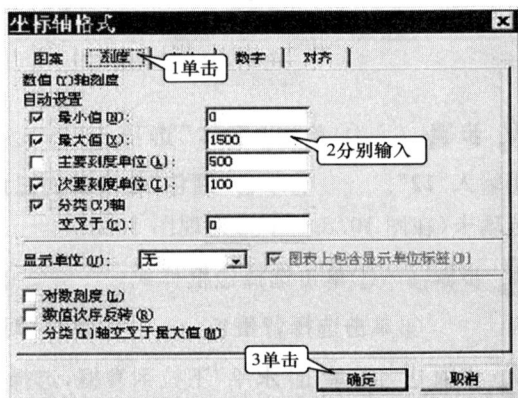

图 10.8.7

10.8.3　分类轴的编辑

步骤　①右击分类轴文字。　②单击"坐标轴格式"（在图 10.8.8 中），出现图 10.8.9 "坐标轴格式"对话框。图中"字体"、"图案"、"对齐"选项卡的设置与上面一样。这里多了"刻度"和"数字"两个选项卡。其设置方法也很简单,这里就不作介绍了。

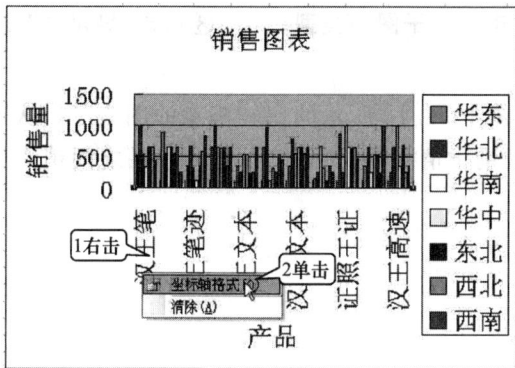

图 10.8.8

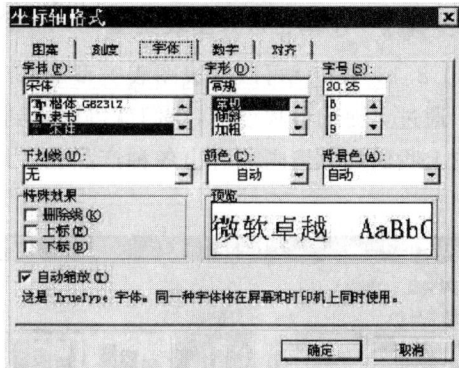

图 10.8.9

10.8.4 图例的编辑

步骤 ①右击图例。 ②单击"坐标轴格式"(在图 10.8.10 中),出现图 10.8.11。图中"字体"、"图案"、"位置"选项卡的设置与上面一样,这里就不作介绍了。

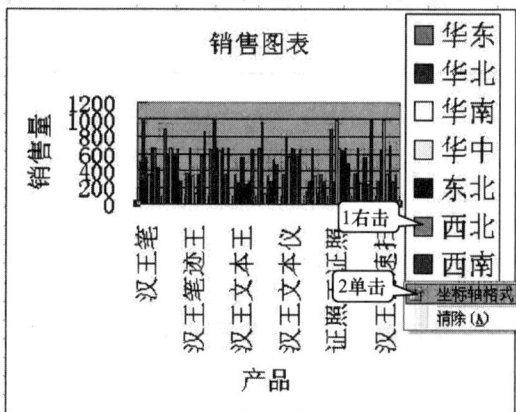

图 10.8.10

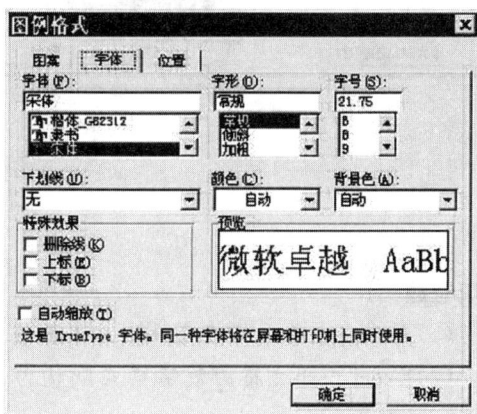

图 10.8.11

10.8.5 改变图表类型

步骤 ①右击图形。 ②单击"图表类型"(在图 10.8.12 中),出现图 10.8.13。

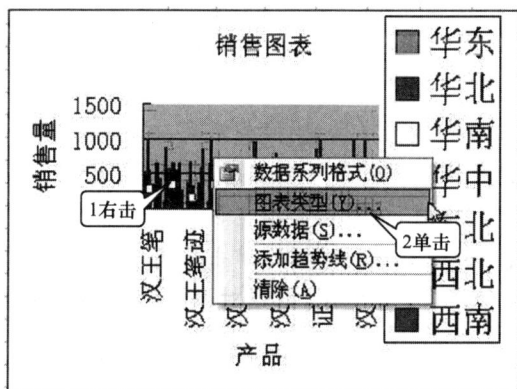

图 10.8.12

步骤 ①单击选择图表类型。 ②单击选择子图表类型。 ③单击"确定"按钮(在图 10.8.13 中),就可以完成图表类型的修改。

通过上面的各项设置,我们就可以得到如图 10.8.14 所示的比较满意的图表了。从这个图表上我们可以清晰地看出各种产品在各地区销售情况的对比,以及各种产品之间销售量的对比。

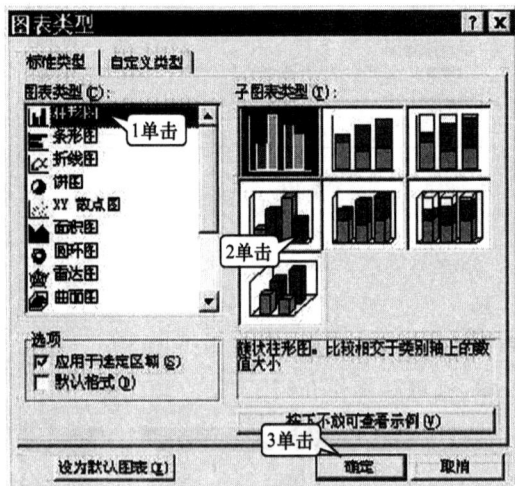

图 10.8.13

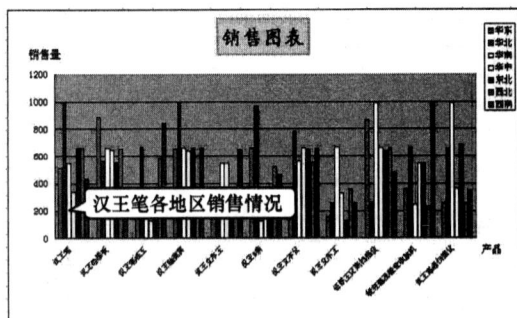

图 10.8.14

习 题 10

1. 填空题

(1)同样一个单元格将它设定为不同格式,则它里面的_____显示方式也不同。

(2)Excel 中单元格的数字格式默认为_____,其格式特点是文本_____对齐,数字_____对齐。

(3)单元格设置为"日期"格式时,Excel 将输入的数值自动转换为相应的日期值。其转换规则是以 1900-0-0 为起点来转换的,输入的数值将和_____相加,而得出日期。

(4)将单元格设置为"文本"格式,单元格中输入的所有字符都被视为_____,这些数字是_____能进行运算的。

(5)在 Excel 中,输入邮政编码、数字编号、学号等,不进行单元格设置就会出错。解决的办法是将数字作为文本输入,在不设置单元格格式的情况下,只需在输入时先输入英文的_____号,再输入所需内容即可。

(6)选定不相邻的单元格或单元格区域,应先选定一个单元格或一个单元格区域,然后按住_____键,同时拖动鼠标来选另外的不相邻的单元格或单元格区域。

(7)选定较大区域的单元格时,先单击要选定区域左上角的单元格,再将鼠标指向所选区域右下角单元格的位置,按住_____键,同时单击所选区域右下角单元格。

(8)在 Excel 中,可给单元格设置批注,以便对单元格的内容加上附加说明。设置"批注"的菜单是_____。

(9)单击格式\工作表_____,可以隐藏工作表。

(10)为了美化 Excel 的表格,可以为_____设置背景图案。

(11)利用 Excel 的数据有效性功能,可以限制输入_____的大小或者范围,提高数据输入速度和准确性,防止出错。

(12)"三维引用"的引用格式为_____。

(13)Excel 允许一次同时在_____单元格填充同样的内容。

(14)拆分窗口一般是为了编辑或查看_____或者行数特别多的表格。

(15)冻结窗格是便于比对数据或对照_____便于阅读数据。

(16)在 Excel 中可同时_____多列(或多行)的大小。

2. 操作题

(1)利用 Excel 生成下图所示九九乘法表。

	1	2	3	4	5	6	7	8	9
1	1×1=1								
2	2×1=2	2×2=4							
3	3×1=3	3×2=6	3×3=9						
4	4×1=4	4×2=8	4×3=12	4×4=16					
5	5×1=5	5×2=10	5×3=15	5×4=20	5×5=25				
6	6×1=6	6×2=12	6×3=18	6×4=24	6×5=30	6×6=36			
7	7×1=7	7×2=14	7×3=21	7×4=28	7×5=35	7×6=42	7×7=49		
8	8×1=8	8×2=16	8×3=24	8×4=32	8×5=40	8×6=48	8×7=56	8×8=64	
9	9×1=9	9×2=18	9×3=27	9×4=36	9×5=45	9×6=54	9×7=63	9×8=72	9×9=81

(2)制作某班学生表,并将其身份证号隐藏起来。

学 号	姓 名	性 别	身份证号	邮 编
040102001	张 扬	男	421025198709047000	315000
040102002	曲玉菡	女	342953198908290052	231100
040102003	邢炜嘉	女	343603198803090000	232000
040102004	金浩明	男	340833198705240027	241000
040102005	瞿 寒	男	410505198802060021	325000
040102006	王洪满	男	330127198707021902	233300
040102007	李晓萌	女	341242199012193416	246300
040102008	郑 昊	女	341242198610252647	233500

(3)制作学生成绩表,平时、期中占 30%,期末占 40%。

学生成绩表

学号	姓名	平时	期中	期末	总平均	等级
1	王小	63	45	56	54.8	不及格
2	李林	96	98	86	92.6	优
3	成浩然	75	76	80	77.3	良
4	启明	65	68	63	65.1	及格
5	张立	86	96	75	84.6	良
6	凯文	90	75	86	83.9	良
统计:	优秀人数	1				
	优秀率	16.67%				
	总平均	76.38				

第11章 幻灯片制作软件 PowerPoint 进阶

11.1 幻灯片设计技巧

11.1.1 制作组织结构图

组织结构图一般是用以表明单位组织结构、上下级关系的说明性框图,还可以用来制作程序和步骤说明框图。

1.插入组织结构图

步骤1 单击"插入\图片\组织结构图"(在图 11.1.1 中),出现图 11.1.2。

图 11.1.1

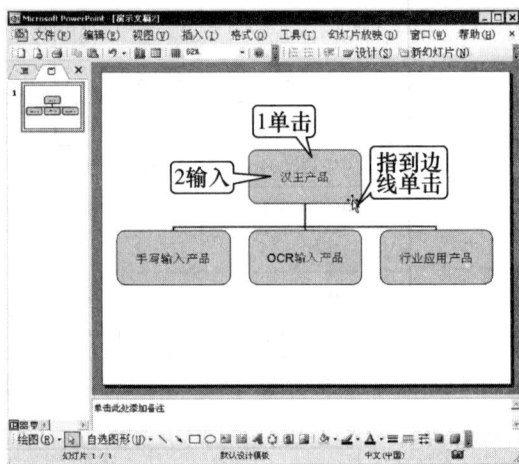

图 11.1.2

步骤2 ①在框图中单击。 ②输入文字(在图 11.1.2 中),就形成了图 11.1.2 所示的简单组织结构图。

2.框图的选定

步骤1 将鼠标指到框图的边线上,使其变为十字箭头形状(在图 11.1.2 中)。

步骤2 单击鼠标。

3.添加框图

步骤1 ①单击选定某一框图,会出现如图 11.1.3 所示的"组织结构图"工具栏。

②单击"插入形状"菜单。　　③单击"下属"(在图 11.1.3 中),则就在选定的框图下面插入了一个下级框图,结果见图 11.1.3。

步骤 2　①单击选定某一框图。　　②单击"插入形状"菜单。　　③单击"同事"(在图 11.1.4 中),则就在选定的框图右侧插入了一个同级框图。

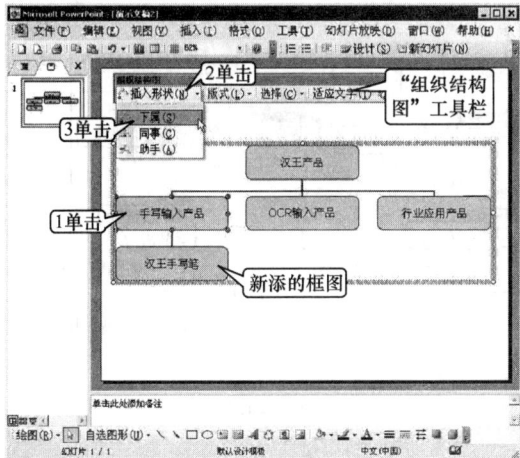 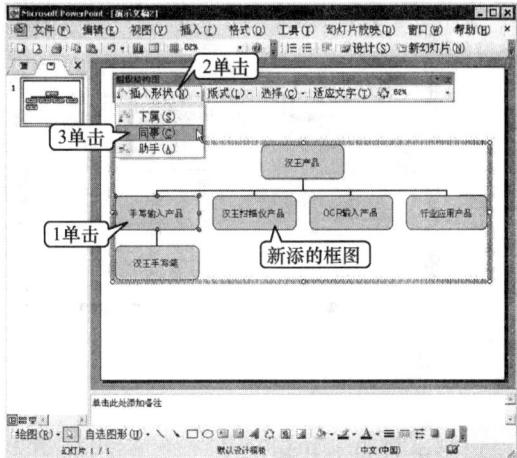

图 11.1.3　　　　　　　　　　　　　　　　　图 11.1.4

步骤 3　①单击选定某一框图。　　②单击"插入形状"菜单。　　③单击"助手"(在图 11.1.5 中),则就在选定的框图左侧插入了一个助手框图。

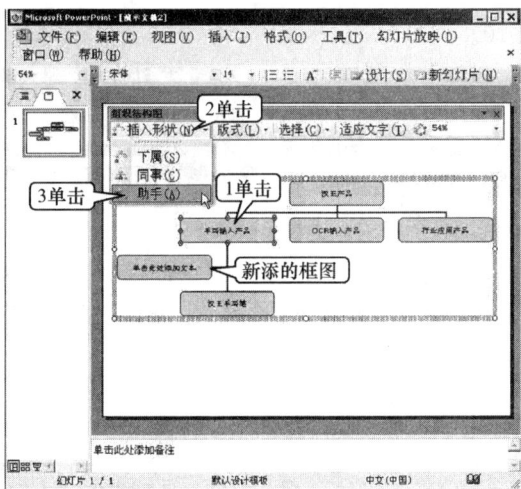

图 11.1.5

4. 删除框图

步骤 1　单击框图的边线(参见图 11.1.2)。

步骤 2　按 Delete 键。

5. 设置框图内文字的格式

步骤 1　①单击选定框图。　　②单击"格式\字体"(在图 11.1.6 中),出现图 11.1.7。

步骤 2　①单击"中文字体"下拉列表框,选择"宋体"。　　②单击"常规"。　　③单击

"18"。 ④单击"下划线"复选框。 ⑤单击"颜色"右下侧的三角。 ⑥单击选择"红色"。 ⑦单击"确定"按钮(在图11.1.7中)。

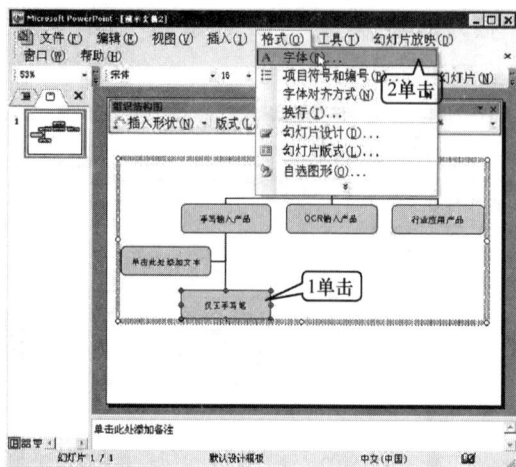

图11.1.6

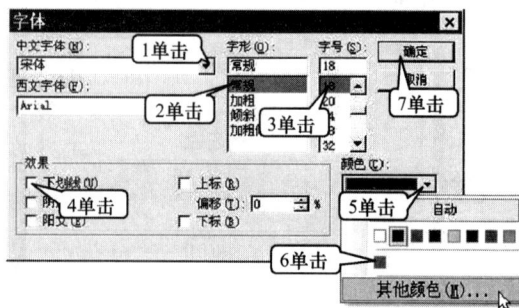

图11.1.7

6.设置框图的结构样式

步骤1 ①单击选定顶层框图。 ②单击"版式\两边悬挂"(在图11.1.8中),则出现两边悬挂版式,结果见图11.1.9。

步骤2 ①单击选定顶层框图。 ②单击"版式\左悬挂"(在图11.1.9中),则出现左悬挂版式,结果见图11.1.10。

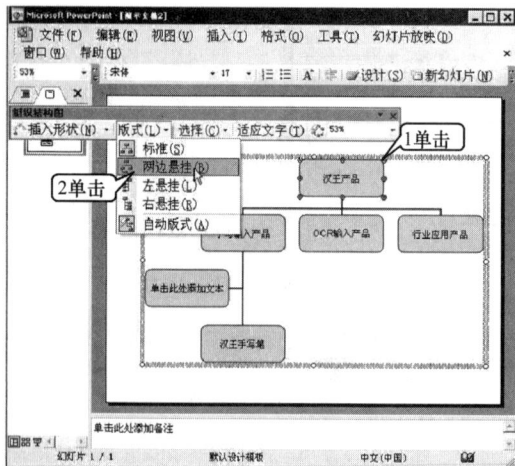

图11.1.8

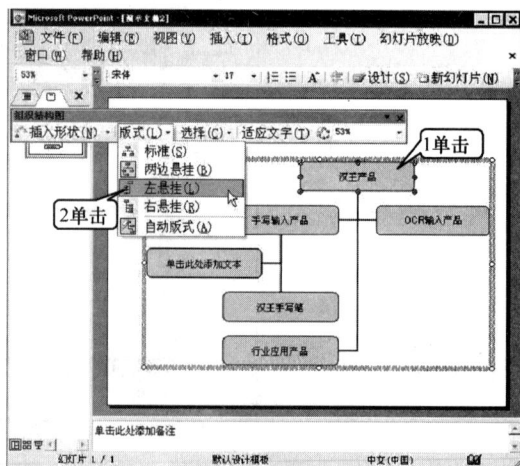

图11.1.9

步骤3 ①单击选定顶层框图。 ②单击"版式\右悬挂"(在图11.1.10中),则出现右悬挂版式,结果图11.1.11。

步骤4 ①单击选定顶层框图。 ②单击"适应文字",则框内文字将变为正好占满整框(在图11.1.11中),结果见图11.1.11。

7.设置框图的颜色、边框线

步骤1 ①双击要设置颜色、边框线的框图,弹出"设置自选图形格式"对话框。 ②单击"颜色和线条"选项卡。 ③单击"颜色"框右侧的三角。 ④单击"填充效果"

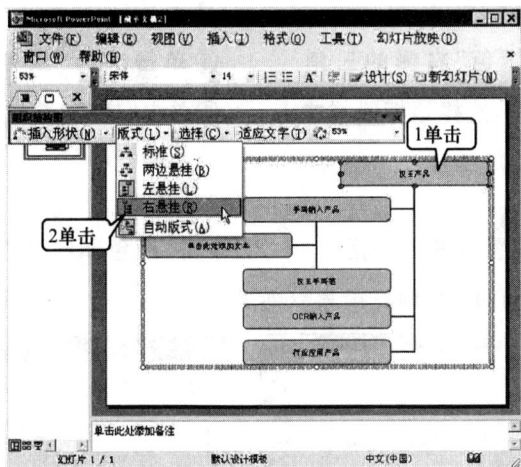

图 11.1.10

（在图 11.1.12 中），出现图 11.1.13，也可在此直接选择一种颜色。

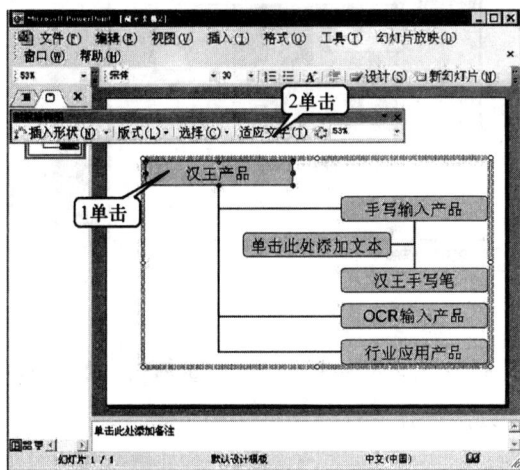

图 11.1.11

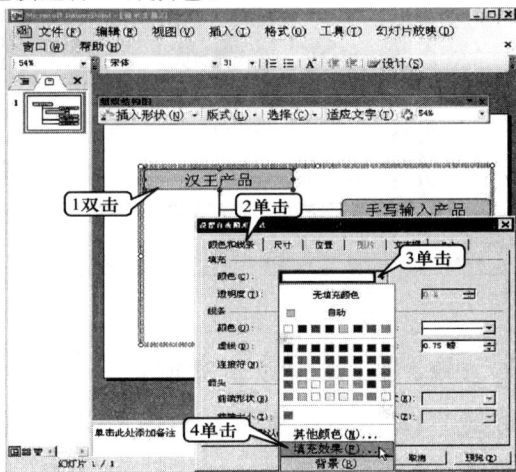

图 11.1.12

步骤 ①单击"渐变"选项卡。 ②单击"双色"。 ③单击"颜色 1"右下侧的三角，选择红色。 ④单击"颜色 2"右下侧的三角，选择白色。 ⑤单击"斜上"单选钮。 ⑥拖动滚动条，设置两种颜色交界处的透明度。 ⑦单击"确定"按钮（在图 11.1.13 中），出现图 11.1.14。这样就设置了框图中的填充色为红白的渐变色。

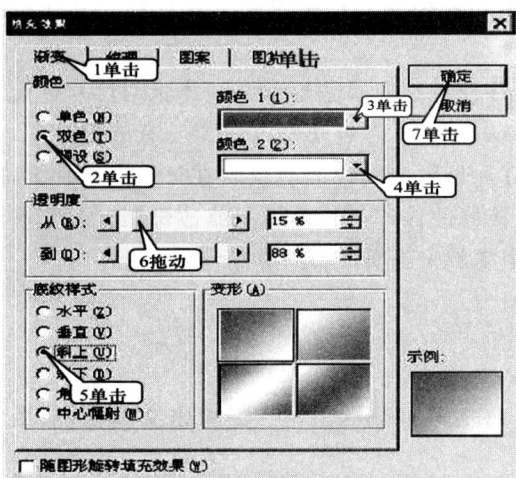

图 11.1.13

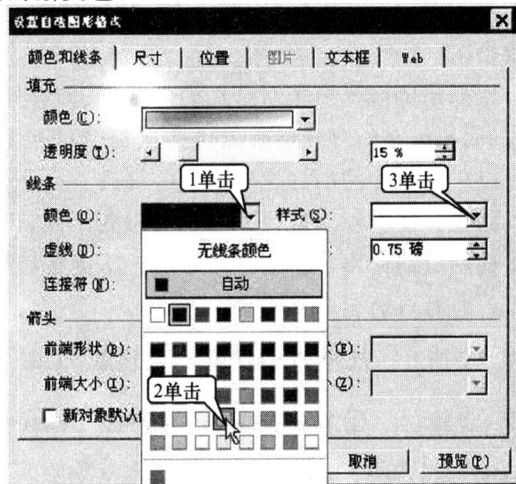

图 11.1.14

步骤 **3**　①单击"颜色"右侧的三角。　②单击选择"绿色";以设置边框线颜色。③单击"样式"右侧的三角,选择边框线样式。　④单击"确定"按钮(在图 11.1.14 中),结果见图 11.1.15。

8.设置框图的背景

步骤 **1**　①双击要设置背景的框图。　②单击"颜色和线条"选项卡。　③单击"颜色"框右侧的三角。　④单击"填充效果"(参见图 11.1.12),出现图 11.1.16。

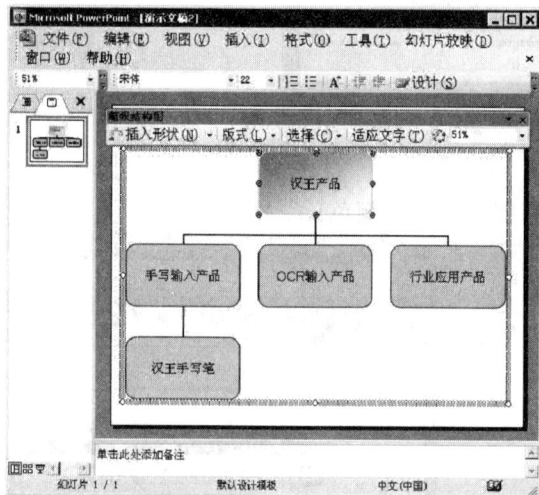

图 11.1.15

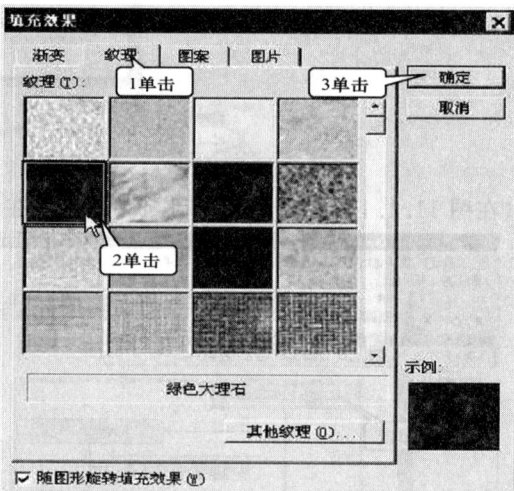

图 11.1.16

步骤 **2**　①单击"纹理"选项卡。　②单击"绿色大理石"纹理。　③单击"确定"按钮(在图 11.1.16 中)。如果选择"图片"选项卡就可以用图片文件作为框图的背景。

11.1.2　幻灯片母版及应用

1.母版的作用

PowerPoint 中有一类特殊的幻灯片叫做幻灯片母版,母版控制了幻灯片中对象的数量、类型及对象的某些特征,如字体、字号和颜色,图片大小等。它还控制了背景色和某些特殊效果。

如果要修改多张幻灯片的外观(或幻灯片中各种对象的属性),不必一张张幻灯片进行修改,而只需在幻灯片母版上做一次修改即可。PowerPoint 将自动修改更新已有的幻灯片,并对以后新添加的幻灯片应用这些修改。由于幻灯片母版上的修改会反映在每张幻灯片上,所以如果要使个别幻灯片的外观与母版不同,可直接修改该幻灯片而不是修改母版。每个演示文稿中只能使用一个幻灯片母版。下面就以一个实例来说明母版的应用:

2.母版的制作与应用

步骤 **1**　打开 **PowerPoint**,出现图 11.1.17。

步骤 **2**　①单击文本框,然后按 Delete 键,将文本框删除。　②单击文本框,然后按 **Delete**键(在图 11.1.17 中),将文本框删除。

步骤 3 ①单击"视图\母版\幻灯片母版",出现如图 11.1.18 所示的幻灯片母版视图。　②单击"插入新标题母版"按钮(在图 11.1.18 中),出现如图 11.1.19 所示的新标题母版。

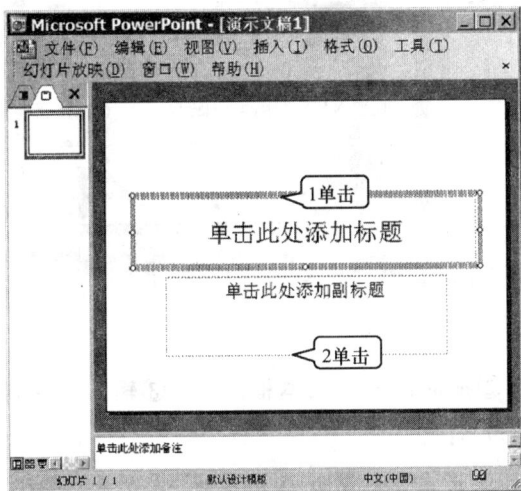

图 11.1.17

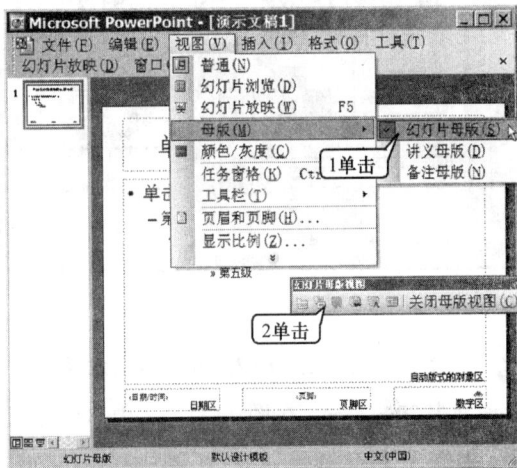

图 11.1.18

步骤 4 ①单击新标题母版。　②单击"格式\背景",出现如图 11.1.19 所示的背景对话框。　③单击"背景填充"右下侧的三角。　④单击"填充效果"(在图 11.1.19 中),出现图 11.1.20。

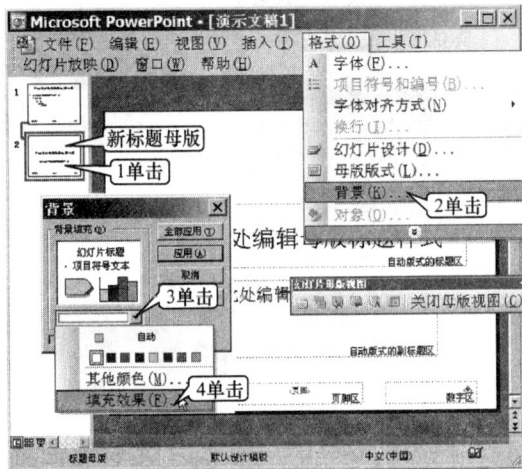

图 11.1.19

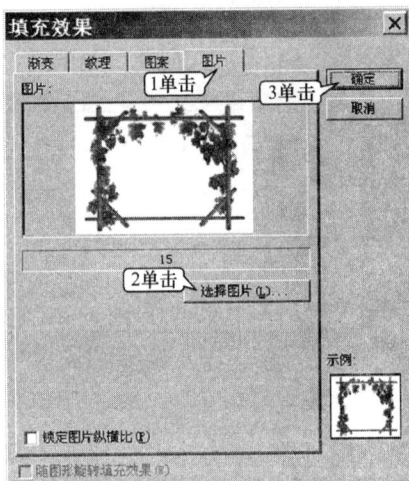

图 11.1.20

步骤 5 ①单击"图片"选项卡。　②单击"选择图片"按钮,然后到教材素材文件夹中选择"15.jpg"文件插入。　③单击"确定"按钮(在图 11.1.20 中),出现图 11.1.21。

步骤 6 单击"应用"按钮(在图 11.1.21 中),结果见 11.1.22。

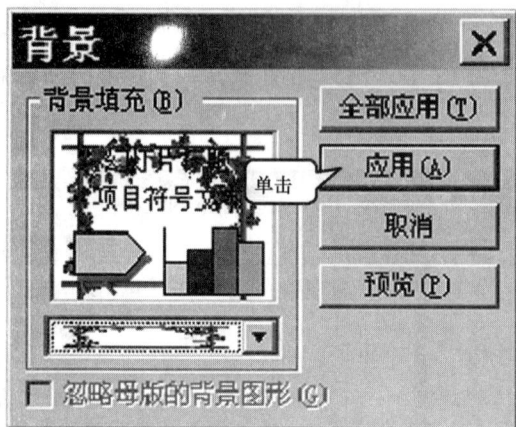

图 11.1.21

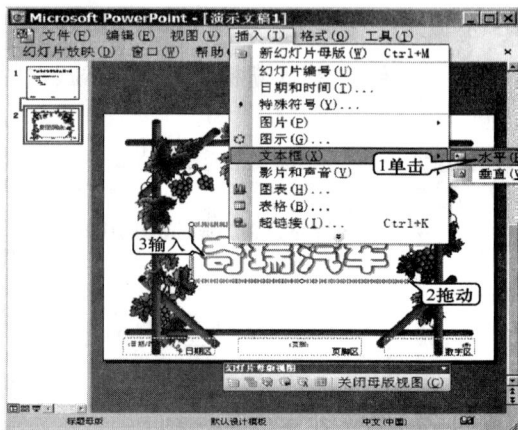

图 11.1.22

步骤 7 ①单击"插入\文本框\水平"。 ②拖动出一个文本框。 ③输入文字,然后设置其字符格式(在图 11.1.22 中),结果见图 11.1.22。

步骤 8 ①单击幻灯片母版。 ②单击文本框,然后按 **Delete** 键,将文本框删除。③单击文本框,然后按 Delete 键,将文本框删除。 ④单击"插入\文本框\水平"(在图 11.1.23 中),出现图 11.1.24。

图 11.1.23

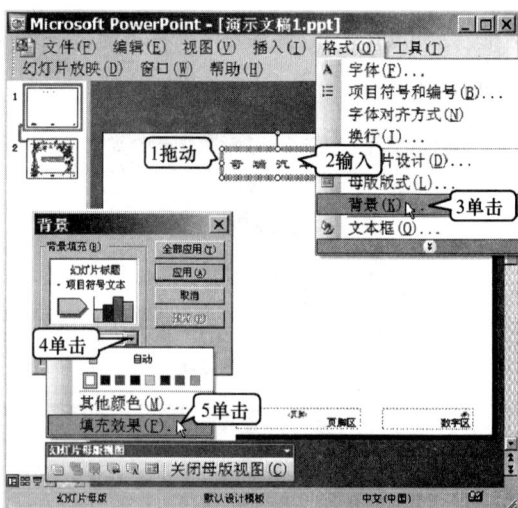

图 11.1.24

步骤 9 ①拖动出一个文本框。 ②输入文字,然后设置其字符格式。 ③单击"格式\背景",出现如图 11.1.24 所示的背景对话框。 ④单击"背景填充"右下侧的三角。⑤单击"填充效果"(在图 11.1.24 中),出现图 11.1.25。

步骤 10 ①单击"图片"选项卡。 ②单击"选择图片"按钮,然后到教材素材文件夹中选择"16.jpg"文件插入。 ③单击"确定"按钮(在图 11.1.25 中),出现图 11.1.26。

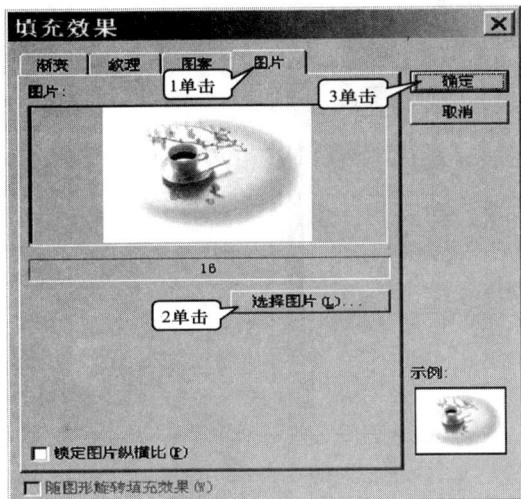

图 11.1.25

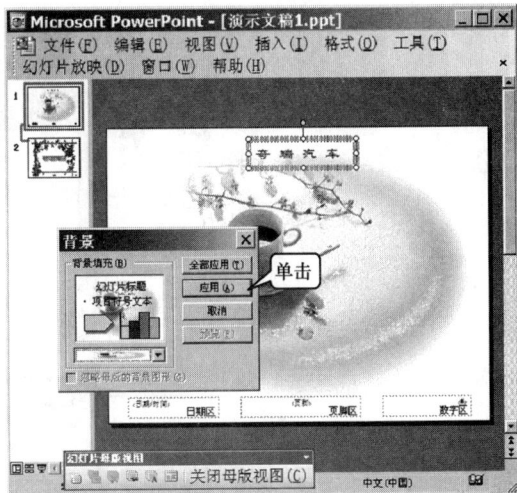

图 11.1.26

步骤11　单击"应用"按钮(在图 11.1.26 中),结果见图 11.1.26。

步骤12　①单击"插入\图片\来自文件",出现如图 11.1.27 所示的"插入图片"对话框。

②找到"教学素材 \图片\ **23.jpg**"文件,并双击该文件(在图 11.1.27 中),结果见图 11.1.28。

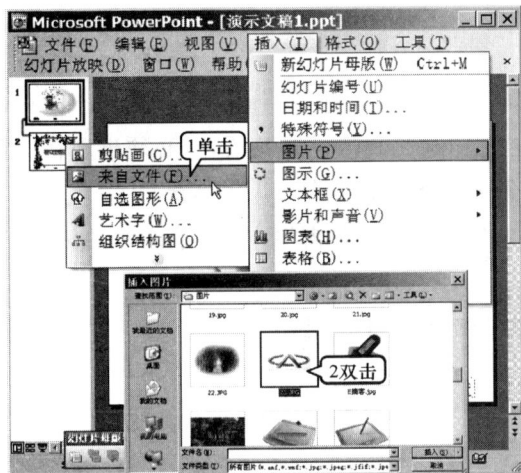

图 11.1.27

图 11.1.28

步骤13　①拖动文本框到适当的位置。　②调整插入的图片大小,并拖动它到适当的位置。　③单击"关闭母版视图"按钮(在图 11.1.28 中),出现图 11.1.29。

步骤14　单击"插入\新幻灯片"(在图 11.1.29 中),即可插入多张同样的幻灯片。

步骤15　单击"文件\保存",即可将该母版保存以便日后使用。

从这个例子我们可以看出,通过母版可以一次同时设置和改变所有幻灯片的风格,如果你再插入一张幻灯片的话,你就会发现新插入的幻灯片同上面几张是一模一样的。这就说明,新插入的幻灯片是用我们设置的母版复制而来的。

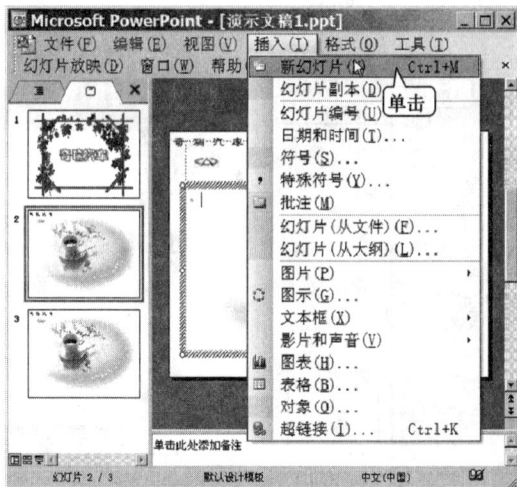

图 11.1.29

11.2 设置幻灯片的各种动画效果

11.2.1 任务窗格的打开与关闭

　　任务窗格是我们设置动画的重要窗口,也是我们进行其他设置的重要窗口。这个窗口可以显示在屏幕上,也可以被关闭。如果我们要进行动画和其他设置的话,它必须出现在屏幕上,有了它我们就可以方便地进行动画设置了。打开与关闭任务窗格的方法是:

步骤　①单击"视图\任务窗格",就可以在右侧显示出任务窗格。　②单击关闭按钮,就可关闭任务窗格(在图 11.2.1 中)。

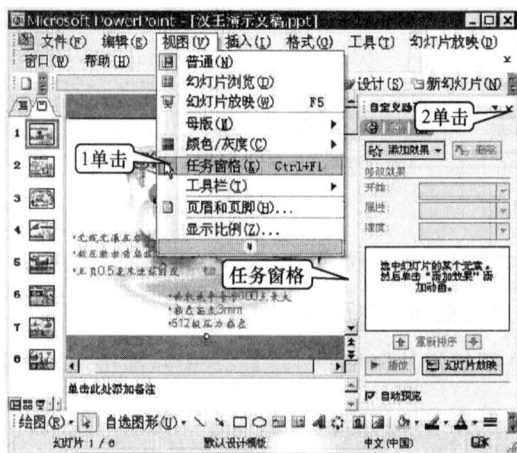

图 11.2.1

11.2.2 设置对象的动画效果和配音

　　我们把幻灯片中的文本框、视频、图片、声音、Flash 等都称为对象,可以通过设置,让这些

对象在放映时以动画方式进入画面(或出现在屏幕上),同时还伴有配音和音乐。设置放映时对象动画效果的方法如下:

1.设置对象以旋转方式进入画面

步骤 1　　**打开教材素材\PowerPoint 素材\汉王演示文稿**,如果在窗口的右侧看不到任务窗格的话,请按上述方法打开任务窗格。

步骤 2　　①单击选中"汉王绘图板一创艺星人 0605"文本框。　　②单击"幻灯片放映\自定义动画"(在图 11.2.2 中),则任务窗格就变为自定义动画窗格,见图 11.2.2。

步骤 3　　①单击"添加效果"下拉列表框。　　②单击"进入\旋转"(在图 11.2.3 中),则任务窗格就变为图 11.2.4 所示的模样了。这样就设置了文字是以旋转方式进入屏幕,如果单击"其他效果",可以列出全部动画效果供我们选择。

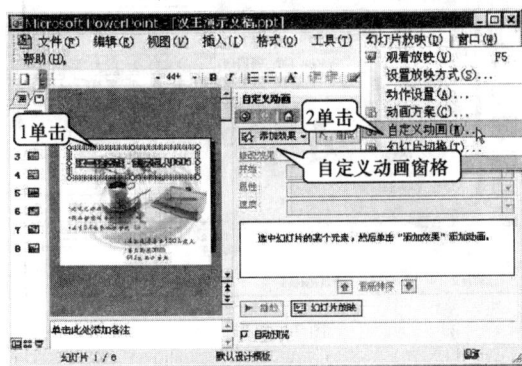

图 11.2.2

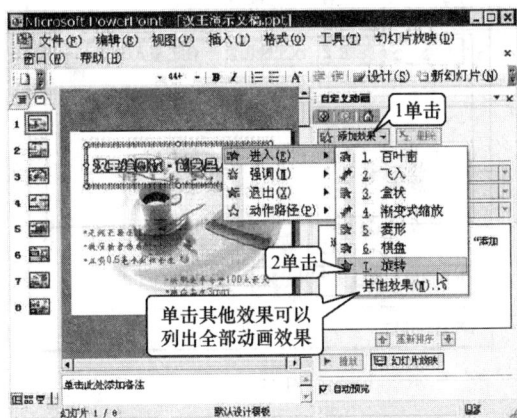

图 11.2.3

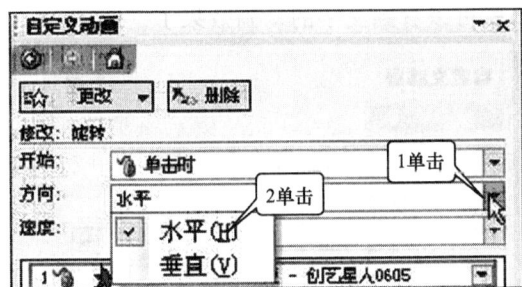

图 11.2.4

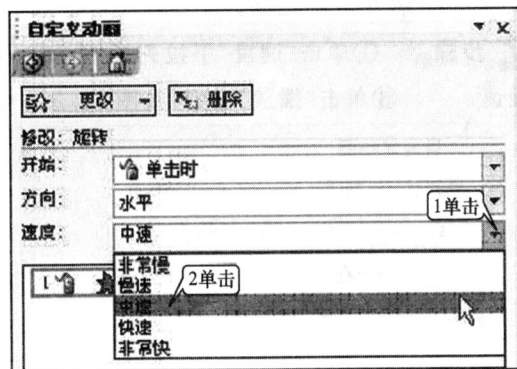

图 11.2.5

步骤 4　　①单击"方向"下拉列表框。　　②单击"水平"(在图 11.2.4 中),这样就设置了文字是水平旋转的。

步骤 5　　①单击"速度"下拉列表框。　　②单击"中速"(在图 11.2.5 中),这样就设置了文字旋转的速度为中速。

步骤 6　　①单击"开始"下拉列表框。　　②单击"单击时",这样就设置了文字在单击时才开始出现。　　③单击"播放"按钮(在图 11.2.6 中),就可以看到文字的动画效果了。

2.设置对象以强调方式出现在屏幕上

步骤1 ①单击第二张幻灯片(本操作是上面操作的延续,并在上面打开的幻灯片中进行)。 ②单击选中"汉王笔一墨宝小文豪"文本框。 ③单击"添加效果"下拉列表框。 ④单击"强调\放大/缩小"(在图11.2.7中),这样就设置了文字是以放大/缩小的方式进入屏幕,如果单击"其他效果",可以列出全部动画效果供我们选择。

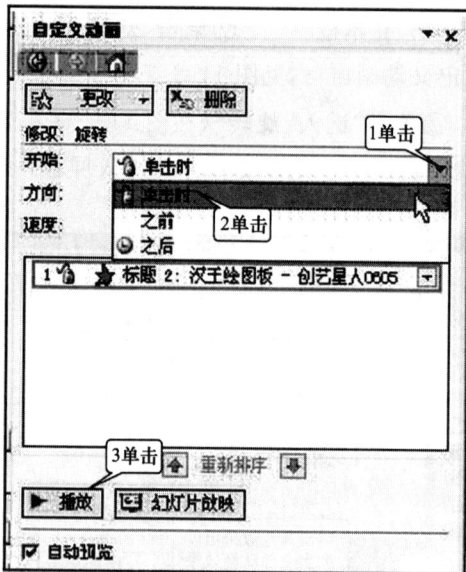

图11.2.6

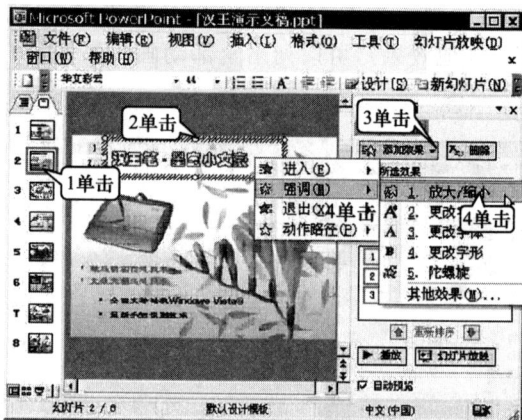

图11.2.7

步骤2 ①单击"尺寸"下拉列表框。 ②单击"较大"(在图11.2.8中),这样就设置了文字放大/缩小时的比例。

步骤3 ①单击"速度"下拉列表框。 ②单击"慢速",这样就设置了文字变化的速度为慢速。 ③单击"播放"按钮(在图11.2.9中),就可以看到文字的动画效果了。

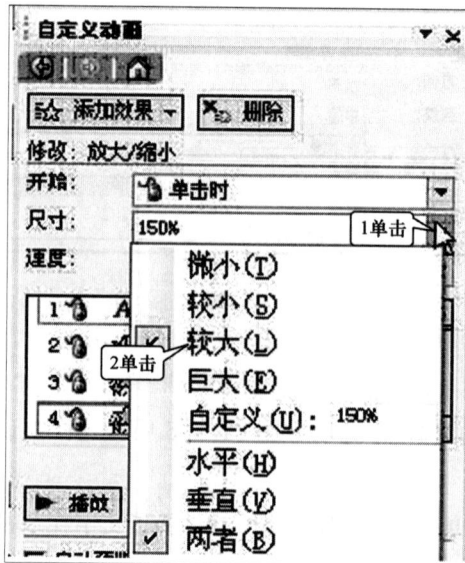

图11.2.8

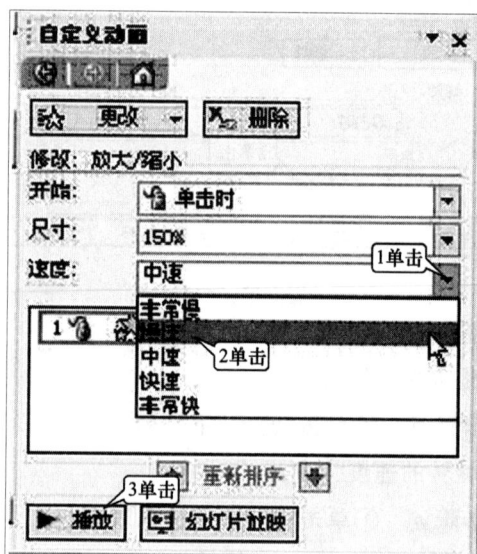

图11.2.9

3.设置对象以退出方式出现在屏幕上

步骤 1 ①单击第三张幻灯片(本操作是上面操作的延续,并在上面打开的幻灯片中进行)。 ②单击选中中间的图片。 ③单击"添加效果"下拉列表框。 ④单击"退出\其他效果"(在图 11.2.10 中),出现图 11.2.11。

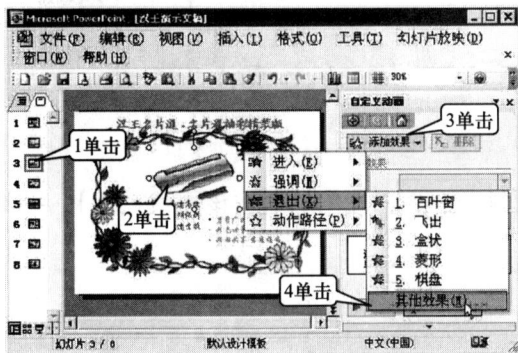

图 11.2.10

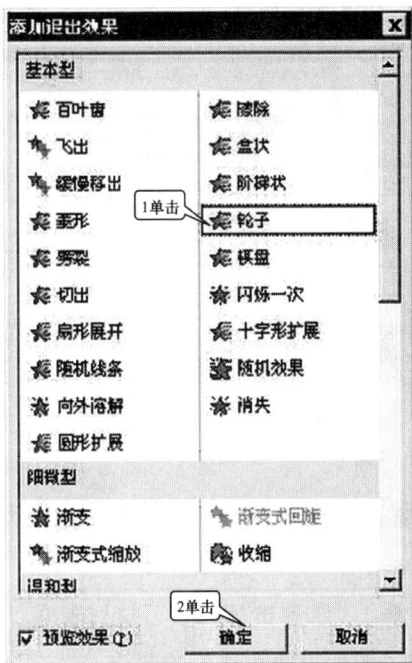

图 11.2.11

步骤 2 ①单击"轮子"。 ②单击"确定"按钮(在图 11.2.11 中),这样就设置了图片是以轮子方式进入屏幕,同时任务窗格就变为图 11.2.12 所示的模样了。

步骤 3 ①单击"速度"下拉列表框。 ②单击"中速"(在图 11.2.12 中),这样就设置了图片变化的速度。

步骤 4 ①单击"辐射状"下拉列表框。 ②单击"轮辐图案(8)",这样就设置了图片辐射图案的类型。 ③单击"播放"按钮(在图 11.2.13 中),就可以看到文字的动画效果了。

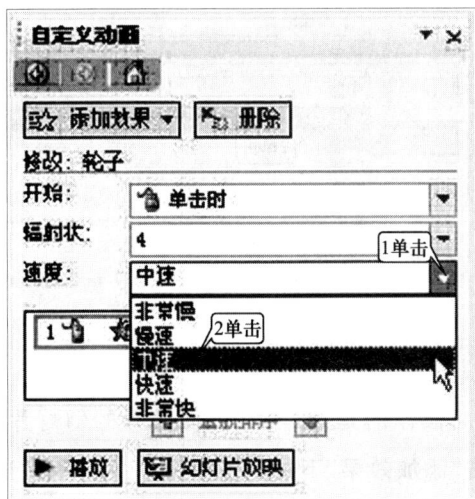

图 11.2.12

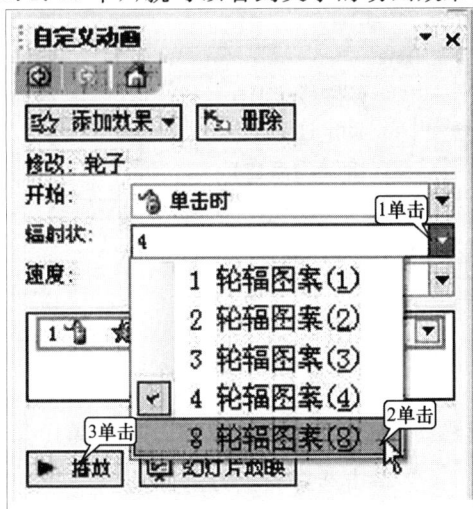

图 11.2.13

4.设置对象以动作路径方式出现在屏幕上

步骤 1 ①单击第四张幻灯片(本操作是上面操作的延续,并在上面打开的幻灯片中进行)。 ②单击选中左上方的图片。 ③单击"添加效果"下拉列表框。 ④单击"动作路径\绘制自定义路径\自由曲线"(在图11.2.14中),出现图11.2.15。

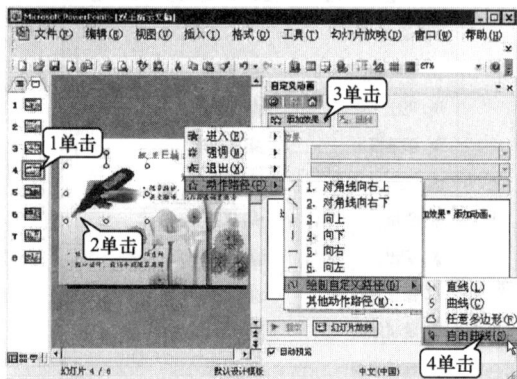

图11.2.14

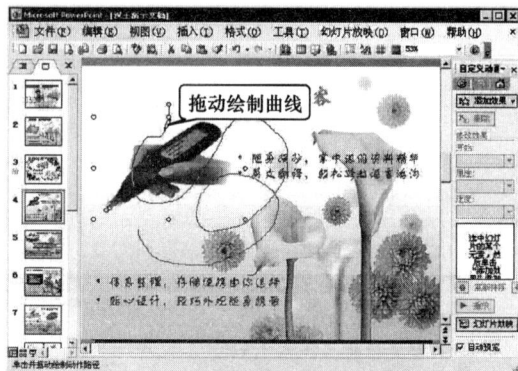

图11.2.15

步骤 2 在幻灯片上拖动鼠标,绘出曲线(在图11.2.15中),该曲线就是图片移动的路径。

步骤 3 ①单击"路径"下拉列表框。 ②单击"反转路径方向"(在图11.2.16中),这样就改变了图片沿曲线移动的起点。

步骤 4 ①单击"速度"下拉列表框。 ②单击"非常慢",这样就设置了图片移动的速度。 ③单击"播放"按钮(在图11.2.17中),可预览效果。

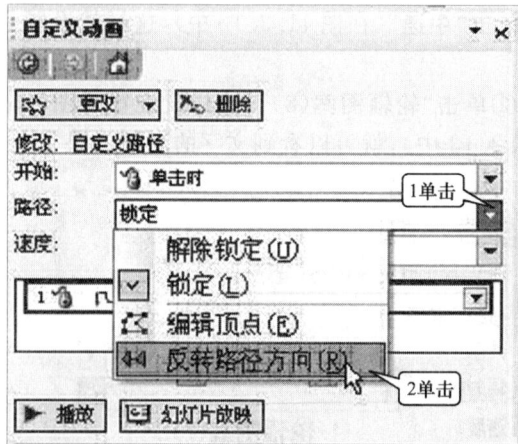

图11.2.16

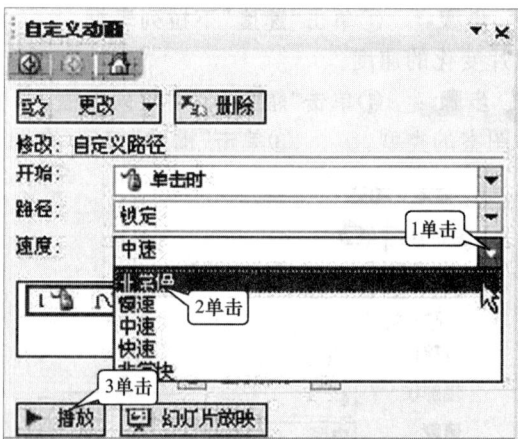

图11.2.17

5.设置对象动画的配音

步骤 1 ①单击第五张幻灯片(本操作是上面操作的延续,并在上面打开的幻灯片中进行)。 ②单击选中左上方的图片。 ③单击"添加效果"下拉列表框。 ④单击"进入\百叶窗"(在图11.2.18中),出现图11.2.19。

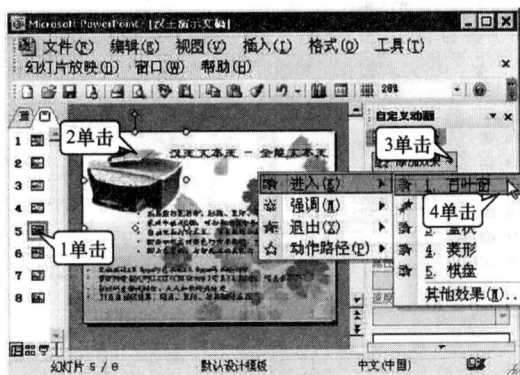

图 11.2.18

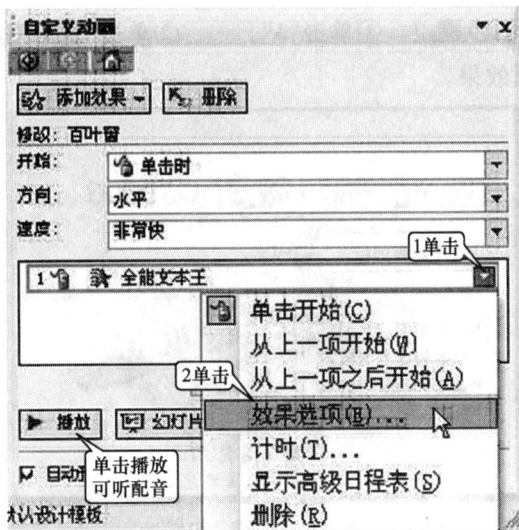

图 11.2.19

步骤 2 ①单击"全能文本王"下拉列表框。 ②单击"效果选项"(在图 11.2.19 中)，出现图 11.2.20。

步骤 3 ①单击"声音"下拉列表框。 ②单击"推动"，这样就为动画设置了"推动"的声音配音。如果单击"其他声音"，还可以从硬盘上导入其他的声音文件，作为动画的配音。③单击"确定"按钮(在图 11.2.20 中)，回到图 11.2.19。

步骤 4 单击"播放"按钮，可以听到配音(参见图 11.2.19)。

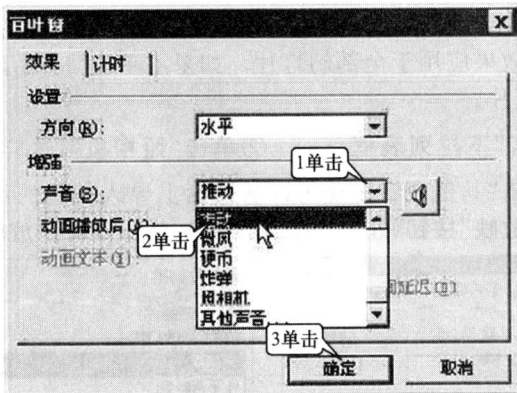

图 11.2.20

6.给对象设置多个动画效果

幻灯片中的一个对象可以多次被设置动画效果，而且每次设置的动画效果可以不一样。当一个对象被多次设置了不同的动画效果以后，在放映时，该对象就会多次显示所设置的动画效果。这对于需要突出强调显示某个对象的时候是很有用的。通过设置对象的多个动画效果可以使该对象起到被突出显示的作用。设置方法上面已经介绍过了，这里就不再多说了。

7.删除动画效果

当一个对象被设置了多个动画效果以后，在对象的左侧就会有数字标识，如图 11.2.21 所示。

步骤 1 打开教材素材\PowerPoint 素材\汉王演示文稿。

步骤 2 给第一张中的图片设置多个动画效果，见图 11.2.21。

步骤3 ①单击"3"。 ②单击"删除"按钮(在图 11.2.22 中),这样就删除了第三个动画效果。

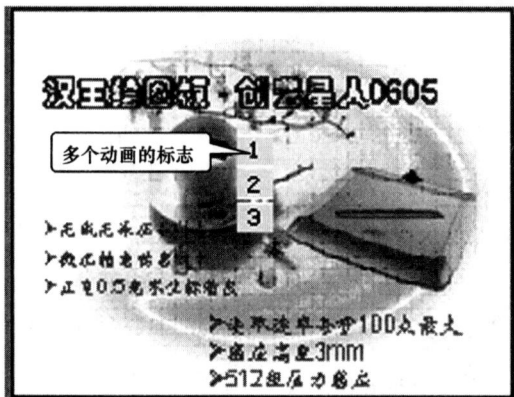

图 11.2.21

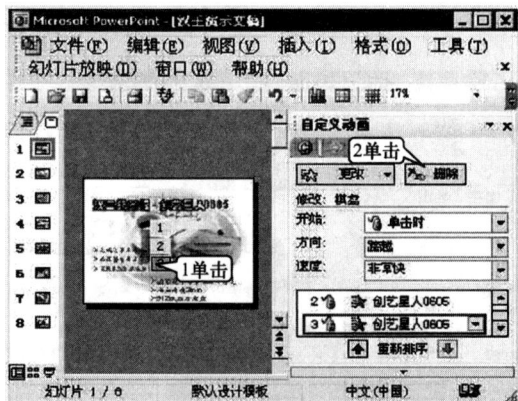

图 11.2.22

11.2.3 设置幻灯片放映时的切换效果

幻灯片放映时的切换效果是指幻灯片放映时,每一张幻灯片出现时的动画效果。也就是说当前一张幻灯片放映之后,后一张幻灯片不是直接跳出的,而是以一种动画方式显示出来的,设置方法是:

步骤1 打开教材素材\PowerPoint 素材\汉王演示文稿。

步骤2 ①单击"幻灯片放映\幻灯片切换"。 ②单击"水平百叶窗",设置切换效果。
③单击"速度"下拉列表框,选择"中速",设置切换速度。 ④单击"应用于所有幻灯片"按钮(在图 11.2.23 中),可将效果应用于全部幻灯片。如果不单击"应用于所有幻灯片"按钮,则切换效果只适用于本张幻灯片。

步骤3 ①单击"声音"下拉列表框。 ②单击"照相机",这样就为切换设置了"照相机"的声音配音。如果单击"其他声音",还可以从硬盘上导入其他的声音文件,作为切换的配音。 ③单击"幻灯片放映"按钮(在图 11.2.24 中),就可以看到放映时的效果了。

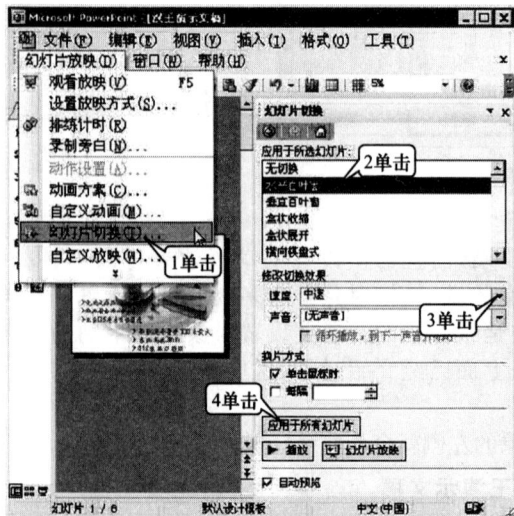

图 11.2.23

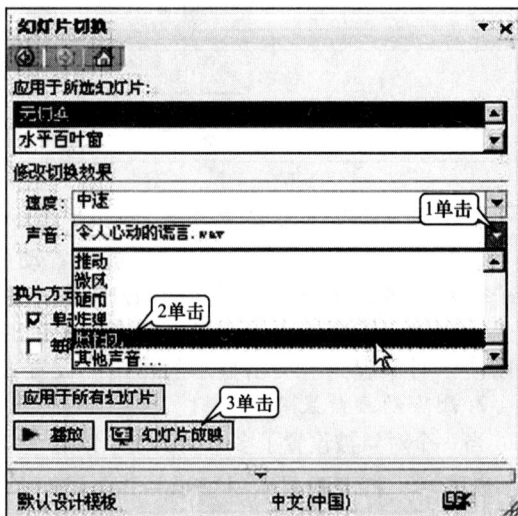

图 11.2.24

11.2.4　设置图片的透明效果

步骤 1　单击"文件\新建",新建一个空演示文稿。

步骤 2　单击"插入\图片\来自文件"(在图 11.2.25 中),出现图 11.2.26。

步骤 3　①单击"查找范围"下拉列表框,找到教学素材\图片。　②单击"6"。　③单击"插入"按钮(在图 11.2.26 中),将背景图插入结果见图 11.2.27。

图 11.2.25

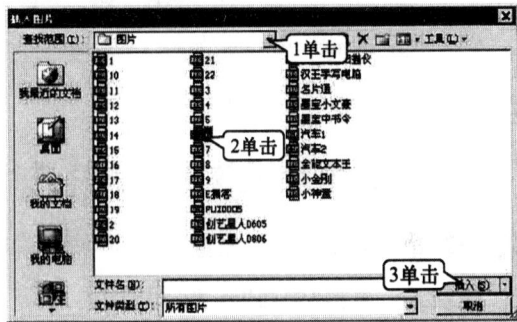

图 11.2.26

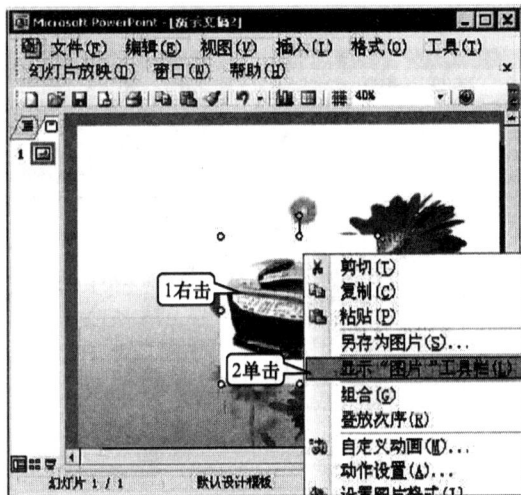

图 11.2.27

步骤 4　重复步骤 2、3,再插入教材素材\图片\全能文本王。

步骤 5　①右击插入的全能文本王。　②单击"显示'图片'工具栏"(在图 11.2.27 中),出现图 11.2.28 所示的图片工具栏。

步骤 6　①单击"设置透明色"工具。　②单击"全能文本王"图片的背景部分(在图 11.2.28中),则图片被透明处理,效果见图 11.2.29。

图 11.2.28

图 11.2.29

11.2.5 利用透明效果对图片进行简单的抠像处理

步骤1 单击"文件\新建",新建一个空演示文稿。

步骤2 单击"空白"版式(在图 11.2.30 中),新建一个空白幻灯片。

步骤3 单击"插入\图片\来自文件"(参见图 11.2.25),出现图 11.2.26。

步骤4 选择"墨宝小文豪"文件插入(参见图 11.2.26),结果见图 11.2.31。

图 11.2.30

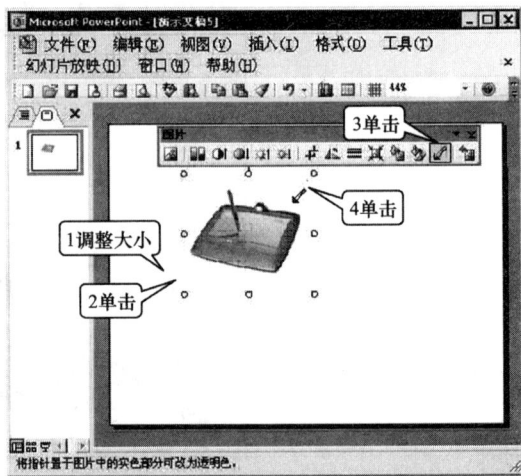

图 11.2.31

步骤5 ①调整插入图的大小。 ②单击选中插入的图,出现"图片"工具栏(如果没有出现"图片"工具栏,可单击"视图\工具栏\图片",调出"图片"工具栏)。 ③单击图片工具栏上的"设置透明色"工具。 ④单击"墨宝小文豪"图片的背景部分(在图 11.2.31 中),则图片被透明处理,见图 11.2.31。这里需要特别说明的是:插入的图片及背景色和幻灯片的背景色是一致的,都是白色。而设置透明色的意思就是将图片的背景色与幻灯片的背景色调为一致。所以如果图片的背景色不是白色的话,就需要将幻灯片的背景色用前面介绍的方法,设定为同图片的背景色一致的颜色,这样才能保证将图片的背景色去掉,从而抠出图像。

步骤6 ①右击插入的图。 ②单击"剪切"(在图 11.2.32 中),这样就将图片放入了剪贴板。

步骤 7　　将教材素材\图片**21** 作为背景。

步骤 8　　①右击插入的背景图。　　②单击"粘贴"（在图 11.2.33 中），将刚才剪切到剪切板上的"墨宝小文豪"图片粘贴进来，结果见图 11.2.33。

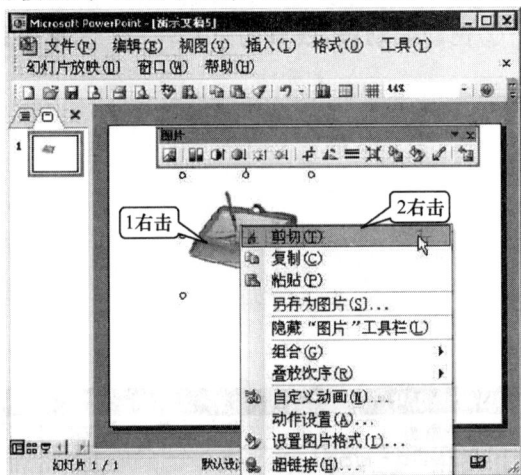

图 11.2.32

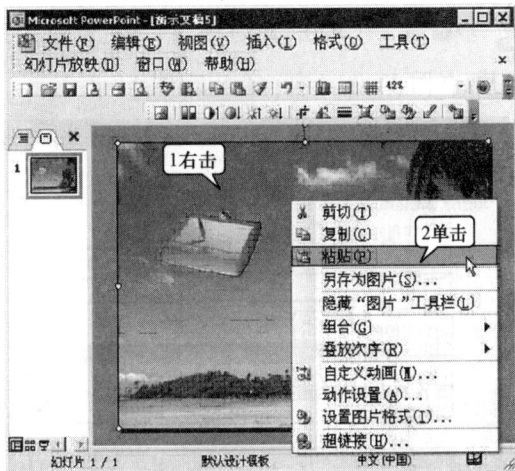

图 11.2.33

11.3　幻灯片放映的控制

11.3.1　设置幻灯片的跳转（链接）

当一组幻灯片比较多时，为了在演示中快速而随意地找到其中某一张特定的幻灯片，可以在某张幻灯片中加入跳转按钮，并在放映时单击该按钮跳转到所要看的那张幻灯片，设置跳转按钮的方法如下：

步骤 1　　打开教材素材**PowerPoint** 素材\汉王演示文稿。

步骤 2　　①单击第二张幻灯片。　　②单击"幻灯片放映\动作按钮\前进或下一项按钮"（在图 11.3.1 中），出现图 11.3.2。

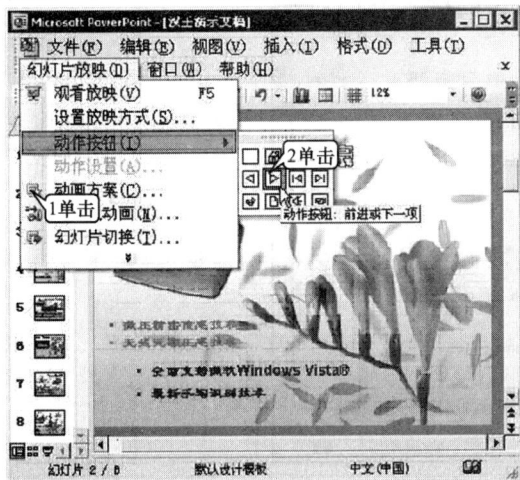

图 11.3.1

图 11.3.2

步骤3 在幻灯片上拖动,结果会出现一个按钮,见图 11.3.2。同时会出现如图 11.3.3 所示的"动作设置"对话框。

步骤4 ①单击"超链接到"下拉列表。 ②拖动滚动条,找到幻灯片。 ③单击幻灯片(在图 11.3.3 中),会出现图 11.3.4。

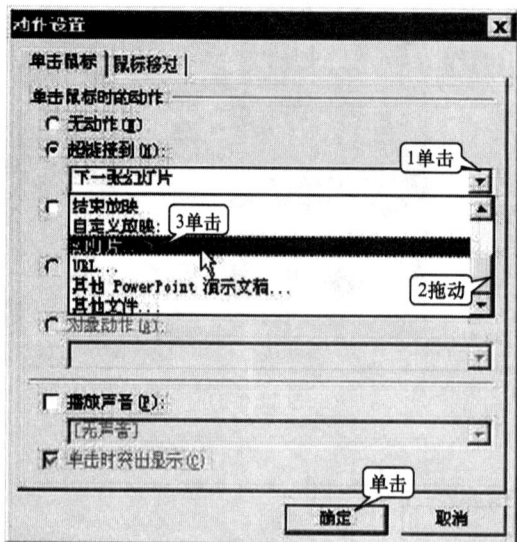

图 11.3.3

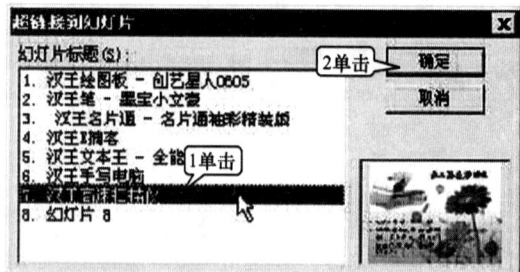

图 11.3.4

步骤5 ①单击"汉王高速扫描仪"。 ②单击"确定"按钮(在图 11.3.4 中),回到图 11.3.3。

步骤6 单击"确定"按钮(参见图 11.3.3),结果见图 11.3.5。

当放映到第二张幻灯片时,只要单击图 11.3.5 中的动作按钮,就可以跳转到相应的幻灯片,即汉王高速扫描仪。通过设置动作按钮,我们可以在放映时控制幻灯片随意地在各张间跳转,以达到充分说明问题的目的。

图 11.3.5

11.3.2　制作自动放映并带有解说的幻灯片（录制旁白）

步骤1　打开教材素材\PowerPoint 素材\汉王演示文稿。

步骤2　①单击"幻灯片放映\录制旁白"，出现如图 11.3.6 所示的"录制旁白"对话框。②单击"更改质量"按钮，出现如图 11.3.6 所示的"声音选定"对话框。　③单击"名称"下拉列表框。　④单击"CD 音质"，以设置录音的音质。　⑤单击"确定"按钮，回到"录制旁白"对话框。　⑥在"录制旁白"对话框中单击"确定"按钮，幻灯片自动进入放映状态。

步骤3　在第一张幻灯片出现时对照幻灯片的画面通过计算机的耳麦进行讲解，这样你的解说声音就被记录在这一张幻灯片中了。

步骤4　单击鼠标进入下一张幻灯片并继续进行讲解。

步骤5　按照这种方法对后面的每一张幻灯片进行配音解说，直到最后一张。

步骤6　按 Esc 键结束，同时屏幕上出现图 11.3.7。

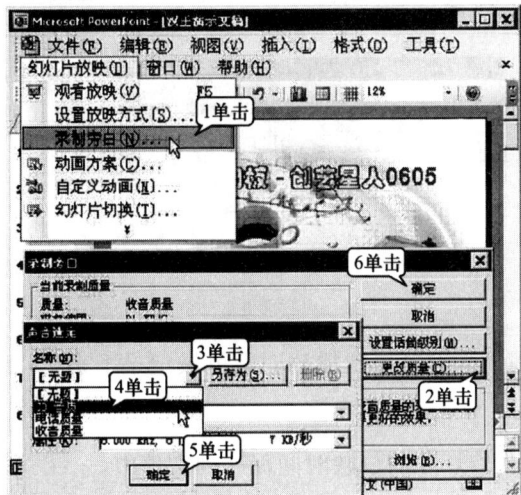

图 11.3.6

图 11.3.7

步骤7　单击"保存"按钮，则每张幻灯片的配音解说就被录制在其中了。

步骤8　单击"文件\保存"，就可将录制的配音解说保存到文件中。

　　当我们播放幻灯片时，是不需要人工操作控制播放的，它会自动播放。每张幻灯片持续的时间就是你解说的时间。利用这种功能可以制作自动连续播放的广告，以及自动播放的教学课件。

11.3.3　设置一组幻灯片自动放映的时间

　　当我们希望幻灯片放映时，每张幻灯片的放映时间是事先设定好的，放映过程中自动播放，无需人工控制操作的话，就可以利用"排练计时"命令，将每张幻灯片需要放映的时间事先设定好，设定的方法如下：

步骤1 打开教材素材\PowerPoint 素材\汉王演示文稿。

步骤2 单击"幻灯片放映\排练计时"(在图 11.3.8 中),幻灯片自动进入放映状态并出现预演对话框,见图 11.3.9。

步骤3 单击"下一项"按钮,跳到下一张幻灯片,**再次单击"下一项"按钮**(在图 11.3.9中)则继续跳到下一张幻灯片。两次单击"下一项"按钮之间的时间就是该张幻灯片播放持续的时间。

步骤4 单击"下一项"按钮直到最后一张幻灯片(参见图 11.3.9),这时出现图 11.3.10所示的对话框。

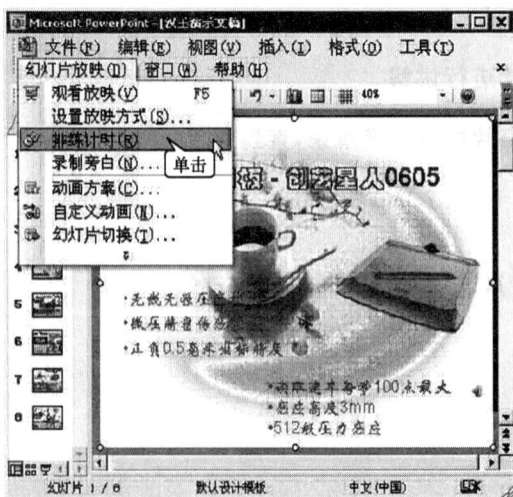

图 11.3.8

图 11.3.9

图 11.3.10

步骤5 单击"是"按钮(在图 11.3.10 中),则每张幻灯片的播放时间就被记录下来了,下次放映时就会按记录的时间自动放映。

步骤6 单击"文件\保存",就可将记录的各张幻灯片的放映时间保存到文件中。

11.3.4 放映时幻灯片和文件之间跳转的实现

通过给幻灯片中某个对象设置超链接的方法,不但可以实现本演示文稿中幻灯片之间的跳转,而且还可以实现不同演示文稿之间的跳转。这一功能对制作教学课件和各种讲座是很有用的,超链接的设置方法为:

1. 建立与本演示文稿内幻灯片的超链接

步骤1 打开教材素材\PowerPoint 素材\汉王演示文稿。

步骤2 ①单击选中某个对象。 ②单击"插入\超链接"(在图 11.3.11 中),出现图11.3.12。

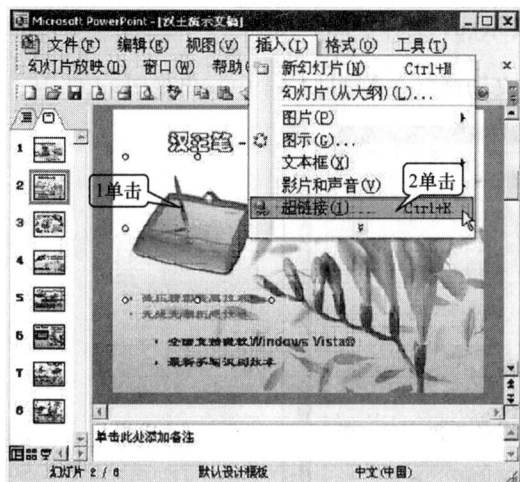

图 11.3.11

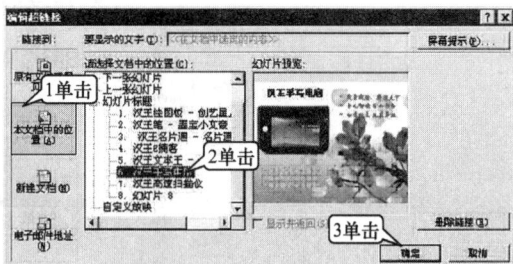

图 11.3.12

步骤 3　①单击"**本文档中的位置**"按钮。　②单击"**汉王手写电脑**"。　③单击"**确定**"按钮(在图 11.3.12 中),这样就建立了选中对象与"汉王手写电脑"这张幻灯片之间的超链接。当放映到这张幻灯片时,只要用鼠标单击该对象就可实现超链接跳转,即跳转到"汉王手写电脑"这张幻灯片。

　　2.建立与其他演示文稿幻灯片的超链接

步骤 1　打开教材素材\PowerPoint 素材\汉王演示文稿。

步骤 2　①单击选中某个对象。　②单击"**插入\超链接**"(在图 11.3.11 中),出现图 11.3.13。

步骤 3　①单击"**原有文件或网页**"按钮。　②单击"**当前文件夹**"按钮。　③单击找到教材素材\PowerPoint 素材。　④单击"**奇瑞演示文稿**"。　⑤单击"**确定**"按钮(在图 11.3.13 中),这样就建立了选中对象与"奇瑞演示文稿"这个文件之间的超链接。当放映到这张幻灯片时,只要用鼠标单击该对象,就可实现超链接跳转,同时自动打开"奇瑞演示文稿"这个文件。

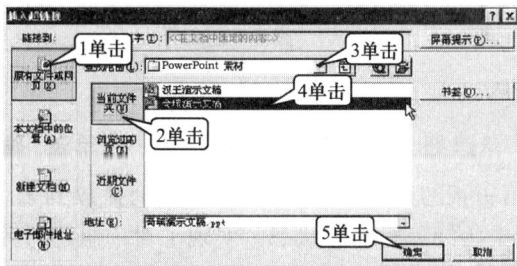

图 11.3.13

11.3.5　幻灯片的配乐技巧

步骤 1　打开教材素材\PowerPoint 素材\汉王演示文稿。

步骤 2 在第一张幻灯片中插入教材素材\音乐\01 文件。

步骤 3 ①右击音乐图标。　　②单击"自定义动画"(在图 11.3.14 中),出现图 11.3.15。

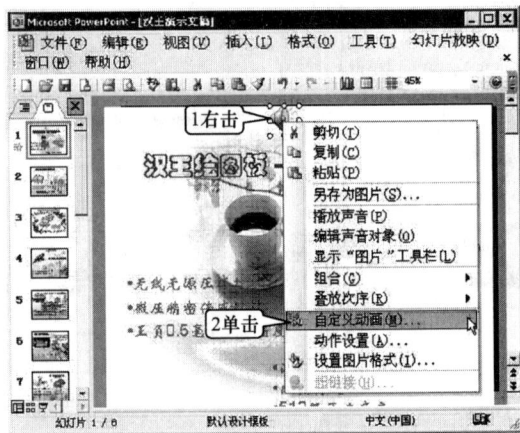

图 11.3.14

步骤 4 ①单击"01 MP3"下拉列表。　　②单击"效果选项"(在图 11.3.15 中),出现图 11.3.16。

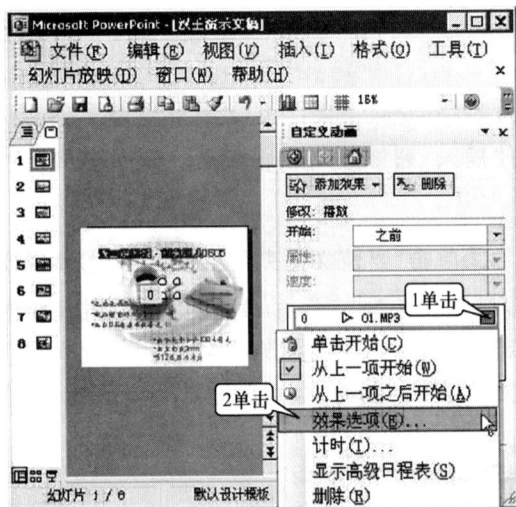

图 11.3.15

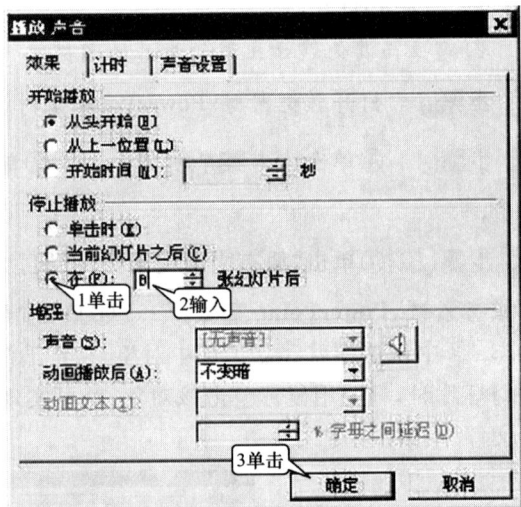

图 11.3.16

步骤 5 ①单击"在:"单选钮。　②输入"8"。　③单击"确定"按钮(在图 11.3.16 中)。这样设置是表示从第一张幻灯片开始播放音乐,直到播放到第 8 张幻灯片时停止播放,从而使得音乐在放映过程中始终处于播放状态。实现了对一组幻灯片用一首音乐连续配乐的目的,音乐不会因为单击鼠标或其他操作而中断。

11.3.6 实时配乐解说幻灯片的制作

如果我们需要制作一套具有配乐解说功能的幻灯片的话,我们可以将录制旁白和上面所介绍的配乐方法结合起来。先做一个配乐幻灯片,然后一边播放幻灯片,一边对照幻灯片内容进行解说。最终 PowerPoint 会将配乐与解说合成在一起,并保存在文件中。当放映时就可以看到具有配乐解说的幻灯片了。制作方法是:

🔥 **步骤** *1*　用 **11.3.5** 介绍的方法制作一个配乐演示文稿。

🔥 **步骤** *2*　用 **11.3.2** 介绍的录制旁白的方法,一边播放已配乐幻灯片,一边对照幻灯片内容用耳麦进行解说。

🔥 **步骤** *3*　放完后单击鼠标,出现图 11.3.7。

🔥 **步骤** *4*　单击"保存"按钮(参见图 11.3.7)。

11.3.7　制作自动循环播放的配音广告

🔥 **步骤** *1*　打开教材素材**PowerPoint** 素材**汉王演示文稿**(配音),或按上述的方法制作一个配乐解说演示文稿。

🔥 **步骤** *2*　单击"幻灯片放映\设置放映方式"(在图 11.3.17 中),出现图 11.3.18。

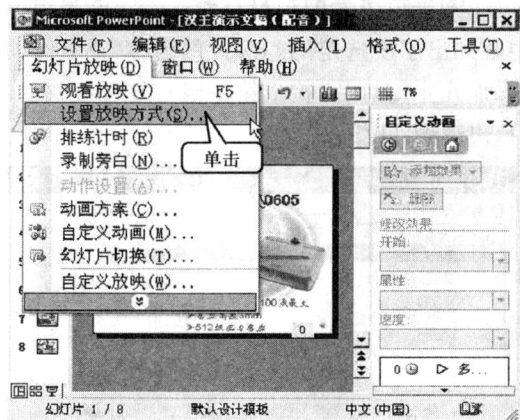

图 11.3.17

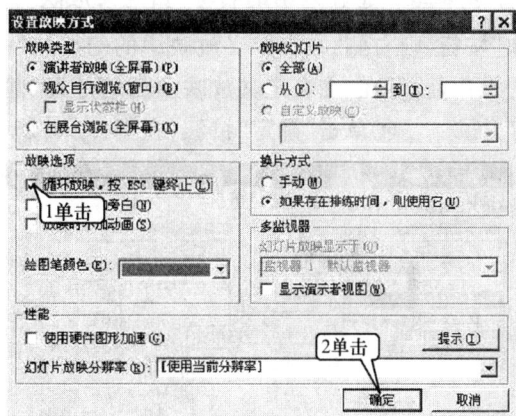

图 11.3.18

🔥 **步骤** *3*　①单击勾选"循环放映,按 **ESC** 键终止"项。　②单击"确定"按钮(在图 11.3.18 中)。这样放映时整组幻灯片就会自动循环地播放,直到我们按 ESC 键时才终止放映。

11.3.8　自定义放映方式

　　我们可以通过自定义放映方式,把演示文稿中的幻灯片分为几组,并针对不同的观众播放不同组的幻灯片,以达到针对不同客户群进行不同展示的目的。其方法如下:

🔥 **步骤** *1*　打开教材素材**PowerPoint** 素材**汉王演示文稿**。

🔥 **步骤** *2*　单击"幻灯片放映\自定义放映"(在图 11.3.19 中),出现图 11.3.20。

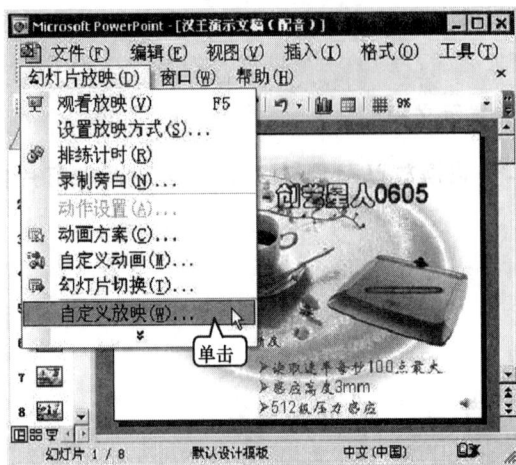

图 11.3.19

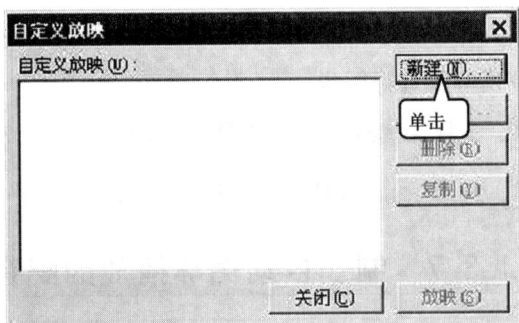

图 11.3.20

步骤 3　单击"新建"按钮(在图 11.3.20 中),出现图 11.3.21。

步骤 4　①输入组的名称"自定义放映 1"。　②单击所要的幻灯片名。　③单击"添加"按钮,则右侧"在自定义放映中的幻灯片"框中就列出了所选定的幻灯片的名称,重复②、③的操作,就可在"在自定义放映中的幻灯片"框中添加几张幻灯片,构成第一组自定义放映的幻灯片。　④单击"确定"按钮(在图 11.3.21 中),出现图 11.3.22。

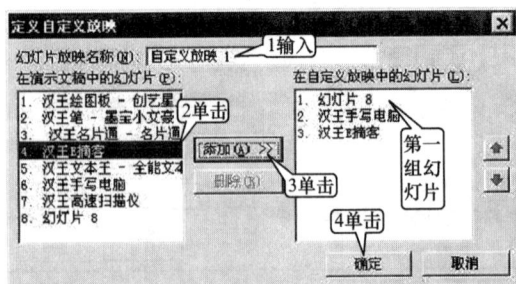

图 11.3.21

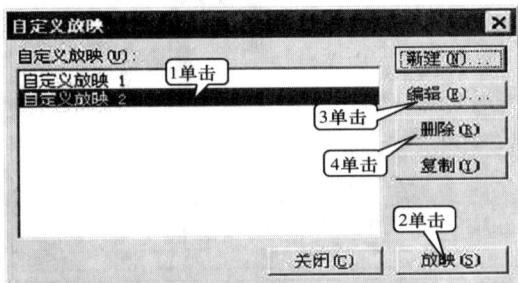

图 11.3.22

步骤 5　重复步骤 3、4 可以再定义一组幻灯片,第二组幻灯片的名称为"自定义放映 2"。

步骤 6　①单击"自定义放映 2"。　②单击"放映"按钮,就可以放映第二组幻灯片。如果单击"自定义放映 1",单击"放映"按钮就可以放映第一组幻灯片。　③单击"编辑"按钮,可以回到图 11.3.21 重新编组。　④单击"删除"按钮(在图 11.3.22 中),可以删除选定的组。

11.4　打印与打包演示文稿

11.4.1　将演示文稿打包成可独立播放的文件

　　一般演示文稿的播放是要在 PowerPoint 中进行的,在没有安装 PowerPoint 的计算机中演示文稿文件是无法播放的。因此为了能让演示文稿在任何情况下都可以播放,我们可以将做好的演示文稿打包成可以独立播放的文件。打包的好处就是:它可以将幻灯片中所用到的音频、视频、Flash、图片等素材文件以及 PowerPoint 播放器一同放进一个文件夹,这个文件夹就是打包后的文件夹。打包后的文件夹在任何计算机上都可以正常放映。

另外当我们在演示文稿中加入音频、视频、Flash 等素材时,如果用该演示文稿在其他计算机上播放的话,就会发现加入的音频、视频、Flash 等均无法播放出来。其原因就是这些音频、视频、Flash 并没有被保存到演示文稿文件当中去,而只是在演示文稿文件中给出了一个调用音频、视频、Flash 文件的路径。由于其他计算机上并没有路径所指的文件,所以也无法调用到这些音频、视频、Flash 文件,因此也就无法正常播放 PowerPoint 中的音频、视频、Flash文件。而打包功能就可以将这些音频、视频、Flash 文件及所有的素材都集中存放到一个打包文件夹中,这样在任何情况下,就都可以正常播放演示文稿中的音频、视频、Flash 文件了。打包的方法如下:

步骤 1 打开教材素材\PowerPoint 素材\汉王演示文稿(配音)。

步骤 2 ①单击文件\打包成 CD,出现如图 11.4.1 所示的"打包成 CD"对话框。②单击"选项"按钮(在图 11.4.1 中),出现图 11.4.2。

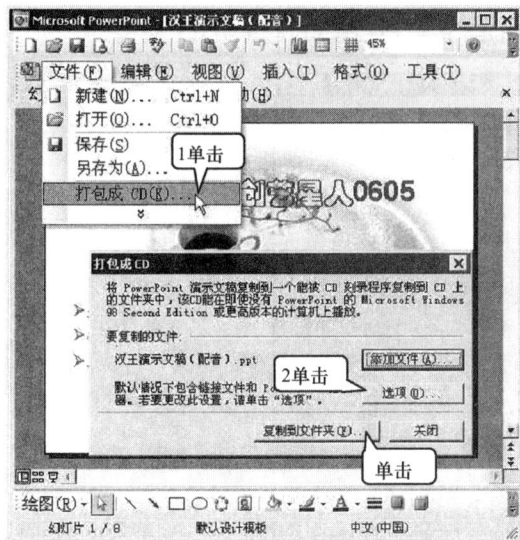

图 11.4.1

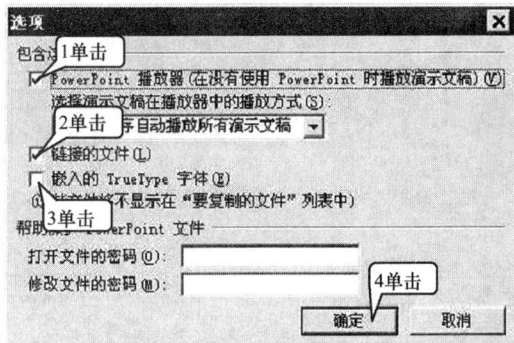

图 11.4.2

步骤 3 ①单击勾选"PowerPoint 播放器"。 ②单击勾选"链接的文件" ③单击勾选"嵌入的 TrueType 字体",如果需要还可设置密码。 ④单击"确定"按钮(在图 11.4.2中),回到图 11.4.1 中的"打包成 CD"对话框。

步骤 4 单击"复制到文件夹"按钮(在图 11.4.1 的"打包成 CD"对话框中),出现图 11.4.3。

步骤 5 ①输入文件夹名"汉王"。 ②输入所建的文件夹路径。 ③单击"确定"按钮(在图 11.4.3 中),出现图 11.4.4。复制完成后就结束了打包工作,这样演示文稿中的所有内容都被打包到文件夹中了。

图 11.4.3

图 11.4.4

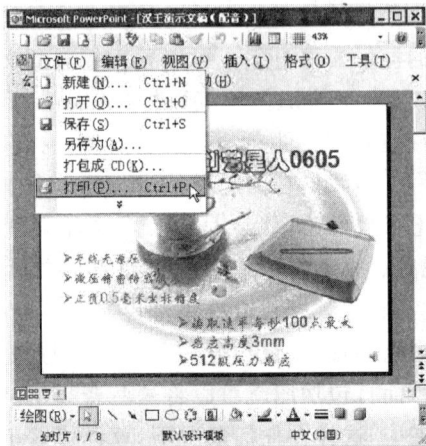

图 11.4.5

11.4.2 打印演示文稿

步骤 1 单击"文件\打印"(在图 11.4.5 中),出现图 11.4.6。

步骤 2 ①输入打印的份数。 ②单击"确定"按钮(在图 11.4.6 中)。

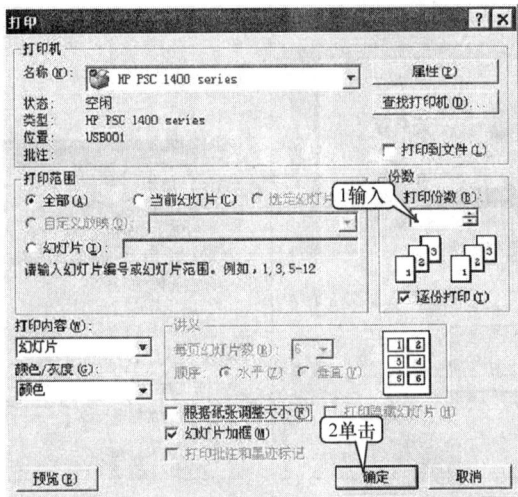

图 11.4.6

习 题 11

1.填空题

(1)PowerPoint 中有一类特殊的幻灯片叫做幻灯片母版,如果要修改多张幻灯片的外观(或幻灯片中各种对象的属性),不必一张张幻灯片进行修改,只需在幻灯片_____上做一次修改即可。由于幻灯片母版上的修改会反映在每张幻灯片上,所以如果要使个别幻灯片的外观与母版不同,可直接修改_____而不是修改母版。

(2)当幻灯片内容比较多的时候,为了能够快速地找到某一项内容所在的幻灯片,或者是需要快速地找到幻灯片中某些用词不当的地方,并快速地将它替换为适当的用词,就需要用到_____功能。

(3)从图片中抠出图像的方法是:用图片工具栏的_____工具,将幻灯片的背景色设定透明,这样就能保证将图片的_____色去掉,从而抠出图像。

(4)当一组幻灯片比较多时,为了在演示中快速随意地找到其中某一张特定的幻灯片,可以在某张幻灯片中加入_____按钮,并在放映时单击该按钮跳转到所要看的那张_____。

(5)通过给幻灯片中某个对象设置_____,不但可以实现本演示文稿中幻灯片之间的跳转,而且还可以实现不同演示文稿之间的跳转。

2. 操作题

(1)利用幻灯片母版,制作同教材素材\PowerPoint 素材\PowerPoint 习题素材\操作题 3 一样的演示文稿,见下图(制作演示文稿所需要的素材也在该目录下,注意利用抠像效果去除图片的白色背景)。

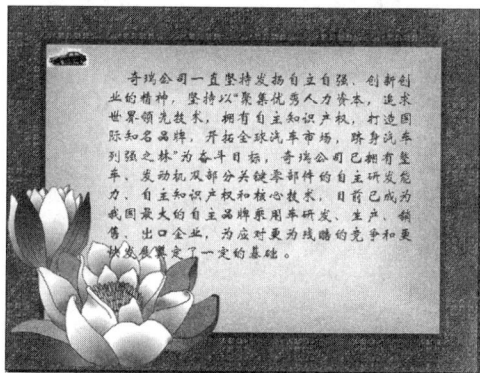

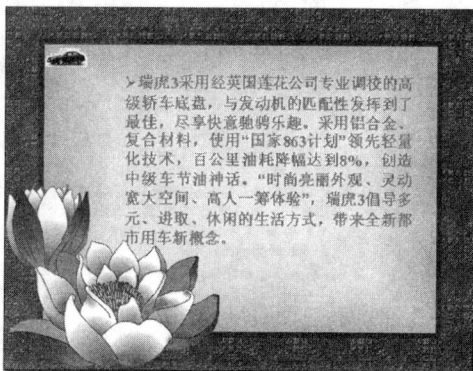

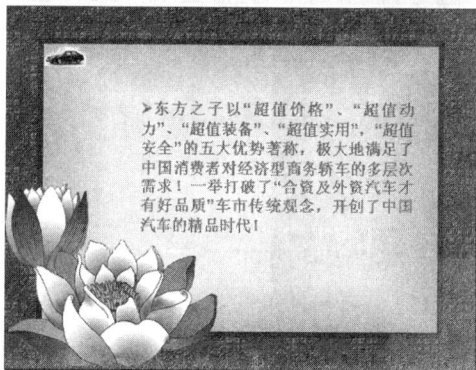

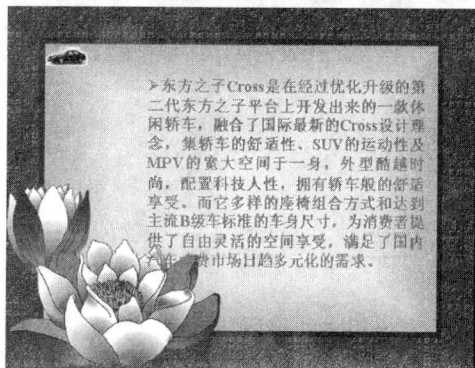

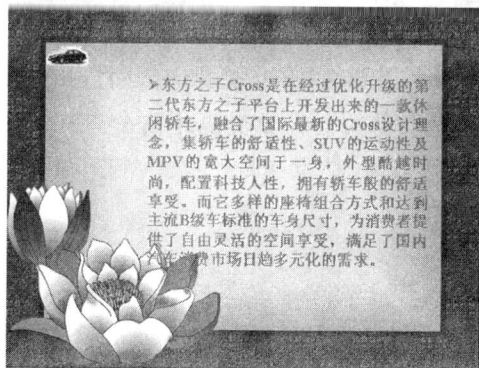

(2)修改操作题 3 中的幻灯片 2~5 的背景（见下图），设定幻灯片中文字与背景图的动画效果，以及幻灯片的切换效果。制作同教材素材\PowerPoint 素材\PowerPoint 习题素材\操作题 4 一样的演示文稿（制作演示文稿所需要的素材也在该目录下，注意利用抠像效果去除图片的白色背景）。

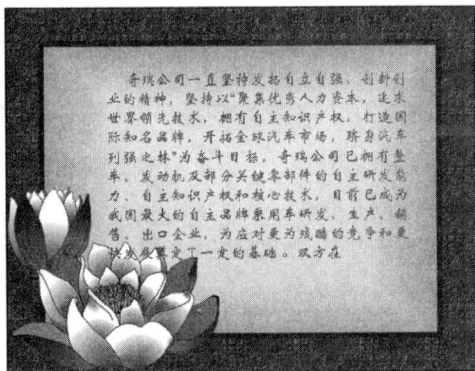

(3)将幻灯片操作题 4 添加背景音乐（教材素材\PowerPoint 素材\PowerPoint 习题素材\06）并使背景音乐不间断地播放。将幻灯片设置成连续循环自动播放。制作成同教材素材\PowerPoint 素材\PowerPoint 习题素材\操作题 4 一样的演示文稿。

参考答案

习 题 1

选择题

(1)A (2)B (3)D (4)D (5)A (6)C (7)A (8)D (9)B (10)C (11)A (12)B (13)B (14)A (15)C (16)C (17)A (18)A (19)A (20)A (21)D

习 题 2

填空题

(1)八位二进制数 (2)文件名和扩展名 (3)类型 (4)"＊"、"？" (5)光盘、字母加上：
(6)路径 (7)图标、桌面、状态栏 (8)功能键区、主键盘区、编辑键区、辅助键区、状态指示区 (9)指向、拖动 (10)菜单栏、滚动条

习 题 3

1.选择题

(1)D (2)C (3)B (4)B (5)A (6)B (7)C (8)A

2.操作题

(1)①单击 D 盘。 ②单击"文件\新建\文件夹"。 ③输入 123。 ④按回车键。 ⑤单击 D 盘。 ⑥单击"文件\新建\文件夹"。 ⑦输入奇瑞。 ⑧按回车键。 ⑨单击 123。 ⑩单击"文件\新建\文件夹",输入 456,按回车键。其他文件夹的建立方法同上面一样。

(2)①单击图片文件夹。 ②单击"编辑\全部选定"。 ③单击"编辑\复制"。 ④单击 123。 ⑤单击"编辑\粘贴"。

(3)①单击 123。 ②单击"编辑\全部选定"。 ③单击"编辑\复制"。 ④单击 789。 ⑤单击"编辑\粘贴"。

(4)①按住 Ctrl 键,单击 789 中的任意 3 个文件。 ②单击"编辑\复制"。 ③单击东方之子。 ④单击"编辑\粘贴"。

(5)① 按住 Ctrl 键,单击 123 中的任意 5 个文件。 ②单击"编辑\剪切"。 ③单击 ABC。 ④单击"编辑\粘贴"。

(6)①单击 ABC。 ②单击"编辑\全部选定"。 ③单击"编辑\复制"。 ④单击汉王。 ⑤单击"编辑\粘贴"。

(7)①按住 Ctrl 键,单击 ABC 中的任意 2 个文件。 ②按 Delete 键。 ③按回车键。

(8)①右击要改名的文件。 ②单击"重命名"。 ③输入 77．JPG。其他文件的重命名方法一样。

(9)①单击奇瑞。 ②单击"编辑\全部选定" ③单击"编辑\复制" ④单击 789。

(10)①单击 456。 ②单击"编辑\全部选定"。 ③单击"编辑\剪切"。 ④单击 D:\。 ⑤单击"编辑\粘贴"。

(11)①单击 789。 ②按 Delete 键。 ③按回车键。

习 题 4

1.填空题

(1)右　　(2)开始、Microsoft Office Word 2003　　(3)声母、声母　　(4)属性设置、笔形输入
(5)"'"　　(6)俄文字母、特殊符号　　(7)定义新词、编码、添加　　(8)U＋自己定义的编码

2.操作题

(1)①右击输入法上的"标准"按钮。　②单击"属性设置"。　③单击"笔形输入"复选框。　④单击"确定"按钮。　⑤输入 15117(抠)、输入 4125(弯)。

(2)pai 'an'er qi

(3)①右击输入法上的"标准"按钮。　②单击"定义新词"。　③输入"学习动机"(在"新词"框中)。④输入学习动机的编码"XXDJ"(在"外码"框中)。　⑤单击"添加"按钮,则编码和新词就出现在下面的"浏览新词框"中。　⑥单击"关闭"按钮。

习 题 5

1.填空题

(1)文件\保存　　(2)文件\另存为、密码、保存　　(3)大小、字形、着重号、颜色　　(4)左对齐、居中、左缩进、行间距　　(5)Ctrl、多个相邻的　　(6)裁剪、控制点　　(7)移动、删除、大小、裁剪　　(8)四周型环绕、紧密型环绕、穿越型环绕

2.操作题

(1)单击"表格\绘制表格"。　单击"线型"下拉列表框,选择实线。　单击"粗细"下拉列表框,选择1磅。　单击"绘制表格"工具,拖动鼠标,绘出外框。　单击"粗细"下拉列表框,选择1磅,绘出题中图内框线。　输入文字,选中输入的文字。　单击"居中"。

(2)①单击启动 Word。　②输入所有文字。　③单击"文件\保存"。在"保存位置"下拉列表中选中D:\。　⑤单击对话框上的新建文件夹按钮。　⑥在弹出的对话框中输入文件夹名,然后单击"确定"按钮。　单击"保存"按钮。

(3)①选中标题,单击"格式\字体"。　②设置字体为"华文彩云";字形为"加粗";字号为"二号";字体颜色为"红色";着重号为".";单删除线;单击"文字效果"选项卡;单击"礼花绽放";单击"确定"按钮。　③选中"春节",单击"格式\字体"。　④设置字体为"华文新魏";字形为"加粗";字号为"四号";字体颜色为"粉色";下划线线型为"双波浪";单击"确定"按钮。　⑤选中"过年",单击"格式\字体";设置字体为"方正舒体",字形为"加粗";字号为"四号";字体颜色为"蓝色";下划线线型为"点划线";单击"确定"按钮。　⑥选中"元宵节",单击"格式\字体";设置字体为"隶书";字形为"常规";字号为"四号";字体颜色为"橙色";下划线线型为"锯齿线";单击"确定"按钮。　⑦选中第一个段落;分别拖动标尺上的三个缩进标志，将段落调整好;第二个段落的调整方法一样。　⑧单击"插入\图片\来自文件";选中教材素材\图片\4;单击"插入"按钮;调整图片大小;右击图片;单击"设置图片格式";单击"版式"选项卡;单击"四周型";单击"确定"按钮。拖动图片到合适位置。

习 题 6

1.填空题

(1)255、65536、256　　(2)行、列　　(3)文本型、时间型　　(4)函数、时间　　(5)文本　　(6)英文单引号即"'"　　(7)0(零)＋空格　　(8)格式、边框　　(9)格式\自动套用格式　　(10)地址、值　　(11)单元格地址　　(12)发生变化　　(13)改变、不、会

2.操作题

①打开 Excel,在 A1 中输入"姓名　科目";单击单元格 A1;单击"格式\单元格";单击"字体"选项卡;设置字体为"宋体"、字号为"10"、字形为"加粗",单击"确定"按钮;移动"姓名 科目"到适当位置。　②单击单

元格 A1,单击"格式\单元格";单击"边框"选项卡;单击边框"斜线"按钮;单击"确定"按钮。　③在 B1:I1 中输入科目名;选中 B1:I1;单击"格式\单元格";单击"字体"选项卡;设置字体为"隶书"、字号为"12"、字形为"常规"。单击"对齐"选项卡,设置水平和垂直为"居中"。　④在 A2:A10 中输入姓名;设置字体为"宋体"、字号为"12"、字形为"常规";设置水平和垂直为"居中"。　⑤在 A11 中输入"班平均";单击 A11;设置字体为"楷体"、字号为"12"、字形为"加粗";设置水平和垂直为"居中"。　⑥选中 A1:I11 单元格;单击"格式\单元格";单击"边框"选项卡;选择线条为"粗实线";单击"外边框";选择线条为"细实线";单击"内部",单击"确定"按钮。选中 A1:I1;单击"格式\单元格";单击"边框"选项卡;选择线条为"双实线";单击边框的下边框线;单击"确定"按钮。同样 A10:I10 的双实线下边框线设置方法相同;单击"确定"按钮。　⑦单击 I2,输入公式"＝B2＋C2＋D2＋E2＋F2＋G2＋H2",拖动填充柄到 I10。　⑧单击 B11;单击按钮"fx";选择"AVERAGE";单击"确定"按钮;在 Number1 中输入"B2:B10";单击"确定"按钮;拖动填充柄到 I11。　⑨选中 B2:I11,单击"格式\单元格",单击"数字"选项卡,选择"数值";在小数位数框中输入"1";单击"确定"按钮。⑩输入各人各科成绩,得到班级成绩统计表。

习 题 7

1. 填空题

(1)计算机　(2)声音、视频　(3)演示文稿　(4)文本框　(5)幻灯片放映　(6)文本框　(7)图片、视频

2. 操作题

(1)①启动 PowerPoint;单击"文件\新建";单击"根据内容提示向导";单击"下一步"按钮;单击"销售/市场";单击"商品介绍";单击"下一步"按钮;选中"屏幕演示文稿"单选钮;单击"下一步"按钮;在"演示文稿标题"框中输入"名车介绍";单击"下一步"按钮。单击"完成"按钮。　②单击窗口左上角的"幻灯片"选项卡;单击第一张幻灯片;单击"名车介绍";将其设为:华文彩云、66、绿色、加粗倾斜、阴影;并将它移动到适当的位置;删除多余的文本框。　③单击第二张幻灯片;设置上面文本框中的文字为:隶书 36、桃红;设置下面文本框中的文字为华文新魏、60、天蓝。　④单击第三张幻灯片;设置上面文本框中的文字为:细圆、36、红色;设置下面文本框中的文字为:蓝色、楷体、60。　⑤单击第四张幻灯片;设置上面文本框中的文字为:华文行楷、36、黄色;设置下面文本框中的文字为:深绿、宋体、60。　⑥单击"文件\保存"。

(2)①启动 PowerPoint;单击"文件\新建";单击"空演示文稿";单击"空白"版式。　②单击"格式\背景";单击"背景填充\填充效果";单击"图片"选项卡;单击"选择图片"按钮;找到所要的图片,并双击它;单击"确定"按钮;单击"应用"按钮。　③单击"插入\图片\来自文件";找到教材素材\图片\39 并双击它;右击图片;单击"设置图片格式";将其设为 2.5×3 大小;同理插入其他图片(40～46),并进行同样设置;调整好每张图片的位置。　④单击"插入\图片\来自文件";找到教材素材\图片\37,并双击它;调整其大小和位置。⑤单击"插入\文本框\水平",插入文本框,并输入文字;选中文字并设置其格式为:楷体、16、加粗、红色。

习 题 8

填空题

(1)手写、汉字语音、OCR　(2)驱动、手写识别　(3)麦克风、识别　(4)OCR、图像、电子

习 题 9

1. 填空题

(1)动态　(2)字号、数字　(3)行、页　(4)文本　(5)文本、段落　(6)模板、排版　(7)浅淡色、格式\背景\水印　(8)底纹、高、宽、多、多、方向　(9)行、列、单元格、多个　(10)声音、视频　(11)文本框、图片、文本框　(12)线条、标注　(13)公式　(14)打开　(15)逗号　(16)文本框　(17)Ctrl、Shift、组合\组合、组合

2. 操作题

(1)①打开教材素材\Word 素材\Word 习题素材\奇瑞五娃文件;将标题设为华文彩云、二号,并加上礼

花绽放效果;选中第一段;单击"格式\首字下沉",设置下沉为两行。　②选中其他段落;单击"格式\项目符号和编号",将项目符号设为菱形;单击"确定"按钮。　③单击"插入\图片\艺术字";选择彩虹艺术字效果;输入艺术字内容"奇瑞五娃系列";单击"确定"按钮;右击插入的艺术字;单击"设置艺术字格式";单击"版式"选项卡;单击"四周型";调整艺术字的大小和位置。　④打开教材素材\Excel 素材\奇瑞;将该表格的前几行删除,保留最后六行;选定调整好的表格;单击"编辑\复制";回到编辑的 Word 文档中,单击"编辑\粘贴";右击粘贴过来的表格;单击"表格属性";单击"环绕";单击"确定"按钮;调整表格到适当位置。　⑤选定最后一个自然段;单击"格式\分栏";单击"三栏";单击"确定"按钮。　⑥单击"插入\对象";单击"由文件创建"选项卡;单击"浏览"按钮;选择教材素材\音乐\06 文件;单击"插入"按钮;右击小喇叭,单击"设置对象格式";单击"版式"选项卡;单击"四周型";单击"确定"按钮;拖动小喇叭,将它放到适当的位置。　⑦单击"插入\对象";单击"视频剪辑";单击"插入剪辑\Video for Windows";单击选择教材素材\视频\001.mpg 文件,单击"插入"按钮;右键单击视频;单击"设置对象格式";单击"版式"选项卡;单击"四周型";单击"确定"按钮;调整视频的大小;拖动视频,将它放到适当位置。　⑧单击"格式\背景\水印";单击"图片水印"单选钮;单击"选择图片"按钮;选择教材素材\Word 素材\Word 素材习题\01 文件,单击"应用"按钮。

(2)①输入并设置表头文字(图中的下划线是单击 U▾ 后按空格键得到的)。　②单击"表格\插入\表格";输入行数为 9,列数为 7;单击"确定"按钮;调整各列的宽度。　③选定整个表格;单击"表格\表格属性";单击"行"选项卡;勾选指定高度复选框;输入 1;单击"确定"按钮。　④选定整个表格;单击"格式\边框和底纹";将外框设为双线,内部为单线。　⑤选定第 2 列的 2～9 行;单击"表格\拆分单元格";输入行数为 9,列数为 18;单击"确定"按钮。　⑥输入并设置其他文字。

(3)①输入并设置表头文字。　②单击"表格\插入\表格";输入行数为 10,列数为 7;单击"确定"按钮。③选定第 1 列的 1～5 行;单击"表格\合并单元格";对第 6、7 行的 2～4 列,第 9、10 行的 1～2 列,第 8 行的 1～7列,第 9 行的 3～7 列,第 10 行的 3～4、5～7 列,第 6、7 行的 5～7 列,第 1 行的 5～7 列,第 2 和 3 行的 5～7列,都做单元格合并。　④选定右侧的第 6 行;单击"表格\拆分单元格";输入行为 1,列为 2;选定右侧的第7 行;单击"表格\拆分单元格";输入行为 1,列为 2。　⑤输入并设置其他文字。

(4)①输入并设置文字(图中的下划线是单击 U▾ 后按空格键得到的)。　②按住 Shift+"—"输入"沿此线剪(撕)开"左右的小横线。

(5)①单击"格式\背景\填充效果";单击图片;单击选择教材素材\图片\39 图片插入。　②单击"插入\图片\艺术字";插入艺术字,并将其设为半圆形。③单击"插入\文本框\横排";插入两个文本框;分别输入文字,并设置格式。

习　题　10

1. 填空题

(1) 数据　　(2) 常规、左、右　　(3) 1900-0-0　　(4) 文本、不　　(5) 单引号"'"　　(6) Ctrl
(7) Shift　　(8) 插入\批注　　(9) 隐藏　　(10) 工作表　　(11) 数据　　(12) "工作表名!单元格引用区域"(13) 多个　　(14) 列数　　(15) 表头　　(16) 调整

2. 操作题

(1)①在 A2 中输入 1,在 B1 中输入 1。②单击 A2,并输入 1;单击"编辑\填充\序列"。　③在"序列产生在"栏中单击"列";在"类型"栏中单击"等差序列";在"步长值"栏内填"1";在"终止值"栏内填"9"。　④单击"确定"按钮。　⑤单击 B1;并输入 1;单击"编辑\填充\序列"。　⑥在"序列产生在"栏中单击"行";在"类型"栏中单击"等差序列";在"步长值"栏内填"1";在"终止值"栏内填"9"。　⑦单击"确定"按钮。⑧单击 B2,在其中输入 = $A2&"×"&B$1&"="&$A2*B$1(将两个文本值连接或串起来产生一个连续的文本的方法:"文本"&"文本",如 "电子"&"表格"。连接的结果为:"电子表格",其中"×"为英文标点),在这里我们把数值、运算符号等全部作为文本处理。　⑨将 B2 中的公式复制到 C3、D4、E5、F6、G7、H8、I9、J10。向下拖动 C3、D4、E5、F6、G7、H8、I9 的填充柄,达到复制公式的目的。

(2)①在 A1:E1 中输入学号、姓名、性别、身份证号、邮编。　②在 A2 中输入 '040102001;在 A3 中输

入 '040102002;选定 A2、A3;拖动填充柄到 A8。　　③选定 D2:E9 区域;单击"格式\单元格";单击"对齐"选项卡;在"水平对齐"框中选择"居中";在"垂直对齐"对话框中,选择"居中";单击"数字"选项卡;单击"文本";单击"确定"按钮。　　④在 D2:E9 区域输入身份证号、邮编。　　⑤输入每个人的姓名、性别。　　⑥选定整个表格;单击"格式\单元格";单击"边框"选项卡;单击"外边框"和"内部"按钮;单击"确定"按钮。　　⑦单击 D 列号,单击"格式\列\隐藏"。

　　(3)①选定 A2:G11 区域;单击"格式\单元格";单击"边框"选项卡;单击选择粗线,单击"外边框";单击选择细线,单击"内部"按钮。　　②选定 A8:G8 区域;单击"格式\单元格";单击"边框"选项卡;单击选择双线,单击"边框"框的底部线;以设置 A8:G8 区域下部的线为双线。　　③选定 A1:G1、A9:A11、C9:G9、C10:G10、C11:G11 区域;单击格式\单元格;单击"对齐"选项卡;勾选"合并单元格"复选框。　　④在相应的单元格中输入学号、姓名、平时、期中、期末成绩、统计、优秀人数、优秀率、总平均;在 F4 中输入计算总平均成绩的公式＝(C3＋D3)＊0.3＋E3＊0.4;单击 F3,拖动填充柄至 F8。　　⑤单击 G3,在 G3 中输入＝IF($F3>＝85,"优",IF($F3>＝75,"良",IF($F3>＝60,"及格",IF($F3<60,"不及格"))));单击 G3,拖动填充柄至 G8。　　⑥在合并后的 C9 中,输入＝COUNTIF(F3:F8,">＝85"),按回车键;COUNTIF 函数是计算区域中满足给定条件的数据的个数。　　⑦在合并后的 C10 中,输入＝FIXED((C9/COUNT(C3:C8))＊100)&"％",按回车键;COUNT 函数是计算 C3:C8 区域中单元格的数量,FIXED 函数是将括号中数字取二位小数位数。　　⑧在合并后的 C11 中,输入＝FIXED(AVERAGE(F3:F8)),FIXED 函数是将括号中数字取二位小数位数,按回车键。

习　题　11

1.填空题

　　(1)母版、该幻灯片　　(2)查找和替换　　(3)设置透明、背景　　(4)跳转、幻灯片　　(5)超链接

2.操作题

　　(1)①打开 PowerPoint 2003;单击"格式\幻灯片设计";在幻灯片设计窗格中,找到"雪莲花开"幻灯片,并双击"雪莲花开",即可创建一个幻灯片;复制四张同样的幻灯片。　　②在每张幻灯片中输入不同的文字或从 PowerPoint 习题素材文档中(教材素材\PowerPoint 素材\PowerPoint 习题素材\奇瑞车型)复制不同的内容到每张幻灯片中。将第一张幻灯片中的文字设为:华文新魏、24、蓝色;第二张幻灯片中的文字设为:宋体、24、洋红;第三张幻灯片中的文字设为:宋体、24、深绿;第四张幻灯片中的文字设为:宋体、24、红色;第五张幻灯片中的文字设为:宋体、24、橙色。　　③单击第一张幻灯片,单击"视图\母版\幻灯片母版"。　　④单击第二张幻灯片,单击"插入\图片\来自文件"。将教材素材\PowerPoint 素材\PowerPoint 习题素材\汽车2图片插入到第二张幻灯片中,并调整图片的大小和位置。　　⑤单击"关闭母版视图"按钮。

　　(2)①打开 PowerPoint 2003;单击"格式\幻灯片设计";在幻灯片设计窗格中,找到"雪莲花开"幻灯片,并双击"雪莲花开",即可创建一个幻灯片;复制四张同样的幻灯片。　　②在每张幻灯片中输入不同的文字或从 PowerPoint 习题素材文档中(教材素材\PowerPoint 素材\PowerPoint 习题素材\奇瑞车型)复制不同的内容到每张幻灯片中。将第一张幻灯片中的文字设为:华文新魏、24、深绿;第二张幻灯片中的文字设为:宋体、24、洋红;第三张幻灯片中的文字设为:宋体、24、蓝色;第四张幻灯片中的文字设为:宋体、24、红色;第五张幻灯片中的文字设为:宋体、24、棕色。　　③右击第二张幻灯片;单击"背景";单击"背景填充"右下侧的三角;单击"填充效果";单击"纹理"选项卡;单击选择"水滴"纹理;单击"确定"按钮;单击"应用"按钮。第三、四、五张幻灯片的背景分别设置为纸袋、斜纹布、绿色大理石,设置方法相同。　　④在第二张幻灯片中插入素材图 13(教材素材\PowerPoint 素材\PowerPoint 习题素材);调整图片的大小和位置;单击图片;单击图片工具栏中的"设置透明色"按钮;在插入图片的白色区域单击,以设置图片的透明。　　⑤右击插入的图片;单击"叠放次序\置于底层";用同样的方法将素材图 14、15、花边框 21、花边框 1 依次插入到第三张、第四张、第五张、第一张幻灯片中,并做同样的设置。　　⑥在第一张幻灯片中,单击选中文本框;单击"幻灯片放映\自定义动画";在"自定义动画"窗格中,单击添加效果\进入\其他效果;单击"渐变式回旋",单击"确定"按钮;在"自定义动画"窗格的"开始"框中,将动画的开始播放时间设为"单击时";在"自定义动画"窗格的"速度"框中,将

动画的播放速度设为"中速"。　　⑦在第二张幻灯片中,单击选中文本框;单击"幻灯片放映\自定义动画";在"自定义动画"窗格中,单击"添加效果\强调\其他效果";单击"着色";单击"确定"按钮;在"自定义动画"窗格的"开始"框中,将动画的开始播放时间设为"单击时";在"颜色"框中,将颜色设为"蓝色";在"速度"框中,将动画的播放速度设为"非常快"。　　⑧单击插入的图片,在"自定义动画"窗格中,单击"添加效果\强调\其他效果";单击"陀螺旋";单击"确定"按钮;在"自定义动画"窗格的"开始"框中,将动画的开始播放时间设为"之前";在"数量"框中,将数量设为"360";在"速度"框中,将动画的播放速度设为"中速"。后面幻灯片中文本框动画和插入图片的动画设置方法相同,唯一有区别的地方就是它们选取的动画效果不一样。　　⑨单击选中第一张幻灯片;单击"幻灯片放映\幻灯片切换";在"幻灯片切换"窗格中,单击"水平梳理";单击"应用于所有幻灯片"(也可将各张幻灯片的切换设置得各不相同)。

　　(3)①单击选中第一张幻灯片;单击"插入\影片和声音\文件中的声音",插入声音文件06(教材素材\PowerPoint 素材\PowerPoint 习题素材\06)。　　②单击"幻灯片放映\自定义动画";在"自定义动画"窗格中,单击"06.wav"右侧的三角;在弹出的菜单中单击"效果选项";在出现的对话框中,单击"从头开始"单选钮;单击"在……之后"单选钮;在框中输入"5";单击"确定"按钮。这样设置的含义是让声音文件从一开始就播放,直到第五张幻灯片后结束。　　③单击"幻灯片放映\设置放映方式";在弹出的对话框中;单击"循环放映,按 ESC 键终止"复选框;这样就设置了幻灯片自动循环反复放映的效果,单击"确定"按钮。